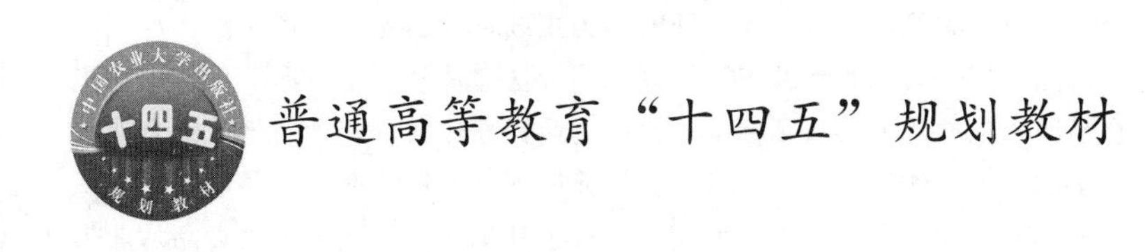

食品标准与法规

第3版

周才琼　张平平　主编
陈宗道　主审

中国农业大学出版社
·北京·

内 容 简 介

本教材以食品法律法规、食品标准及食品的市场准入和认证管理为主线，分别介绍了食品法律法规的基础知识、中国的食品法律法规、国际与部分国家的食品安全管理机构和法律法规、食品标准化基础知识与标准编写、我国的食品标准、食品国际标准及采用国际标准、食品企业标准体系以及食品生产经营许可和认证管理等。本教材编写中结合了二维码的使用，力求内容丰富、简明扼要、特色突出与科学实用，适合高等院校食品质量与安全、食品科学与工程专业作为教材使用，也可供其他相关专业学生或食品从业人员选择使用。

图书在版编目(CIP)数据

食品标准与法规 / 周才琼，张平平主编. -- 3 版. -- 北京：中国农业大学出版社，2022.1(2023.10 重印)

ISBN 978-7-5655-2684-8

Ⅰ.①食… Ⅱ.①周…②张… Ⅲ.①食品标准-中国-高等学校-教材②食品卫生法-中国-高等学校-教材 Ⅳ.①TS207.2②D922.16

中国版本图书馆 CIP 数据核字(2021)第 262217 号

书　　名　食品标准与法规　第 3 版
作　　者　周才琼　张平平　主编　　陈宗道　主审

策划编辑　宋俊果　王笃利　魏　巍　　责任编辑　张　妍　何美文　石　华
封面设计　郑　川　李尘工作室
出版发行　中国农业大学出版社
社　　址　北京市海淀区圆明园西路 2 号　　邮政编码　100193
电　　话　发行部 010-62733489，1190　　读者服务部 010-62732336
　　　　　编辑部 010-62732617，2618　　出　版　部 010-62733440
网　　址　http://www.caupress.cn　　E-mail cbsszs@cau.edu.cn
经　　销　新华书店
印　　刷　涿州市星河印刷有限公司
版　　次　2022 年 1 月第 3 版　　2023 年 10 月第 4 次印刷
规　　格　185 mm×260 mm　　16 开本　　20.25 印张　　500 千字
定　　价　59.00 元

普通高等学校食品类专业系列教材

编审指导委员会委员

（按姓氏拼音排序）

第3版编审人员

主　编　周才琼(西南大学)
张平平(天津农学院)

副主编　高海燕(上海大学)
贺晓云(中国农业大学)
李　斌(华南农业大学)
孙京新(青岛农业大学)
杨吉霞(西南大学)

编　者　(按姓氏拼音排序)
高海燕(上海大学)
郭月英(内蒙古农业大学)
贺晓云(中国农业大学)
李　斌(华南农业大学)
李　鹏(青岛农业大学)
林晓蓉(华南农业大学)
秦　臻(上海大学)
孙京新(青岛农业大学)
许　女(山西农业大学)
杨吉霞(西南大学)
张平平(天津农学院)
赵　勤(四川农业大学)
周才琼(西南大学)

主　审　陈宗道(西南大学)

第 2 版编审人员

主　编　周才琼(西南大学)

张平平(天津农学院)

副主编　高海燕(上海大学)

贺晓云(中国农业大学)

李　斌(华南农业大学)

孙京新(青岛农业大学)

杨吉霞(西南大学)

编　者　(按姓氏拼音排序)

高海燕(上海大学)

郭月英(内蒙古农业大学)

贺晓云(中国农业大学)

李　斌(华南农业大学)

李　鹏(青岛农业大学)

林晓蓉(华南农业大学)

孙京新(青岛农业大学)

许　女(山西农业大学)

杨吉霞(西南大学)

张平平(天津农学院)

赵　勤(四川农业大学)

周才琼(西南大学)

主　审　陈宗道(西南大学)

第1版编审人员

主　编　周才琼（西南大学）

副主编　高海燕（上海大学）
　　　　李　斌（华南农业大学）
　　　　孙京新（青岛农业大学）

编　者　（按姓氏拼音排序）
　　　　邓建华（西昌学院）
　　　　李　颖（青岛农业大学）
　　　　罗松明（四川农业大学）
　　　　明　建（西南大学）
　　　　杨吉霞（西南大学）
　　　　姚闵娜（福建农林大学）
　　　　赵冬艳（山东农业大学）

主　审　陈宗道（西南大学）

出版说明
（代总序）

岁月如梭，食品科学与工程类专业系列教材自启动建设工作至现在的第4版或第5版出版发行，已经近20年了。160余万册的发行量，表明了这套教材是受到广泛欢迎的，质量是过硬的，是与我国食品专业类高等教育相适宜的，可以说这套教材是在全国食品类专业高等教育中使用最广泛的系列教材。

这套教材成为经典，作为总策划，我感触颇多，翻阅这套教材的每一科目、每一章节，浮现眼前的是众多著作者们汇集一堂倾心交流、悉心研讨、伏案编写的景象。正是大家的高度共识和对食品科学类专业高等教育的高度责任感，铸就了系列教材今天的成就。借再一次撰写出版说明（代总序）的机会，站在新的视角，我又一次对系列教材的编写过程、编写理念以及教材特点做梳理和总结，希望有助于广大读者对教材有更深入的了解，有助于全体编者共勉，在今后的修订中进一步提高。

一、优秀教材的形成除著作者广泛的参与、充分的研讨、高度的共识外，更需要思想的碰撞、智慧的凝聚以及科研与教学的厚积薄发。

20年前，全国40余所大专院校、科研院所，300多位一线专家教授，覆盖生物、工程、医学、农学等领域，齐心协力组建出一支代表国内食品科学最高水平的教材编写队伍。著作者们呕心沥血，在教材中倾注平生所学，那字里行间，既有学术思想的精粹凝结，也不乏治学精神的光华闪现，诚所谓学问人生，经年积成，食品世界，大家风范。这精心的创作，与敷衍的粘贴，其间距离，何止云泥！

二、优秀教材以学生为中心，擅于与学生互动，注重对学生能力的培养，绝不自说自话，更不任凭主观想象。

注重以学生为中心，就是彻底摒弃传统填鸭式的教学方法。著作者们谨记“授人以鱼不如授人以渔”，在传授食品科学知识的同时，更启发食品科学人才获取知识和创造知识的思维与灵感，于润物细无声中，尽显思想驰骋，彰耀科学精神。在写作风格上，也注重学生的参与性和互动性，接地气，说实话，“有里有面”，深入浅出，有料有趣。

三、优秀教材与时俱进，既推陈出新，又勇于创新，绝不墨守成规，也不亦步亦趋，更不原地不动。

首版再版以至四版五版，均是在充分收集和尊重一线任课教师和学生意见的基础上，对新增教材进行科学论证和整体规划。每一次工作量都不小，几乎覆盖食品学科专业的所有骨干课程和主要选修课程，但每一次修订都不敢有丝毫懈怠，内容的新颖性，教学的有效性，齐头并进，一样都不能少。具体而言，此次修订，不仅增添了食品科学与工程最新发展，又以相当篇幅强调食品工艺的具体实践。每本教材，既相对独立又相互衔接互为补充，构建起系统、完整、实用的课程体系，为食品科学与工程类专业教学更好服务。

四、优秀教材是著作者和编辑密切合作的结果，著作者的智慧与辛劳需要编辑专业知识和奉献精神的融入得以再升华。

同为他人做嫁衣裳，教材的著作者和编辑，都一样的忙忙碌碌，飞针走线，编织美好与绚丽。这套教材的编辑们站在出版前沿，以其炉火纯青的编辑技能，辅以最新最好的出版传播方式，保证了这套教材的出版质量和形式上的生动活泼。编辑们的高超水准和辛勤努力，赋予了此套教材蓬勃旺盛的生命力。而这生命力之源就是广大院校师生的认可和欢迎。

第 1 版食品科学与工程类专业系列教材出版于 2002 年，涵盖食品学科 15 个科目，全部入选“面向 21 世纪课程教材”。

第 2 版出版于 2009 年，涵盖食品学科 29 个科目。

第 3 版(其中《食品工程原理》为第 4 版)500 多人次 80 多所院校参加编写，2016 年出版。此次增加了《食品生物化学》《食品工厂设计》等品种，涵盖食品学科 30 多个科目。

需要特别指出的是，这其中，除 2002 年出版的第 1 版 15 部教材全部被审批为“面向 21 世纪课程教材”外，《食品生物技术导论》《食品营养学》《食品工程原理》《粮油加工学》《食品试验设计与统计分析》等为“十五”或“十一五”国家级规划教材。第 2 版或第 3 版教材中，《食品生物技术导论》《食品安全导论》《食品营养学》《食品工程原理》4 部为“十二五”普通高等教育本科国家级规划教材，《食品化学》《食品化学综合实验》《食品安全导论》等多个科目为原农业部“十二五”或农业农村部“十三五”规划教材。

本次第 4 版(或第 5 版)修订，参与编写的院校和人员有了新的增加，在比较完善的科目基础上与时俱进做了调整，有的教材根据读者对象层次以及不同的特色做了不同版本，舍去了个别不再适合新形势下课程设置的教材品种，对有些教材的题目做了更新，使其与课程设置更加契合。

在此基础上，为了更好满足新形势下教学需求，此次修订对教材的新形态建设提出了更高的要求，出版社教学服务平台“中农 De 学堂”将为食品科学与工程类专业系列教材的新形态建设提供全方位服务和支持。此次修订按照教育部新近印发的《普通高等学校教材管理办法》的有关要求，对教材的政治方向和价值导向以及教材内容的科学性、先进性和适用性等提出了明确且具针对性的编写修订要求，以进一步提高教材质量。同时为贯彻《高等学校课程思政建设指导纲要》文件精神，落实立德树人根本任务，明确提出每一种教材在坚持食品科学学科专业背景的基础上结合本教材内容特点努力强化思政教育功能，将思政教育理念、思政教育元素有机融入教材，在课程思政教育润物细无声的较高层次要求中努力做出各自的探索，为全面高水平课程思政建设积累经验。

教材之于教学，既是教学的基本材料，为教学服务，同时教材对教学又具有巨大的推动作用，发挥着其他材料和方式难以替代的作用。教改成果的物化、教学经验的集成体现、先进教学理念的传播等都是教材得天独厚的优势。教材建设既成就了教材，也推动着教育教学改革和发展。教材建设使命光荣，任重道远。让我们一起努力吧！

罗云波

2021 年 1 月

第 3 版前言

食品标准与法规是研究与食品的生产、加工、贮运和销售等全过程食品质量安全相关的法律法规、标准及食品市场准入的一门综合性管理学科，它涉及食品与农畜产品生产和流通的全过程，即“从农田到餐桌”。它既包括食品法律法规与标准的制定与实施，又涵盖有关监督检测和评定认证体系；既要规范协调食品企业和消费者双方，又涉及政府、行业组织等管理机构，还涉及监督检测和合格评定等第三方中性机构，同时也是国际贸易的行为准则。

本教材第 1 版出版于 2009 年，是基于 2009 年颁布实施的《中华人民共和国食品安全法》并结合食品学科进展与社会发展的要求进行编写的；第 2 版出版于 2016 年，是基于 2015 年 4 月 24 日第十二届全国人民代表大会常务委员会第十四次会议修订通过的《中华人民共和国食品安全法》（自 2015 年 10 月 1 日起施行）并结合食品学科与社会的持续发展的要求进行编写的；被多所院校选为相关专业的教材，反响很好，作为高等学校食品相关专业教材发挥了重要的作用。转眼间 4 年过去了，随着食品行业的快速发展，国家颁布施行了一些新的法律、法规并对现有法律、法规进行了修订，如 2018 年 12 月 29 日修正的《中华人民共和国食品安全法》及在此基础上于 2019 年 10 月 31 日公布修订后的《中华人民共和国食品安全法实施条例》（自 2019 年 12 月 1 日起施行），加上市场监管机构的调整，以及使用者反馈的信息和教学的实际需要，我们决定对第 2 版教材进行修订。本版教材包括第 2 版出版以来新颁布或修订的法律法规，以及与之对应的相关食品标准等一系列的法律法规替代原来相关的法律法规。结合食品标准与法规的最新发展，系统地阐述了食品标准与法规的基础知识，中国、国际及部分国家的食品法规与标准，并结合我国现状，介绍了我国食品企业标准体系以及食品的市场准入和认证管理等内容。为落实立德树人根本任务，做到专业课程与思政课程同向同行，为更好体现党的二十大提出的以人民为中心，让人民群众安全感更充实、更有保障和更可持续的发展理念，践行我党以人民为中心的初心和宗旨，本次教材修订根据课程特点和定位，对有关章节（绪论、第 3 章、第 5 章、第 8 章、第 9 章等）内容作了进一步强化，以更好体现和贯彻党的二十大提出的坚持走中国特色社会主义法治道路，建设中国特色社会主义法治体系，建设社会主义法治国家，坚持依法治国、依法执政、依法行政共同推进，全面推进科学立法，全面推进国家各方面工作法治化等要求，将课程思政与教学内容有机融合。另外，为了更好地推进传统出版与新型出版的融合，发挥信息技术对教学的积极作用，本版教材采用了二维码技术并利用教学平台将相关法律法规等教学内容加以扩展，方便读者参考学习，使本教材的内容具有时代特色。

本教材由西南大学、华南农业大学、上海大学、中国农业大学、青岛农业大学、天津农学院、山西农业大学、四川农业大学和内蒙古农业大学共9所高等学校联合编写。全书共分9章，其中周才琼编写第1章绪论；郭月英编写第2章食品法律法规的基础知识；贺晓云编写第3章中国的食品法律法规；孙京新、李鹏编写第4章国际与部分国家的食品安全管理机构和法律法规；李斌、林晓蓉编写第5章食品标准化基础知识与标准编写；高海燕、秦臻编写第6章我国的食品标准；杨吉霞编写第7章食品国际标准及采用国际标准；张平平和许女编写第8章食品企业标准体系；赵勤编写第9章食品生产经营许可和认证管理。全书由周才琼教授和张平平教授统稿，陈宗道教授主审并提出修改建议。

在本教材编写过程中，得到西南大学食品科学家陈宗道教授的悉心指导，同时得到了中国农业大学出版社及宋俊果老师的大力协助，在此一并致谢！

此外，由于工作或时间等原因，第1版中编写人员赵冬艳、明建、罗松明、邓建华、姚闵娜和李颖老师未能参加后续教材的修订，对于这几位老师在第1版编写中所付出的劳动，在此表示感谢！

由于本教材涉及内容广泛，加之作者水平有限，疏忽和不当之处在所难免，期盼各位同仁和读者指正。

编　者

2023年5月

第2版前言

《食品标准与法规》是研究与食品的生产、加工、贮运和销售等全过程质量安全相关的法律法规、标准及食品市场准入的一门综合性管理学科,它涉及食品与农畜产品生产和流通的全过程,即“从农田到餐桌”。它既包括法律法规与标准的制定与实施,又涵盖有关监督检测和评定认证体系;既要规范协调企业和消费者双方,又涉及政府、行业组织等管理机构,还涉及监督检测和合格评定等第三方中性机构,同时也是国际贸易的行为准则。

本教材第1版出版于2009年,是基于2009年颁布实施的食品安全法并结合食品学科进展与社会发展的要求进行编写的,被多所院校相关专业选为教材,反响很好,作为高等学校食品相关专业教材发挥了重要的作用。7年过去了,食品行业快速发展,一些新的法律法规颁布或者进行了修订,发生了较大变化,根据使用者反馈的信息以及教学的实际需要,我们决定对教材第1版进行修订。本版教材包括第1版出版以来新颁布或者修订的法律法规,以及与之对应的相关食品标准等(如《中华人民共和国食品安全法》和《中华人民共和国计量法》等一系列的法律法规替代原来相关的法律法规),结合食品标准与法规最新发展,系统阐述了食品标准与法规的基础知识,中国、国际及部分国家的食品法规与标准,并结合我国现状,突出介绍了我国食品企业标准体系以及食品的市场准入和认证管理等内容。另外,为了更好地推进传统出版与新型出版融合,发挥信息技术对教学的积极作用,本版教材采用了二维码技术将教学内容加以扩展,方便读者扫描参考学习,使本教材既内容丰富又简明扼要,具有时代特色。

本教材由西南大学、华南农业大学、上海大学、中国农业大学、青岛农业大学、天津农学院、山西农业大学、四川农业大学和内蒙古农业大学共9所高等学校联合编写。全书共分9章,其中周才琼编写第1章绪论;郭月英编写第2章食品法律法规的基础知识;贺晓云编写第3章中国的食品法律法规;孙京新、李鹏编写第4章国际与部分国家的食品安全管理机构和法律法规;李斌、林晓蓉编写第5章食品标准化基础知识与标准编写;高海燕编写第6章我国的食品标准;杨吉霞编写第7章食品国际标准及采用国际标准;张平平、许女编写第8章食品企业标准体系;赵勤编写第9章食品生产经营许可和认证管理。全书由周才琼教授和张平平教授统稿,张平平教授初审和陈宗道教授主审并提出修改建议。

在本教材编写过程中,得到西南大学食品科学家陈宗道教授的悉心指导,同时得到了中国农业大学出版社的大力协助,在此一并致谢!

此外，由于工作或时间等原因，第1版中编写人员赵冬艳、明建、罗松明、邓建华、姚闵娜和李颖老师未能参加本教材第2版的修订，由其他老师在其基础上补充完成，对于这几位老师在第1版编写中所付出的劳动，在此表示感谢！

本教材由于涉及内容广泛，加之作者水平有限，疏忽和不当之处在所难免，期盼各位同仁和读者指正。

编　者

2016年6月

第1版前言

《食品标准与法规》是研究与食品的生产、加工、贮运和销售等全过程质量安全相关的法律法规、标准及食品市场准入的一门综合性管理学科，它涉及食品与农畜产品生产和流通的全过程，即“从农田到餐桌”。本学科既包括法律法规与标准的制定与实施，又涵盖有关监督检测和评定认证体系；既要规范协调企业和消费者双方，又涉及政府、行业组织等管理机构，以及监督检测和合格评定等第三方中性机构，同时也是国际贸易的行为准则。

本教材结合食品学科进展与社会发展的要求，针对食品科学与工程以及食品质量与安全的需要，系统阐述了食品标准与法规的基础知识，中国、国际和部分国家的食品法规与标准；结合我国现状，突出介绍了我国食品企业标准体系以及食品的市场准入和认证管理等内容。本教材力求内容丰富、简明扼要、特色突出与科学实用。书后附有《中华人民共和国食品安全法》《中华人民共和国农产品质量安全法》以及《中华人民共和国产品质量法》。

本教材由西南大学、华南农业大学、上海大学、青岛农业大学、山东农业大学、四川农业大学、西昌学院和福建农林大学共8所高等学校联合编写。全书共分9章，其中周才琼编写第1章绪论；明建、李颖编写第2章食品法律法规的基础知识；明建、邓建华编写第3章中国的食品法律法规；孙京新编写第4章国际与部分国家的食品安全管理机构和法律法规；李斌编写第5章食品标准的基础知识；高海燕编写第6章我国的食品标准；杨吉霞、姚闪娜编写第7章食品国际标准及采用国际标准；赵冬艳编写第8章食品企业标准体系；罗松明编写第9章食品的市场准入和认证管理；本书附录部分由明建老师录入。全书由周才琼教授统稿，陈宗道教授主审并提出修改建议。

在本教材编写过程中，得到西南大学食品科学家陈宗道教授的悉心指导，同时得到了中国农业大学出版社的大力支持，在此一并致谢！

本教材由于涉及内容广泛，加之作者水平有限，疏忽和不当之处在所难免，期盼各位同仁和读者指正。

编　者

2009年7月

目　录

第 1 章　绪论 …… 1
1.1　标准与法规概述 …… 2
1.1.1　标准与法规的定义 …… 2
1.1.2　标准与法规的功能 …… 3
1.1.3　标准与法规的关系 …… 3
1.2　标准、法规与市场经济的关系 …… 5
1.2.1　标准与市场经济的关系 …… 5
1.2.2　法规与市场经济的关系 …… 6
1.2.3　标准、法规在市场经济及市场竞争中的作用 …… 7
1.3　标准、法规在国际贸易中的作用 …… 8
1.3.1　国际标准对国际贸易的影响 …… 8
1.3.2　国家(区域)标准化对国际贸易的影响 …… 8
1.3.3　企业标准与国际贸易 …… 8
1.3.4　WTO/TBT 在国际贸易中的作用 …… 9
1.4　标准、法规与食品安全体系的关系 …… 10
1.4.1　食品安全及食品安全问题的严重性 …… 10
1.4.2　标准、法规与质量管理体系的关系 …… 11
1.4.3　标准、法规与食品质量安全的关系 …… 11
1.5　食品标准与法规的研究内容、意义和学习方法 …… 12
1.5.1　食品标准与法规的研究内容 …… 12
1.5.2　食品标准与法规的研究意义 …… 13
1.5.3　食品标准与法规的学习方法 …… 13
思考题 …… 14
参考文献 …… 14
第 2 章　食品法律法规的基础知识 …… 16
2.1　食品法律与法规概述 …… 17

2.1.1 法、法律和法规的概念 …… 17
2.1.2 法律的基本特征 …… 17
2.1.3 我国的立法体制与法律体系 …… 18
2.1.4 我国食品法律法规体系 …… 20
2.2 法律法规的分类 …… 22
2.2.1 法律法规的分类原则 …… 22
2.2.2 主要食品法律 …… 23
2.2.3 主要食品法规 …… 23
2.3 食品法律法规的制定和实施 …… 28
2.3.1 食品法律法规制定的原则与依据 …… 28
2.3.2 食品法律法规制定程序 …… 31
2.3.3 食品法律法规的实施 …… 32
2.4 食品行政执法与监督 …… 36
2.4.1 食品行政执法概述 …… 36
2.4.2 食品行政执法主体 …… 36
2.4.3 食品行政执法监督 …… 43
思考题 …… 44
参考文献 …… 44
第 3 章 中国的食品法律法规 …… 46
3.1 中国食品法律 …… 47
3.1.1 《中华人民共和国食品安全法》 …… 47
3.1.2 《中华人民共和国农产品质量安全法》 …… 54
3.1.3 《中华人民共和国产品质量法》 …… 56
3.1.4 《中华人民共和国标准化法》 …… 59
3.1.5 《中华人民共和国商标法》 …… 60
3.1.6 《中华人民共和国计量法》 …… 60
3.1.7 《中华人民共和国反不正当竞争法》 …… 61
3.1.8 《中华人民共和国专利法》 …… 62
3.1.9 《中华人民共和国合同法》 …… 62
3.1.10 《中华人民共和国消费者权益保护法》 …… 63
3.1.11 《中华人民共和国进出口商品检验法》 …… 64
3.1.12 《中华人民共和国进出境动植物检疫法》 …… 67
3.1.13 《中华人民共和国国境卫生检疫法》 …… 68

3.2 我国相关食品法规…… 69
3.2.1 《食品生产许可管理办法》…… 69
3.2.2 《食品经营许可管理办法》…… 71
3.2.3 食品标签相关法规…… 72
3.2.4 食品添加剂相关法规…… 73
3.2.5 《新食品原料安全性审查管理办法》…… 74
3.2.6 保健食品管理规定…… 74
3.2.7 食品认证相关规定…… 76
3.2.8 食品检验机构相关规定…… 77
思考题 …… 80
参考文献 …… 80
第4章 国际与部分国家的食品安全管理机构和法律法规…… 82
4.1 国际食品法律法规概述…… 83
4.2 国际食品标准组织…… 84
4.2.1 世界卫生组织(WHO) …… 84
4.2.2 联合国粮食及农业组织(FAO) …… 86
4.2.3 国际食品法典委员会(CAC) …… 87
4.2.4 世界动物卫生组织(OIE) …… 90
4.2.5 国际植物保护公约(IPPC) …… 91
4.2.6 国际标准化组织(ISO) …… 92
4.2.7 世界贸易组织、卫生与植物卫生措施实施协定(SPS)和技术性贸易壁垒协定(TBT)…… 94
4.2.8 国际乳品业联合会(IDF) …… 100
4.2.9 国际谷类加工食品科学技术协会(ICC) …… 102
4.2.10 国际葡萄与葡萄酒局(OIV)…… 102
4.2.11 国际有机农业运动联合会(IFOAM) …… 103
4.3 部分国家和地区食品法律法规 …… 106
4.3.1 美国食品卫生与安全法律法规 …… 106
4.3.2 欧盟食品安全法律法规 …… 111
4.3.3 德国食品法律法规 …… 113
4.3.4 法国食品法律法规 …… 115
4.3.5 英国食品法律法规 …… 116
4.3.6 日本食品法律法规 …… 117

4.3.7 韩国食品法律法规 …… 119
4.3.8 加拿大食品卫生与安全法律法规 …… 121
4.3.9 澳大利亚食品法律法规 …… 122
思考题…… 124
参考文献…… 124

第5章 食品标准化基础知识与标准编写 …… 127

5.1 标准与标准化 …… 128
5.1.1 标准与标准化概念 …… 128
5.1.2 标准化活动的基本原则 …… 130
5.1.3 标准化的方法原理 …… 131
5.2 食品标准分类和标准体系 …… 135
5.2.1 食品标准分类 …… 135
5.2.2 食品标准体系与标准体系表 …… 140
5.3 标准化文件的制定 …… 142
5.3.1 标准化文件制定的目标 …… 142
5.3.2 食品标准化文件制定的原则 …… 142
5.3.3 标准制定的程序 …… 142
5.4 标准化文件的结构 …… 145
5.4.1 标准化文件的层次 …… 145
5.4.2 标准化文件的要素 …… 146
5.5 标准的编写 …… 148
5.5.1 封面的编写 …… 148
5.5.2 目次的编写 …… 150
5.5.3 前言的编写 …… 151
5.5.4 引言的编写 …… 151
5.5.5 范围的编写 …… 152
5.5.6 规范性引用文件的编写 …… 152
5.5.7 术语和定义的编写 …… 153
5.5.8 符号和缩略语的编写 …… 154
5.5.9 分类和编码/系统构成的编写…… 154
5.5.10 总体原则和/或总体要求的编写 …… 155
5.5.11 核心技术要素的编写…… 155
5.5.12 其他技术要素的编写…… 160

5.5.13　附录的编写 …… 162
5.5.14　参考文献的编写 …… 163
5.5.15　索引的编写 …… 163
5.6　标准起草编制示例 …… 163
5.6.1　食品产品标准 …… 163
5.6.2　食品试验方法标准 …… 164
5.6.3　管理标准 …… 164
思考题 …… 164
参考文献 …… 164
第6章　我国的食品标准 …… 165
6.1　我国食品标准概述 …… 166
6.1.1　我国食品标准发展历程 …… 166
6.1.2　我国食品标准现状 …… 166
6.1.3　我国食品标准与国外食品标准的对比分析 …… 168
6.2　食品基础标准 …… 169
6.2.1　食品术语标准 …… 169
6.2.2　食品图形符号、代号类标准 …… 170
6.2.3　食品分类标准 …… 170
6.3　食品安全标准 …… 171
6.3.1　食品安全标准的概念 …… 171
6.3.2　食品安全标准主要内容 …… 172
6.3.3　食品安全限量标准 …… 172
6.3.4　食品添加剂标准 …… 177
6.3.5　婴幼儿和其他特定人群的食品安全标准 …… 178
6.3.6　食品标签标准 …… 180
6.3.7　食品安全控制与管理标准 …… 182
6.3.8　食品产品安全标准 …… 183
6.3.9　食品安全检验方法与规程标准 …… 184
6.3.10　食品包装材料与容器卫生标准 …… 188
6.4　其他食品检验方法标准 …… 189
6.5　食品流通标准 …… 190
6.5.1　运输工具标准 …… 190
6.5.2　站场技术标准 …… 191

6.5.3 运输方式及作业规范标准 …… 191
6.5.4 食品贮藏标准 …… 191
6.5.5 食品包装工艺标准 …… 191
6.5.6 装卸搬运标准 …… 192
6.5.7 食品配送标准 …… 192
6.5.8 食品销售标准 …… 193
6.6 食品产品及各类食品标准 …… 193
6.6.1 水产品标准 …… 193
6.6.2 肉、乳食品标准 …… 194
6.6.3 食用植物油标准 …… 196
6.6.4 速冻食品标准 …… 196
6.6.5 饮料与酒的标准 …… 197
6.6.6 焙烤食品标准 …… 198
6.6.7 营养强化食品标准 …… 198
6.6.8 新资源食品、辐照食品与保健食品标准 …… 199
6.6.9 无公害食品、绿色食品和有机食品标准 …… 200
6.6.10 实例分析 …… 202
思考题 …… 202
参考文献 …… 202
第7章 食品国际标准及采用国际标准 …… 204
7.1 国际主要食品标准组织概述 …… 205
7.2 食品国际标准 …… 205
7.2.1 ISO标准 …… 205
7.2.2 《食品法典》标准 …… 212
7.2.3 国际有机农业运动联合会标准 …… 214
7.2.4 卫生标准操作程序 …… 215
7.3 部分国家的食品标准 …… 216
7.3.1 美国食品标准 …… 216
7.3.2 德国食品标准 …… 219
7.3.3 法国食品标准 …… 221
7.3.4 英国食品标准 …… 223
7.3.5 日本食品标准 …… 225
7.3.6 加拿大食品标准 …… 227

7.3.7 澳大利亚食品标准 …… 229
7.4 采用国际标准 …… 232
7.4.1 采用国际标准的原则和方法 …… 233
7.4.2 实例分析 …… 234
思考题 …… 237
参考文献 …… 237
第8章 食品企业标准体系 …… 239
8.1 企业标准体系的构成 …… 240
8.1.1 产品实现标准体系 …… 241
8.1.2 基础保障标准体系 …… 242
8.1.3 岗位标准体系 …… 243
8.2 食品企业标准体系编制 …… 243
8.2.1 食品企业标准体系的总要求 …… 243
8.2.2 食品企业标准体系的制定 …… 244
8.2.3 食品企业标准体系的审定 …… 250
8.2.4 企业标准化过程中的技术秘密问题 …… 257
8.3 食品企业标准体系表 …… 258
8.3.1 标准体系表编制原则和要求 …… 258
8.3.2 食品企业标准体系表 …… 259
8.4 食品企业标准的制定 …… 261
8.4.1 食品企业标准的制定 …… 261
8.4.2 食品企业标准案例 …… 262
8.4.3 实例分析——白酒企业良好生产规范 …… 262
思考题 …… 262
参考文献 …… 262
第9章 食品生产经营许可和认证管理 …… 264
9.1 食品生产经营许可管理 …… 265
9.1.1 食品经营许可 …… 265
9.1.2 食品生产许可 …… 267
9.2 认证管理概述 …… 271
9.2.1 认证认可的含义 …… 271
9.2.2 认证认可的意义和发展历程 …… 271
9.2.3 认证认可的法律依据 …… 272

9.2.4 我国的认证认可机构 …… 272
9.3 计量认证 …… 273
9.3.1 计量与计量认证概述 …… 273
9.3.2 计量认证的对象与内容 …… 274
9.3.3 计量认证的管理 …… 275
9.4 质量管理体系认证 …… 275
9.4.1 概述 …… 275
9.4.2 ISO 9000 质量管理体系标准的由来与发展 …… 276
9.4.3 ISO 9000 质量管理体系标准的特点 …… 276
9.4.4 ISO 9001 质量管理体系认证 …… 277
9.5 安全管理制度认证 …… 278
9.5.1 食品安全管理制度概述 …… 278
9.5.2 良好生产规范及认证 …… 278
9.5.3 危害分析和关键控制点体系及认证 …… 279
9.5.4 ISO 22000 食品安全管理体系标准与认证 …… 281
9.6 食品认证 …… 283
9.6.1 无公害农产品认证 …… 283
9.6.2 绿色食品认证 …… 284
9.6.3 有机食品认证 …… 286
9.6.4 保健食品认证 …… 291
9.6.5 非转基因身份保持(IP)认证 …… 292
思考题 …… 293
参考文献 …… 294
扩展资源 …… 295

第1章
绪　论

本章学习目的与要求

1. 了解标准法规的功能及标准与法规(包括技术法规)的关系;了解标准法规与市场经济的关系及在市场经济和市场竞争中的作用;了解标准法规在国际贸易中的作用。

2. 了解标准法规与食品安全体系的关系;掌握食品标准与法规的主要研究内容、研究意义和学习方法。

食品标准与法规是从事食品的生产、加工、贮存及运销等必须遵守的行为准则，是食品工业能够持续健康快速发展的根本保障。在市场经济的法规体系中，食品标准与法规具有十分重要的地位，它是规范食品生产、贮存与营销，实施政府对食品质量与安全的管理与监督，确保消费者合法权益，以及维护社会和谐与可持续发展的重要依据。

1.1 标准与法规概述

标准与法规是保证市场经济正常运转和公平竞争的一个重要的工具。人类社会的各种活动都不可能是孤立的，人与人之间、群体与群体之间会由于利益和价值取向的差异产生各种矛盾或纠纷，这就需要建立一定的行为规范和相应的准则，以调整或约束人们的社会活动和生产活动，维持良好的社会秩序。

1.1.1 标准与法规的定义

标准是人们在社会活动(包括生产活动)中的行为准则，是一种特殊规范。我国国家标准中规定，标准是为了在一定范围内获得最佳程序，经协商一致制定并由公认机构批准，共同使用和重复使用的一种规范性文件，并将国家标准、行业标准分为强制性标准和推荐性标准。保障人体健康、人身安全和财产安全的标准和法律、行政法规规定强制执行的标准是强制性标准，不符合强制性标准的产品禁止生产、销售和进口；其他标准是推荐性标准，国家鼓励企业自愿采用。

《WTO/TBT 协议》《世界贸易组织贸易技术壁垒协议》(Agreement on Technical Barriers to Trade of The World Trade Organization)中标准指为了通用或反复使用的目的，由公认机构批准的非强制性的文件；标准规定了产品或相关加工和生产方法的规则、指南和特性。标准也可以包括专门适用于产品、加工或生产方法的术语、符号、包装标志或标签要求。

标准是社会和群体共同意识的表现，标准不针对具体个人，而是针对某类人在某种情况下的行为规范，是进行社会调整、建立和维护社会正常秩序的工具。因此，标准不仅要被社会认同，还必须经过公认的权威机构批准。标准是一把双刃剑，设计良好的标准可以提高生产效率、确保产品质量、规范市场秩序和促进国际贸易，但人们同时也可以利用标准技术水平的差异设置国际贸易壁垒，保护本国市场利益。因此，标准的制定应出于保证产品质量、保护生命或健康、保护环境、防止欺诈等合理目标。标准还受社会经济制度的制约，是一定经济要求的体现，但这种体现是利益相关方平等协商和协调的产物，同时，标准作为社会文化现象，也有其继承性，可为不同的社会关心内容服务。标准的应用非常广泛，涉及各行各业。食品标准中除了大量的产品标准外，还有生产方法标准、试验方法标准、术语标准、包装标准、标志或标签标准、卫生安全标准、合格评定标准、质量管理标准及制定标准的标准等，广泛涉及人们生产、生活的各个方面。食品安全国家标准是强制执行的标准。

法规泛指由国家制定和发布的规范性法律文件的总称，是法律、法令、条例、规则和章程等的总称。其中，宪法是国家的根本法，具有综合性、全面性和根本性；法律是由立法机关制定，体现国家意志和利益的，必须依靠国家政权保证执行的强制全社会成员共同遵守的行为准则，地位仅次于宪法；行政法规是国务院制定的关于国家行政管理的规范性文件，地位和效力仅次于宪法和法律；地方性法规是地方权力机关根据本行政区域的具体情况和实际需要依法制定的本行政区域内具有法律效力的规范性文件；规章是国务院组成部门及直属机构在其职权范围内制定的规范性文件，省、自治区、直辖市人民政府也有权依照法定程序制定规章；国际条约是我国作为国际法主体同外国缔结的双边、多边协议和其他条约或协定性质的文件。

食品法律法规是指由国家制定或认可，以法律或政令形式颁布的，以加强食品监督管理、保证食品卫生、防止食品污染和有害因素对人体的危害、保障人民身体健康、增强人民体质为目的，通过国家强制力保证实施的法律规范的总和。食品法律法规既包括法律规范，也包括以技术规范为基础所形成的各种食品法规。

1.1.2 标准与法规的功能

1.1.2.1 促进技术创新

标准是以科学技术的综合成果为基础建立的，制定标准的过程就是将其与实践积累的先进经验结合，经过分析比较加以选择，并归纳提炼以获得最佳秩序。通过标准化工作，还可将小范围内应用的新产品、新工艺、新材料和新技术纳入标准进行推广应用，可促进技术创新。

1.1.2.2 实现规模化、系统化和专业化

标准的制定可减少产品种类，使产品品种系列化、专业化和规模化，可降低生产成本和提高生产效率；同时，还可确保由不同生产商生产的相关产品与部件的兼容和匹配。

1.1.2.3 保证产品质量安全

标准对产品的性能、卫生安全、规格、检验方法及包装和储运条件等作出明确规定，严格按照标准组织生产和依据标准进行产品检验，可确保产品的质量安全。法规以国家强制力为后盾，可保证标准的实施，确保产品质量安全。

1.1.2.4 为消费者提供必要的信息

对于产品的属性和质量，消费者所掌握的信息远不如生产者，这使消费者难以在交易前正确判断产品质量，但是，借助于标准，可以表示出产品所满足的最低要求，帮助消费者正确认识产品的质量，以减少市场信息的不对称状况，同时也可提高消费者对产品的信任度。消费者还可通过国家颁布的相关法律法规作为保护自己的有效依据。

1.1.2.5 降低生产对环境的负面影响

人们对环境的过度开发，导致环境污染日益严重。尽管人们已认识到良好环境对提高生存质量和保证可持续发展极其重要，各国政府也纷纷加强对环境的监管力度，但在法律法规和标准规范下进行生产是降低生产对环境负面影响的有效手段之一。

1.1.3 标准与法规的关系

标准属于技术规范，是人们在处理客观事物时必须遵循的行为规则，重点调整人与自然规律的关系，规范人们的行为，使之尽量符合客观的自然规律和技术法则，以建立起有利于社会发展的技术秩序。法律、规章属于社会规范，是人们处理社会生活中相互关系应遵循的具有普遍约束力的行为规则。在科技和社会生产力高度发展的现代社会，越来越多的立法把遵守技术规范确定为法律义务，将社会规范和技术规范紧密结合在一起。

1.1.3.1 标准与法规相同之处

标准与法规都是现代社会和经济活动必不可少的规则，具有一般性，同样情况下应同样

对待。

标准与法规在制定和实施过程中公开透明，具有公开性。

标准与法规都是由权威机关按照法定的职权和程序制定、修改或废止，都用严谨的文字进行表述，具有明确性和严肃性。

标准与法规在调控社会方面享有威望，得到广泛的认同和遵守，具有权威性。

标准与法规要求社会各组织和个人服从，并作为行为的准则，具有约束性和强制性。

标准与法规不允许擅自改变和随便修改，具有稳定性和连续性。

1.1.3.2 标准与法规的不同之处

标准必须有法律依据，必须严格遵守有关的法律、法规，在内容上不能与法律法规相抵触和发生冲突；法规则具有至高无上的地位，具有基础性和本源性的特点。

标准主要涉及技术层面，而法律法规则涉及社会生活的方方面面，调整一切政治、经济、社会、民事和刑事等法律关系。

标准较为客观和具体；法规则较为宏观和原则。

标准会随着科学技术和社会生产力的发展而修改和补充；法规则较为稳定。

标准强调多方参与、协商一致，尽可能照顾多方利益，比较注意民主性。

标准本身并不具有强制力，即使是所谓的强制性标准，其强制性也是法律授予的。

标准和法规都是规范性文件，但标准在形式上既有文字的也有实物的。

1.1.3.3 标准与技术法规的关系

我国在加入WTO议定书中承诺，“标准”和“技术法规”两个术语的使用遵照《世界贸易组织贸易技术壁垒协议》中的含义。标准(standard)是经公认机构批准的、规定非强制执行的、共同使用或反复使用的产品或相关工艺和生产方法的规则、指南或特性的文件。技术法规(technical regulations)为强制执行的规定产品特性或相应加工和生产方法的包括可适用的行政管理规定在内的文件。各国制定的技术法规大多以法律、法规、规章、指令或强制性标准文件的形式发布和实施。

标准与技术法规的共同点是覆盖所有的产品，都是对产品的特性、加工或生产方法作的规定，都包括专门规定用于产品、加工或生产方法的术语、符号、包装、标志或标签要求。但在形式上，标准是一定范围内协商一致并由公认机构核准颁布供共同使用和反复使用的协调性准则或指南；技术法规则是通过法律规定程序制定的法规文本，由政府行政部门监督强制执行，由于技术性强，这类法规通常是由法律授权政府部门制定的规章类法规。

在法律属性上，技术法规是强制执行的文件，这些文件以法律、法案、法令、法规、规章、条例等形式发布；强制性标准属于技术法规范畴，并由国家执法部门监督执行，如我国的《缺陷汽车产品召回管理条例》《美国消费品安全法案》及欧盟《关于化学品注册、评估、许可和限制法规》等均属于技术法规文件，对贸易有重大影响；标准是自愿执行文件，不属于国家立法体系的组成部分，在生产和贸易活动中，对同一产品，生产者、消费者和买卖双方可以在国际标准、区域标准、国家标准和行业标准中自主选择，只是一旦选择了某项标准，就应按标准的规定执行，不能随意更改标准的技术内容。

在内容上，技术法规与标准均对产品的性能、安全、环境保护、标签标志和注册代号等作出规定；在需要制定技术法规的领域中，技术法规除了法律形式上的内容外，需要强制执行的技术措施要求应该与标准一致。《世界贸易组织贸易技术壁垒协议》2.4条款也规定，当需要制定技术法规并已有相应国际标准或其相应部分即将发布时，各成员需使用这些国际标准或其相应部分作为制定本国技术法规的基础。技术法规除规定技术要求外，还可以作出行政管理规定；有些技术法规只列出基本要求，而将具体的技术指标列入标准中，将标准作为法规的引用文件，如欧盟的一系列新方法指令，这有利于保持技术法规的稳定性和标准的时效性。

在范围上，标准涉及人类生活的各个方面；而技术法规仅包含政府需要通过技术手段进行行政管理的国家安全、人身安全和环境安全等。

在制定原则上，技术法规和标准的制定都要遵循采用国际标准原则，避免不必要的贸易障碍原则、非歧视原则、透明度原则和等效与相互承认原则。技术法规制定的前提是实现政府的合法政策目标，包括保护国家安全、防止欺诈行为、保护人的安全健康、保护生命与健康以及保护环境，特别是环境要求方面，如对环境影响严重的企业，如不对排污进行处理，其产品不准出厂，即局部利益服从国家的全局利益。而标准的制定是采取协商一致的原则，即制定标准至少应有生产者、消费者和政府机构等各利益相关方参与并达成一致意见，即标准是各方利益协调的结果。技术指标的确定要有科学依据，要基于风险分析。

在制定机构与版权保护上，技术法规作为强制执行文件，只能由被法律授权的政府机构制定和发布。这些机构依据法律授权制定技术法规文件，授权方式通常为国家《立法法》和《行政许可法》一类的文件，如美国制定技术法规的机构有美国国会、联邦政府机构和州政府机构；欧盟包括欧洲议会、欧盟理事会、欧盟委员会及欧盟成员国政府；我国制定技术法规的机构有全国人大、地方人大、国务院、国务院直属机构及各部门以及各省、自治区和直辖市政府等。技术法规作为一种法律法规性文件，根据保护知识产权的《伯尔尼公约》，不受版权法的约束，其全文应在媒体上公布，让生产商、进出口商和消费者广泛了解、遵守和执行。TBT协定标准发布的公认机构可以是国际组织，如国际标准化委员会、国际电工委员会和国际电信联盟等；可以是区域组织，如欧洲标准化组织、欧洲电工标准化委员会和欧洲通信标准学会等；也可以是国家团体，如英国标准学会、加拿大标准理事会和德国检验测试公司等。标准制定程序、编写方法和表述模式具有鲜明的技术特点、广泛的适用性并可随时修订，以反映当代科技水平。标准是技术和智慧的结晶，是享有知识产权的出版物，受版权法保护。

1.2　标准、法规与市场经济的关系

1.2.1　标准与市场经济的关系

标准是市场经济运行的必备条件，是产品走向市场的桥梁，积极采用国际标准是通向国际市场的关键。标准与市场经济的关系包括：市场经济是自主性经济，市场主体的生存和发展必须执行或制定先进的产品质量标准以满足市场和用户的需求；市场经济是契约经济，在契约合同中设定的产品质量标准是双方检验产品质量的依据，是发生经济纠纷时进行仲裁的技术基础；市场经济是竞争经济，市场主体运用标准化加快新产品开发或执行先进的质量标准，可以提高产品的质量和竞争力；市场经济是开放的经济，标准则是国内国际市场贸易中必须遵守的技术准则，是国际条约和基本规则的技术层面的组成内容；市场经济是受调控和监督的经济，国家授权的监督机关以及消费者可依据各种标准，依法对产品质量、工程质量和服务质量实施监督。

随着改革开放的深化和经济的发展，特别是加入 WTO 后，我国的标准化工作得到了长足的发展，积极参加国际标准化活动，积极采用国际标准，取得了显著的成绩。

1.2.2 法规与市场经济的关系

在一定意义上，市场经济是法治经济，即市场经济的秩序必须通过法治来形成和维持，因此，法治是市场经济的必备条件和基本特征。法和经济基础的相互关系表现在两方面，首先，法是建立在一定经济基础之上的上层建筑的重要组成部分，其性质由产生它的经济基础的性质决定；其次，法可反作用于产生它的经济基础，促进或阻碍生产力的发展，对社会起进步作用或反作用。市场经济条件下出现的法律是适应商品经济的需要而产生的，同样，市场经济的发展也需要通过法律来加以规范和保障。所谓法治就是依法治理，法治是人类文明的结晶，是社会发展的产物和社会进步的标志。法律对市场经济的规范作用主要表现在规范市场经济运行过程中政府和市场主体的行为，明确什么是合法的，或者法定应该无条件执行的；什么是非法的，或者法定必须明令禁止的。在我国市场经济和企业行为还不够完善和规范的情况下，运用国家政权的力量，制定规范市场经济运行的法规，对不合理的经济行为实行必要的干预，是很重要的一个措施。建立市场经济的法规体系是一个庞大的系统工程，市场经济的法规体系包括宪法、市场主体法、市场主体行为规则法、市场管理规则法、市场体系法、市场宏观调控法、社会保障法以及民法。宪法规定了我国的经济制度、政治制度以及调整经济关系的基本原则，还规定了各项立法应遵循的基本原则，因此，宪法是市场经济法规体系建设的依据和基础，只有以宪法为基础，才能保证法制的统一。市场主体法是市场主体组织形式和地位的法律规范，市场主体就是以企业为主的法人，以及事业性质的法人，主要法律包括公司法、合资企业法、国有企业法、集体企业法、个人企业法及破产法等。市场主体行为规则法是关于市场主体交易行为的法律规范，包括物权法、债权法、票据法、证券交易法、保险法、海商法、专利法、著作权法、商标法及广告法等。市场管理规则法是规定市场平等竞争条件，维护公平竞争秩序的具有普遍性的法律规范，包括反不正当竞争法、食品安全法、计量法、标准化法、进出口商品检验法、经济合同法、技术合同法、仲裁法、国家赔偿法、行政诉讼法及行政处罚法等。市场体系法是确认不同市场、规定个别市场法则的法律规范，主要包括期货交易法、信贷法、技术贸易法、信息法及招投标法等。市场宏观调控法是政府对市场实施宏观调控的法律规范，主要包括预算法、银行法、产业政策法及计划法等。社会保障法是在市场经济条件下对劳动者提供社会保障的法律规范，包括劳动法、社会保险法、未成年人保护法、妇女权益保护法及社会救济法等。民法是调整平等主体之间的财产关系和人身关系的法律规范的总称，在市场经济的法规体系中属于基本法的地位，主要担负维系社会公平正义和协调各种利益冲突和保障人身权和人格权的重要作用。在这个法规体系中，除了国内的法律法规外，还涉及许多国家（地区）和国际上的法律法规、条约和协定等，如 WTO 的一系列规则和我国与其他国家签订的双边或多边协议。与食品生产有关的法律主要涵盖于市场管理规则法之中。

市场经济是自主性经济，要求法律确认市场主体资格，平等保护市场主体的财产权；市场经济是主体地位平等的经济，要求法律确认所有人的平等地位，平等地享有权利和义务；市场经济是契约经济，要求法律确认契约是处理经济关系的法律形式，并保护契约在市场经济中的作用；市场经济是竞争经济，要求法律维护和保障正当竞争，限制和惩处不正当竞争；市场经济是开放的经济，要求法律不断进行调整，与国家法规接轨，营造统一开放的国内市场和全球化的国际市场。

法律对市场经济的保障表现在两个方面：一是利益保障，即通过法律及时制止侵犯他人、集体或国家利益的违法犯罪行为，以保障市场经济；二是秩序保障，即通过法律的引导来促进市场行为在一定的秩序中正常进行，以保障市场经济的发展。

标准不等于法律，但标准与法律有着密切的内在联系。要保持市场经济良好的秩序，必须要有完善的标准体系来支撑法规体系的实施，否则，再好的法规也难以实施到位。只有法规与标准相互配套，发挥各自特有的功能，才能确保市场经济的正常健康运行，促进社会经济的发展。

1.2.3 标准、法规在市场经济及市场竞争中的作用

市场经济是法治经济，需要相关的法律规范来保障其正常运行，而市场经济的运行则主要依靠标准化。通过制定、采用和实施标准，建立衡量产品质量的依据，依据企业采用的标准判定产品是否合格，依据国家强制性标准判定产品质量是否影响人体健康。通过法规规定要求企业在商品的标签或说明书中标明采用的标准，既便于政府和消费者监督，又有利于企业保护自身利益，如企业采用的标准是判定假冒伪劣商品的依据。

市场经济主体之间进行的各项商品交换和经贸往来一般是通过合同、契约形式来实现的。我国的《合同法》明确规定合同的内容要包括质量技术与安全的要求，而标准就是衡量产品质量与安全合格与否的主要依据。因此，合同中应明确规定产品质量和产品安全性的标准，并以此作为供需双方检验产品质量的依据，所以，标准能使供需双方在产品质量问题上受到法律的保护和制约，标准是市场经济活动的合同、契约和纠纷仲裁的技术依据。

市场竞争不仅是产品品种和质量安全方面的竞争，也是产品价格、交货期限和服务等的竞争，因此，企业采用先进的标准、现代化的手段快速销售产品，可提高企业适应市场竞争的时效性需要。如由国际标准化组织（ISO）推出使用的电子数据交换（electronic data interchange，EDI）就是按照一个公认的标准，将商品交换过程中的数据、信息及单证格式等标准化，作为计算机可识别的商业语言通过计算机网络进行联通处理。EDI已成为全球市场竞争中的重要手段之一。

市场经济是开放型经济，社会分工的细化和市场的扩展，扩大了不同国家和地区之间的经济联系。为了保证国际经济贸易活动正常有序地开展，国际上已经和正在形成一系列统一通行的国际经贸条约、规则和惯例。因此，在产品或服务进入国际市场、参与国际竞争的过程中，就必须了解、参与和遵守这些条约和规则。其中，标准化是国际通行条约和惯例做法的一个重要组成部分，是国际贸易中需要遵守的技术准则。我国作为WTO成员，要积极参与国际标准化活动，积极采用国际标准以促进国际商贸活动中货物的自由交换。因此，标准化还是市场经济活动国际性的技术纽带。

市场竞争的实质是产品质量和人才的竞争，但有的企业产品质量标准检验合格，却不能占领市场，问题的原因在于企业是否制定了符合市场与不同顾客群需求的产品标准，是否建立起以产品标准为核心的有效运转的企业标准体系，是否将产品标准化向纵深推进，运用多种标准化形式支持产品开发。因此，标准化才是赢得市场竞争的金钥匙。

1.3 标准、法规在国际贸易中的作用

伴随着国内外贸易朝着规模化、规范化、多样化、自由化和全球化的方向发展，标准与法规在贸易中的重要地位凸显出来。一方面，贸易本身的发展要求有一个公平有序的竞争环境，要求有规范参与主体行为的共同准则，要求有统一的技术标准作为生产、交易的依据；另一方面，由于贸易主体和利益主体的层次性，导致标准体系的层次性，国际标准、国家（区域）标准和企业标准 3 个层次各自涵盖范围不同，对贸易的影响也不尽相同。

1.3.1 国际标准对国际贸易的影响

国际标准包括各种国际公约、惯例和国际性技术标准，这些标准就是国际贸易中各国协调的产物。而各种国际组织（WTO、ISO、IEC 等）是国际标准化活动的直接参与者，如《世界贸易组织贸易技术壁垒协议》中所确立的有效干预原则、非歧视原则、采用国际标准和国际标准原则、争端磋商机制原则、给发展中国家优惠以及不发达国家以帮助原则等，为国际贸易创造了一个公平合理和透明的环境，有利于维持国际市场的正常秩序。各种国际标准化组织都设有内容丰富详尽的技术标准数据库、信息网，为国家和企业提供服务，极大地增强了世界范围内产品的通用性和兼容性，促进了国际技术交流，提高了生产效率，保护了消费者的切身利益，有利于国际市场的进一步融合。国际标准是协调国家利益和推行贸易自由化不可缺少的协调手段。

国际标准作为国际贸易游戏规则的一部分和产品质量仲裁的重要准则，在国际贸易中具有特殊地位和作用。因此，许多国家特别是发达国家受其政治、经济整体利益的影响，千方百计在国际标准活动中争取领导权、发言权，意图将本国标准转化为国际标准，以便在国际贸易中抢占先机。

1.3.2 国家(区域)标准化对国际贸易的影响

国家（区域）标准化可规范其内部市场秩序，建立统一的贸易框架，实现商品、技术和服务的自由流动，引导企业生产和服务向高质量方向发展，有利于国家（区域）作为统一市场参与国际贸易，并提升国家（区域）的整体竞争力。日本是国家标准化成功的典范，在 20 世纪 70 年代就开始大力推进工业标准化，实施产品认证和工厂 JIS(Japanese industrial standard)标志制度，在国际市场上树立起高质量日本产品的形象；欧盟则是区域标准化的典范，为简化并加快欧洲各国标准的协调，欧共理事会于 20 世纪 80 年代即采取优先采用国际标准、强化欧洲标准和弱化国家标准的政策，经过多年的发展，欧盟逐渐形成了上层约 300 个具有法律强制力的欧盟指令，下层包含上万个只有技术内容、厂商可自愿选择的技术标准的两层结构的欧盟指令和技术标准体系，有效消除了欧盟内部市场贸易障碍。

当国家（区域）标准化利益偏重国家（区域）利益时，会产生变相的贸易保护主义。

1.3.3 企业标准与国际贸易

企业要在竞争激烈的国际市场上获取最大限度的市场份额，取得良好效益，就必须构建以客户利益、企业职工利益和社会利益相结合的标准化管理体系。ISO(international organization for standards)先后推出三大管理体系：一是以客户为对象的 ISO 9000 质量管理体系，在国际贸易中被作为确认质量保证的依据；二是以社会和相关方为对象的 ISO 14000 环境管理标准，目的在于指导组织建立和保持一个符合要求的环境管理体系(EMS)；三是以组织员工和相关方为对象的 OHSAS 职业安全卫生管理体系，目的是增强职业卫生安全意识和知识，提供更为安全卫生的工作环境，降低发生伤亡事故和职业病的风险，减少职工由于疾病和伤害造成的损失。这三大管理体系反映了国际市场对质量、环保和安全的要求。因此，企业在标准化体系建设中注重与国际先进标准接轨，有选择地加以吸收采用，对内可促进工作效率和管理水平的提高，对外可树立良好的企业形象，取得用户及社会的信任，一旦这种形象被国际社会认可接受，便构成企业核心竞争力和比较优势，有助于提高企业对外贸易的竞争力。

1.3.4 WTO/TBT 在国际贸易中的作用

TBT(technical barriers to trade，技术性贸易壁垒)大都是为保护本国消费者利益而被各国提出并采用的，在国际贸易中规定产品应达到一定的标准，有助于提高产品质量、保护产品的使用和消费过程的安全以及维护消费者的合法权利等。正是由于技术壁垒的出现，使得技术法规和标准在国际贸易中得到广泛应用，对国际贸易商品质量有了健全的评估体系，极大地推动了国际贸易的发展。但由于 WTO/TBT 将执行技术法规的目标限定在国家安全需要、防止欺诈行为、保护人类健康和安全、保护动植物生命或健康以及保护环境的范围，该范围过于广泛又没有明确界定，为各国利用有限干预原则营造技术性贸易壁垒留下隐患，各种类型的贸易性技术壁垒不断产生。

常见的技术性贸易壁垒形式有检疫程序和检验手续、计量单位、绿色技术壁垒、卫生防疫与植物检疫措施、包装及标志等，给国际贸易带来巨大障碍。如进口国通过颁布法律、法令、条例和规定，建立技术标准、认证制度和检验制度等，对进口产品指定过分严格的技术标准、卫生检疫标准、商品包装的标签标准等，给出口国制造种种困难。还有就是利用各国技术法规与标准的不同，或者针对国内外产品采用双重标准，抑制外国产品进口；或者以种种理由对进口产品实施“紧急措施”，实行新的检疫标准或程序，给出口国造成损失。如 2003 年，欧盟在我国动物源性产品中检出氯霉素超标，并全面禁止进口我国动物源性产品，使相关行业受到严重影响。其中，氯霉素标准，欧盟 0.1 μg/kg，美国 5 μg/kg，日本 50 μg/kg，即欧盟标准远远超过食品安全标准需要，其实质就是通过标准实施贸易保护和设置贸易壁垒。转基因食品安全则是由新技术新产品引发的贸易技术壁垒。欧盟在对待转基因产品的问题上，采用的是谨慎的“预防原则”，但 2003 年后迫于其他成员方诉诸 WTO 争端解决机制的压力，欧盟颁布法律，允许转基因产品在保证可追踪性的前提下在欧盟市场出售，对转基因产品从“事实上的暂停”过渡到了象征性的开放；现在多数国家相继规定含转基因成分的食品必须在标签上予以标注，让消费者选择。我国 2015 年修订的《食品安全法》第六十九条规定“生产经营转基因食品应当按照规定显著标示”。对转基因食品的这些办法，许多消费者和科学家认为是一种谨慎和稳妥的处理办法，但有一些经济学家和一些相关人员认为这是一种平衡的技术性贸易壁垒。

绿色技术壁垒则由于全球尚无统一的环境标准，各国及地区之间环境标准和环境管理水平参差不齐，一些国家单方面实行高标准市场准入制度，对进口商品实行硬性环保指标或增加额外环保认证手续等苛刻要求，进行环境贸易制裁，并将环境标准由产品扩大到生产工艺，构成形式上合法而内容上歧视的绿色贸易壁垒。如 2005 年 1—10 月 WTO 成员发布的通报中，有 170 项涉及环境保护，占通报总数的26%，环境贸易壁垒已成为限制国际贸易的一个重大障碍。

在目前的国际贸易中，TBT已成为影响21世纪国际贸易发展的重要因素。国际贸易中TBT的形式多样，涉及面广，影响着各国经济政策的决定和国际贸易的发展速度，并在一定程度上影响着国际贸易的商品结构、地理方向，引起不同国家间、集团间的贸易摩擦和冲突，由贸易技术壁垒引发的国际贸易争端也越来越多。TBT对国际贸易的影响主要表现在：一是进口国可根据保护本国工业的意愿，通过制定极为严格烦琐的技术标准，限制外国产品的进入和对进口产品的销售设置重重障碍；二是利用技术、经济、PPM(processing & product method)标准及司法行政影响产品进口。其中，通过技术条文本身的限制规定直接限制进口的技术限制是贸易技术壁垒的主要形式。其结果是发达国家常作为技术标准的制定方，通过提高技术要求限制其他国家(主要是发展中国家)同类产品对市场的进入，导致发展中国家对外贸易条件不断恶化，又反过来影响发达国家对发展中国家出口的增长，最终不能使发达国家达到保护本国衰落工业和促进经济增长的目的。即随着市场竞争的日益激烈，TBT又变成了阻碍国际贸易正常进行的手段。因此，SPS/TBT协定又规定，各成员在发生贸易争端时，必须以国际标准或风险分析的结论为依据，可以在WTO争端解决机构中解决。对于发展中国家来说，若贸易对方国标准严于国际标准，可以要求其按照风险分析的原理提供科学依据，以保障自身国家的合法贸易权益。这对相关贸易国设立不合理的贸易壁垒有针对性地提出了公平合理的对策。

1.4 标准、法规与食品安全体系的关系

1.4.1 食品安全及食品安全问题的严重性

食品安全是指食品供给与消费的可靠程度，包括两方面的含义：一是指一个国家或社会的食物保障(food security)，即是否具有足够的食物供应，是食品数量的安全；另一是指食品中有毒有害物质对人体健康影响的公共卫生问题(food safety)，是食品质量的安全。食品质量安全主要是食品卫生(food hygiene)，即食品应该无毒无害，保证人类健康和生命安全，维持身体健康，即狭义的食品安全。而广义的食品安全则包括食品数量安全、食品质量安全、食品卫生安全、食品营养安全和食品生物安全等，目的是持续提高人们的生活水平和不断改善环境生态质量，使人类社会得到可持续发展。

目前是人类历史上工业化程度最高的时期，人们对环境的过度开发，导致环境污染日益严重，污染物不断地向人类的生存发起挑战。在诸多污染物中，除了食源性疾病不断上升外，人为加入食物链的有害化学物已成为当今最严重的食品污染问题，包括农牧业生产及食品加工过程中的各种添加剂、农药、兽药等。20世纪90年代以来，发生了一系列全球性的食品生产与安全事件，如1996年英国的疯牛病事件，1999年比利时二噁英污染鸡事件，2000年日本大阪雪印牛奶厂生产的低脂高钙牛奶被金黄色葡萄球菌毒素污染事件，2003年美国疯牛病事件，2005年英国“孔雀石绿”鲑鱼事件，2008年中国三聚氰胺污染奶粉事件，2011年台湾塑化剂事件，2014年上海发生使用过期劣质肉的福喜事件，2017年江西九江发生镉污染大米事件，2018年非洲猪瘟在我国大面积爆发，以及2020年多次检出进口冷链食品及其包装材料被新冠病毒污染的问题等。

食品安全事件影响人民健康，即使在工业发达国家每年仍有约30%的人口感染食源性疾

病;发展中国家资料欠缺,但有数十亿病例与腹泻有关;我国2006—2015年共发生食物中毒2 868起,中毒94 979人,死亡1 596人;其中2002—2016年椰毒假单胞菌中毒事件有16起报告,发病153例,死亡51例,椰毒假单胞菌污染也是造成2020年黑龙江省鸡西市鸡东县某家庭聚餐引发死亡悲剧的原因。食品安全事件既是社会负担,也是经济负担。在市场经济大潮中,一个食品企业的产品要具备竞争力,首先必须在消费者心目中建立安全感和信任感。在对外贸易中,合作伙伴也是首先对食品的安全性做出要求。食品安全性一旦出现问题,不仅给企业带来致命打击,还会对一个国家的经济、政治和社会产生深刻的负面影响。如英国的疯牛病使英国政府丢掉了年销售额达60亿美元的肉牛养殖业,还要向农民支付高达200亿英镑的赔偿费;比利时的二噁英事件造成的直接损失达3.55亿欧元,加上关联企业总损失已超过上百亿欧元。

此外,食品高新技术、新资源的应用也给食品安全带来新的挑战,特别是转基因食品的安全问题,受到各国政府、学者和公众的普遍关注。

1.4.2 标准、法规与质量管理体系的关系

食品安全问题涉及食品的生产者、经营者、消费者和市场管理者(包括政府)等各个层面,贯穿于食品原料的生产、采集、加工、包装、贮运和食用等各个环节,每个环节都可能存在安全隐患。因此,健全的食品质量管理体系构成了食品安全的基础。

食品安全的质量管理体系可分为食品安全监管体系、食品安全支持体系、食品安全过程控制体系、转基因食品安全及技术性贸易壁垒等。食品安全监管体系包括机构设置、安全性评价、安全风险分析、质量安全体系和标签管理等;食品安全支持体系包括食品安全法律法规体系、科技支持体系、危险性评估体系、安全标准体系、检验检测体系、认证体系、信息服务体系及突发事件应激反应机制等;食品安全过程控制体系包括产地环境监测、动物防疫与植物检疫体系、投入品(含农药、兽药、饲料和肥料等)管理、食品加工储运、食品供应组织体系、市场准入等;转基因食品安全包括技术标准、标识制度和消费者教育等;技术性贸易壁垒与食品安全包括预警体系与快速反应机制、协议与争端解决机制以及进出口食品安全监管体系等。

食品安全往往与消费时食品中食源性危害的存在和水平有关。由于食品安全危害在食品链的任何阶段(从"农场到餐桌")都可能引入,因此,食品安全的质量管理体系是整个食品链全程安全监控的依据,又可分为生产体系、市场体系、监控体系和评估体系,由一系列的标准与法规作为支持,以保障食品市场的安全运作。其中,构成食品生产体系安全的包括国家产业政策、农资使用标准、生产操作规程、食品原料与加工标准等;构成食品市场体系安全的包括国家有关供销储备政策、市场准入标准、标签管理规定和食品销售规定等;构成食品监控体系安全的有市场执法机构及执法规范、认证机构与认证规范、检测机构与检测规范等;构成食品安全评估体系的有残留物最高限量标准、产品质量标准及取样检测方法标准等。

1.4.3 标准、法规与食品质量安全的关系

食品质量安全问题是全球性的公共安全问题,食品的质量安全直接关系到人们的健康。因此,以控制有毒有害物质、提高食品质量安全为特征的食品安全控制体系正在逐步完善,相关的标准与法规的建设也取得了积极的进展。根据《中华人民共和国标准化法》,食品应该按食品质量标准进行生产和质量控制,食品质量安全监管工作也应依照相关食品标准规定的质量技术指标项目进行监督和检查。食品质量安全是食品标准规定的各项质量技术指标的总体

反映，食品质量安全监督也应该是食品整体质量安全的监督。

食品安全的法律法规体系和标准体系等构成了食品质量安全支持体系。如欧盟的食品安全法规体系主要从以下四方面来达到食品质量安全：一是引入风险分析的方法，包括风险评估、风险管理和风险交流，被作为基本的原则融入欧盟的法律，并成为各成员国食品安全体系的法律基础；二是明确从业者负有遵守法律规定，自主将风险最小化的责任；三是通过建立统一的数据库（包括识别系统、代码系统），详细记载生产链中被监控对象移动的轨迹，建立起食品及其原料的可追溯机制；四是《食品安全基本法》制定了使利益相关方能够在所有阶段参与食品法律制定的框架，通过立法的透明度和有效的公众评议建立了增强消费者对食品法律信心的必要机制。

食品加工的原料来自农畜产品，农牧业是食品工业食品质量安全从“农场到餐桌”的第一环，标准化、规范化的种植/养殖体系有利于保证食品原料的质量；建立食品质量安全市场准入制度（QS）及食品工厂良好操作规范（FGMP），加强和完善食品加工过程中间产品的质量控制，是促进农畜产品增值、保证食品质量安全的重要手段；标准化的食品储运体系可保证食品原料、中间产品和产成品在贮运过程中的质量安全；建立食品产品的召回制度则可通过召回出现问题的产品，最大限度减少危害。而食品生产的标准化是实现食品质量安全的重要方法，通过认证为标志的食品质量检测与控制体系的标准化是保证食品质量安全的关键。

1.5 食品标准与法规的研究内容、意义和学习方法

1.5.1 食品标准与法规的研究内容

食品标准与法规是研究食品的生产、加工、包装、贮运、销售和配送等全过程相关的法律法规、标准及合格评定程序的一门综合性学科。食品标准的研究必须考虑食品加工门类（粮油、果蔬、畜产、水产及茶叶加工品等）和食品加工过程要素（如食品加工原料、加工设施与加工工艺、包装标识、产成品检验、贮藏运输及销售等）等，以构建和完善食品基础标准、通用标准和专用标准，构成食品标准体系。食品法规则是专门研究与食品有关的法律法规和管理制度，包括法规的产生、规定要求、实施以及变化的规律等，如《中华人民共和国食品安全法》《中华人民共和国标准化法》《中华人民共和国产品质量法》及各类食品生产加工技术规范等。

食品标准与法规的研究对象是“从农田到餐桌”的农产品相关产业链的全过程的质量安全有关法律法规和标准，从标准与法规的制定与完善层面，提高我国食品质量安全水平、保护自然环境、促进市场贸易和规范企业生产。

食品标准与法规主要研究内容包括：对我国现有食品标准与法规体系的研究和分析，以及通过对国际和发达国家的食品标准与法规体系的学习和借鉴，探索构建我国的食品安全标准与法规体系的有效途径，以完善我国食品安全标准与法规体系。具体研究内容体现在：标准法规的概念、功能及相互关系；标准、法规对市场和贸易的影响；食品法律法规的基础知识，中国的食品法律法规，以及国际、部分国家的食品法规；食品标准的基础知识，我国的食品标准，以及食品国际标准及采用国际标准；食品企业标准体系及食品的市场准入和认证管理。

1.5.2 食品标准与法规的研究意义

改革开放以来，我国食品工业得到了快速发展，各种食品日益丰富，但由于产地环境污染问题、食品加工水平较低，以及在生产中滥用农药、兽药、添加剂和掺杂使假等违法犯罪活动，使我国的食品安全形势非常严峻，从苏丹红鸭蛋到三聚氰胺奶粉，从毒火腿到陈馅月饼等，关于食品质量的报道中不断有“致癌农药”“苏丹红”“氰化物”等名词出现。这些有毒或有质量问题的食品不仅严重危害民众的身体健康，还对民众造成了很大的心理恐惧，同时，也在拷问着我们的食品安全监管和立法部门。因此，食品标准体系的完善和食品安全立法是一个直接关系国家利益、人民健康的根本问题。

此外，随着我国国民经济的快速发展和人民物质生活水平的提高，对食品质量安全也提出了越来越高的要求。同时，食品质量安全还事关食品产业的发展和市场竞争能力，特别是我国加入 WTO 后，贸易伙伴的绿色壁垒迫使我国的食品标准与食品安全体系必须尽快与国际接轨，努力缩小与 FAO/WHO 等国际标准的差距。因此，食品标准与食品质量安全的法律法规体系在人们的社会和经济生活中将发挥重要的作用。

1.5.3 食品标准与法规的学习方法

食品标准与法规是一门综合性管理学科，它涉及食品与农畜产品的各个门类，并贯穿于食品与农畜产品生产和流通的全过程，即“从农田到餐桌”；它既包括法律法规与标准的制定与实施，又涵盖有关监督检测和评定认证体系；既要规范协调企业和消费者双方，又要涉及政府、行业组织等管理机构，还要涉及监督检测和合格评定等第三方中性机构。因此，食品标准与法规的学习中特别要考虑到本学科的综合性、系统性和动态发展性。

综合性指食品标准与法规的研究对象、研究主体和过程涉及食品与农畜产品“从农田到餐桌”的全过程，包括农畜产品的种、养殖，食品加工、保藏、流通和消费全过程的食品质量管理与安全控制，涉及食品分析与监督检测、资源与环境、贸易和法学等众多学科，因此，在编制产品全寿命过程的标准化规划和计划中，要根据总的标准体系，分期分批建立专业标准分系统，即标准综合体，再根据所需的综合标准体系编制相应的标准制（修）订计划并组织实施。而对相关学科进行系统的先期学习是理解和掌握食品标准与法规的基础。

系统性指食品标准与法规是以相互联系、相互影响的系统性形成存在的，无论是企业和地方的标准法规还是国家和国际性的标准法规，为实现整体的最佳要求，确立最佳的标准化目标，都必须把产品作为一个系统来考虑，做好系统分析，研究产品原料、设计、工艺、效验、测试、使用、维护、运输、贮存和管理等所有环境的标准问题。即那些对终产品质量起保证作用的生产环境、原辅材料、工艺设备、加工工艺、包装、物流和监督检验等标准法规都是产品质量保证系统中的要素。因此，食品标准与法规的作用是一个系统作用效应，是一个系统工程。

动态发展性指食品标准与法规会随着科学技术的进步与现实社会经济的不断发展而变化，使原有的标准法规不能适用，自愿性标准会失效，而强制性标准与法规则会产生负效应，此时就必须依据环境的要求及时应变，立即组织标准与法规的修订或对标准与法规系统进行调整，即标准与法规的动态发展性。如《中华人民共和国食品安全法》的制定与修订，《中华人民共和国农产品质量安全法》的制定和出台等，使我国的食品标准已由原来的单纯质量和卫生安全标准扩展到涉及农畜产品的生产、加工、包装、物流等全过程的安全质量管理与认证的标准化体系。因此，应该以发展的眼光来学习。食品标准与法规的发展包括产生（调查研究、形成草案和批准发布）、实施（宣传普及、监督和咨询）以及反馈与更新（信息反馈、评估评价和重新制定或修订）三阶段。每一个新标准、新法规的产生都标志着某一领域或某项活动的经验和成果的规范化，制定标准、法规的过程实质就是积累和总结人类社会实践经验和科学技术成果的过程；标准与法规的实施过程即是推广和普及以规范化的实践经验和科技成果的过程；反馈与更新则是通过实施过程中出现的新情况进行调整，以新经验和新成果适时更新或取代原有法规标准，是自然科学和社会经济发展的不断深化与提高的过程。

食品安全是人民生命健康和人类可持续发展的重要保障。《中华人民共和国食品安全法》于 2009 年正式实施，2015 年修订，分别于 2018 年和 2021 年进行两次修正。党的二十大提出，要坚持走中国特色社会主义法治道路，建设中国特色社会主义法治体系、建设社会主义法治国家，围绕保障和促进社会公平正义，坚持依法治国、依法执政、依法行政共同推进，坚持法治国家、法治政府、法治社会一体建设，全面推进科学立法、严格执法、公正司法、全民守法，全面推进国家各方面工作法治化。我们要认真贯彻实施《中华人民共和国食品安全法》，保障食品安全，推动食品行业健康发展，让人民群众的安全感更加充实、更有保障、更可持续。

思考题

1. 简述标准与法规的概念、特点及相互关系。
2. 简述标准与法规在市场竞争及市场经济中的作用。
3. 简述 WTO/TBT 在国际贸易中的作用。
4. 简述标准、法规与食品质量安全的关系。
5. 食品标准与法规主要研究内容有哪些？

参考文献

[1]艾志录，鲁茂林. 食品标准与法规[M]. 南京：东南大学出版社，2006，10.

[2]张建新，陈宗道. 食品标准与法规[M]. 北京：中国轻工业出版社，2007，8.

[3]郭力生. 国际贸易新壁垒——技术法规与标准[J]. 中国检验检疫，2005(10)：41-42.

[4]胡秋辉，王承明. 食品标准与法规[M]. 北京：中国计量出版社，2006，11.

[5]贺东江. 社会主义市场经济条件下标准化工作的新制度经济学研究（上）[J]. 中国标准化，2012(12)：83-89.

[6]贺东江. 社会主义市场经济条件下标准化工作的新制度经济学研究（下）[J]. 中国标准化，2013(2)：57-59.

[7]龙红，梅灿辉. 我国食品安全预警体系和溯源体系发展现状及建议[J]. 现代食品科技，2012，28(9)：1256-1260.

[8]芦勇. 技术性贸易壁垒对我国国际贸易的影响及对策[J]. 中国商贸，2011(6)：205-206.

[9]李晓瑜，刘秀梅. 国内外食品强化管理法规标准比较研究[J]. 中国食品卫生杂志，

2008,20(5):424-428.

[10]杨丽,李哲敏.我国食品安全标准体系建立与实施的建议[J].世界标准信息,2005(4):8-11.

[11]唐健飞.WTO/TBT协定框架下我国技术法规体系的立法完善[J].宏观经济研究,2012(9):76-81.

[12]苏春娟.2006—2011年全国食物中毒流行病学分析及防控措施[J].现代预防医学,2014,41(18):3313-3315.

[13]白依凡.浅谈我国食品安全现状及应对措施[J].现代食品,2020:112-114.

[14]王萍,宋晓冰. 2006—2015年中国大陆地区食物中毒特征分析[J].实用预防医学,2018,25(3):257-260.

[15]耿雪峰,张晶,庄众,等. 2002—2016年中国椰毒假单胞菌食物中毒报告事件的流行病学分析[J].卫生研究,2020,40(4):648-650.

第 2 章
食品法律法规的基础知识

本章学习目的与要求

1. 了解食品法律法规的概念、立法体制、法律体系与分类。
2. 了解我国食品法律法规体系及其制定原则和程序。
3. 熟悉我国食品法律法规的实施。
4. 掌握食品标准法规的执法与监督管理。
5. 了解与食品生产经营相关的其他法律法规的基本内容。

2.1　食品法律与法规概述

2.1.1　法、法律和法规的概念

法是由国家制定或者认可，并由国家强制力保证其实施的行为规范的总称。这就是说，法是由国家制定、认可，并保证实施的，反映由特定物质生活条件所决定的统治阶级意志，以权利和义务为内容，以确认、保护和发展统治阶级所期望的社会关系和社会秩序为目的的行为规范体系。法所体现的是统治阶级的意志，从根本上说是体现统治阶级的物质利益，反映统治阶级物质利益的意愿和要求。

法律有广义和狭义的含义，广义的法律是指法的整体，包括法律、有法律效力的解释及行政机关为执行法律而制定的规范性文件，与“法”在外延和内涵上相一致的，可以互相通用，是同一概念的不同表达方式。而狭义的法律则专指拥有立法权的国家机关依照立法程序制定的规范性文件，即特定具体意义上的法律。在我国现代法律制度中，法律有广义、狭义两层含义：广义是指包括宪法、行政法规在内的一切规范性文件；狭义是指全国人民代表大会及其常务委员会制定的规范性法律文件，其中由全国人民代表大会及其常务委员会制定的法律称为基本法律，由全国人民代表大会常务委员会制定的法律称为其他法律或一般法律。法律在我国法的渊源体系中的地位低于宪法，高于其他各种规范性法律文件。

法律是一个国家、一个社会进行社会管理、维持社会秩序、规范人们生活的基本规则，也是一个社会、一个国家的民众在一定历史时期内共同生活所必须遵循的普遍规范，具有政治统治、社会管理和文化传播等多重功能。法律作为规则对于现代社会中的每一个国家、政府乃至每一个公民都是至关重要的。如果说社会是一个肌体，法律就是社会的神经。没有法律就不可能有现代的国家，没有法律就不可能有现代的社会文明，没有法律也不可能有现代的生活。法律这个规则、这个工具，对于社会发展、国家兴旺是极为重要的。

法规是泛指由国家制定和发布的规范性法律文件的总称。如“法规汇编”既包括宪法和法律，也包括行政法规、地方性法规和规章。有时法规专指某国家机关特定的规范性文件。即专指从属于法律范畴的行政法规和地方性法规。

2.1.2　法律的基本特征

法律是上层建筑的重要组成部分。其基本特征主要包括以下几个方面。

(1)法律是一种特殊的社会规范　社会规范是调整人与人之间社会关系的行为规则，包括法律规范、宗教规范、道德规范、社会团体规范和习俗礼仪等。法律作为一种特殊的社会规范，是调整人们行为的社会规范，具有规范性、概括性和可预测性等特点。规范性是指法律规定了人们在一定情况下可以做什么，应当做什么或不应当做什么，也就是为人们的行为规定了模式、标准和方向。概括性是指法的对象是抽象的一般的人和事，在同样的情况和条件下，法律可以重复使用。可预测性是指人们通过法律有可能预见到国家对自己或他人的行为的态度和可能产生的法律后果。因为法律规定了人们的行为模式，从而成为评价人们行为合法不合法的标准。

(2)法律是由国家制定或者认可的社会规范　法律这种社会规范区别于其他社会规范的

特殊性，就在于它是由国家制定或者认可的，是以国家意志的形式出现的，对于全体社会成员都具有普遍的约束力。国家制定或者认可是创制法律规范的两种基本形式。国家制定，是指国家立法机关按照法定程序，创制各种具有不同法律效力的规范性文件的活动。国家认可，是指国家以一定形式承认并且赋予某些已经实际存在的社会行为规则(如道德规范、某些风俗习惯等)以法律效力的活动。

(3)法律是由国家强制力保证实施的并具有普遍约束力的社会规范　法律是国家意志和利益的体现，必须依靠国家的强制力即国家权力的力量，强制全体社会成员遵守。违反法律规定的行为都将由国家的专门机关依法定程序追究行为人的法律责任，责任人也将受到法律的制裁。这种强制力具有普遍性，但也应指出，国家的强制力只是法律区别于其他行为规范的特点之一，不是法律得以实现的唯一方式。

(4)法律是规定了人们的权利和义务的社会规范　法律的核心内容在于规定了人们在法律上的权利和义务。法律规定的权利，通常表现为允许人们做或不做某种行为，赋予了人们某种利益和行为自由。法律规定的义务，通常表现为规定人们必须做或不能做某种行为，即规定了人们必须履行的某种责任或行为界限。法律上的权利和义务在本质上是统一的，任何权利的实施，总是以义务的履行为条件。也就是说，权利和义务是相对应的，没有无权利的义务，也没有无义务的权利。而其他社会规范，如道德规范，基本上是义务性的，不以权利与义务相对应为条件。

(5)法律有其确定的体制和表现形式　法律是通过国家制定和发布的规范性文件所确定的，国家发布的非规范性文件不属于法律的范畴。法律是按照法定的职权及方式发布的，有确定的表现形式。不同的法律形式，表明其地位和效力的不同。法律需要通过特定的国家立法机构，按照特定的立法程序，表现为特定的法律文件才能成立。

2.1.3　我国的立法体制与法律体系

2.1.3.1　我国的立法体制

立法体制，既包括中央国家机关和地方机关关于立法权限划分的制度，也包括中央国家机关之间及地方各级国家机关之间关于法律制定权限划分的制度。

我国是统一的、单一制的国家，各地方经济、社会发展又很不平衡。与这一国情相适应，在最高国家权力机关集中行使立法权的前提下，为了使法律既能通行全国，又能适应各地方千差万别的不同情况的需要，在实践中能行得通，根据宪法确定的在中央的统一领导下，充分发挥地方的主动性、积极性的原则，确立了我国的统一而又分层次的立法体制：“一元”“两级”“多层次”的立法体制。“一元”是指根据我国宪法规定，我国是一个单一制的、统一的多民族国家，因此我国的立法体制是统一的一元化的，全国范围内只存在一个统一的立法体系，不存在两个或者两个以上的分法体系。“两级”是指根据宪法规定，我国立法体制分为中央立法和地方立法两个等级。“多层次”是指根据宪法规定，不论是中央级立法，还是地方级立法，都可以各自分成若干个层次和类别。

(1)全国人大制定和修改刑事、民事、国家机构的和其他的基本法律。全国人大常委会制定和修改除应当由全国人大制定的法律以外的其他法律；在全国人大闭会期间，对全国人大制定的法律进行部分补充和修改，但不得同该法律的基本原则相抵触。

(2)国务院即中央人民政府有权根据宪法和法律，规定相关措施，制定行政法规，发布决定和命令；根据全国人民代表大会及其常务委员会的授权制定暂行规定或条例；改变或者撤销地方各级国家行政机关不适当的决定和命令。

(3)省、自治区、直辖市的人大及其常委会根据本行政区域的具体情况和实际需要，在不与宪法、法律、行政法规相抵触的前提下，可以制定地方性法规；较大的市(包括省、自治区人民政府所在地的市、经济特区所在地的市和经国务院批准的较大的市)的人大及其常委会根据本市的具体情况和实际需要，在不与宪法、法律、行政法规和本省、自治区的地方性法规相抵触的前提下，可以制定地方性法规，报省、自治区的人大常委会批准后施行。

(4)经济特区所在地的省、市的人大及其常委会根据全国人大的授权决定，还可以制定法规，在经济特区范围内实施。

(5)自治区、自治州、自治县的人大还有权依照当地民族的政治、经济和文化的特点，制定自治条例和单行条例，对法律、行政法规的规定做出变通规定。自治区的自治条例和单行条例报全国人大常委会批准后生效，自治州、自治县的自治条例和单行条例报省、自治区、直辖市的人大常委会批准后生效。

(6)国务院各部、各委员会、中国人民银行、审计署和具有行政管理职能的直属机构，可以根据法律和国务院的行政法规、决定、命令，在本部门的权限范围内制定规章。省、自治区、直辖市和较大的市的人民政府，可以根据法律、行政法规和本省、自治区、直辖市的地方性法规制定规章。

2.1.3.2　我国的法律体系

我国法律体系以宪法为统帅，以法律为主干，以行政法规、地方性法规为重要组成部分，由宪法相关法、民法商法、行政法、经济法、社会法、刑法、诉讼与非诉讼程序法等多个法律部门组成的有机统一整体。宪法在中国特色社会主义法律体系中具有最高的法律效力，一切法律、行政法规、地方性法规的制定都必须以宪法为依据，遵循宪法的基本原则，不得与宪法相抵触。宪法规定，全国人大及其常委会行使国家立法权，全国人大及其常委会制定的法律，是中国特色社会主义法律体系的主干，解决的是国家发展中根本性、全局性、稳定性和长期性的问题，是国家法制的基础，行政法规和地方性法规不得与法律相抵触。行政法规是中国特色社会主义法律体系的重要组成部分，国务院根据宪法和法律，制定行政法规，行政法规是将法律规定的相关制度具体化，是对法律的细化和补充。地方性法规是中国特色社会主义法律体系的又一重要组成部分，根据宪法和法律，省、自治区、直辖市和较大的市的人大及其常委会可以制定地方性法规，地方性法规是对法律、行政法规的细化和补充，是国家立法的延伸和完善。

改革开放以来，我国的立法工作取得了显著的成就。从1979年年初到现在，除宪法和5个宪法修正案外(1988年、1993年、1999年、2004年和2018年对宪法进行了5次修订)，截至2019年8月底，现行有效法律274件，行政法规600多件，地方性法规12 000多件，以宪法为核心的中国特色社会主义法律体系进一步得到完善。中国特色社会主义进入新时代，全面依法治国与不断完善地法律体系也进入了新时代。新时代的立法面临新形势新任务。这些法律、法规，反映了改革开放的进程，肯定了改革开放的成果，对保障改革开放和社会主义现代化建设的顺利进行，发挥了积极的作用。现在，以宪法为核心的中国特色社会主义法律体系初步形成，国家的政治生活、经济生活、文化生活和社会生活基本的、主要的方面已经有法可依。

2.1.4 我国食品法律法规体系

2.1.4.1 食品法律法规的概念

食品法律法规是指由国家制定或认可，以加强食品监督管理、保证食品卫生、防止食品污染和有害因素对人体的危害、保障人民身体健康、增强人民体质为目的，通过国家强制力保证实施的法律规范的总和。

食品法律法规是法律规范中的一种类型，由国家制定或认可，具有普遍约束力，以国家强制力为后盾，保证其实施。食品法律法规制定的目的是保证食品的安全，防止食品污染和有害因素对人体的危害，保障人民身体健康，增强人民体质，这也是它与其他法律规范的重要区别所在。

食品法律法规体系是指以法律或政令形式颁布的，对全社会有约束力的权威性规定。它既包括法律规范，也包含以技术规范为基础所形成的各种法规。

依据食品法律规范的具体表现形式及其法律效力层级，我国的食品法律法规体系由以下不同法律效力层级的规范性文件构成。

(1)法律　2009 年 2 月 28 日第十一届全国人民代表大会常务委员会第七次会议通过《中华人民共和国食品安全法》，2015 年 4 月 24 日，第十二届全国人民代表大会常务委员会第十四次会议通过了对该法的修订，2018 年再次对《中华人民共和国食品安全法》进行了修订，2018 年 12 月 29 日由全国人民代表大会常务委员会发布并实施，2021 年 4 月 29 日第十三届全国人民代表大会常务委员会进行第二次修正。它是我国食品法律体系中法律效力层级最高的规范性文件，是制定从属性食品安全卫生法规、规章及其他规范性文件的依据。现已颁布实施的与食品相关的法律有 2021 年修订的《中华人民共和国进出口商品检验法》《中华人民共和国广告法》、2019 年修订的《中华人民共和国反不正当竞争法》《中华人民共和国商标法》、2018 年修订的《中华人民共和国农产品质量安全法》《中华人民共和国产品质量法》、2017 年修订的《中华人民共和国标准化法》、2014 年修订的《中华人民共和国消费者权益保护法》、2013 年修订的《中华人民共和国农业法》等。

(2)行政法规　行政法规分国务院制定行政法规和地方性行政法规两类，它的法律效力仅次于法律。食品行业管理行政法规是指国务院的部委依法制定的规范性文件，行政法规的名称为条例、规定和办法。对某一方面的行政工作做出比较全面、系统的规定，称为“条例”，如 2019 年 3 月 26 日国务院第 42 次常务会议修订通过的《中华人民共和国食品安全法实施条例》(以下简称《条例》)，自 2019 年 12 月 1 日起施行。《条例》共 10 章 86 条。《食盐加碘消除碘缺乏危害管理条例》《粮食流通管理条例》。对某一方面的行政工作做出部分的规定，称为“规定”，如《出口食品生产企业卫生注册登记管理规定》《查处食品标签违法行为规定》。对某一项行政工作做出比较具体的规定，称为“办法”，如《餐饮业食品卫生管理办法》《食品添加剂卫生管理办法》等。地方性食品行政法规是指省、自治区、直辖市人民代表大会及其常务委员会依法制定的规范性文件，这种法规只在本辖区内有效，且不得与宪法、法律和行政法规等相抵触，并报全国人民代表大会常务委员会备案，才可生效。

(3)部门规章　部门规章包括国务院各行政部门制定的部门规章和地方人民政府制定的规章，如 2019 年 12 月 23 日经国家市场监督管理总局 2019 年第 18 次局务会议审议通过，自 2020 年 3 月 1 日起施行的《食品生产许可管理办法》(国家市场监督管理总局令第 24 号)。此外如《食品添加剂卫生管理办法》《新资源食品卫生管理办法》《有机食品认证管理办法》《转基因食品卫生管理办法》等。

(4)其他规范性文件　规范性文件不属于法律、行政法规和部门规章，也不属于标准等技术规范，这类规范性文件如国务院或个别行政部门所发布的各种通知、地方政府相关行政部门制定的食品卫生许可证发放管理办法，以及食品生产者采购食品及其原料的索证管理办法。这类规范性文件也是不可缺少的，同样是食品法律体系的重要组成部分，如《国务院关于进一步加强食品安全工作的决定》《食品生产企业危害分析与关键控制点(HACCP)管理体系认证管理规定》等。特定的时期，也有针对特殊情况发布的规范性文件如2020年6月22日，为深入贯彻落实党中央、国务院关于统筹推进新冠肺炎疫情防控和经济社会发展工作的决策部署，做好“六稳”工作、落实“六保”任务，在鼓励企业拓展国际市场的同时，支持适销对路的出口产品开拓国内市场，着力帮扶外贸企业渡过难关，促进外贸基本稳定，经国务院同意，发布《国务院办公厅关于支持出口产品转内销的实施意见》(国办发〔2020〕16号)；2020年8月14日海关总署发布《关于进口厄瓜多尔冷冻南美白虾检验检疫要求的公告》和《进口厄瓜多尔冷冻南美白虾检验检疫要求》；2020年10月22日为贯彻落实“外防输入、内防反弹”疫情防控策略，科学指导食品生产经营相关单位和个人规范落实好防控主体责任，切实加强“人防”与“物防”工作，针对新冠肺炎疫情防控常态化形势，组织制定了《冷链食品生产经营新冠病毒防控技术指南》《冷链食品生产经营过程新冠病毒防控消毒技术指南》(联防联控机制综发〔2020〕245号)。

(5)食品标准　标准是生产和生活当中，重复性发生的一些事件的技术规范。食品标准是指食品工业领域各类标准的总和，包括食品产品标准、食品卫生标准、食品分析方法标准、食品管理标准、食品添加剂标准、食品术语标准，如2020年9月11日发布将于2021年3月11日实施的系列标准《食品安全国家标准　食品冷链物流卫生规范》(GB 31605—2020)、《食品安全国家　标准食品用香精》(GB 30616—2020)和《食品安全国家标准　食品用香料通则》(GB 29938—2020)等。

2.1.4.2　食品法律的适用范围

法律的适用范围，也称法律的效力范围，它由法律的空间效力、时间效力和对人的效力三个部分组成。法律的适用范围由国家主权及立法体制确定。关于食品卫生法的适用范围应当从以下三个方面来理解。

(1)空间效力　法律的空间效力，即法律适用的地域范围。法律空间效力范围的普遍原则，是适用于制定它的机关所管辖的全部领域(法律本身对其空间效力范围做出限制性规定的除外)。在我国，作为我国最高权力机关的常设机构——全国人民代表大会常务委员会制定的法律，其效力自然及于中华人民共和国的全部领域。由有立法权的各级地方人大及其常委会制定的地方性法规，只能在该行政区划内适用，并不得与国家法律规定相抵触。如《中华人民共和国食品安全法》是由全国人大常委会制定的法律，当然在全国范围内适用。

(2)时间效力　法律的时间效力，即法律从什么时候开始发生效力和什么时候失去效力，及对生效前发生的行为有无溯及力。法律的时间效力由国家立法机关根据实施国家管理的需要，通过立法决定。

第一，我国已制定的法律关于生效法律生效时间的规定主要有三种形式：①规定自法律公布之日起生效，并且通常在该法律中明文规定“本法自公布之日起施行”。②规定自法律公布后，经过一段法定的期间生效。这种规定的目的是为了在该法律生效之前，可以有充分时间进行法制教育，并且为该法律的实施做好准备工作。③以另一部法律的实施为本法生效的前提。

第二，终止法律效力的做法主要有以下几种情况：①由法律规定自新法生效之日起旧法废止。②由国家立法机关决定批准公布失效的法律目录。③采取新法优于旧法的原则，凡新法颁布后，旧法的规定与新法的规定相抵触的，自行失效。法律的溯及力是指新的法律颁布后，对其生效前发生的法律事实、法律事件和法律行为是否适用，如果适用，该法就有溯及力；如果不适用，该法就没有溯及力。

(3)对人的效力　法律对人的效力，即法律对什么人适用，即具有法律关系主体资格的自然人、法人和其他组织。对此，各国的法律确定的原则不同，不同的法律采用的原则也不同。概括起来，主要有以下几种做法：①采用属地原则，即以地域为标准，不管当事人是本国人还是外国人，只要其行为发生在本国领域内，均适用本国法。②采用属人原则，即以当事人的国籍为标准，凡属本国人，不论其行为发生在国内还是国外，均适用本国法。③采用保护主义，即以国家利益为标准，不论当事人是本国人还是外国人，也不论当事人的行为发生在国内还是国外，只要其行为损害了本国利益，均适用本国法。

2.2　法律法规的分类

2.2.1　法律法规的分类原则

2.2.1.1　综合性法律法规

《中华人民共和国食品安全法》是我国食品最基本的法规，不仅规定了我国食品安全法的目的、任务和食品安全工作的基本法律制度，还全面规定了食品安全工作的要求和措施、管理办法和标准的制定，以及食品安全生产经营、管理、检验、监督和法律责任等。

2.2.1.2　各种单项法律法规

针对食品的某一方面所制定的法规，如《进出口食品安全管理办法》《中华人民共和国进出口商品检验法》《无公害农产品标志管理办法》《中华人民共和国畜牧法》《中华人民共和国渔业法》《中华人民共和国种子法》《中华人民共和国农产品质量安全法》《保健食品注册与备案管理办法》及《有机食品认证管理办法》《网络食品安全违法行为查处办法》及《网络餐饮服务食品安全监督管理办法》等。

2.2.1.3　食品标准和管理办法

食品安全与百姓生活息息相关，新的食品原料、食品添加剂、食品加工技术的广泛应用以及消费者对食品安全、质量问题和食品营养的高要求，使得我国的食品标准不断完善。目前，我国已制定了很多食品标准和相应的管理办法。

食品标准制定的依据是《中华人民共和国食品安全法》《标准化法》、有关国际组织的规定及实际生产经验等。食品标准是食品工业领域各类标准的总和，包括食品基础标准、食品产品标准、食品安全卫生标准、食品包装与标签标准、食品检验方法标准、食品管理标准以及食品添加剂标准等。

食品标准是食品行业中的技术规范，涉及食品行业各个领域的不同方面，它从多方面规定了食品的技术要求，如抽样检验规则、标志、标签、包装、运输、贮存等。食品标准是食品安全卫生的重要保证，是国家标准的重要组成部分。食品标准是国家管理食品行业的依据，是企业科学管理的基础。

食品安全标准是保障食品安全与营养的重要技术手段，是食品法律法规体系的重要组成部分。我国还颁布了各类食品安全管理办法，如 2015 年 8 月国家食品药品监督管理总局局务会议审议通过了《食品生产许可管理办法》，于 2015 年 10 月 1 日起施行，2017 年第一次修正，2019 年再次修正并于 2019 年 12 月 23 日经国家市场监督管理总局 2019 年第 18 次局务会议审议通过，自 2020 年 3 月 1 日起施行。2015 年 3 月国家食品药品监督管理总局局务会议审议通过了《食品召回管理办法》，自 2015 年 9 月 1 日起施行。类似的管理办法还有如《新食品原料安全性审查管理办法》《食品安全抽样检验管理办法》等。此外，随着发展的需求，不断有新的办法发布如《食品安全抽样检验管理办法》已于 2019 年 7 月 30 日经国家市场监督管理总局 2019 年第 11 次局务会议审议通过，自 2019 年 10 月 1 日起施行。随着时代的发展，也废止了一些管理办法，如 2009 年 7 月 30 日发布实施，2015 年 11 月 10 日废止《流通环节食品安全监督管理办法》。

2.2.2　主要食品法律

我国现已建立颁布实施的与食品相关的法律有《中华人民共和国食品安全法》《中华人民共和国农产品质量安全法》《中华人民共和国产品质量法》《中华人民共和国计量法》《中华人民共和国商标法》《中华人民共和国专利法》《中华人民共和国广告法》《中华人民共和国反不正当竞争法》《中华人民共和国消费者权益保护法》《中华人民共和国进出口商品检验法》《中华人民共和国进出境动植物检疫法》《中华人民共和国动物防疫法》《中华人民共和国农业法》及《渔业法》等。

2.2.3　主要食品法规

2.2.3.1　行政法规

我国现行的食品行政法规主要有：

《农业转基因生物安全管理条例》，是为了加强农业转基因生物安全管理，保障人体健康和动植物、微生物安全，保护生态环境，促进农业转基因生物技术研究制定的条例。2001 年 5 月 23 日国务院令第 304 号公布，自公布之日起施行。根据 2011 年 1 月 8 日《国务院关于废止和修改部分行政法规的决定》第一次修订，根据 2017 年 10 月 7 日《国务院关于修改部分行政法规的决定》第二次修订。

《中华人民共和国进出境动植物检疫法实施条例》，1996 年 12 月 2 日国务院令第 206 号发布，自 1997 年 1 月 1 日起施行。

《生猪屠宰管理条例》，是为了加强生猪屠宰管理，保证生猪产品质量安全，保障人民身体健康而制定的。1997 年 12 月 19 日国务院令第 238 号发布，自 1998 年 1 月 1 日起施行。2007 年 12 月 19 日国务院第 201 次常务会议修订通过，2008 年 5 月 25 日中华人民共和国国务院令第 525 号公布，自 2008 年 8 月 1 日起施行。2013 年，根据《国务院机构改革和职能转变方案》要求，生猪定点屠宰监督管理职责已由商务部划入农业部。2014 年开始《生猪屠宰管理条例》修订征求意见等相关工作。2016 年 1 月 13 日《国务院关于修改部分行政法规的决定》由国务院第 119 次常务会议通过，新的《生猪屠宰管理条例》自公布之日起施行。

《食盐专营办法》，1996 年 5 月 27 日国务院令第 197 号发布，自发布之日起施行。2013 年 12 月 4 日国务院第 32 次常务会议通过了《国务院关于修改部分行政法规的决定》，对改法进行了修订，2013 年 12 月 7 日起施行，2017 年 12 月 26 日国务院令第 696 号修订。《食盐加碘消除碘缺乏危害管理条例》是为了消除碘缺乏危害，保护公民身体健康而制定的。1994 年 8 月 23 日国务院令第 163 号发布，自 1994 年 10 月 1 日起施行，根据 2017 年 3 月 1 日《国务院关于修改和废止部分行政法规的决定》修订。

《兽药管理条例》，是为了加强兽药管理，保证兽药质量，防治动物疾病，促进养殖业的发展，维护人体健康而制定的。2004 年 4 月 9 日国务院令第 404 号公布，自 2004 年 11 月 1 日起施行。根据 2014 年 7 月 29 日中华人民共和国国务院令第 653 号《国务院关于修改部分行政法规的决定》第一次修订，该法于 2016 年 2 月 6 日完成第二次修订。根据 2020 年 3 月 27 日中华人民共和国国务院令第 726 号《国务院关于修改和废止部分行政法规的决定》第三次修订。

2.2.3.2 国务院规范性文件

国务院规范性文件主要有：

《国务院关于实施健康中国行动的意见》，国发〔2019〕13 号。

《国务院关于调整工业产品生产许可证管理目录加强事中事后监管的决定》，国发〔2019〕19 号。

《国务院关于加强质量认证体系建设促进全面质量管理的意见》，国发〔2018〕3 号。

《国务院关于建立粮食生产功能区和重要农产品生产保护区的指导意见》，国发〔2017〕24 号。

《国务院关于整合调整餐饮服务场所的公共场所卫生许可证和食品经营许可证的决定》，国发〔2016〕12 号。

《国务院关于印发盐业体制改革方案的通知》，国发〔2016〕25 号。

《国务院关于"先照后证"改革后加强事中事后监管的意见》，国发〔2015〕62 号。

《国务院办公厅关于印发 2015 年食品安全重点工作安排的通知》，国办发〔2015〕10 号。

《国务院办公厅关于加快推进重要产品追溯体系建设的意见》，国办发〔2015〕95 号。

《国务院办公厅关于印发中国食物与营养发展纲要（2014—2020 年）的通知》，国办发〔2014〕3 号。

《国务院关于地方改革完善食品药品监督管理体制的指导意见》，国发〔2013〕18 号。

《国务院关于加强食品安全工作的决定》，国发〔2012〕20 号。

2.2.3.3 部门规章

我国现行的食品部门规章主要有：

《食品生产许可管理办法》已于 2019 年 12 月 23 日经国家市场监督管理总局 2019 年第 18 次局务会议审议通过，2020 年 1 月 3 日公布，自 2020 年 3 月 1 日起施行。

《食盐质量安全监督管理办法》已于 2019 年 12 月 23 日经国家市场监督管理总局 2019 年第 18 次局务会议审议通过，2020 年 1 月 3 日公布，自 2020 年 3 月 1 日起施行。

《市场监督管理投诉举报处理暂行办法》已于 2019 年 11 月 26 日经国家市场监督管理总局 2019 年第 15 次局务会议审议通过，2019 年 12 月 2 日公布，自 2020 年 1 月 1 日起施行。

《药品、医疗器械、保健食品、特殊医学用途配方食品广告审查管理暂行办法》已于 2019 年 12 月 13 日经国家市场监督管理总局 2019 年第 16 次局务会议审议通过，2019 年 12 月 24 日公布，自 2020 年 3 月 1 日起施行。

《消费品召回管理暂行规定》已于 2019 年 11 月 8 日经国家市场监督管理总局 2019 年第 14 次局务会议审议通过,自 2020 年 1 月 1 日起施行。

《强制性国家标准管理办法》已于 2019 年 12 月 13 日经国家市场监督管理总局 2019 年第 16 次局务会议审议通过,2020 年 1 月 13 日公布,自 2020 年 6 月 1 日起施行。

《市场监督管理行政处罚听证暂行办法》已经国家市场监督管理总局局务会议审议通过,2018 年 12 月 21 日公布,自 2019 年 4 月 1 日起施行。

《学校食品安全与营养健康管理规定》已经 2018 年 8 月 20 日教育部第 20 次部务会议、2018 年 12 月 18 日国家市场监督管理总局第 9 次局务会议和 2019 年 2 月 2 日国家卫生健康委员会第 12 次委主任会议审议通过,2019 年 2 月 20 日公布,自 2019 年 4 月 1 日起施行。

《食品安全抽样检验管理办法》已于 2019 年 7 月 30 日经国家市场监督管理总局 2019 年第 11 次局务会议审议通过,2019 年 8 月 8 日公布,自 2019 年 10 月 1 日起施行。

《保健食品原料目录与保健功能目录管理办法》已于 2018 年 12 月 18 日经国家市场监督管理总局 2018 年第 9 次局务会议审议通过,经与卫生健康委协商一致,2019 年 8 月 20 日公布,自 2019 年 10 月 1 日起施行。

《食品经营许可管理办法》,由国家食品药品监督管理总局令第 17 号公布,自 2015 年 10 月 1 日起施行,2017 年 11 月 7 日,经国家食品药品监督管理总局局务会议通过《国家食品药品监督管理总局关于修改部分规章的决定》,自公布之日起施行。

《食品召回管理办法》,由国家食品药品监督管理总局局务会议审议通过,国家食品药品监督管理总局令第 12 号公布,自 2015 年 9 月 1 日起施行。

《保健食品注册与备案管理办法》,2016 年 2 月 26 日由国家食品药品监督管理总局令第 22 号公布,自 2016 年 7 月 1 日起实施。根据 2020 年 10 月 23 日国家市场监督管理总局令第 31 号修订。

《关于进一步规范保健食品命名有关事项的公告》,已于 2016 年 2 月 26 日由国家食品药品监督管理总局公告 2016 年第 43 号公布,自 2016 年 5 月 1 日施行。

《食用农产品市场销售质量安全监督管理办法》于 2015 年 12 月 8 日经国家食品药品监督管理总局局务会议审议通过,2016 年 1 月 5 日国家食品药品监督管理总局令第 20 号公布,自 2016 年 3 月 1 日施行。2019 年 10 月 24 日至 11 月 23 日,国家市场监督管理总局向社会各界广泛征求意见,《食用农产品市场销售质量安全监督管理办法(修订征求意见稿)》在征集期间共收到意见建议 148 条,主要涵盖适用范围、进货和入市查验、包装标识、追溯体系和信息化建设、法律责任、其他等 6 个方面。

《婴幼儿配方乳粉生产企业食品安全追溯信息记录规范》于 2015 年 12 月 31 日由国家食品药品监督管理总局以食药监食监一〔2015〕281 号公布。

《餐具、饮具集中消毒服务单位卫生监督工作规范》于 2015 年 12 月 17 日由国家卫生计生委办公厅以国卫办监督发〔2015〕62 号公布,自发布之日起施行。

《特殊医学用途配方食品注册管理办法》于 2015 年 12 月 8 日经国家食品药品监督管理总局局务会议审议通过,2016 年 3 月 7 日由国家食品药品监督管理总局令第 24 号公布,自 2016 年 7 月 1 日起施行。

《食品生产经营日常监督检查管理办法》于 2016 年 2 月 16 日经国家食品药品监督管理总局局务会议审议通过,现予以公布,自 2016 年 5 月 1 日起施行。

《进出境粮食检验检疫监督管理办法》于 2015 年 7 月 9 日经国家质量监督检验检疫总局局务会议审议通过，2016 年 1 月 20 日国家质量监督检验检疫总局令第 177 号公布，自 2016 年 7 月 1 日起施行。

《有机产品认证管理办法》于 2013 年 11 月 15 日由国家质量监督检验检疫总局令第 155 号公布，自 2014 年 4 月 1 日起施行。

《绿色食品标志管理办法》经 2012 年 6 月 13 日农业部第 7 次常务会议通过，2012 年 7 月 30 日中华人民共和国农业部令 2012 年第 6 号公布，自 2012 年 10 月 1 日起施行。

《食品添加剂新品种管理办法》于 2010 年 3 月 15 日经卫生部令第 73 号发布，自发布之日起施行。根据 2017 年 12 月 26 日国家卫生和计划生育委员会令第 18 号《国家卫生计生委关于修改〈新食品原料安全性审查管理办法〉等 7 件部门规章的决定》修正。

《食品生产加工企业质量安全监督管理实施细则（试行）》于 2005 年 9 月 1 日由国家质量监督检验检疫总局令第 79 号公布，自公布之日起施行。此规章于 2020 年 7 月 16 日废止。

《出口食品生产企业备案管理规定》，由国家质量监督检验检疫总局令第 142 号令公布，自 2011 年 10 月 1 日起施行，根据海关总署第 243 号令关于公布《海关总署关于修改部分规章的决定》，对《出口食品生产企业备案管理规定》进行修改，2017 年 11 月 14 日，国家质量监督检验检疫总局发布新的《出口食品生产企业备案管理规定》（国家质量监督检验检疫总局令第 192 号），自 2018 年 1 月 1 日起施行。

《无公害农产品管理办法》于 2002 年 4 月 29 日由农业部、国家质量监督检验检疫总局令第 12 号发布，自发布之日起施行。

《保健食品注册与备案管理办法》是为规范保健食品的注册与备案，根据《中华人民共和国食品安全法》制定。于 2016 年 2 月 4 日经国家食品药品监督管理总局局务会议审议通过，自 2016 年 7 月 1 日起施行，根据 2020 年 10 月 23 日国家市场监督管理总局令第 31 号修订。

《新食品原料安全性审查管理办法》于 2013 年 2 月 5 日经原卫生部部务会审议通过，2013 年 5 月 31 日国家卫生和计划生育委员会令第 1 号公布，自 2013 年 10 月 1 日起施行。2017 年 12 月 26 日中华人民共和国国家卫生和计划生育委员会令第 18 号公布，自 2017 年 12 月 26 日起施行。原卫生部 2007 年 12 月 1 日公布的《新资源食品管理办法》予以废止。

《进出口预包装食品标签检验监督管理规定》，由国家质量监督检验检疫总局 2012 年第 27 号公告发布，自 2012 年 6 月 1 日实施。

《农业转基因生物标识管理办法》，是为了加强对农业转基因生物的标识管理，规范农业转基因生物的销售行为，引导农业转基因生物的生产和消费，保护消费者的知情权而制定的。2002 年 1 月 5 日农业部令第 10 号发布，自 2002 年 3 月 20 日起施行。2004 年 7 月 1 日农业部令第 38 号修订。

《农业转基因生物进口安全管理办法》，2002 年 1 月 5 日农业部令第 9 号发布，自 2002 年 3 月 20 日起施行。2004 年 7 月 1 日农业部令第 38 号第一次修订。2017 年 11 月 30 日农业部令 2017 年第 8 号第二次修订。

《农业转基因生物安全评价管理办法》，2002 年 1 月 5 日农业部令第 8 号发布，自 2002 年 3 月 20 日起施行。2004 年 7 月 1 日农业部令第 38 号第一次修订，2016 年依据农业部关于修改《农业转基因生物安全评价管理办法》的决定，农业部令 2016 年第 7 号第二次修订。

《水产品批发市场管理办法》，1996 年 11 月 27 日农渔发 13 号公布，2007 年 11 月 8 日农业部令第 6 号修订。

《农产品包装和标识管理办法》,2006 年 10 月 17 日中华人民共和国农业部令第 70 号公布。

《农产品产地安全管理办法》,2006 年 10 月 17 日中华人民共和国农业部令第 71 号公布。

《农药标签和说明书管理办法》,2017 年 6 月 21 日中华人民共和国农业部令 2017 年第 7 号公布,自 2017 年 8 月 1 日起施行。

《农产品质量安全检测机构考核办法》,2007 年 12 月 12 日中华人民共和国农业部令第 7 号公布。

《农产品地理标志管理办法》,2007 年 12 月 25 日农业部令第 11 号公布。2019 年根据农业农村部关于修改和废止部分规章、规范性文件的决定,2019 年第 2 号,对农产品地理标志管理办法修订,删去第九条第二项。

《生鲜乳生产收购管理办法》,2008 年 11 月 7 日农业部令第 15 号公布。

《农产品质量安全监测管理办法》,2012 年 8 月 14 日中华人民共和国农业部令 2012 年第 7 号公布。

2.2.3.4　部委规范性文件

部委规范性文件有:

《质量管理体系认证规则》由国家认监委 2014 年第 5 号公告,2016 年进行修订进行了修订,2016 年 8 月 5 日予以公布。新版认证规则于 2016 年 10 月 1 日起正式实施,替代旧版认证规则。

《乳制品生产企业危害分析与关键控制点(HACCP)体系认证实施规则(试行)》,由国家认监委 2009 年第 16 号公布。

《食品生产企业危害分析与关键控制点(HACCP)管理体系认证管理规定》,国家认监委 2002 年第 3 号公告,自 2002 年 5 月 1 日起执行。

《出口食品生产企业备案工作规范指导意见(试行)》,由国家认监委 2011 年 9 月 13 日国认注 2011 年 61 号发布。原《出口食品生产企业卫生注册登记行政许可工作规范》废止。

《有机产品认证实施规则》,由国家认监委 2014 年 4 月 23 日国家认监委 2014 年第 11 号公告发布,国家认监委 2011 年第 34 号公告《有机产品认证实施规则》自本公告发布之日起废止。

《食品相关产品新品种申报与受理规定》,由卫生部 2011 年 5 月 23 日卫监督发 2011 年 49 号发布。

《保健食品审评专家管理办法》,由国家食品药品监督管理局 2010 年 7 月 19 日国食药监许 2010 年 282 号发布。

《保健食品注册检验复核检验规范》,国家食品药品监督管理局 2011 年 4 月 11 日国食药监许 2011 年 173 号发布,自发布之日起实施。

2.2.3.5　地方政府规章

地方政府规章如:

《广州市禁止滥食野生动物条例》,经广东省第十三届人民代表大会常务委员会第二十次会议于 2020 年 4 月 29 日批准,自 2020 年 6 月 1 日起施行。

《北京市优化营商环境条例》已由北京市第十五届人民代表大会常务委员会第二十次会议

于2020年3月27日通过,自2020年4月28日起施行。

《北京市促进中小企业发展条例》已由北京市第十五届人民代表大会常务委员会第二十四次会议于2020年9月25日修订通过,自2020年12月1日起施行。

《天津市畜牧条例》于2009年5月27日天津市第十五届人民代表大会常务委员会第十次会议通过,2009年9月1日实施,分别于2012年、2016年、2019年进行了三次修订。

《天津市优化营商环境条例》于2019年8月1日由天津市人民代表大会常务委员会发布,2019年9月1日实施。

《重庆市植物检疫条例》于2018年11月30日经重庆市第五届人民代表大会常务委员会第七次会议通过,自2019年1月1日起施行。

《山东省食品小作坊小餐饮和食品摊点管理条例》于2017年1月18日由山东省第十二届人民代表大会常务委员会第二十五次会议通过,2017年6月1日实施。

《上海市食品安全条例》由上海市第十四届人民代表大会第五次会议于2017年1月20日通过,2017年3月20日起施行。

《天津检验检疫局进口预包装食品标签检验监督管理实施细则》,2013年12月15日天津检验检疫局发布,2013年12月20日实施。

《河北省食品小作坊小餐饮小摊点管理条例》,河北省第十三届人民代表大会常务委员会第二十次会议通过,2016年3月29日发布,2016年7月1日实施。

《2016年食品生产监管工作要点》,吉林省食品药品监督管理局2016年3月23日吉食药监食生产2016年130号发布。

《内蒙古自治区重大活动餐饮服务食品安全保障工作指南(试行)》,内蒙古自治区食品药品监督管理局内食药监办2016年2号发布。

《广西壮族自治区熟肉制品销售监督管理办法》,广西壮族自治区食品药品监督管理局桂食药监食流2015年5号发布。

《泰安市人民政府办公室关于印发泰安市农产品地理标志管理办法(试行)的通知》泰政办发〔2013〕9号。

2.3 食品法律法规的制定和实施

2.3.1 食品法律法规制定的原则与依据

2.3.1.1 食品法律法规制定的原则

食品法律法规制定的基本原则指食品立法主体进行食品立法活动所必须遵循的基本行为准则,是立法指导思想在立法实践中的重要体现。根据立法的规定,食品立法活动必须遵循以下基本原则。

(1)遵循宪法的基本原则　遵循宪法的基本原则,即以经济建设为中心,坚持社会主义道路、坚持人民民主专政、坚持中国共产党的领导、坚持马克思列宁主义毛泽东思想邓小平理论,坚持改革开放。“一个中心、两个基本点”是党在社会主义初级阶段的基本路线的核心内容,是实现国家长治久安的根本保证,是我们的立国之本,是人民群众根本利益和长远利益的集中反映,理所当然地成为我国所有立法的最根本的指导思想,当然也是食品立法所必须遵循的基本原则。

(2)依照法定的权限和程序的原则　国家机关应当在宪法和法律规定的范围内行使职权，立法活动也不例外。这是社会主义法治的一项重要原则。依法进行立法，即立法应当遵循法定权限和法定程序进行，不得随意立法。

(3)从国家整体利益出发，维护社会主义法制的统一和尊严的原则　我国是统一的多民族国家。食品立法活动应站在国家和全局利益的高度，从国家的整体利益出发，从人民长远的、根本的利益出发，防止出现部门利益、地方保护主义的倾向，维护国家的整体利益，维护社会主义法制的统一和尊严。这是依法治国，建设社会主义法治国家的必然要求。

(4)坚持民主立法的原则　食品法律的制定要坚持群众路线，采取各种行之有效的措施，广泛听取人民群众的意见，集思广益，在高度民主的基础上高度集中这样也有利于加强食品立法的民主性、科学性。广泛吸收广大人民群众参与食品立法工作，调动他们的积极性和主动性，不仅使食品立法更具民主性，而且有利于食品法律在现实生活中得到真正的遵守。

(5)从实际出发的原则　食品法律法规的制定，最根本的就是从我国的国情出发，深入实际，调查研究，正确认识我国国情，充分考虑到我国社会经济基础、生产力水平、各地的生活条件、饮食习惯、人员素质等状况，科学、合理地规定公民、法人和其他组织的权利与义务、国家机关的权力与责任。坚持从实际出发，也应当注意在充分考虑我国的基本国情，体现中国特色的前提下，适当借鉴、吸收外国及本国历史上食品立法的有益经验，注意与国际接轨。

(6)对人民健康高度负责的原则　健康是一项基本人权，保证食品质量与安全，防止食品污染和有害因素对人体健康的影响是判定和执行各项食品标准、管理办法的出发点。只有这样，才能充分体现出宪法的基本精神。

食品的安全性是实现人的健康权利的保证，也是食品质量安全制度的重要基础。虽然在不同的经济发展阶段，食品安全的内容和水平有所差别，但食品安全所体现的精神实质始终是一致的。概括地说，食品安全有两方面的内容：第一，人人有获得食品安全性保护的权利。任何人不分民族、种族、性别、职业、社会出身、宗教信仰、受教育程度、财产状况等都有权获得食品安全性保护，同时他们依法所取得的食品安全性保护权益都受同等的法律保护。第二，人人有获得优质食品安全性保护的权利。这一权利要求食品安全性保护的质量水平应达到一定的专业标准。食品安全性保护的质量是每一个人关心的问题。但一般来说，消费者本人并不能全部判断食品安全性保护质量的高低、优劣，这就需要政府加以监督。

(7)预防为主的原则　食品污染和有害因素对人体所造成的危害，有些是急性的，如食物中毒等；也有些是慢性的，甚至是潜在的危害，如肿瘤、致畸形、致突变等。急性的疾病，可以通过急救和治疗后使患者痊愈。而慢性的则很难治愈，甚至可以延及子孙后代，其后果不堪设想。所以，我们必须防患于未然，把食品的立法，放到以预防为主的方针上。实践证明，预防为主不仅费用低、效果好，而且能更好地体现党和政府对人民群众的关心和爱护。

预防为主的原则有以下几个基本含义：①任何食品工作者都必须严格按照相应的规范标准实施生产，采取严格的生产程序，使生产出的食品达到质量和卫生都安全的标准。②强调预防并不是轻视监督，它们之间并不是矛盾的，也不是分散的、互不通联的、彼此独立的两个系统，而是一个相辅相成的有机整体。③预防和监督都是保护健康的方法和手段。

(8)发挥中央和地方两方面积极性的原则　我国是一个地域辽阔、民族众多的国家。各地区、各民族的饮食习惯有很大的不同，并且食品生产、经营范围广，涉及面宽。因此，既不能强求一致性的规定，又要对直接危害人民健康的因素坚决制止；既要有中央的统一法制管理，又要各地区、各民族由省、自治区、直辖市制定具体办法，针对本地区的特点和各民族的风俗习惯，加强管理。总之，要充分发挥中央和地方两方面的积极性。

2.3.1.2 食品法律法规制定的依据

(1)宪法是食品立法的法律依据　宪法是国家的根本大法，具有最高法律效力，是其他法律、法规的立法依据。宪法有关保护人民健康的规定是食品法律法规制定的来源和法律依据。

(2)保护人体健康是食品立法的思想依据　健康是人类生存与发展的基本条件，人民健康状况是衡量一个国家或地区的发展水平和文明程度的重要标志。国家的富强和民族的进步，包含着健康素质的提高。增进人民健康，提高全民族的健康素质，是社会经济发展和精神文明建设的重要目标，是人民生活达到小康水平的重要标志，也是促进经济发展和社会可持续发展的重要保障。

食品指各种供人食用或者饮用的成品和原料以及按照传统既是食品又是药品的物品，但是不包括以治疗为目的的物品。食品是人类生存和发展最重要的物质基础，安全、卫生和必要的营养是食品的基本要求。防止食品污染和有害因素对人体的危害，搞好食品安全是预防疾病、保障人民生命安全与健康的重要措施。以食品生产经营和食品安全监督管理活动中产生的各种社会关系为调整对象的食品法律法规必然要把保护和增进人体健康作为其立法的思想依据、立法工作的出发点和落脚点。

法律赋予公民的权利是极其广泛的。其中生命健康权是公民最根本的权益，是行使其他权利的前提和基础。失去了生命和健康，一切权利都成空谈。以保障人体健康为中心内容的食品法律法规，无论其以什么形式表现出来，也无论其调整的是哪一特定方面的社会关系，都必须坚持保护和增进人体健康这一思想依据。

(3)食品科学是食品立法的自然科学依据　食品行业是以生物学、化学、工程学、农学、畜牧学等为核心的科技密集型行业，现代食品行业是在现代自然科学及其应用工程技术高度发展的基础上展开的。因此，食品立法工作在遵循法律科学的基础上，必须遵循食品工作的客观规律，也就是必须把化学、生物学、食品工程和食品技术知识等自然科学的基本规律作为食品法律法规制定的科学依据，使法学和食品科学紧密联系在一起，科学地立法，促进食品科技进步。只有这样才能达到有效保护人体健康的立法目的。

(4)社会经济条件是食品立法的物质依据　法反映统治阶级的意志并最终由统治阶级的物质生活条件所决定。社会经济条件是食品法律法规制定的重要物质基础。改革开放以来，我国社会主义建设取得了巨大成就，生产力有了很大发展，综合国力不断增强，社会经济水平有了很大提高，为新时期的食品立法工作提供了牢固的物质依据。食品法律法规的制定必须着眼于我国的实际，正确处理好食品立法与现实条件、经济发展之间的关系，以适应社会主义市场经济的需要，达到满足人民群众不断增长的多层次的需求、保护人体健康、保障经济和社会可持续发展的目的。

(5)食品政策是食品立法的政策依据　食品政策是党领导国家食品工作的基本方法和手段。它以科学的世界观、方法论为理论基础，正确反映了食品科学的客观规律和社会经济与食品发展的客观要求，是对人民共同意志的高度概括和集中体现。食品立法以食品政策为指导，有助于使食品法律法规反映客观规律和社会发展要求，充分体现人民意志，使食品法律法规能够在现实生活得到普遍遵守和贯彻，最终形成良好的食品法律秩序。因此，党的食品政策是食品法律法规的灵魂和依据，食品立法要体现党的政策精神和内容。

此外，在食品立法过程中，我们应当体现和履行我国已参加的国际食品条约、惯例的有关规定。同时对外国食品法律、立法经验及立法技术加以研究、分析，对有益的地方进行合理借鉴，以便食品法律法规适应我国与国际交往的需要。

2.3.2　食品法律法规制定程序

2.3.2.1　食品法律的制定程序

全国人民代表大会常务委员会(以下简称“全国人大常委会”)制定食品法律的程序：

(1)食品立法的准备　主要包括编制食品立法规划、作出食品立法决策、起草食品法律草案等。

(2)食品法律案的提出和审议　主要包括食品法律草案的提出和列入议程、听取食品法律草案说明、常委会会议审议或全国人大教科文卫委员会、法律委员会审议等。列入常委会会议议程的食品法律案，全国人大教科文卫委员会、法律委员会和常委会工作机构应当听取各方面的意见。对于重要的食品法律草案，经委员长会议决定，可以将食品法律草案公布，向社会征求意见。

(3)食品法律草案的表决、通过与公布　食品法律草案提请全国人大常委会审议后，由常委会全体会议投票表决，以全体组成人员的过半数通过，由国家主席以主席令的形式公布食品法律。

2.3.2.2　食品行政法规的制定程序

(1)立项　国务院的国家食品药品监督管理局、国家卫生健康委员会、国家质量监督检验检疫总局、国家进出口商品检验总局等行政管理部门根据社会发展状况，认为需要制定食品行政法规的，应当向国务院报请立项，由国务院法制局编制立法计划，报请国务院批准。

(2)起草　起草工作由国务院组织，一般由业务主管部门具体承担起草任务。在起草过程中，应当广泛听取有关机关、组织和公民的意见。

(3)审查　业务主管部门有权向国务院提出食品行政法规草案，送国务院法制局进行审查。

(4)通过　国务院法制局对食品行政法规草案审查完毕后，向国务院提出审查报告和草案修改稿，提请国务院审议，由国务院常务会议或全体会议讨论通过或者总理批准。

(5)公布　食品行政法规由国务院总理签署国务院令公布。

(6)备案　食品行政法规公布后 30 日内报全国人大常委会备案。

2.3.2.3　地方性食品法规、食品自治条例和单行条例的制定程序

(1)地方性食品立法规划和计划的编制

(2)地方性食品法规草案的起草　享有地方立法权的地方人大常委会、教科文卫委员会或业务主管厅(局)负责起草地方性食品法规草案。

(3)地方性食品法规草案的提出　享有地方立法权的地方人大召开时，地方人大主席团、常委会、教科文卫委员会、本级人民政府以及 10 人以上代表联名，可以向本级人大提出地方性食品法规草案。人大闭会期间，常委会主任会议、教科文卫委员会、本级人民政府以及常委会组成人员 5 人以上联名，可以向本级人大常委会提出地方性食品法规草案。

(4)地方性卫生法规草案的审议　向地方人大提出的地方性食品法规草案由人大会议审议,或者先交教科文卫委员会审议后提请人大会议审议;向地方人大常委会提出的地方性食品法规草案由常委会会议审议,或者先交教科文卫委员会审议后提请常委会会议审议。

(5)地方性食品法规草案的表决、通过、批准、公布与备案　地方性食品法规草案经地方人大、常委会表决,以全体代表、常委会全体组成人员的过半数通过,由有关机关依法公布,并在30日内报有关机关备案。

2.3.2.4　食品部门规章的制定程序

(1)立项

(2)起草　食品部门规章草案的起草工作以国务院食品管理部门的职能司为主、法制与监督司或政策法规司参与配合。起草时可以邀请食品专家、法律专家参加论证。

(3)审查　食品部门规章草案一般由食品管理部门下属的业务主管司(局)在其职责范围内提出,送法制与监督司或政策法规司审核。

(4)决定　食品部门规章草案审核后,提交部(局)务会议讨论,决定通过。

(5)公布　食品部门规章由部门首长签署命令予以公布。

(6)备案　食品部门规章公布后30日内报国务院备案。

2.3.2.5　地方政府食品规章的制定程序

(1)起草　地方政府食品规章案由享有政府食品卫生规章制定权的地方食品行政部门负责起草。

(2)审查　地方政府食品规章案由地方食品行政部门在其职责范围内提出,送地方人民政府法制局审核。

(3)决定　地方政府食品规章草案经法制局审核后,提交政府常务会议或者全体会议讨论,决定通过。

(4)公布　地方政府食品规章由省长、自治区主席或者直辖市长签署命令予以公布,并在30日内报国务院备案。

2.3.3　食品法律法规的实施

2.3.3.1　食品法律法规实施的概念

食品法律法规的实施是指通过一定的方式使食品法律规范在社会生活中得到贯彻和实现的活动。食品法律法规的实施过程,是把食品法的规定转化为主体行为的过程,是食品法律法规作用于社会关系的特殊形式。食品法律法规的实施主要有食品法律法规的遵守和食品法律法规的适用两种方式。

2.3.3.2　食品法律法规的适用

食品法律法规的适用有广义和狭义之分。广义的食品法律法规的适用,是指国家机关和法律、法规授权的社会组织依照法定的职权和程序,行使国家权力,将食品法律法规创造性地运用到具体人或组织,用来解决具体问题的一种专门活动。它包括食品行政管理部门以及法律、法规授权的组织依法进行的食品质量安全执法活动和司法机关依法处理有关食品违法和犯罪案件的司法活动。狭义的食品法律法规的适用仅指司法活动。这里指的是广义的食品法律法规的适用。

食品法律法规的适用是一种国家活动，不同于一般公民、法人和其他组织实现食品法律法规的活动。它具有以下特点：

(1)权威性　食品法律法规的适用是享有法定职权的国家机关以及法律、法规授权的组织，在其法定的或授予的权限范围内，依法实施食品法律法规的专门活动，其他任何国家机关、社会组织和公民个人都不得从事此项活动。

(2)目的的特定性　食品法律法规适用的根本目的是保护公民的生命健康权。这是食品法律法规保护人体健康的宗旨所决定的。

(3)合法性　有关机关及授权组织对食品管理事务或案件的处理，应当有相应的法律依据。否则无效，甚至还须承担相应的法律责任。

(4)程序性　食品法律法规的适用是有关机关及授权组织依照法定程序所进行的活动。

(5)国家强制性　食品法律法规的适用是以国家强制力为后盾实施食品法律法规的活动，对有关机关及授权组织依法做出的决定，任何当事人都必须执行，不得违抗。

(6)要适性　食品法律法规的适用必须有表明适用结果的法律文书，如食品卫生许可证、罚款决定书、判决书等。

2.3.3.3　食品法律法规的效力范围

(1)食品法律法规效力范围的概念　食品法律法规的效力范围是指食品法律法规的生效范围或适用范围，即食品法律法规在什么时间、什么地方和对什么人适用，包括食品法律法规的时间效力、空间效力和对人的效力三个方面。

①食品法律法规的时间效力。时间效力指食品法律法规何时生效、何时失效，以及对食品法律法规生效前所发生的行为和事件是否具有溯及力的问题。

食品法律法规的生效时间通常有下列情况：在食品法律法规文件中明确规定从法律法规文件颁布之日起施行；在食品法律法规文件中明确规定由其颁布后的某一具体时间生效；食品法律法规公布后先予以试行或者暂行，而后由立法机关加以补充修改，再通过为正式法律法规，公布施行，在试行期间也具有法律效力；在食品法律、法规中没有规定其生效时间，但实践中均以该法公布的时间为其生效的时间。

食品法律法规的失效时间通常有下列情况：从新法颁布施行之日起，相应的旧法即自行废止；新法代替了内容基本相同的旧法，在新法中明文宣布旧法废止。如第十一届全国人大常委会 2009 年 2 月 28 日颁布的《中华人民共和国食品安全法》规定：本法自 2009 年 6 月 1 日起施行，原有的《中华人民共和国食品卫生法》同时废止。由于形势发展变化，原来的某项法律法规已因调整的社会关系不复存在或完成了历史任务而已失去了存在的条件自行失效。有的法律规定了生效期限，期满该法即终止效力；有关国家机关发布专门的决议、命令，宣布废止其制定的某些法，而导致该法失效。

食品法律法规的溯及力，也称食品法律法规溯及既往的效力，它是指新法颁布施行后，对它生效以前所发生的事件和行为是否适用的问题。如果适用，该食品法律法规就有溯及力，如果不适用，该食品法律法规就不具有溯及力。我国食品法律法规一般不溯及既往，但为了更好地保护公民、法人和其他组织的权利和利益而作的特别规定除外。

②食品法律法规的空间效力。空间效力指食品法律法规生效的地域范围，即食品法律法规在哪些地方具有约束力。食品法律法规的空间效力有以下几种情况：全国人大及其常委会制定的食品法律，国务院及其各部门发布的食品行政法规、规章等规范性文件，在全国范围内

有效；地方人大及其常委会、民族自治机关颁布的地方性食品法规、自治条例、单行条例，以及地方人民政府制定的政府食品规章，只在其行政管辖区域范围内有效；中央国家机关制定的食品法律、法规，明确规定了特定的适用范围的，即在其规定的范围内有效；某些食品法律、法规还有域外效力。

③食品法律法规对人的效力。这是指食品法律法规对哪些人具有约束力。食品法律法规对人的效力有以下几种情况：我国公民在我国领域内，一律适用我国食品法律法规；外国人、无国籍人在我国领域内，也都适用我国食品法律法规，一律不享有食品特权或豁免权；我国公民在我国领域以外，原则上适用我国食品法律法规；法律有特别规定的按法律规定；外国人、无国籍人在我国领域外，如果侵害了我国国家或公民、法人的权益，或者与我国公民、法人发生食品法律关系，也可以适用我国食品法律。

（2）食品法律法规的适用规则　食品法律法规的适用规则指食品法律法规之间发生冲突时如何选择适用食品法律法规的问题。食品法律法规的适用规则主要有以下五方面：

①上位法优于下位法。法的位阶指法的效力等级，效力等级高的是上位法，效力等级低的就是下位法。不同位阶的食品法律法规发生冲突时，应当选择适用位阶高的食品法律法规。

②同位阶的食品法律法规具有同等法律效力。在各自权限范围内适用食品部门规章之间、食品部门规章与地方政府食品规章之间具有同等效力，在各自的权限范围内施行。

③特别规定优于一般规定。即“特别法优于一般法”。同一机关制定的食品法律、食品行政法规、地方性食品法规、食品自治条例和单行条例、食品规章，特别规定与一般规定不一致的适用特别规定。

④新的规定优于旧的规定。即“新法优于旧法”。同一机关制定的食品法律、食品行政法规、地方性食品法规、食品自治条例和单行条例、食品规章，新的规定与旧的规定不一致的，适用新的规定。适用这条规则的前提是新旧规定都是现行有效的，该适用哪个规定，采取从新原则。这与法的溯及力的从旧原则是有区别的。法的溯及力解决的是新法对其生效以前发生的事件和行为是否适用的问题。

⑤不溯及既往原则。任何食品法律法规都没有溯及既往的效力，但为了更好地保护公民、法人和其他组织的权利和利益而作的特别规定除外。

（3）食品法律法规效力冲突的裁决制度

①食品法律之间对同一事项新的一般规定与旧的特别规定不一致，不能确定如何适用时由全国人大常委会裁决。

②食品行政法规之间对同一事项新的一般规定与旧的特别规定不一致，不能确定如何适用时由国务院裁决。

③地方性食品法规、食品规章之间不一致时，由有关机关依照下列规定的权限进行裁决：同一机关制定的新的一般规定与旧的特别规定不一致时，由制定机关裁决；地方性食品法规与食品部门规章之间对同一事项的规定不一致，不能确定如何适用时由国务院提出意见，国务院认为应当适用地方性食品法规的，应当决定在该地方适用地方性食品法规的规定，认为应当适用食品部门规章的，应当提请全国人大常委会裁决；食品部门规章之间、食品部门规章与地方政府食品规章之间对同一事项的规定不一致时由国务院裁决；根据授权制定的食品法规与食品法律规定不一致，不能确定如何适用时由全国人大常委会裁决。

2.3.3.4　食品法律法规的解释

食品法律法规的解释指有关国家机关、组织或个人，为适用或遵守食品法规，根据立法原意对食品法律法规的含义、内容、概念、术语以及适用的条件等所做的分析、说明和解答。食品法律法规的解释是完备食品立法和正确实施食品法所必需的。按照解释的主体和解释的法律效力的不同，食品法律法规的解释可以分为正式解释和非正式解释。

(1)正式解释　正式解释又称有权解释、法定解释、官方解释，它是指有解释权的国家机关按照宪法和法律所赋予的权限对食品法律法规所做的具有法的效力的解释。正式解释是一种创造性的活动，是立法活动的继续，是对立法意图的进一步说明，具有填补法的漏洞的作用，通常分为立法解释、司法解释和行政解释。

①立法解释。它是指有食品立法权的国家机关对有关食品法律文件所做的解释。包括全国人大常委会对宪法和食品法律的解释；国务院对其制定的食品行政法规的解释；地方人大及其常委会对地方性食品法规的解释；国家授权其他国家机关的解释。

②司法解释。它是指最高人民法院和最高人民检察院在审判和检察工作中对具体应用食品法律的问题所进行的解释。包括最高人民法院做出的审判解释，最高人民检察院做出的检察解释，以及最高人民法院和最高人民检察院联合做出的解释。

③行政解释。它是指有解释权的行政机关在依法处理食品行政管理事务时，对食品法律、法规的适用问题所做的解释。包括国务院及其所属各部门、地方人民政府行使职权时，对如何具体应用食品法律的问题所做的解释。

(2)非正式解释　非正式解释又称作非法定解释、无权解释。分为学理解释和任意解释。学理解释一般指宣传机构、文化教育机关、科研单位、社会组织、学者、专业工作者和报刊等对食品法律法规所进行的理论性、知识性和常识性解释。任意解释指一般公民、当事人、辩护人对食品法律法规所做的理解和说明。非正式解释虽不具有法律效力，但对法律适用有参考价值，对食品法律法规的遵守有指导意义。

2.3.3.5　食品法律法规的遵守

食品法律法规的遵守，又称食品守法，它是指一切国家机关和武装力量、各政党和各社会团体、各企业事业组织和全体公民都必须恪守食品法律法规的规定，严格依法办事。食品法律法规的遵守是食品法律法规实施的一种重要形式，也是法治的基本内容和要求。

(1)食品法律法规遵守的主体　食品守法的主体，既包括一切国家机关、社会组织和全体中国公民，也包括在中国领域内活动的国际组织、外国组织、外国公民和无国籍人。

(2)食品法律法规的遵守范围　食品守法的范围极其广泛。主要包括宪法、食品法律、食品行政法规、地方性食品法规、食品自治条例和单行条例、食品规章、食品标准、特别行政区的食品法、我国参加的世界食品组织的章程、我国参与缔结或加入的国际食品条约、协定等。对于食品法律法规适用过程中有关国家机关依法做出的、具有法律效力的决定书，如人民法院的判决书、调解书，食品行政部门的食品卫生许可证、食品行政处罚决定书等非规范性文件也是食品法律法规的遵守范围。

(3)食品法律法规的遵守内容　食品法律法规的遵守不是消极、被动的，它不仅要求国家机关、社会组织和公民依法承担和履行食品质量安全义务(职责)，更包含国家机关、社会组织和公民依法享有权利、行使权利，其内容包括依法行使权利和履行义务两个方面。

2.4 食品行政执法与监督

2.4.1 食品行政执法概述

2.4.1.1 食品行政执法的概念

食品行政执法指国家食品行政机关、法律法规授权的组织依法执行适用法律，实现国家食品管理的活动。食品行政执法是食品行政机关进行食品管理、适用食品法律法规的最主要的手段和途径。

国家行政机关行使职权、实施行政管理时依法所做出的直接或间接产生行政法律后果的行为，称为行政行为。行政行为可以分为抽象行政行为和具体行政行为。抽象行政行为指行政机关针对不特定的行政相对人制定或发布的具有普遍约束力的规范性文件的行政行为。如卫生计生委员会根据法律、法规的规定，在本部门的权限内，发布命令、指示和规章的行为。具体行政行为是指行政机关对特定的、具体的公民、法人或者其他组织，就特定的具体事项，做出有关该公民、法人或者组织权利义务的单方行为。食品行政执法即指具体食品行政行为。

2.4.1.2 食品行政执法的特征

(1)执法的主体是特定的　食品行政执法的主体只能是食品行政管理机关，以及法律、法规授权的组织。不是食品行政主体或者没有依法取得执法权的组织不得从事食品行政执法。

(2)执法是一种职务性行为　食品行政执法是执法主体代表国家进行食品管理的活动，是行使职权的活动。即行政主体在行政管理过程中，处理行政事务的职责权力。因此，执法主体只能在法律规定的职权范围内履行其职责，不得越权或者滥用职权。

(3)执法的对象是特定的　食品行政执法行为针对的对象是特定的、具体的公民、法人或其他组织。特定的、具体的公民、法人或其他组织称为食品行政相对人。

(4)执法行为的依据是法定的　食品行政机关做出具体行政行为的过程，实际上也是适用食品法律法规的过程。食品行政执法的依据只能是国家现行有效的食品法律、法规、规章以及上级食品行政机关的措施、发布的决定、命令、指示等。

(5)执法行为是单方法律行为　在食品行政执法过程中，执法主体与相对人之间所形成的行政法律关系是领导与被领导、管理与被管理的行政隶属关系。食品行政执法主体仅依自己一方的意思表示，无须征得相对人的同意就可以做出一定法律后果的行为。行为成立的唯一条件是其合法性。

(6)执法行为必然产生一定的法律后果　食品行政执法行为是确定特定人某种权利或义务，剥夺、限制其某种权利，拒绝或拖延其要求，行政执法主体履行某种法定职责等。因此必然会直接或者间接地产生相关的权利义务关系，产生相应的、现实的法律后果。

2.4.2 食品行政执法主体

食品行政执法活动，它是食品行政机关依法对食品进行管理，贯彻落实法律、法规等规范性文件的具体方法和手段。因此，食品行政执法的依据主要是现行有效的有关食品方面的规范性文件。我国行政诉讼法规定，人民法院审理行政案件，以法律和行政法规、地方性法规为依据，地方性法规适用于本行政区域内发生的行政案件；人民法院审理民族自治地方的行政案件，并以该民族自治地方的自治条例和单行条例为依据；人民法院审理行政案件，参照国务院部、委根据法律和国务院的行政法规、决定、命令制定、发布的规章以及省、自治区、直辖市和省、自治区的人民政府所在地的市和经国务院批准的较大的市的人民政府根据法律和国务院的行政法规制定、发布的规章；人民法院认为地方人民政府制定、发布的规章与国务院部、委制定、发布的规章不一致的，以及国务院部、委制定、发布的规章之间不一致的，由最高人民法院送国务院做出解释或者裁决。按照法院审理行政案件所依据的法律和参照的法规等规定，上述法律、法规、行政职权并同时获得行政主体资格的行政组织。也就是说，职权性执法主体资格的获得，是依据宪法和有关的组织法，是国家设立的专门履行行政职能的国家行政组织，是以完成一定的国家行政职能为设立要素的，因此宪法和有关组织法对其行政职权与职责的规定有一定的原则性和概括性。职权性执法主体只能是国家行政机关，包括各级人民政府及其职能部门以及县级以上地方政府的派出机关。

授权性执法主体指根据宪法和行政组织法以外的单行法律、法规的授权规定而获得行政执法资格的组织。也就是说，授权性执法资格的获得，是依据宪法和行政组织法以外的单行法律、法规，其职权的内容、范围和方式是专项的、单一的、具体的，必须按照授权规范所规定的职权标准去行使。我国食品行政执法主体主要有以下单位和机构。

2.4.2.1　食品监督管理机关

食品监督管理机关是履行综合监督食品、保健品、化妆品安全管理的国家行政组织，是最主要的食品行政执法主体。

2018 年 3 月，根据第十三届全国人民代表大会第一次会议批准的国务院机构改革方案，方案提出，将国家工商行政管理总局的职责，国家质量监督检验检疫总局的职责，国家食品药品监督管理总局的职责，国家发展和改革委员会的价格监督检查与反垄断执法职责，商务部的经营者集中反垄断执法以及国务院反垄断委员会办公室等职责整合，组建国家市场监督管理总局，作为国务院直属机构。

组建国家药品监督管理局，由国家市场监督管理总局管理。市场监管实行分级管理，药品监管机构只设到省一级，药品经营销售等行为的监管，由市县市场监管部门统一承担。将国家质量监督检验检疫总局的出入境检验检疫管理职责和队伍划入海关总署。保留国务院食品安全委员会、国务院反垄断委员会，具体工作由国家市场监督管理总局承担。国家认证认可监督管理委员会、国家标准化管理委员会职责划入国家市场监督管理总局，对外保留牌子。

国家市场监督管理总局主要职责

(1)负责市场综合监督管理　起草市场监督管理有关法律法规草案，制定有关规章、政策、标准，组织实施质量强国战略、食品安全战略和标准化战略，拟订并组织实施有关规划，规范和维护市场秩序，营造诚实守信、公平竞争的市场环境。

(2)负责市场主体统一登记注册　指导各类企业、农民专业合作社和从事经营活动的单位、个体工商户以及外国(地区)企业常驻代表机构等市场主体的登记注册工作。建立市场主体信息公示和共享机制，依法公示和共享有关信息，加强信用监管，推动市场主体信用体系建设。

(3)负责组织和指导市场监管综合执法工作　指导地方市场监管综合执法队伍整合和建设，推动实行统一的市场监管。组织查处重大违法案件。规范市场监管行政执法行为。

(4)负责反垄断统一执法　统筹推进竞争政策实施，指导实施公平竞争审查制度。依法对经营者集中行为进行反垄断审查,负责垄断协议、滥用市场支配地位和滥用行政权力排除、限制竞争等反垄断执法工作。指导企业在国外的反垄断应诉工作。承担国务院反垄断委员会日常工作。

(5)负责监督管理市场秩序　依法监督管理市场交易、网络商品交易及有关服务的行为。组织指导查处价格收费违法违规、不正当竞争、违法直销、传销、侵犯商标专利知识产权和制售假冒伪劣行为。指导广告业发展,监督管理广告活动。指导查处无照生产经营和相关无证生产经营行为。指导中国消费者协会开展消费维权工作。

(6)负责宏观质量管理　拟订并实施质量发展的制度措施。统筹国家质量基础设施建设与应用,会同有关部门组织实施重大工程设备质量监理制度,组织重大质量事故调查,建立并统一实施缺陷产品召回制度,监督管理产品防伪工作。

(7)负责产品质量安全监督管理　管理产品质量安全风险监控、国家监督抽查工作。建立并组织实施质量分级制度、质量安全追溯制度。指导工业产品生产许可管理。负责纤维质量监督工作。

(8)负责特种设备安全监督管理　综合管理特种设备安全监察、监督工作,监督检查高耗能特种设备节能标准和锅炉环境保护标准的执行情况。

(9)负责食品安全监督管理综合协调　组织制定食品安全重大政策并组织实施。负责食品安全应急体系建设,组织指导重大食品安全事件应急处置和调查处理工作。建立健全食品安全重要信息直报制度。承担国务院食品安全委员会日常工作。

(10)负责食品安全监督管理　建立覆盖食品生产、流通、消费全过程的监督检查制度和隐患排查治理机制并组织实施,防范区域性、系统性食品安全风险。推动建立食品生产经营者落实主体责任的机制,健全食品安全追溯体系。组织开展食品安全监督抽检、风险监测、核查处置和风险预警、风险交流工作。组织实施特殊食品注册、备案和监督管理。

(11)负责统一管理计量工作　推行法定计量单位和国家计量制度,管理计量器具及量值传递和比对工作。规范、监督商品量和市场计量行为。

(12)负责统一管理标准化工作　依法承担强制性国家标准的立项、编号、对外通报和授权批准发布工作。制定推荐性国家标准。依法协调指导和监督行业标准、地方标准、团体标准制定工作。组织开展标准化国际合作和参与制定、采用国际标准工作。

(13)负责统一管理检验检测工作　推进检验检测机构改革,规范检验检测市场,完善检验检测体系,指导协调检验检测行业发展。

(14)负责统一管理、监督和综合协调全国认证认可工作　建立并组织实施国家统一的认证认可和合格评定监督管理制度。

(15)负责市场监督管理科技和信息化建设、新闻宣传、国际交流与合作　按规定承担技术性贸易措施有关工作。

(16)管理国家药品监督管理局、国家知识产权局。

(17)完成党中央、国务院交办的其他任务。

(18)职能转变。

①大力推进质量提升。加强全面质量管理和国家质量基础设施体系建设,完善质量激励制度,推进品牌建设。加快建立企业产品质量安全事故强制报告制度及经营者首问和赔偿先付制度,创新第三方质量评价,强化生产经营者主体责任,推广先进的质量管理方法。全面实

施企业产品与服务标准自我声明公开和监督制度，培育发展技术先进的团体标准，对标国际提高国内标准整体水平，以标准化促进质量强国建设。

②深入推进简政放权。深化商事制度改革，改革企业名称核准、市场主体退出等制度，深化“证照分离”改革，推动“照后减证”，压缩企业开办时间。加快检验检测机构市场化社会化改革。进一步减少评比达标、认定奖励、示范创建等活动，减少行政审批事项，大幅压减工业产品生产许可证，促进优化营商环境。

③严守安全底线。遵循“最严谨的标准、最严格的监管、最严厉的处罚、最严肃的问责”要求，依法加强食品安全、工业产品质量安全、特种设备安全监管，强化现场检查，严惩违法违规行为，有效防范系统性风险，让人民群众买得放心、用得放心、吃得放心。

④加强事中事后监管。加快清理废除妨碍全国统一市场和公平竞争的各种规定和做法，加强反垄断、反不正当竞争统一执法。强化依据标准监管，强化风险管理，全面推行“双随机、一公开”和“互联网＋监管”，加快推进监管信息共享，构建以信息公示为手段、以信用监管为核心的新型市场监管体系。

⑤提高服务水平。加快整合消费者投诉、质量监督举报、食品药品投诉、知识产权投诉、价格举报专线。推进市场主体准入到退出全过程便利化，主动服务新技术新产业新业态新模式发展，运用大数据加强对市场主体服务，积极服务个体工商户、私营企业和办事群众，促进大众创业、万众创新。

(19)有关职责分工。

①与公安部的有关职责分工。国家市场监督管理总局与公安部建立行政执法和刑事司法工作衔接机制。市场监督管理部门发现违法行为涉嫌犯罪的，应当按照有关规定及时移送公安机关，公安机关应当迅速进行审查，并依法作出立案或者不予立案的决定。公安机关依法提请市场监督管理部门作出检验、鉴定、认定等协助的，市场监督管理部门应当予以协助。

②与农业农村部的有关职责分工。农业农村部负责食用农产品从种植养殖环节到进入批发、零售市场或者生产加工企业前的质量安全监督管理。食用农产品进入批发、零售市场或者生产加工企业后，由国家市场监督管理总局监督管理；农业农村部负责动植物疫病防控、畜禽屠宰环节、生鲜乳收购环节质量安全的监督管理。；两部门要建立食品安全产地准出、市场准入和追溯机制，加强协调配合和工作衔接，形成监管合力。

③与国家卫生健康委员会的有关职责分工。国家卫生健康委员会负责食品安全风险评估工作，会同国家市场监督管理总局等部门制定、实施食品安全风险监测计划。国家卫生健康委员会对通过食品安全风险监测或者接到举报发现食品可能存在安全隐患的，应当立即组织进行检验和食品安全风险评估，并及时向国家市场监督管理总局通报食品安全风险评估结果，对于得出不安全结论的食品，国家市场监督管理总局应当立即采取措施。国家市场监督管理总局在监督管理工作中发现需要进行食品安全风险评估的，应当及时向国家卫生健康委员会提出建议。

④与海关总署的有关职责分工。两部门要建立机制，避免对各类进出口商品和进出口食品、化妆品进行重复检验、重复收费、重复处罚，减轻企业负担；海关总署负责进口食品安全监督管理。进口的食品以及食品相关产品应当符合我国食品安全国家标准。境外发生的食品安全事件可能对我国境内造成影响，或者在进口食品中发现严重食品安全问题的，海关总署应当及时采取风险预警或者控制措施，并向国家市场监督管理总局通报，国家市场监督管理总局应当及时采取相应措施。两部门要建立进口产品缺陷信息通报和协作机制。海关总署在口岸检

验监管中发现不合格或存在安全隐患的进口产品，依法实施技术处理、退运、销毁，并向国家市场监督管理总局通报。国家市场监督管理总局统一管理缺陷产品召回工作，通过消费者报告、事故调查、伤害监测等获知进口产品存在缺陷的，依法实施召回措施；对拒不履行召回义务的，国家市场监督管理总局向海关总署通报，由海关总署依法采取相应措施。

⑤与国家药品监督管理局的有关职责分工。国家药品监督管理局负责制定药品、医疗器械和化妆品监管制度，负责药品、医疗器械和化妆品研制环节的许可、检查和处罚。省级药品监督管理部门负责药品、医疗器械、化妆品生产环节的许可、检查和处罚，以及药品批发许可、零售连锁总部许可、互联网销售第三方平台备案及检查和处罚。市县两级市场监督管理部门负责药品零售、医疗器械经营的许可、检查和处罚，以及化妆品经营和药品、医疗器械使用环节质量的检查和处罚。

⑥与国家知识产权局的有关职责分工。国家知识产权局负责对商标专利执法工作的业务指导，制定并指导实施商标权、专利权确权和侵权判断标准，制定商标专利执法的检验、鉴定和其他相关标准，建立机制，做好政策标准衔接和信息通报等工作。国家市场监督管理总局负责组织指导商标专利执法工作。

2.4.2.2 食品卫生行政机关

卫生行政机关是依据宪法和行政组织法规定而设立的履行卫生行政职能的国家行政组织，是最主要的食品卫生行政执法主体。2013 年，根据第十二届全国人民代表大会第一次会议批准的《国务院机构改革和职能转变方案》和《国务院关于机构设置的通知》(国发〔2013〕14号)，设立国家卫生和计划生育委员会，为国务院组成部门。2013 年 3 月 17 日，国家卫生部摘牌，不再保留卫生部、人口计生委，国家卫生和计划生育委员会正式挂牌。目前，我国的各级卫生行政机关包括国务院卫生行政主管部即国家卫生和计划生育委员会，各省、自治区、直辖市卫生计生委，地(市)卫生计生委，县(县级市、区、旗)卫生计生委和卫生局。

2018 年 3 月，根据第十三届全国人民代表大会第一次会议批准的国务院机构改革方案，将国家卫生和计划生育委员会的职责整合，组建中华人民共和国国家卫生健康委员会；将国家卫生和计划生育委员会的新型农村合作医疗职责整合，组建中华人民共和国国家医疗保障局；不再保留国家卫生和计划生育委员会。

1. 中华人民共和国国家卫生健康委员会职能转变

(1)取消的职责

①取消除利用新材料、新工艺技术和新杀菌原理生产消毒剂和消毒器械之外的消毒剂和消毒器械的审批职责。

②取消全国计划生育家庭妇女创业之星、全国十佳自强女孩评选等达标、评比、评估和相关检查活动。

③取消化学品毒性鉴定机构资质认定职责，有关事务性工作转移给有条件的社会组织承担。

④将对医疗机构服务绩效评价等技术管理职责转移给所属事业单位承担。

⑤按照事业单位分类改革的要求，减少对所属医疗机构的微观管理和直接管理，落实医疗机构法人自主权。

⑥根据《国务院机构改革和职能转变方案》需要取消的其他职责。

(2)下放的职责

①将除利用新材料、新工艺和新化学物质生产的涉及饮用水卫生安全产品的审批职责下放省级卫生和计划生育部门。

②将港、澳、台投资者在内地设置独资医院审批职责下放省级卫生和计划生育部门。

③将外国医疗团体来华短期行医审批职责下放设区的市级卫生和计划生育部门。

④将全国卫生县城、全国卫生乡镇评审工作下放省级爱国卫生运动委员会。

⑤将全国计划生育优质服务先进单位评审工作下放省级卫生和计划生育部门。

⑥根据《国务院机构改革和职能转变方案》需要下放的其他职责。

(3)整合的职责

①将国家发展和改革委员会承担的国务院深化医药卫生体制改革领导小组办公室的职责,划入国家卫生和计划生育委员会。

②将组织制定药品法典的职责,划给国家食品药品监督管理总局。

③将确定食品安全检验机构资质认定条件和制定检验规范的职责,划给国家食品药品监督管理总局。

(4)加强的职责

①深化医药卫生体制改革,坚持保基本、强基层、建机制,协调推进医疗保障、医疗服务、公共卫生、药品供应和监管体制综合改革,巩固完善基本药物制度和基层运行新机制,加大公立医院改革力度,推进基本公共卫生服务均等化,提高人民健康水平。

②坚持计划生育基本国策,完善生育政策,加强计划生育政策和法律法规执行情况的监督考核,加强对基层计划生育工作的指导,促进出生人口性别平衡和优生优育,提高出生人口素质。

③推进医疗卫生和计划生育服务在政策法规、资源配置、服务体系、信息化建设、宣传教育、健康促进方面的融合。加强食品安全风险监测、评估和标准制定。

④鼓励社会力量提供医疗卫生和计划生育服务,加大政府购买服务力度,加强急需紧缺专业人才和高层次人才培养。

2.中华人民共和国国家卫生健康委员会主要职责

(1)负责起草卫生和计划生育、中医药事业发展的法律法规草案,拟订政策规划,制定部门规章、标准和技术规范。负责协调推进医药卫生体制改革和医疗保障,统筹规划卫生和计划生育服务资源配置,指导区域卫生和计划生育规划的编制和实施。

(2)负责制定疾病预防控制规划、国家免疫规划、严重危害人民健康的公共卫生问题的干预措施并组织落实,制定检疫传染病和监测传染病目录、卫生应急和紧急医学救援预案、突发公共卫生事件监测和风险评估计划,组织和指导突发公共卫生事件预防控制和各类突发公共事件的医疗卫生救援,发布法定报告传染病疫情信息、突发公共卫生事件应急处置信息。

(3)负责制定职责范围内的职业卫生、放射卫生、环境卫生、学校卫生、公共场所卫生、饮用水卫生管理规范、标准和政策措施,组织开展相关监测、调查、评估和监督,负责传染病防治监督。组织开展食品安全风险监测、评估,依法制定并公布食品安全标准,负责食品、食品添加剂及相关产品新原料、新品种的安全性审查。

(4)负责组织拟订并实施基层卫生和计划生育服务、妇幼卫生发展规划和政策措施,指导全国基层卫生和计划生育、妇幼卫生服务体系建设,推进基本公共卫生和计划生育服务均等化，完善基层运行新机制和乡村医生管理制度。

(5)负责制定医疗机构和医疗服务全行业管理办法并监督实施。制定医疗机构及其医疗服务、医疗技术、医疗质量、医疗安全以及采供血机构管理的规范、标准并组织实施，会同有关部门制定和实施卫生专业技术人员准入、资格标准，制定和实施卫生专业技术人员执业规则和服务规范，建立医疗服务评价和监督管理体系。

(6)负责组织推进公立医院改革，建立公益性为导向的绩效考核和评价运行机制，建设和谐医患关系，提出医疗服务和药品价格政策的建议。

(7)负责组织制定国家药物政策和国家基本药物制度，组织制定国家基本药物目录，拟订国家基本药物采购、配送、使用的管理制度，会同有关部门提出国家基本药物目录内药品生产的鼓励扶持政策建议，提出国家基本药物价格政策的建议，参与制定药品法典。

(8)负责完善生育政策，组织实施促进出生人口性别平衡的政策措施，组织监测计划生育发展动态，提出发布计划生育安全预警预报信息建议。制定计划生育技术服务管理制度并监督实施。制定优生优育和提高出生人口素质的政策措施并组织实施，推动实施计划生育生殖健康促进计划，降低出生缺陷人口数量。

(9)组织建立计划生育利益导向、计划生育特殊困难家庭扶助和促进计划生育家庭发展等机制。负责协调推进有关部门、群众团体履行计划生育工作相关职责，建立与经济社会发展政策的衔接机制，提出稳定低生育水平政策措施。

(10)制定流动人口计划生育服务管理制度并组织落实，推动建立流动人口卫生和计划生育信息共享和公共服务工作机制。

(11)组织拟订国家卫生和计划生育人才发展规划，指导卫生和计划生育人才队伍建设。加强全科医生等急需紧缺专业人才培养，建立完善住院医师和专科医师规范化培训制度并指导实施。

(12)组织拟订卫生和计划生育科技发展规划，组织实施卫生和计划生育相关科研项目。参与制定医学教育发展规划，协同指导院校医学教育和计划生育教育，组织实施毕业后医学教育和继续医学教育。

(13)指导地方卫生和计划生育工作，完善综合监督执法体系，规范执法行为，监督检查法律法规和政策措施的落实，组织查处重大违法行为。监督落实计划生育一票否决制。

(14)负责卫生和计划生育宣传、健康教育、健康促进和信息化建设等工作，依法组织实施统计调查，参与国家人口基础信息库建设。组织指导国际交流合作与援外工作，开展与港澳台的交流与合作。

(15)指导制定中医药中长期发展规划，并纳入卫生和计划生育事业发展总体规划和战略目标。

(16)负责中央保健对象的医疗保健工作，负责中央部门有关干部医疗管理工作，负责国家重要会议与重大活动的医疗卫生保障工作。

(17)承担全国爱国卫生运动委员会、国务院深化医药卫生体制改革领导小组和国务院防治艾滋病工作委员会的日常工作。

(18)承办国务院交办的其他事项。

2.4.2.3 法律、法规授权的其他组织

现实生活中，法律、法规授权的食品执法组织，主要是各级市场管理局、卫生健康委员会

等。例如，根据法律、法规的授权，县级以上卫生健康委员会承担重要的卫生活动，如职业卫生、放射卫生、环境卫生、学校卫生、公共场所卫生、饮用水卫生等公共卫生的监督管理中的有关任务等。

2.4.2.4　联合执法主体

根据有关单行法律、法规规定，由食品监督管理部门会同其他部门共同进行食品行政执法时，这些部门、机关就成为联合执法主体，或者称为共同执法主体。

根据2018年国务院公布的机构改革方案，我国成立了国家市场监督管理总局，集中行使原工商行政管理总局、国家质量监督检验检疫总局、国家食品药品监督管理总局等机构的职能，同时在国家市场监督管理总局下设立国家药品监督管理局，但是只设立到省一级，市、县级药品的监管工作仍由市场监管部门承担。

如市场监管部门在进行监管活动中，应当将监管活动中发现的可能构成刑事犯罪的食品安全案件移送给公安机关，以追究违法行为人的刑事责任；公安机关在接收了市场监管部门移送的案件后应当立即展开侦查，对于侦查后认为案件只是行政违法案件而并不属于刑事犯罪案件的，应当将其移送回市场监管部门，由市场监管部门对案件进行处理，对违法行为人处以行政处罚。在这样的监管过程中，市场监管部门和公安机关是联合执法主体。

2.4.3　食品行政执法监督

2.4.3.1　食品行政执法监督的概念

食品行政执法监督指有权机关、社会团体和公民个人等，依法对食品行政机关及其执法人员的行政执法活动是否合法、合理进行监督的法律制度。

我国宪法明确规定，国家的一切权力属于人民。人民并不直接进行国家事务的管理，而是通过人民代表大会等形式和途径，授权国家机关或组织行使管理国家事务和社会事务的权力。因此，国家机关及其工作人员的行政活动必须依法而行，并且受到有关机关和广大人民群众的监督。食品行政执法是否公正、合理、合法，关系到食品法律法规的贯彻执行，关系到整个食品行业能否健康发展。对食品行政执法活动进行监督，是提高执法主体工作效率，克服官僚主义，防止腐败的有力武器，同时也是保护公民、法人和其他组织的合法权益，实行人民当家作主权利的重要保证。

2.4.3.2　食品行政执法监督的特征

(1)监督主体的广泛性　广义上的执法监督指全社会的监督。它包括特定的国家权力机关、行政机关、司法机关等直接产生法律效力的监督，也包括社会团体和公民个人等不直接产生法律效力的民主监督。因此，享有监督权的监督主体相当广泛。

(2)监督的对象是确定的　食品行政执法监督的对象是食品行政执法机关和执法人员。

(3)监督的内容完整、法定　监督主体对食品执法主体及执法人员行使职权、履行职责的一切执法活动都实行监督；对执法行为的合法性、合理性、公正性等也都进行监督。

2.4.3.3　食品行政执法监督的种类

(1)权力机关的监督　国家权力机关的监督也称为代表机构的监督或立法监督。我国宪法规定国家的一切权力属于人民，人民行使国家权力的机关是全国人民代表大会和地方各级人民代表大会。国家行政机关由人民代表大会产生，对它负责，受它监督。

权力机关对食品行政机关的监督，属于全面性的监督，不仅监督食品行政行为是否合法，而且监督其工作是否有成效。监督的方式有听取和审议工作报告；审查和批准财政预决算；质询和询问；视察和检查；调查、受理申诉、控告和检举；罢免和撤职等。

(2)司法机关的监督　司法机关的监督指人民检察院和人民法院依法对食品行政行为实施的监督。检察机关的监督主要是对食品行政机关的工作人员职务违法犯罪行为进行监督。人民法院的监督主要是通过对行政诉讼案件的审判，对食品行政机关的执法活动进行监督。

(3)食品行政机关的监督　食品行政机关的监督指食品行政机关内部、上级行政机关对下级行政机关的监督。食品行政机关内部的监督是经常、直接的监督。监督的方式包括：工作报告、调查和检查、审查和审批、考核、批评和处置等。

(4)非国家监督　上述三种情况下的监督一般称为国家监督。非国家监督包括执政党的监督、社会团体和组织监督、社会舆论监督、公民个人的监督等。

2.4.3.4 食品行政执法监督的内容

食品行政执法监督的内容主要有以下两个方面：①对实施宪法、法律和行政法规等情况进行监督。监督主体对各级食品行政执法机关的执法活动是否合法、适当进行监督。②对执法人员的执法活动等情况进行监督。监督主体对食品行政执法人员在执法过程中，是否行政失职、行政越权和滥用职权等进行监督。

思考题

1.法、法律和法规的概念是什么？
2.食品法律法规的效力范围是什么？
3.食品法律法规制定应遵循哪几条基本原则？
4.我国食品法律法规制定的原则和程序是什么？
5.食品规章的制定程序，地方政府食品规章的制定程序是什么？
6.我国食品行政执法主体主要有哪些？
7.食品行政执法监督的概念与特征有哪些？

参考文献

[1]王世平.食品标准与法规[M].2版.北京：科学出版社，2020.
[2]李冬霞，李莹.食品标准与法规[M].北京：化学工业出版社，2020.
[3]杨兆艳.食品标准与法规[M].北京：中国医药科技出版社，2019.
[4]艾志录.食品标准与法规[M].北京：科学出版社，2019.
[5]杨玉红，魏晓华.食品标准与法规[M].2版.北京：中国轻工业出版社，2018.
[6]国际标准化组织(International Organization for Standardization，ISO) https://www.iso.org/home.html.
[7]国际食品法典委员会(Codex Alimentarius Commission，CAC) http://www.codexalimentarius.net/.
[8]澳新食品标准局(Food Standards Australia New Zealand，FSANZ) http://www.foodstandards.gov.au/.
[9]欧洲标准化委员会 https://www.cen.eu/Pages/default.aspx.

[10]美国国家标准与技术研究院(NIST)　https://www.nist.gov/.

[11]美国标准学会(American National Standard Institute, ANSI) https://www.ansi.org/.

[12]中国食品安全标准网 http://www.cnspbzw.com/.

[13]中国食品科技网　http://www.tech-food.com.

[14]食品伙伴网　http://www.Foodmate.net.

[15]中国食品网　http://cfqn.com.cn.

[16]中国食品安全网　http://www.cfsn.cn.

[17]中国食品安全监测网　http://spaq.neauce.com.

[18]食品信息网　http://chinafoods.com.cn.

[19]中华人民共和国国家标准 GB/T 15496 企业标准体系　要求[M].北京:中国标准出版社,2003.

[20]中华人民共和国国家标准 GB/T 15497 企业标准体系　技术标准体系[M].北京:中国标准出版社,2003.

[21]中华人民共和国国家标准 GB/T 15498 企业标准体系　管理标准和工作标准体系[M].北京:中国标准出版社,2003.

[22]中华人民共和国国家标准 GB/T 19273 企业标准体系　评价与改进[M].北京:中国标准出版社,2003.

第3章 中国的食品法律法规

本章学习目的与要求

1.掌握《中华人民共和国食品安全法》《中华人民共和国农产品质量安全法》《中华人民共和国产品质量法》的基本内容。

2.熟悉食品生产经营其他法律法规的基本内容。

3.1 中国食品法律

3.1.1 《中华人民共和国食品安全法》

在我国高度重视食品安全，早在1995年就颁布了《中华人民共和国食品卫生法》。在此基础上，2009年2月28日，第十一届全国人民代表大会常务委员会第七次会议通过了《中华人民共和国食品安全法》。2014年12月25日，《中华人民共和国食品安全法(修订草案)》二审稿提请全国人大常委会审议。2015年4月24日经第十二届全国人大常委会第十四次会议审议通过《中华人民共和国食品安全法》(以下简称《食品安全法》)。《食品安全法》于2015年10月1日起正式施行。根据2018年12月29日第十三届全国人民代表大会常务委员会第七次会议《关于修改〈中华人民共和国产品质量法〉等五部法律的决定》第一次修正。根据2021年4月29日第十三届全国人民代表大会常务委员会第二十八次会议《关于修改〈中华人民共和国道路交通安全法〉等八部法律的决定》第二次修正。

3.1.1.1 《食品安全法》立法背景

随着经济的发展，人们对食品安全更加重视，食品安全关系到企业的信誉、行业的前途。更重要的是，它关系到消费者的身体健康和生命安全，也关系到人民群众对政府的信心和信任。

近年来中国国内不断发生重大食品安全事故，伪劣食品害人事件层出不穷。例如，2004年5月广州毒米酒事件中甲醇中毒致死6人，住院治疗33人；2004年8月至2005年4月，四川、北京、天津、重庆发现注水肉问题；2005年3月辣椒油、辣椒酱、辣味酱腌菜中有工业用色素“苏丹红一号”；2005年5月“雀巢”奶粉被列入碘超标；2005年6月“孔雀石绿”事件，淡水鱼在运输过程中和存放池内使用孔雀石绿；2006年5—8月北京蜀国演义酒楼经营的凉拌螺肉中含有广州管圆线虫的幼虫，造成1 381人患广州管圆线虫病；2006年9月上海发生“瘦肉精”中毒事故；2006年11月上海多宝鱼样品含有禁用渔药残留，硝基呋喃类代谢物；2007年5月北京市场上一些所谓的白洋淀“红心”鸭蛋，含苏丹红Ⅳ号；2008年9月三鹿奶粉“三聚氰胺”事件；2011年3月的双汇“瘦肉精”事件，引起社会的广泛关注；2012年4月，河北发现一些企业，用生石灰处理皮革废料，熬制成工业明胶，卖给绍兴新昌一些企业制成“毒胶囊”，最终流入药品企业，进入患者腹中；2013年8月，湖南长沙惊现由工业硫黄熏制的“致癌辣椒”，1.75万kg毒辣椒卤味品销往全国；2014年7月，福喜公司被曝通过将过期食品回锅重做，更改保质期标印等手段，加工过期劣质肉类，再将生产的麦乐鸡块、牛排、汉堡肉等售给麦当劳、肯德基、必胜客等大部分快餐连锁店。此外，现代医学发现，一些有先天性缺陷的孩子日益增多，这跟他们父母食用了污染的食品有直接关系。不合格食品形成的破坏力、影响力很大，食品安全形势严峻。

近年来中国出口食品不断发生各类安全事故。2006年7月我国出口日本的3批泥鳅和6批养殖活鳗鱼中检出硫丹超标；2006年11月港府食环署食物安全中心发现运往香港的桂花鱼含有孔雀石绿；2007年3月我国出口新加坡的咸鸭蛋中检出苏丹红；2007年3月美国发生多起猫狗宠物中毒死亡事件。美国食品药品监督管理局调查发现从中国进口的小麦蛋白粉和大米蛋白粉中检出三聚氰胺，并初步认为宠物食品中含有的三聚氰胺是导致猫犬中毒死亡的原因；2007年5月美国宣布暂时禁售中国鲶鱼，鲶鱼样本中检测到违禁抗生素；2008年1月日本发生消费者因食用中国速冻水饺而食物中毒事件；2008年9月香港食物安全中心称，雀巢公司在山东青岛的关联公司生产的牛奶中检出了1.4 mg/kg的微量三聚氰胺；2008年10月日本一女性消费者食用中国烟台北海食品有限公司出口日本的冷冻青刀豆后感到不适，食用的豆角中最高含有6 900 mg/kg的敌敌畏；2008年10月香港食物安全中心检出三聚氰胺问题鸡蛋，出自大连韩伟集团。这些事件的发生，严重影响了我国的国际形象和经济贸易创汇收入。

究其根源，是因为我国缺少一部专门的“食品安全法”。尽管我国先后颁布了《中华人民共和国食品卫生法》《中华人民共和国动植物检疫法》《中华人民共和国商品检验法》及其他相关法律法规，我国食品安全工作进入了法制化管理的阶段，但是食品安全的依法管理相对薄弱，还存在一些法律监管盲区，不少现行法律法规的制约性还不强，尚不能适应食品市场发展的需要。因此，必须加强和完善食品安全的依法管理，使食品安全管理真正进入法制化的轨道。

3.1.1.2 《食品安全法》立法经过

我国从多年前就已酝酿出台一部相对完善的《食品安全法》，涵盖与食品相关的法律法规。

2005年，第十届全国人民代表大会上，有233名人大代表联名提交了尽快制定专门的《食品安全法》的议案，立法呼声空前高涨。

2007年10月召开的国务院常务会议，讨论并原则通过了《中华人民共和国食品安全法(草案)》。这次会议指出，食品安全直接关系人民的生命和健康。中央历来高度重视食品安全工作，始终将其摆在重要位置，我国食品安全状况总体上不断改善。这次会议认为，加强食品安全工作，必须有严格的法制作保障，需在现行食品卫生法基础上拟订《中华人民共和国食品安全法(草案)》，以取代1995年制定的《中华人民共和国食品卫生法》。

2007年12月，第十届全国人民代表大会常务委员会第三十一会议对《中华人民共和国食品安全法(草案)》进行了初次审议，会议决定向社会公布草案全文，广泛征求意见，对草案进行修改完善。这是立法机关“开门立法”广泛征求意见的第一部法律草案。根据第十一届全国人民代表大会常务委员会第二次委员长会议的决定，全国人民代表大会常务委员会办公厅2008年4月20日向社会全文公布《中华人民共和国食品安全法(草案)》，广泛征求各方面意见和建议，以更好地修改、完善这部法律草案。这是新一届全国人民代表大会常务委员会向社会全文公布、广泛征求意见的第一部法律草案。在短短几个月内，全国人民代表大会共计收到11 327条意见。同时，全国人民代表大会常务委员会法制工作委员会向31个省、自治区、直辖市，27个省会市，18个较大的市，4个经济特区，28个国家部委，6个社会团体；16个高等院校和法学研究所以及最高法、最高检、中央军委法制局等单位征求意见。

2008年8月，第十一届全国人民代表大会常务委员会第四次会议对《中华人民共和国食品安全法(草案)》进行了第二次审议，并于会后再次向有关部门征求意见会议明确了食品小作坊和食品摊贩的监管方式，以避免监管真空以及不再规定食品实施电子监管码制度。

2008年10月23日，第十一届全国人民代表大会常务委员会《中华人民共和国食品安全法(草案)》进行了第三次审议。当时刚经历了三鹿奶粉三聚氰胺事件，因此，该食品安全法(草案)增加了8个方面的内容：①对食品实行“从农田到餐桌”的全程监管，规定县级以上地方政府的全程监管职责。②必须按标准使用食品添加剂。③加强食品安全风险监测和评估，举报制度纳入食品安全的监测体系。④完善对食品安全事故的处置机制。⑤强调了食品安全事故的责任追究机制。⑥废除免检制度，食品安全监督管理部门对食品不得实施免检。⑦明确了食品标准制定必须科学合理、安全可靠的原则；⑧规定政府部门可以责令企业对问题食品实施召回。

2009年2月，第十一届全国人民代表大会常务委员会法律委召开了会议，对《中华人民共和国食品安全法(草案)》进行了第四次审议。该食品安全法(草案)增加了6条新的规定：①确立分段实施食品安全监管的体制，国务院设立食品安全委员会。②进一步加强对保健食品的监管。③进一步强化食品安全全程监管。④加强对食品广告的管理。⑤减轻食品生产经营者负担。⑥明确民事赔偿责任优先的原则。

在运行一段时间后，《食品安全法》对于我国的食品安全现状治理有良好的效果，但是在执行过程中也逐渐体现出一些问题与不足，因此，修订和进一步完善《食品安全法》就被提上了议程。

2013年10月10日，国家食品药品监管总局向国务院报送了《食品安全法(修订草案送审稿)》。该送审稿从落实监管体制改革和政府职能转变成果、强化企业主体责任落实、强化地方政府责任落实、创新监管机制方式、完善食品安全社会共治、严惩重处违法违规行为6个方面对现行法律作了修改、补充，增加了食品网络交易监管制度、食品安全责任强制保险制度、禁止婴幼儿配方食品委托贴牌生产等规定和责任约谈、突击性检查等监管方式。在行政许可设置方面，国家食品药品监管总局经过专项论证，在送审稿中增加规定了食品安全管理人员职业资格和保健食品产品注册两项许可制度。为了进一步增强立法的公开性和透明度，提高立法质量，国务院法制办公室于2013年10月29日将该送审稿全文公布，公开征求社会各界意见。

2014年5月14日，国务院常务会议讨论通过《中华人民共和国食品安全法(修订草案)》，并重点完善了4个方面：一是对生产、销售、餐饮服务等各环节实施最严格的全过程管理，强化生产经营者主体责任，完善追溯制度。二是建立最严格的监管处罚制度。对违法行为加大处罚力度，构成犯罪的，依法严肃追究刑事责任。加重对地方政府负责人和监管人员的问责。三是健全风险监测、评估和食品安全标准等制度，增设责任约谈、风险分级管理等要求。四是建立有奖举报和责任保险制度，发挥消费者、行业协会、媒体等监督作用，形成社会共治格局。2014年6月23日，《中华人民共和国食品安全法(修订草案)》被提交至全国人大常委会第九次会议一审。

2014年12月22日，第十二届全国人民代表大会常务委员会第十二次会议对《食品安全法(修订草案)》进行二审。二审修订时出现了7个方面的变化：一是增加了非食品生产经营者从事食品贮存、运输和装卸的规定。二是明确将食用农产品市场流通写入食品安全法。三是增加生产经营转基因食品依法进行标识的规定和罚则。四是对食品中农药的使用做了规定。五是明确保健食品原料用量要求。六是增加媒体编造、散布虚假食品安全信息的法律责任。七是加重了对在食品中添加药品等违法行为的处罚力度。

2015年4月24日，新修订的《中华人民共和国食品安全法》经第十二届全国人民代表大会常务委员会第十四次会议审议通过。新版食品安全法共十章一百五十四条，于2015年10月1日起正式施行。这部经全国人民代表大会常务委员会第九次会议、第十二次会议两次审议，三易其稿，被称为“史上最严”的食品安全法主要修改如下：①禁止剧毒高毒农药用于果蔬茶叶。②保健食品标签不得涉防病治疗功能。③婴幼儿配方食品生产全程质量控制。④网购食品纳入监管范围。⑤生产经营转基因食品应按规定标示。

2018年12月29日，第十三届全国人民代表大会常务委员会第七次会议决定对《中华人民共和国食品安全法》做出修正，主要修改如下：①将食品药品监督管理部门和质量监督部门修改为食品安全监督管理部门。②将环境保护部门修改为生态环境部门。2021年4月29日，第十三届全国人民代表大会常务委员会第二十八次会议决定，对《中华人民共和国食品安全法》进行第二次修正。

3.1.1.3 《食品安全法》修订背景

2009年实施的《食品安全法》对规范食品生产经营活动、保障食品安全发挥了重要作用，食品安全整体水平得到提升，食品安全形势总体稳中向好。与此同时，我国食品企业违法生产经营现象依然存在，食品安全事件时有发生，监管体制、手段和制度等尚不能完全适应食品安全需要，法律责任偏轻、重典治乱威慑作用没有得到充分发挥，食品安全形势依然严峻。自党的十八大以来，党中央、国务院进一步改革完善我国食品安全监管体制，着力建立最严格的食品安全监管制度，积极推进食品安全社会共治格局。为了以法律形式固定监管体制改革成果、完善监管制度机制，解决当前食品安全领域存在的突出问题，以法治方式维护食品安全，为最严格的食品安全监管提供体制制度保障，修改《食品安全法》被立法部门提上日程。

新修订的《食品安全法》(以下简称新法)在总则中规定了食品安全工作实行预防为主、风险管理、全程控制、社会共治，要建立科学、严格的监督管理制度。《中华人民共和国食品安全法》强化在食品生产经营过程和政府监管中的风险预防。国家要建立食品安全风险监测制度和食品全程追溯制度，推进食品安全社会共治格局，建立最严格的食品安全监管制度，增强忧患意识，严防食品安全风险。该规定的内容吸收了国际食品安全治理的新价值、新元素，不仅是《食品安全法》修订时遵循的理念，也是今后我国食品安全监管工作必须遵循的理念。

在预防为主方面，就是要强化食品生产经营过程和政府监管中的风险预防要求。为此，将食品召回对象由原来的"食品生产者发现其生产的食品不符合食品安全标准，应当立即停止生产，召回已经上市销售的食品"修改为"食品生产者发现其生产的食品不符合食品安全标准或者有证据证明可能危害人体健康的，应当立即停止生产，召回已经上市销售的食品，通知相关生产经营者和消费者，并记录召回和通知情况。食品生产经营者应当对召回的食品采取无害化处理、销毁等措施，防止其再次流入市场"。在风险管理方面，提出了国家建立食品安全风险监测制度，对食源性疾病、食品污染以及食品中的有害因素进行监测。国家建立食品安全风险评估制度，运用科学方法，根据食品安全风险监测信息、科学数据以及有关信息，对食品、食品添加剂、食品相关产品中生物性、化学性和物理性危害因素进行风险评估。国务院卫生行政部门负责组织食品安全风险评估工作，成立由医学、农业、食品、营养、生物、环境等方面的专家组成的食品安全风险评估专家委员会进行食品安全风险评估。在全程控制方面，提出了国家要建立食品全程追溯制度。食品生产经营者要建立食品安全追溯体系，保证食品可追溯。国家鼓励食品生产经营者采用信息化手段采集、留存生产经营信息，建立食品安全追溯体系。国务院食品安全监督管理部门同国务院农业行政等有关部门建立食品安全全程追溯协作机制。在社会共治方面，强化了食品行业协会、消费者协会、新闻媒体、群众投诉举报等方面的规定。

3.1.1.4 《食品安全法》的内容体系

《中华人民共和国食品安全法》共分十章一百五十四条，内涵相当丰富，主要包括第一章总则、第二章食品安全风险监测和评估、第三章食品安全标准、第四章食品生产经营、第五章食品检验、第六章食品进出口、第七章食品安全事故处置、第八章监督管理、第九章法律责任、第十章附则。

第一章总则　包括第一条到第十三条，对从事食品生产经营活动，各级政府、相关部门及社会团体在食品安全监督管理、舆论监督、食品安全标准和知识的普及、增强消费者食品安全意识和自我保护能力等方面的责任和职权作了相应规定。

第二章食品安全风险监测和评估　包括第十四条到二十三条，对食品安全风险监测制度、食品安全风险评估制度、食品安全风险评估结果的建立、依据、程序等进行规定。

第三章食品安全标准　包括第二十四条到三十二条，对食品安全标准的制定程序、主要内容、执行及标准整合为食品安全国家标准等进行规定。

第四章食品生产经营　包括第三十三条到八十三条，对食品生产经营符合食品安全标准、禁止生产经营的食品；对从事食品生产、食品流通、餐饮服务等食品生产经营实行许可制度；食品生产经营企业应当建立健全本单位的食品安全管理制度，依法从事食品生产经营活动；对食品添加剂使用的品种、范围、用量的规定；建立食品召回制度等内容进行相应的规定。此部分加强了对保健食品标签、说明书的管理，要求保健食品原料目录应当包括原料名称、用量及其对应的功效。强调了禁止将剧毒、高毒农药用于蔬菜、瓜果、茶叶和中草药材等国家规定的农作物。增加了特殊医学用途配方食品是适用于患有特定疾病人群的特殊食品，应当经国务院食品安全监督管理部门注册。

第五章食品检验　包括第八十四条到九十条，对食品检验机构的资质认定条件、检验规范、检验程序及检验监督等内容进行相应的规定。

第六章食品进出口　包括第九十一条到一百零一条，对进口的食品、食品添加剂以及食品相关产品应当符合我国食品安全国家标准、进出口食品的检验检疫的原则、风险预警及控制措施等进行相应的规定。

第七章食品安全事故处置　包括第一百零二条到一百零八条，国务院组织制定国家食品安全事故应急预案，同时对食品安全事故处置方案、食品安全事故的举报和处置、安全事故责任调查处理等方面进行相应的规定。

第八章监督管理　包括第一百零九条到一百二十一条，对各级政府及本级相关部门的食品安全监督管理职责、工作权限和程序等权限和程序。

第九章法律责任　包括第一百二十二条到一百四十九条，对违反《食品安全法》规定的食品生产经营活动、食品检验机构及食品检验人员、食品安全监督管理部门及食品行业协会等进行相应处罚原则、程序和量刑方面进行相应的规定。

第十章附则　包括第一百五十条到一百五十四条，对《食品安全法》相关术语和实施时间进行规定。

3.1.1.5　《食品安全法》的法律责任和违法处罚

1.法律责任

(1)行政责任　《食品安全法》第五条：国务院设立食品安全委员会，其职责由国务院规定。国务院食品安全监督管理部门依照本法和国务院规定的职责，对食品生产经营活动实施监督管理。国务院卫生行政部门依照本法和国务院规定的职责，组织开展食品安全风险监测和风险评估，会同国务院食品安全监督管理部门制定并公布食品安全国家标准。国务院其他有关部门依照本法和国务院规定的职责，承担有关食品安全工作。

《食品安全法》第六条：县级以上地方人民政府对本行政区域的食品安全监督管理工作负责，统一领导、组织、协调本行政区域的食品安全监督管理工作以及食品安全突发事件应对工作，建立健全食品安全全程监督管理工作机制和信息共享机制。县级以上地方人民政府依照本法和国务院的规定，确定本级食品安全监督管理、卫生行政部门和其他有关部门的职责。有关部门在各自职责范围内负责本行政区域的食品安全监督管理工作。县级人民政府食品安全监督管理部门可以在乡镇或者特定区域设立派出机构。

(2)民事责任　《食品安全法》第一百四十七条：违反本法规定，造成人身、财产或者其他损害的，依法承担赔偿责任。生产经营者财产不足以同时承担民事赔偿责任和缴纳罚款、罚金时，先承担民事赔偿责任。《食品安全法》第一百四十八条：消费者因不符合食品安全标准的食品受到损害的，可以向经营者要求赔偿损失，也可以向生产者要求赔偿损失。接到消费者赔偿要求的生产经营者，应当实行首负责任制，先行赔付，不得推诿；属于生产者责任的，经营者赔偿后有权向生产者追偿；属于经营者责任的，生产者赔偿后有权向经营者追偿。生产不符合食品安全标准的食品或者经营明知是不符合食品安全标准的食品，消费者除要求赔偿损失外，还可以向生产者或者经营者要求支付价款十倍或者损失三倍的赔偿金；增加赔偿的金额不足一千元的，为一千元。但是，食品的标签、说明书存在不影响食品安全且不会对消费者造成误导的瑕疵的除外。

(3)刑事责任　《食品安全法》第一百四十九条：违反本法规定，构成犯罪的，依法追究刑事责任。

2.违法处罚

(1)行政处罚　对于违反《中华人民共和国食品安全法》的机构或个人，由有关主管部门按照各自职责分工，可以处以罚款，没收违法所得、违法生产经营的食品和用于违法生产经营的工具、设备、原料等物品；责令改正，给予警告；情节严重，造成严重后果的，责令停业，由原发证部门吊销许可证。

对于违反《中华人民共和国食品安全法》的食品安全监督管理部门或者承担食品检验职责的机构、食品行业协会、消费者协会，县级以上卫生行政、农业行政、质量监督、工商行政管理、食品安全监督管理部门或者其他有关行政部门不履行本法规定的职责或者滥用职权、玩忽职守、徇私舞弊的，依法对直接负责的主管人员和其他直接责任人员给予记大过、降级、撤职或者开除的处分。

(2)经济处罚　违反《食品安全法》第一百二十二条：违反本法规定，未取得食品生产经营许可从事食品生产经营活动，或者未取得食品添加剂生产许可从事食品添加剂生产活动的，由县级以上人民政府食品安全监督管理部门没收违法所得和违法生产经营的食品、食品添加剂以及用于违法生产经营的工具、设备、原料等物品；违法生产经营的食品、食品添加剂货值金额不足一万元的，并处五万元以上十万元以下罚款；货值金额一万元以上的，并处货值金额十倍以上二十倍以下罚款。

违反《食品安全法》第一百二十五条：违法生产经营的食品货值金额不足一万元的，并处五千元以上五万元以下罚款；货值金额一万元以上的，并处货值金额五倍以上十倍以下罚款。

违反《食品安全法》第一百二十六条：经警告后拒不改正的，处五千元以上五万元以下罚款。

违反《食品安全法》第一百二十八条：事故单位在发生食品安全事故后未进行处置、报告的，由有关主管部门按照各自职责分工责令改正，给予警告；隐匿、伪造、毁灭有关证据的，责令停产停业，没收违法所得，并处十万元以上五十万元以下罚款；造成严重后果的，吊销许可证。

违反《食品安全法》第一百三十条、一百三十一条：集中交易市场的开办者、柜台出租者、展销会的举办者允许未取得许可的食品经营者进入市场销售食品，或者未履行检查、报告等义务的由县级以上人民政府食品安全监督管理部门责令改正，没收违法所得，并处五万元以上二十万元以下罚款；造成严重后果的，责令停业，直至由原发证部门吊销许可证；使消费者的合法权益受到损害的，应当与食品经营者承担连带责任。食用农产品批发市场违反本法第六十四条规定的，依照前款规定承担责任。

3. 处罚案例

案例1

花生奶已过期 经营者自改生产日期

醴陵市工商局执法人员在某仓库内，发现涉嫌经营标签含虚假内容的某花生牛奶复合蛋白饮料。经查证，当事人将已过期的某花生牛奶产品饮管孔处所标明的“在此日期前饮用最佳”及产地代码，用酒精全部消除，重新用打码机打码，更改生产日期。

醴陵市工商局依法责令当事人停止其违法行为，没收未销售完的某花生牛奶复合蛋白饮料144瓶，并处罚款25 000元。

解读：

第三十四条 禁止生产经营下列食品、食品添加剂、食品相关产品：（十）标注虚假生产日期、保质期或者超过保质期的食品、食品添加剂。

第一百二十四条 违反本法规定，有下列情形之一，尚不构成犯罪的，由县级以上人民政府食品安全监督管理部门没收违法所得和违法生产经营的食品、食品添加剂，并可以没收用于违法生产经营的工具、设备、原料等物品；违法生产经营的食品、食品添加剂货值金额不足一万元的，并处五万元以上十万元以下罚款；货值金额一万元以上的，并处货值金额十倍以上二十倍以下罚款；情节严重的，吊销许可证：（五）生产经营标注虚假生产日期、保质期或者超过保质期的食品、食品添加剂。

案例2

火锅使用回收地沟油案

2014年1月23日，银川市公安部门一举端掉位于某镇用废弃油脂加工火锅底料的黑作坊，依法查处5家门店使用回收加工的地沟油作为食品原料的违法行为。依照国家《食品安全法》没收其违法所得212 400元，没收火锅底料676 kg，处以罚款245 000元，吊销《餐饮服务许可证》。司法机关以生产销售有毒、有害食品罪分别判处涉案人员有期徒刑3年、1年6个月、1年，并处罚金10万元、9万元、9万元。

解读：

《食品安全法》第三十四条第（一）项：禁止生产经营下列食品、食品添加剂、食品相关产品：用非食品原料生产的食品或者添加食品添加剂以外的化学物质和其他可能危害人体健康物质的食品，或者用回收食品作为原料生产的食品。

第一百二十三条第（一）项：违反本法规定，有下列情形之一，尚不构成犯罪的，由县级以上人民政府食品安全监督管理部门没收违法所得和违法生产经营的食品，并可以没收用于违法生产经营的工具、设备、原料等物品；违法生产经营的食品货值金额不足一万元的，并处十万元以上十五万元以下罚款；货值金额一万元以上的，并处货值金额十五倍以上三十倍以下罚款;情节严重的,吊销许可证,并可以由公安机关对其直接负责的主管人员和其他直接责任人员处五日以上十五日以下拘留:用非食品原料生产食品、在食品中添加食品添加剂以外的化学物质和其他可能危害人体健康的物质,或者用回收食品作为原料生产食品,或者经营上述食品。

3.1.2 《中华人民共和国农产品质量安全法》

《中华人民共和国农产品质量安全法》(以下简称《农产品质量安全法》)于2005年10月22日由国务院审议通过并提请全国人民代表大会审议,全国人民代表大会常务委员会经过三次审议,于2006年4月29日第十届全国人民代表大会常务委员会第二十一次会议通过,同日以第四十九号主席令颁布,自2006年11月1日起施行。根据2018年10月26日第十三届全国人民代表大会常务委员会第六次会议《关于修改〈中华人民共和国野生动物保护法〉等十五部法律的决定》修正。

3.1.2.1 《农产品质量安全法》的立法背景及意义

人们每天消费的食物有相当大的部分是直接来源于农业的初级产品,即农产品质量安全法所称的农产品。农产品的质量安全状况如何,直接关系着人民群众的身体健康乃至生命安全。农产品质量安全问题被称为社会四大问题之一(农产品、人口、资源、环境)。农产品的农(兽)药残留及有害物质超标;食物中毒事件不断发生,食品质量问题近年居消费者投诉之首。近年来全球有数亿人因摄入污染的食品和饮用水而生病。在国家食品安全风险评估中心2015年2月3日举办的开放日上,该中心风险评估一部副主任朱江辉指出,根据测算,我国每年仅沙门氏菌食物中毒的发病人数达300万人次。"民以食为天,食以安为先",我们不仅要保证老百姓吃得饱,还要保证老百姓吃得安全、吃得放心,这是坚持以人为本、对人民高度负责的体现。20世纪末至21世纪初,全国人民代表大会常务委员会虽已制定了《食品卫生法》和《产品质量法》,但《食品卫生法》不调整种植业养殖业等农业生产活动,已融合到《食品安全法》中,《产品质量法》只适用于经过加工、制作的产品,不适用于未经加工、制作的农业初级产品。为了从源头上保障农产品质量安全,维护公众的身体健康,促进农业和农村经济的发展,专门的《农产品质量安全法》的制定就显得尤为必要。在中央的高度重视和各有关方面的共同努力下,《农产品质量安全法》在很短的时间内得以顺利出台。

农产品质量安全直接关系人民群众的日常生活、身体健康和生命安全;关系社会的和谐稳定和民族发展;关系农业对外开放和农产品在国内外市场的竞争。《农产品质量安全法》的正式出台关系着"三农"乃至整个经济社会长远发展,具有十分重大而深远的影响和划时代的意义。《农产品质量安全法》的出台是坚持科学发展观,推动农业生产方式转变,为发展高产、优质、高效、生态、安全的现代农业和社会主义新农村建设提供坚实支撑的现实要求;是构建和谐社会,规范农产品产销秩序,保障公众农产品消费安全,维护最广大人民群众根本利益的可靠保障;是推进农业标准化,提高农产品质量安全水平,全面提升我国农产品竞争力,应对农业对外开放和参与国际竞争的重大举措;是填补法律空白,推进依法行政,转变政府职能,促进体制创新,机制创新和管理创新的客观要求。

3.1.2.2 《农产品质量安全法》的调整范围和主要内容

《农产品质量安全法》调整的范围包括三个方面的内涵：一是调整的产品范围。本法所指农产品是指来源于农业的初级产品，即在农业活动中获得的植物、动物、微生物及其产品；二是调整的行为主体，既包括农产品的生产者和销售者，也包括农产品质量安全管理者和相应的检测技术机构和人员等；三是调整的管理环节，既包括产地环境、农业投入品的科学合理使用、农产品生产和产后处理的标准化管理，也包括农产品的包装、标识、标志和市场准入管理。可见，《农产品质量安全法》对涉及农产品质量安全的各方面都进行了相应的规范，调整的对象全面、具体，符合中国的国情和农情。

《中华人民共和国农产品质量安全法》共分八章五十六条，内涵相当丰富，主要包括总则、农产品质量安全标准、农产品产地、农产品生产、农产品包装和标识、监督检查、法律责任和附则。

3.1.2.3 《农产品质量安全法》的法律责任和违法处罚

1. 法律责任

(1)行政责任 《农产品质量安全法》第四十三条：农产品质量安全监督管理人员不依法履行监督职责，或者滥用职权的，依法给予行政处分。

(2)民事责任 《农产品质量安全法》第五十四条：生产、销售本法第三十三条所列农产品，给消费者造成损害的，依法承担赔偿责任。农产品批发市场中销售的农产品有前款规定情形的，消费者可以向农产品批发市场要求赔偿；属于生产者、销售者责任的，农产品批发市场有权追偿。消费者也可以直接向农产品生产者、销售者要求赔偿。

(3)刑事责任 《农产品质量安全法》第五十三条：违反本法规定，构成犯罪的，依法追究刑事责任。

2. 违法处罚

(1)行政处罚 《农产品质量安全法》第四十四条：农产品质量安全检测机构伪造检测结果的，责令改正；情节严重的，撤销其检测资格；造成损害的，依法承担赔偿责任。农产品质量安全检测机构出具检测结果不实，造成损害的，依法承担赔偿责任；造成重大损害的，并撤销其检测资格。违反第四十五条、第四十六条规定的依照有关法律、法规的规定处罚。

(2)经济处罚 《农产品质量安全法》第四十四条：农产品质量安全检测机构伪造检测结果的，没收违法所得，并处五万元以上十万元以下罚款，对直接负责的主管人员和其他直接责任人员处一万元以上五万元以下罚款；情节严重的，撤销其检测资格；造成损害的，依法承担赔偿责任。《农产品质量安全法》第四十七条、第四十八条：未按照规定保存农产品生产记录或者伪造农产品生产记录、销售的农产品未按照规定进行包装、标识，且逾期不改正的，可以处二千元以下罚款。《农产品质量安全法》第四十九条、五十条、五十一条：有本法第三十三条第四项规定情形，使用的保鲜剂、防腐剂、添加剂等材料不符合国家有关强制性的技术规范的，责令停止销售，对被污染的农产品进行无害化处理，对不能进行无害化处理的予以监督销毁；没收违法所得，并处二千元以上二万元以下罚款。农产品生产企业、农民专业合作经济组织销售的农产品有本法第三十三条第一项至第三项或者第五项所列情形之一的，责令停止销售，追回已经销售的农产品，对违法销售的农产品进行无害化处理或者予以监督销毁；没收违法所得，并处二千元以上二万元以下罚款。农产品销售企业销售的农产品有前款所列情形的，依照前款规定处理、处罚。农产品批发市场中销售的农产品有第一款所列情形的，对违法销售的农产品依照第一款规定处理，对农产品销售者依照第一款规定处罚。农产品批发市场违反本法第三十七条第一款规定的，责令改正，处二千元以上二万元以下罚款。违反本法第三十二条规定，冒用农产品质量标志的，责令改正，没收违法所得，并处二千元以上二万元以下罚款。

3.1.3 《中华人民共和国产品质量法》

《中华人民共和国产品质量法》(以下简称《产品质量法》)是调整产品质量监督管理关系和产品责任关系的法律规范的总称。我国现行《产品质量法》是 1993 年 2 月 22 日第七届全国人民代表大会常务委员会第三十次会议通过，2000 年 7 月 8 日第九届全国人民代表大会常务委员会第十六次会议修正的《中华人民共和国质量法》，自 1993 年 9 月 1 日起施行。根据 2009 年 8 月 27 日第十一届全国人民代表大会常务委员会第十次会议《关于修改部分法律的决定》进行了第二次修正。根据 2018 年 12 月 29 日第十三届全国人民代表大会常务委员会第七次会议《关于修改〈中华人民共和国产品质量法〉等五部法律的决定》第三次修正。

3.1.3.1 《产品质量法》的立法目的和意义

制定《产品质量法》的目的是加强对产品质量的监督管理，提高产品质量水平，明确产品质量责任，保护消费者的合法权益，维护社会经济秩序；生产者、销售者建立健全内部产品质量管理制度，严格实施岗位质量规范、质量责任以及相应的考核办法；国家鼓励推行科学的质量管理方法，采用先进的科学技术，鼓励企业产品质量达到并且超过行业标准、国家标准和国际标准。

3.1.3.2 《产品质量法》的内容体系

《中华人民共和国产品质量法》共六章七十四条，包括总则、产品质量的监督、生产者、销售者的产品质量责任和义务、损害赔偿、罚则、附则等内容。

第一章总则　包括第一到十一条，对《产品质量法》的立法目的和意义、产品质量管理制度规范的建立、产品质量监督工作的开展及责任要求等进行规定。

第二章产品质量的监督　包括第十二到二十五条，对产品责任的标准、企业产品质量体系的认证制度、国家对产品质量实行的监督检查制度、质量监督部门对涉嫌违反本法规定的行为进行查处时可以行使的职权、消费者对产品质量问题的申诉等进行规定。

第三章生产者、销售者的产品质量责任和义务　包括第二十六条到三十九条，就生产者的产品质量责任和义务、销售者的产品质量责任和义务等进行了相应的规定。

第四章损害赔偿　包括第四十条到四十八条，就产品存在缺陷造成损害及赔偿要求进行相应的规定。

第五章罚则　包括第四十九条到七十二条，对生产、销售不符合保障人体健康和人身、财产安全的国家标准、行业标准的产品的处罚和产品质量检验机构、认证机构及产品质量监督部门违反本法的处理等进行规定。

第六章附则　包括第七十三条到七十四条，对军工产品和本法的实施时间进行规定。

3.1.3.3 产品质量的监督管理

1. 产品与产品质量责任

(1)产品的概念　《产品质量法》所称的产品是指经过加工、制作，用于销售的产品。因此，天然的物品，非用于销售的物品，不属于该法所说的产品。建筑工程，军工产品另由专门的法律予以调整。

(2)产品质量与质量标准　产品质量指的是产品的适应性，既产品符合用户、消费者使用需求的特性的总和。为了对产品质量进行公正、客观的评价，国家颁布的质量标准包括行业标准、国家标准。同时，国家鼓励企业赶超国际先进水平，对不符合保障人体健康，人身、财产安全的国家标准、行业标准的产品，禁止生产和销售。

(3)产品质量责任　产品质量责任是指产品的生产者、销售者对产品质量依法所承担的义务以及违反义务时应承担的法律责任。

2. 产品质量法的监督管理

(1)市场监督部门　根据《产品质量法》第八条的规定，国务院市场监督管理部门负责全国产品质量监督管理工作。国务院有关部门在各自的职责范围内负责产品质量监督管理工作。县级以上地方人民政府有关部门在各自的职责范围内负责产品质量监督工作。

(2)质量监督管理的主要内容和方式　①执行产品质量检验制度。②推行企业质量体系认证制度和产品质量认证制度。③对特殊产品，即可能危及人体健康和人身、财产安全的工业产品执行特殊质量标准，进行特殊管理。国家对产品质量进行监督管理的主要方式是抽查，根据抽查需要，可对产品进行检验，但不得收取费用。

3.1.3.4　《产品质量法》的法律责任和违法处罚

1. 法律责任

(1)行政责任　《产品质量法》第四条：生产者、销售者依照本法规定承担产品质量责任。《产品质量法》第六十五条至六十八条：①市场监督管理部门的工作人员滥用职权、玩忽职守、徇私舞弊，构成犯罪的，依法追究刑事责任；不构成犯罪的，给予行政处分。②各级政府工作人员和其他国家机关工作人员有下列情形之一的，依法给予行政处分；构成犯罪的，依法追究刑事责任：包庇、放纵产品生产、销售中违反《产品质量法》规定行为的；向从事违反《产品质量法》规定的生产、销售活动的当事人通风报信，帮助其逃避查处的；阻挠、干预产品质量监督部门或者工商行政管理部门依法对产品生产、销售中违反产品质量法的行为进行查处，造成严重后果的。

(2)民事责任　《产品质量法》第六十四条：违反本法规定，应当承担民事赔偿责任和缴纳罚款、罚金，其财产不足以同时支付时，先承担民事赔偿责任。

(3)刑事责任　《产品质量法》第六十五条：各级人民政府工作人员和其他国家机关工作人员违犯本法规定的，构成犯罪的，依法追究刑事责任。

2. 违法处罚

(1)行政处罚　《产品质量法》第六十七条：市场监督管理部门或者其他国家机关违反本法第二十五条的规定，向社会推荐生产者的产品或者以监制、监销等方式参与产品经营活动的，由其上级机关或者监察机关责令改正，消除影响，有违法收入的予以没收；情节严重的，对直接负责的主管人员和其他直接责任人员依法给予行政处分。

产品质量检验机构的违法行为，由市场监督管理部门责令改正，消除影响；情节严重的，撤销其质量检验资格。

(2)经济处罚

①生产者、销售者的法律责任

生产、销售不符合保障人体健康,人身、财产安全的国家标准和行业标准的产品,责令停止生产、销售,没收违法生产、销售的产品,并处违法生产、销售产品(包括已售出和未售出的产品,下同)货值金额等值以上三倍以下的罚款;有违法所得的,并处没收违法所得;情节严重的,吊销营业执照;构成犯罪的,依法追究刑事责任。

在产品中掺杂、掺假、以假充真、以次充好或者以不合格产品冒充合格产品的,责令停止生产、销售,没收违法生产、销售的产品,并处违法生产、销售产品货值金额50%以上三倍以下的罚款;有违法所得的,并处没收违法所得;情节严重的,吊销营业执照;构成犯罪的,依法追究刑事责任。

生产国家明令淘汰的产品的,销售国家明令淘汰并停止销售的产品的,责令停止生产、销售,没收违法生产、销售的产品,并处以违法生产、销售产品货值金额等值以下的罚款;有违法所得的,并处没收违法所得;情节严重的,吊销营业执照。

销售失效、变质的产品的,责令停止销售,没收违法销售的产品,并处违法销售产品货值金额两倍以下的罚款;有违法所得,并处没收违法所得;情节严重的,吊销营业执照;构成犯罪的,依法追究刑事责任。

伪造产品的产地的,伪造或者冒用他人的厂名、厂址的,伪造或者冒用认证标志、名优标志等质量标志的,责令改正,没收违法生产、销售的产品,并处以违法生产、销售产品货值金额等值以下的罚款;有违法所得,并处没收违法所得;情节严重的,吊销营业执照;构成犯罪的,依法追究刑事责任。

产品标识不符合《产品质量法》要求的,责令改正;有包装的产品标识不符合《产品质量法》规定,情节严重的,责令停止生产、销售,并处以违法生产、销售产品货值金额30%以下的罚款;有违法所得,并处没收违法所得。

②产品质量检验机构、认证机构和其他社会中介机构的法律责任

产品质量检验机构、认证机构伪造检验结果或者出具虚假证明的,责令改正,对单位处以五万元以上十万元以下的罚款,对直接责任人员处一万元以上五万元以下的罚款;有违法所得,并处没收违法所得;情节严重的,取消其检验资格、认证资格;构成犯罪的,依法追究刑事责任。

产品质量检验机构、认证机构出具的检验结果或者证明不实,造成损失的,应当承担相应的赔偿责任;造成重大损失的,撤销其检验、认证资格。

产品质量认证机构违反《产品质量法》规定,对不符合认证标准而使用认证标志的产品,未依法要求其改正或者取消其使用认证标志的,对因产品不符合认证标准给消费者造成损失的,与产品的生产者、销售者承担连带责任;情节严重的,撤销其认证资格。

社会团体、社会中介机构对产品质量做出承诺、保证,而该产品又不符合其承诺、保证的质量要求,给消费者造成损失的,与产品的生产者、销售者承担连带责任。

在广告中对产品质量做虚假宣传,欺骗和误导消费者的,依照广告法的规定追究法律责任。

3. 处罚案例

案例1

啤酒瓶抗击力度不够容易爆裂

湖南省工商局委托国家轻工业眼镜玻璃搪瓷产品质量监督检测站，对株洲市某公司经销的“××牌酒”的啤酒瓶抗击项目进行抽检，其中330 mL“××啤酒”的啤酒瓶所检抗击项目不符合标准要求。株洲市工商局依法对当事人作出没收库存的不符合国家标准“××”啤酒48箱；没收违法所得3 500元，并处罚款3 500元的决定。

解读：

《产品质量法》第十三条：可能危及人体健康和人身、财产安全的工业产品，必须符合保障人体健康和人身、财产安全的国家标准、行业标准；未制定国家标准、行业标准的，必须符合保障人体健康和人身、财产安全的要求。禁止生产、销售不符合保障人体健康和人身、财产安全的标准和要求的工业产品。

案例2

浙江省海宁某照明电器有限公司生产冒用认证标志的节能灯案

2013年5月24日，浙江省海宁市质监局行政执法人员依法对该公司开展执法检查。经检查，发现该公司在未取得“ROHS”认证标志情况下生产加贴“ROHS”认证标志的节能灯328箱。依据《中华人民共和国产品质量法》第五十三条的规定，责令当事人改正；没收违法生产的节能灯328箱；罚款人民币41 328元。

解读：

《产品质量法》第五十三条：伪造产品产地的，伪造或者冒用他人厂名、厂址的，伪造或者冒用认证标志等质量标志的，责令改正，没收违法生产、销售的产品，并处违法生产、销售产品货值金额等值以下的罚款；有违法所得的，并处没收违法所得；情节严重的，吊销营业执照。

3.1.4 《中华人民共和国标准化法》

《中华人民共和国标准化法》(以下简称《标准化法》)由第七届全国人民代表大会常务委员会第五次会议于1988年12月29日通过，自1989年4月1日起施行。1990年7月23日国家技术监督局颁布实施了《中华人民共和国标准化法条文解释》；1990年4月6日国务院又颁布了《中华人民共和国标准化法实施条例》。2017年11月4日第十二届全国人民代表大会常务委员会第三十次会议修订。新版《标准化法》于2018年1月1日起正式施行。

3.1.4.1 《标准化法》的立法目的和意义

制定《标准化法》的目的就是发展社会主义市场经济，促进技术进步，改进产品质量，提高社会主义经济效益，维护国家和人民的利益。新法的施行对于提升产品和服务质量，促进科学技术进步，提高经济社会发展水平意义重大。

3.1.4.2 《标准化法》的内容体系

《标准化法》共六章四十五条，包括总则、标准的制定、标准的实施、监督管理、法律责任以及附则。

国务院标准化行政主管部门统一管理全国标准化工作，国务院有关行政主管部门分工管理本部门、本行业的标准化工作，县级以上地方人民政府标准化行政主管部门统一管理本行政区域的标准化工作。

国家鼓励积极推动参与国际标准化活动，开展标准化对外合作与交流，参与制定国际标准，结合国情采用国际标准，推进中国标准与国外标准之间的转化运用。

标准依适用范围分为国家标准、行业标准、地方标准和团体标准、企业标准。国家标准分为强制性标准和推荐性标准，行业标准、地方标准是推荐性标准。

强制性标准包括：药品标准，食品安全标准，兽药标准；产品及产品生产、贮运和使用中的安全、卫生标准，劳动安全、卫生标准，运输安全标准；工程建设的质量、安全、卫生标准及国家需要控制的其他工程建设标准；环境保护的污染物排放标准和环境质量标准；重要的通用技术术语、符号、代号和制图方法；通用的试验、检验方法标准；互换配合标准；国家需要控制的重要产品质量标准。

强制性标准以外的标准是推荐性标准。

制定国家标准、行业标准和地方标准的部门应当组织由用户、生产单位、行业协会、科学技术研究机构、学术团体及有关部门的专家组成标准化技术委员会，负责标准草拟和参加标准草案的技术审查工作。

从事研究、生产、经营的单位和个人，必须严格执行强制性标准。不符合强制性标准的产品，禁止生产、销售和进口。

3.1.5 《中华人民共和国商标法》

《中华人民共和国商标法》（以下简称《商标法》）于 1982 年 8 月 23 日第五届全国人民代表大会常务委员会第二十四次会议通过，2001 年 10 月 27 日第九届全国人民代表大会常务委员会第二十四次会议《关于修改〈商标法〉的决定》进行第二次修正，2002 年 8 月 3 日国务院令第 358 号公布了《商标法实施条例》，自 2002 年 9 月 15 日起施行。根据 2013 年 8 月 30 日第十二届全国人民代表大会常务委员会第四次会议《关于修改〈中华人民共和国商标法〉的决定》第三次修正。根据 2019 年 4 月 23 日第十三届全国人民代表大会常务委员会第十次会议《关于修改〈中华人民共和国建筑法〉等八部法律的决定》修正。

《商标法》对于加强商标管理，保护商标专用权，促使生产者保证商品质量和维护信誉，保障消费者利益，促进社会主义商品经济的发展，有举足轻重的意义。

《商标法》共八章七十三条，主要规定了商标法调整的范围，法的基本原则，商标注册的申请，商标注册的审查和核准，注册商标的续展、转让和使用许可，注册商标争议的裁定，商标使用的改良，注册商标专用权的保护。

国家严厉禁止侵犯注册商标专用权，违法者依其情节和后果，处以相应处罚。

3.1.6 《中华人民共和国计量法》

《中华人民共和国计量法》（以下简称《计量法》）是我国建立计量法律制度的依据，也是我国有关产品质量的一部重要的特别法，于1985年9月6日第六届全国人民代表大会常务委员会第十二次会议通过，于1986年7月1日起施行。1987年2月1日国家计量局又发布了《计量法实施细则》。根据2009年8月27日第十一届全国人民代表大会常务委员会第十次会议《全国人民代表大会常务委员会关于修改部分法律的决定》第一次修正；根据2013年12月28日第十二届全国人民代表大会常务委员会第六次会议《全国人民代表大会常务委员会关于修改〈中华人民共和国海洋环境保护法〉等七部法律的决定》第二次修正；根据2015年4月24日第十二届全国人民代表大会常务委员会第十四次会议《全国人民代表大会常务委员会关于修改〈中华人民共和国计量法〉等五部法律的决定》第三次修订，中华人民共和国主席令第26号公布，自公布之日起施行。根据2017年12月27日第十二届全国人民代表大会常务委员会第三十一次会议《关于修改〈中华人民共和国招标投标法〉〈中华人民共和国计量法〉的决定》第四次修正 根据2018年10月26日第十三届全国人民代表大会常务委员会第六次会议《关于修改〈中华人民共和国野生动物保护法〉等十五部法律的决定》第五次修正。

3.1.6.1 调整范围和对象

《计量法》调整的地域是中华人民共和国境内。其调整对象：一是机关、团体、部队、企事业单位和个人在建立计量基准和标准器具，进行计量检定、制造、修理、销售、使用计量器具等方面的各种法律关系；二是使用计量单位，实施计量监督管理等方面发生的各种法律关系。

3.1.6.2 我国的法定计量单位

国家实行法定计量单位制度。国际单位制计量单位和国家选定的其他计量单位，为国家法定计量单位国家法定计量单位的名称、符号由国务院公布。因特殊需要采用非法定计量单位的管理办法，由国务院计量行政部门另行制定。

3.1.6.3 计量监督管理

为保障国家计量单位统一和量值准确可靠，《计量法》规定建立计量监督管理制度。我国的计量监督管理实行统一领导、分级负责的监督管理体制。从全国整体看，国家、部门、企事业单位三者的计量监督是相辅相成的，各有侧重，互为补充，从而构成了一个协调有序的计量监督网络。

3.1.6.4 计量器具监督管理的具体规定

对计量器具管理，实行制造（或修理）计量器具许可证制度。县级以上人民政府计量行政部门根据需要可设计量监督员和计量检定机构。

计量器具是指能用以直接或间接测出被测对象量值的装置、仪器仪表、量具和用于统一量值的标准物质，包括计量基准、计量标准和工作计量器具。计量基准器具为全国统一量值的最高依据。计量器具是实施全国量值统一的重要手段，也是计量监督管理的重点。

3.1.6.5 法律责任

未取得许可证或制造、销售、修理计量器具不合格等法律所规定的不法行为都应追究其法律责任，并予以相应处罚，当事人不服的可向人民法院起诉。

3.1.7 《中华人民共和国反不正当竞争法》

《中华人民共和国反不正当竞争法》（以下简称《反不正当竞争法》）于1993年9月2日第

八届全国人民代表大会常务委员会第三次会议通过，于1993年12月1日起施行。2017年11月4日，第十二届全国人民代表大会常务委员会第三十次会议修订。根据2019年4月23日第十三届全国人民代表大会常务委员会第十次会议《关于修改〈中华人民共和国建筑法〉等八部法律的决定》修正。

《反不正当竞争法》的立法宗旨在于保障社会主义市场经济健康发展，鼓励和保护公平竞争，制止不正当竞争行为，保护经营者和消费者的合法权益。《反不正当竞争法》立法的要点在于制止和矫正不正当竞争对竞争秩序的个别性、局部性破坏，实现市场竞争的公平、正当，从实际来看，是较多地保护名牌企业或大型企业的利益，通常它与民事侵权法、知识产权法相联系（有些国家将其视为民事特别法），具有"兜底法"的特征。《反不正当竞争法》是对过度的竞争行为（现象）进行规制。

3.1.8 《中华人民共和国专利法》

《中华人民共和国专利法》（以下简称《专利法》）是调整因为发明创造的归属和实施而产生的各种社会关系的法律。于1984年3月12日第六届全国人民代表大会常务委员会第四次会议通过，1992年9月4日第七届全国人民代表大会常务委员会第二十七次会议进行第一次修正。

2000年8月25日第九届全国人民代表大会常务委员会第十七次会议进行第二次修正。修订后于2001年7月1日起施行。根据2008年12月27日第十一届全国人民代表大会常务委员会第六次会议《关于修改〈中华人民共和国专利法〉的决定》第三次修订。

《专利法》的主要内容包括：专利申请权和专利权的归属，授予专利权的条件、专利的申请和审查批准程序，专利权人的权利和义务，专利权的期限、终止和无效，专利实施的强制许可和专利权的保护等。

3.1.9 《中华人民共和国合同法》

《中华人民共和国技术合同法》（以下简称《技术合同法》）是调整法人之间、法人与公民之间、公民之间在技术开发、技术转让、技术咨询、技术服务过程中形成的科学技术合同关系的法律规范的总称。于1987年6月23日第六届全国人民代表大会常务委员会第二十一次会议审议通过。《技术合同法》于1987年11月1日起开始实施。共分七章，五十五条。《中华人民共和国合同法》于1999年10月公布施行后，《中华人民共和国技术合同法》正式废止。2020年5月8日。第十三届全国人大三次会议表决通过了《中华人民共和国民法典》，自2021年1月1日起施行。《中华人民共和国合同法》同时废止。

我国于1999年3月15日第九届全国人民代表大会第二次会议通过颁布《中华人民共和国合同法》。《合同法》内容包括总则、分则、附则三大部分，共有二十三章节四百二十八条文。我国的合同法是调整平等主体之间的交易关系的法律。它主要规定合同的订立、合同的效力及合同的履行、变更、解除、保全、违约责任等问题。

(1)合同当事人的法律地位平等，一方不得将自己的意志强加给另一方。

(2)当事人依法享有自愿订立合同的权利，任何单位和个人不得非法干预。

(3)当事人应当遵循公平原则确定各方的权利和义务。

(4)当事人行使权利、履行义务应当遵循诚实守信的原则。

(5)当事人订立、履行合同,应当遵循法律、行政法规,尊重社会公德,不得干扰社会经济秩序,损害社会公共利益。

3.1.10 《中华人民共和国消费者权益保护法》

《中华人民共和国消费者权益保护法》(以下简称《消费者权益保护法》)是调整在保护公民消费者权益的过程中所产生的社会关系的法律规范的总称。于1993年10月31日由第八届全国人民代表大会常务委员会第三次会议通过,自1993年12月1日起施行。2009年8月27日第十一届全国人民代表大会常务委员会第十次会议《关于修改部分法律的规定》进行第一次修正。2013年10月25日第十二届全国人民代表大会常务委员会第五次会议《关于修改的决定》第二次修正。2014年3月15日,新版《消费者权益保护法》正式实施。

3.1.10.1 《消费者权益保护法》的适用对象

(1)消费者权益保护法所称消费者是指为个人生活消费需要购买、使用商品和接受服务的自然人。

(2)农民购买、使用直接用于农业生产的生产资料时,参照《消费者权益保护法》执行。

(3)经营者为消费者提供其生产、销售的商品或者提供服务,适用于《消费者权益保护法》。

3.1.10.2 消费者的权利

(1)安全保障权　消费者在购买、使用商品和接受服务时享有人身、财产安全不受损害的权利。消费者有权要求经营者提供的商品和服务,符合保障人身、财产安全的要求。

(2)知情权　消费者不仅有权要求经营者提供相关信息,而且所提供的信息必须是真实的。

(3)自主选择权　消费者享有自主选择商品和服务的权利。

(4)公平交易权　既消费者在购买商品或接受服务时,有权获得质量保证、价格合理、计量正确等公平交易条件。

(5)获得赔偿权　消费者因购买、使用商品或者接受服务受到人身、财产损害的,享有依法获得赔偿的权利。

(6)结社权　消费者享有依法成立维护自身合法权益的社会团体的权利。

(7)获得知识权　消费知识主要指有关商品和服务的知识。消费者权益保护知识主要指有关消费者权益保护方面及权益受到损害时如何有效解决方面的法律知识。

(8)受尊重权　消费者购买、使用商品和接受服务时享有其人格尊严、民族风俗习惯得到尊重的权利。

(9)监督批评权　这种监督权的表现一是有权对经营者的商品和服务进行监督,在权利受到侵害时有权提出检举或控告;二是有权对国家机关及工作人员进行监督,对其在保护消费者权益工作中的违法失职行为进行检举、控告。三是对消费者权益工作的批评、建议权。

3.1.10.3 争议的解决

(1)消费者和经营者发生消费者权益争议的,可以通过下列途径解决:与经营者协商和解;请求消费者协会调解;向有关行政部门申述;提请仲裁;向人民法院提起诉讼。

(2)消费者与生产者之间的责任归属:消费者先行赔偿制度;消费者与生产者之间连带赔偿制度;消费者在接受服务时,其合法权益受到损害时,可以向服务者要求赔偿。

(3)变更后的企业仍应承担赔偿责任。消费者在购买、使用商品或者接受服务时,其合法权益受到损害,因原企业分立、合并的,可以向变更后承受其权利义务的企业要求赔偿。

(4)营业执照持有人与租借人的赔偿责任。使用他人营业执照的违法经营者提供商品或者服务,损害消费者合法权益的,消费者可向其要求赔偿,也可以向营业执照的持有人要求赔偿。

(5)展销会举办者、柜台出租者的特殊责任。消费者在展销会、租赁柜台购买商品或者要求接受服务,其合法权益受到损害的,可以向销售者或服务者要求赔偿。展销会结束或者柜台租赁期满后,也可以向展销会的举办者、柜台的出租者要求赔偿。展销会的举办者、柜台的出租者赔偿后、有权向销售者或者服务者追偿。

(6)虚假广告的广告主与广告经营者的责任。当消费者因虚假广告而购买、使用商品或者接受服务时,若合法权益受到损害,可以想利用虚假广告提供商品或服务的经营者要求赔偿。广告的经营者发布虚假广告的,消费者可以请求行政主管部门予以惩处。广告的经营者不能提供经营者的真实名称、地址的,应当承担赔偿责任。

3.1.11 《中华人民共和国进出口商品检验法》

《中华人民共和国进出口商品检验法》(以下简称《进出口商品检验法》)由中华人民共和国第七届全国人民代表大会常务委员会第六次会议于 1989 年 2 月 21 日通过,自 1989 年 4 月 1 日起施行;根据 2002 年 4 月 28 日第九届全国人民代表大会常务委员会第二十七次会议《关于修改〈进出口商品检验法〉的决定》修正。2013 年 6 月 29 日第十二届全国人民代表大会常务委员会第三次会议通过《关于修改〈中华人民共和国文物保护法〉等十二部法律的决定》,进行第二次修订。根据 2018 年 4 月 27 日第十三届全国人民代表大会常务委员会第二次会议《关于修改〈中华人民共和国国境卫生检疫法〉等六部法律的决定》第三次修正。根据 2018 年 12 月 29 日第十三届全国人民代表大会常务委员会第七次会议《关于修改〈中华人民共和国产品质量法〉等五部法律的决定》第四次修正,共分六章四十一条。

3.1.11.1 《进出口商品检验法》的立法目的和意义

制定《进出口商品检验法》的目的是规范进出口商品检验行为,中国商检法律制度更明确地发挥规范作用。这样,有利于在法制的轨道上加强中国的进出口商品检验的工作,建立健全商检法制,增强商检活动中的法制观念,通过规范的商检行为,以保证实现商检立法维护社会共同利益,维护进出口贸易有关各方合法权益,促进对外经济贸易关系顺利发展。

3.1.11.2 《进出口商品检验法》的法定体制

中国进出口商品检验的体制是由法律确定的,在这个体制中机构的设置或取得认可及各自的地位和职责都由法律规定。这个体制分为三个层次:一是国务院设立进出口商品检验部门,主管全国进出口商品检验工作;二是国家商检部门在各地设立商检机构,管理各所辖地区的进出口商品检验工作;三是经国家商检部门许可的检验机构,可以接受对外贸易关系人或者外国检验机构的委托,办理进出口商品检验鉴定业务。这三个层次、三种机构的性质、地位、职责在法律上有清楚的界定,不能混淆,也不能交叉。

3.1.11.3 商品检验的目标、内容和依据

1. 商检的法定目标和范围

(1)对进出口商品实施检验,所要达到的目标或者遵循的原则共有 5 项 保护人类健康和

安全，保护动物或者植物的生命和健康，保护环境，防止欺诈行为，维护国家安全。这5项目标是进出口商品检验的通行原则，是在全面考虑了国家的利益和社会经济的需要的基础上确立的。

(2)进出口商品检验分为法定检验和抽查检验　法定检验商品是依照法律规定必须经商检机构检验的进出口商品，这部分商品的范围，由国家商检部门依据前述的5项法定目标，通过制定、调整必须实施检验的进出口商品目录来划定；目录以外的进出口商品，则根据国家规定实施抽查检验。

(3)法定检验和抽查检验均由商检机构实施，因为这两种检验都属于国家对进出口商品实施的监督管理。

2.商检的内容和根据

(1)商检的内容在法律上被界定为合格评定活动　合格评定活动是指直接或者间接地确定必须实施检验的进出口商品是否满足国家技术规范的强制性要求的活动。合格评定程序是指直接或者间接地确定必须实施检验的进出口商品是否满足国家技术法规的强制性要求的程序。合格评定程序包括：抽样、检验和检查；评估、验证和合格保证；注册、认可和批准以及各项的组合。

(2)确定列入目录的进出口商品，按照国家技术规范的强制性要求进行检验；尚未制定国家技术规范的强制性要求的，应当依法及时制定，未制定之前，可以参照国家商检部门指定的国外有关标准进行检验。

3.进口商品的检验

(1)必须经商检机构检验的进口商品的收货人或者其代理人，应当向报关地的商检机构报检。

(2)必须经商检机构检验的进口商品的收货人或者其代理人，应当在商检机构规定的地点和期限内，接受商检机构对进口商品的检验。商检机构应当在国家商检部门统一规定的期限内检验完毕，并出具检验证单。

(3)必须经商检机构检验的进口商品以外的进口商品的收货人，发现进口商品质量不合格或者残损短缺，需要由商检机构出证索赔的，应当向商检机构申请检验出证。

(4)对重要的进口商品和大型的成套设备，收货人应当依据对外贸易合同约定在出口国装运前进行预检验、监造或者监装，主管部门应当加强监督；商检机构根据需要可以派出检验人员参加。

4.出口商品的检验

(1)必须经商检机构检验的出口商品的发货人或者其代理人，应当在商检机构规定的地点和期限内，向商检机构报检。商检机构应当在国家商检部门统一规定的期限内检验完毕，并出具检验证单。

(2)经商检机构检验合格发给检验证单的出口商品，应当在商检机构规定的期限内报关出口；超过期限的，应当重新报检。

(3)为出口危险货物生产包装容器的企业，必须申请商检机构进行包装容器的性能鉴定。生产出口危险货物的企业，必须申请商检机构进行包装容器的使用鉴定。使用未经鉴定合格的包装容器的危险货物，不准出口。

(4)对装运出口易腐烂变质食品的船舱和集装箱,承运人或者装箱单位必须在装货前申请检验。未经检验合格的,不准装运。

3.1.11.4 监督管理制度

(1)抽查检验 这是指《进出口商品检验法》所规定的,商检机构对法定检验的商品以外的进出口商品,根据国家规定实施抽查检验;国家商检部门可以公布抽查检验结果或者向有关部门通报抽查检验情况。之所以采取这种处置方式,是因为抽查检验的进出口商品不属于法定检验的进出口商品,不采用由商检机构签发货物通关证明的方式。

(2)出厂前的质量监督管理和检验 这是商检法中为使得对外贸易的需要,支持出口商品生产者提高质量,适应出口商品的法定检验目标,而规定由商检机构实施的一项特定的制度,即可以按照国家规定对列入目录的出口商品进行出厂前的质量监督管理和检验。

(3)报检代理人的管理 在修改后的商检法中,报检代理人具有了合法的地位,因而对其管理出做出了相应的、制度性的规定,即为进出货物的收发货人办理报检手续的代理人应当在商检机构进行注册登记;办理报检手续时应当向商检机构提交授权委托书。

(4)对经许可的检验机构的监督管理 在这方面主要有两项基本规定:一是管理方面的,即国家商检部门可以按照国家有关规定,通过考核,许可符合条件的国内外检验机构承担委托的进出口商品检验鉴定义务;二是监督方面的,即国家商检部门和商检机构依法对经许可的商品检验鉴定业务活动进行监督,可以对其检验的商品抽查检验。

(5)使用质量认证标志 这是一种特定的认证,并根据认证的结果做出标示。商检法的规定是商检机构可以根据国家商检部门同外国有关机构签订的或者接受外国有关机构的委托进行进出口商品质量认证工作,准许在认证合格的进出口商品上使用质量认证标志。

(6)验证管理 这是商检法修改后所规定的一项管理制度,也包含着监督的内容。它的具体内容是商检机构依照商检法对实施许可制度的进出口商品实行验证管理,查验单证,核对证货是否相符。

(7)加施商检标志、封识 这是一种监督管理的措施,明确商检机构根据需要,对检验合格的进出口商品,可以加施商检标志封识。应当加以区别的是,商检标志或者封识只是加施的性质,并不是代替进出口商品上的其他标志、封识。法律上对此有明确界定,确定了这些标志或者封识的特定作用。

(8)复验 就是进出口商品的报检人对商检机构做出的检验结论有异议的,可以向原商检机构或者其上级商检机构以至国家商检部门申请复验,由受理复验的商检机构或者国家商检部门及时做出复验结论。

(9)行政复议 这是在复验之后或者受到行政处罚之后提出的,具体就是当事人对商检机构、国家商检部门做出的复验结论不服或者对商检机构做出的处罚决定不服的,可以依法申请行政复议。

(10)提起诉讼 这是指当事人对商检机构、国家商检部门做出的复验结论不服或者对商检机构做出的处罚决定不服的,可以直接向人民法院提起诉讼,而不必将申请复议作为法定的前置条件,这样可以使当事人的合法权益得到更充分的保护。

3.1.11.5 执法机构、执法人员的行为规范

对于商检部门和商检机构的工作人员而言,《进出口商品检验法》不但为其规定了行为规

范，而且还规定了违反法定的行为规范而应承担的法律责任，只有这样，行为规范才是有威力的，执法活动才能遵循法制的轨道。规定的两项内容为：

(1)国家商检部门、商检机构的工作人员违反商检法规定，泄露所知悉的商业秘密的，依法给予行政处分，有违法所得的，没收违法所得；构成犯罪的，依法追究刑事责任。

(2)国家商检部门、商检机构的工作人员滥用职权，故意刁难的，徇私舞弊，伪造检验结果的，或者玩忽职守，延误检验出证的，依法给予行政处分；构成犯罪的，依法追究刑事责任。

3.1.11.6 关于法律责任

《进出口商品检验法》经过修改后，法律责任共有六条，其内容在前面都已经述及。其立法目的在于通过依法追究责任，惩处违法行为，维护进出口商品检验的法律秩序，规范执法行为，使中国的商检在社会经济发展和对外开放中发挥更为积极有效的作用。

3.1.12 《中华人民共和国进出境动植物检疫法》

《中华人民共和国进出境动植物检疫法》(以下简称《动植物检疫法》)于1991年经第七届全国人大常委会二十二次会议审议通过发布施行。根据2009年8月27日第十一届全国人民代表大会常务委员会第十次会议通过的《全国人民代表大会常务委员会关于修改部分法律的决定》修正。《动植物检疫法》共八章五十条。

3.1.12.1 《动植物检疫法》的立法目的和意义

《动植物检疫法》是中国颁布的第一部动植物检疫法律，是中国动植物检疫史上一个重要的里程碑，它以法律的形式明确了动植物检疫的宗旨、性质、任务，为口岸动植物检疫工作提供了法律依据和保证。它的颁布实施扩大了中国动植物检疫在国际上的影响，标志着中国动植物检疫事业进入一个新的发展时期。

1996年12月，国务院颁布《动植物检疫法实施条例》，细化了动植物检疫法中的原则规定，如进一步明确了进出境动植物检疫的范围，确定了动植物检疫机关的职能，完善了检疫审批程序和检疫监督制度，进一步规范了实施行政处罚的规则和尺度。

3.1.12.2 《动植物检疫法》的主要内容

(1)总则　进出境的动植物、动植物产品和其他检疫物，装载动植物、动植物产品和其他检疫物的装载容器，包装物，以及来自动植物疫区的运输工具，依法实施检疫；禁止下列各物进境：动植物病原体(包括菌种、毒种等)、害虫及其他有害生物；动植物疫情流行的国家和地区的有关动植物、动植物产品和其他检疫物；动物尸体；国务院农业行政主管部门全国进出境动植物检疫工作；口岸动植物检疫机关实施检疫的职责等。

(2)进境检疫　输入动物、动物产品、植物种子、种苗、其他繁殖材料的，必须提出申请，办理检疫审批手续，应当在进境口岸实施检疫；未经口岸动植物检疫机关的同意，不得卸离运输工具；输入动植物、动植物产品和其他检疫物，经检验合格的，准予进境；输入动植物、动植物产品和其他检疫物，需调离海关监管区检疫的，海关凭口岸动植物检疫机关签发的《检疫调离通知单》验放。

(3)出境检疫　动植物、动植物产品和其他检疫物，由口岸动植物检疫机关实施检疫，经检疫合格或者经除害处理合格的，准予出境；经检疫合格的动植物、动植物产品和其他检疫物，若更改输入国家或者地区，在该国家或者地区又有不同检疫要求的；改换包装或者原未拼装后来拼装的；超过检疫规定有效期的。货主或者其代理人应当重新报验。

（4）过境检疫　要求运输动物过境的，必须事先征得中国国家动植物检疫机关同意，并按照指定口岸和路线过境。

（5）运输工具检疫　来自动植物疫区的船舶、飞机、火车抵达口岸时，由口岸动植物检疫机关实施检疫。发现有本法第十八条规定的名录所列的病虫害的，作不准带离运输工具、除害、封存或者销毁处理。

3.1.12.3 《动植物检疫法》的法律责任

（1）违反进出境动植物检疫的法律责任　根据《中华人民共和国国境卫生检疫法》及其实施细则、《中华人民共和国进出境动植物检疫法》及其实施条例的规定，凡具有下列情形的，将被检验检疫机关处以最高可达 50 000 元人民币的罚款，情节严重者将被追究刑事责任：①携带动植物、动植物产品、废旧产品、微生物、人体组织、生物制品、血液及其制品入境，未主动申报或未依法办理检疫审批手续或未按检疫审批执行的。②拒绝接受检疫或者抵制卫生监督，拒不接受卫生处理的。③不如实申报疫情，伪造或者涂改检疫单证的。④隐瞒疫情或者伪造情节的。

（2）动植物检疫机关检疫人员的法律责任　动植物检疫机关检疫人员滥用职权，徇私舞弊，伪造检疫结果，或者玩忽职守，延误检疫出证，构成犯罪的，依法追究刑事责任；不构成犯罪的，给予行政处分。

3.1.13 《中华人民共和国国境卫生检疫法》

《中华人民共和国国境卫生检疫法》（以下简称《国境卫生检疫法》）是 1986 年 12 月 2 日经第六届全国人民代表大会常务委员会第十八次会议审议通过颁布的。共分六章二十八条。随后卫生部门于 1989 年发布了《中华人民共和国国境卫生检疫法实施细则》。根据 2007 年 12 月 29 日第十届全国人民代表大会常务委员会第三十一次会议通过《关于修改〈中华人民共和国国境卫生检疫法〉的决定》第一次修正。根据 2009 年 8 月 27 日第十一届全国人民代表大会常务委员会第十次会议《关于修改部分法律的决定》第二次修正。根据 2018 年 4 月 27 日第十三届全国人民代表大会常务委员会第二次会议《关于修改〈中华人民共和国国境卫生检疫法〉等六部法律的决定》第三次修正。《国境卫生检疫法》的发布施行标志着中国国境卫生检疫工作进入了法制化管理的轨道。

3.1.13.1 《国境卫生检疫法》的主要内容

《国境卫生检疫法》及实施细则以法律法规的形式规定了新形势下卫生检疫机构的职责、检疫对象、主要工作内容、疫情通报、发生疫情时的应急措施以及处理程序。同时，对入出境人员、运输工具进行检验检疫、物品检疫查验、临时检疫、国际传染病监测、卫生监督和法律责任也作了相应的规定。

（1）总则　入境、出境的人员、交通工具、运输设备以及可能传播检疫传染病的行李、货物、邮包等物品，都应当接受检疫，经国境卫生检疫机关许可，方准入境或出境；国境卫生检疫机关发现检疫传染病或者疑似检疫传染病时，除采取必要措施外，必须立即通知当地卫生部门，同时用最快的方法报告国务院卫生行政部门，最迟不超过二十四小时。

（2）检疫　入境的交通工具和人员，必须在最先到达的国境口岸的指定地点接受检疫。除引航员外，未经国家卫生检疫机关许可，任何人不准上下交通工具，不准装卸行李、货物、邮包等物品。在国境口岸发现检疫传染病、疑似检疫传染病，或者有人非因意外伤害而死亡并死因不明的，国境口岸有关单位和交通工具的负责人，应当立即向国境卫生检疫机关报告，并申请临时检疫；国境卫生检疫机关对检疫传染病染疫人必须立即将其隔离，隔离期限根据医学检查结果确定；对检疫传染病染疫嫌疑人应当将其留验，留验期限根据该传染病的潜伏期确定。

(3)传染病检测　国境卫生检疫机关对入境、出境的人员实施传染病检测，并且采取必要的预防、控制措施；国境卫生检疫机关有权要求入境、出境的人员填写健康申明卡，出示某种传染病的预防接种证书、健康证明或者其他有关证件。

(4)卫生监督　国境卫生检疫机关根据国家规定的卫生标准，对国境口岸的卫生状况和停留在国境口岸的入境、出境交通工具的卫生状况实施卫生监督；国境口岸卫生监督员在执行任务时，有权要求入境、出境交通工具进行卫生监督和技术指导，对卫生状况不良和可能引起传染病传播的因素提出宝贵意见，协同有关部门采取必要措施，进行卫生处理。

3.1.13.2　违反《国境卫生检疫法》的法律责任

(1)民事责任　《国境卫生检疫法》第二十条规定，有逃避检疫，向国境卫生检疫机关隐瞒真实情况的；入境的人员未经国境卫生检疫机关许可，擅自上下交通工具，或者装卸行李、货物、邮包等物品，不听劝阻的单位或个人，国境卫生检疫机关可以根据情节轻重，给予警告或者罚款；第二十三条规定，国境卫生检疫机关工作人员，应当秉公执法、忠于职守，对入境、出境的交通工具和人员，及时进行检疫；违法失职的，给予行政处分，情节严重构成犯罪的，依法追究刑事责任。

(2)违反国境卫生检疫刑事责任　《国境卫生检疫法》规定，引起检疫传染病传播或者有引起检疫传染病传播严重危险的，依照《中华人民共和国刑法》违反国境卫生检疫规定，引起检疫传染病传播或者传播有严重危险的，处三年以下有期徒刑或者拘役，并处或者单处罚金，单位犯前款罪的，对单位判处罚金，并对直接负责的主管人员和其他直接责任人员，依照前款的规定处罚。

3.2　我国相关食品法规

3.2.1　《食品生产许可管理办法》

食品生产经营许可是通过事先审查方式提高食品安全保障水平的重要预防性措施。根据第十八届三中全会、四中全会和国务院政府职能转变的精神，按照确保食品安全、简政放权、简化审批手续、提高审批效率的要求，国家食品药品监督管理总局坚持科学立法和民主立法，结合基层监管需求和社会反映意见，吸收借鉴国内外有益经验，着力破解许可工作重点难点问题，经广泛调研、多次论证，形成《食品生产许可管理办法》和《食品经营许可管理办法》。

2020年1月2日，国家市场监督管理总局令第24号公布《食品生产许可管理办法》，自2020年3月1日起施行。原国家食药总局2015年8月31日公布的《食品生产许可管理办法》同时废止。新《食品生产许可管理办法》分总则、申请与受理，审查与决定、许可证管理、变更、延续与注销、监督检查、法律责任，附则八章六十一条。

新的《食品生产许可管理办法》，主要涉及以下的变化和调整：

①全面推进了食品生产许可的信息化。第九条中规定了县级以上地方市场监督管理部门应当加快信息化建设，推进许可申请、受理、审查、发证、查询等全流程网上办理，并在行政机关

的网站上公布生产许可事项，提高办事效率。第六十条中明确了电子证书和纸质证书拥有同等的法律效力。全流程网上办理也就不存在证书遗失、损坏而要补办的情况，因此取消了补办的相关规定。

②第五条中明确了食品生产许可分类的依据和准则：市场监督管理部门应该结合食品原料、生产工艺等因素，按照食品的风险程度来对食品生产实施分类许可。

③缩短了现场核查、审查决定、发证和注销等时限。第二十一条规定核查人员应当自接受现场核查任务之日起完成对生产场所的现场核查的时限由10个工作日缩短为5个工作日；第二十二条规定监管部门受理申请到做出许可决定时限由20个工作日缩短为10个工作日，特殊情况延长时限由10个工作日缩短为5个工作日；第二十三条规定监管部门做出生产许可决定到发证时限由10个工作日缩短为5个工作日；第四十条规定申请注销时限由30个工作日缩短为20个工作日。

④明晰了各级监管部门之间的职责及应承担的责任。第七条第二款的规定新增了婴幼儿辅助食品、食盐等食品的生产许可由省、自治区、直辖市市场监督管理部门负责；第二十一条第五款的规定明确特殊食品现场核查原则上不得委托下级市场监督管理部门；第十八条新增了多食品类别生产企业申请选择受理部门的原则：申请人申请生产多个类别食品的，由申请人按照省级市场监督管理部门确定的食品生产许可管理权限，自主选择其中一个受理部门提交申请材料。受理部门应当及时告知有相应审批权限的市场监督管理部门，组织联合审查；第四十八条的规定新增了参与审核人员的信息保密要求：未经申请人同意，行政机关及其工作人员、参加现场核查的人员不得披露申请人提交的商业秘密、未披露信息或者保密商务信息，法律另有规定或者涉及国家安全、重大社会公共利益的除外。

⑤简化了食品生产许可申请的材料。第十六条调整了食品生产许可申请材料：申请人申请食品生产许可时，只需提交《食品生产许可申请书》等必要且重要材料，不再要求提交营业执照复印件、食品生产加工场所及其周围环境平面图、各功能区间布局平面图。取消提供的材料中，营业执照(复印件)可通过内部监管信息系统核验申请人的主体信息，其他相关材料可以在现场核查环节现场核验信息；第十三条、第十六条规定中要求申请材料中增加食品安全专业技术人员、食品安全管理人员信息；第三十三条、第三十五条、第四十条规定生产许可证的延续、变更或注销申请材料不再需要提交食品生产许可证正副本材料。

⑥简化并调整了生产许可证书的内容。简化了食品生产许可证书的内容：其中删除内容有：食品生产许可证书中不再记载日常监督管理机构、日常监督管理人员、投诉举报电话、签发人、外设仓库信息，同时删除了相关的规定。此外，特殊食品载明的“产品注册批准文号”修改为“产品或者产品配方的注册号”；为适应证书内容的调整，新《食品生产许可管理办法》删除了2015年发布的《食品生产许可管理办法》中第三十条和第四十六条中有关日常监督管理人员的相关内容。

⑦第二十一条明确了需提供合格报告的许可类型，增加了企业合规送检可选择度：对首次申请许可或者增加食品类别的变更许可的，根据食品生产工艺流程等要求，核查试制食品的检验报告，试制食品检验可以由生产者自行检验，或者委托有资质的食品检验机构检验。

⑧第三十二条第四款明确了获证企业持续合规要求：食品生产者的生产条件发生变化，不再符合食品生产要求，需要重新办理许可手续的，应当依法办理。

⑨第四十九条第二款的规定明确了食品生产者生产的食品不属于食品生产许可证上载明

的食品类别的，视为未取得食品生产许可从事食品生产活动。处罚等同“无证生产”。

⑩第五十三条第二款的规定明确了迁址未重新申请食品生产许可的违规处罚：食品生产者的生产场所迁址后未重新申请取得食品生产许可从事食品生产活动的，由县级以上地方市场监督管理部门依照《中华人民共和国食品安全法》第一百二十二条的规定给予处罚。

⑪第五十四条规定中增加了对相关从业人员的处罚规定：食品生产者违反本办法规定，有《中华人民共和国食品安全法实施条例》第七十五条第一款规定的情形的，依法对单位的法定代表人、主要负责人、直接负责的主管人员和其他直接责任人员给予处罚；被吊销生产许可证的食品生产者及其法定代表人、直接负责的主管人员和其他直接责任人员自处罚决定作出之日起5年内不得申请食品生产经营许可，或者从事食品生产经营管理工作、担任食品生产经营企业食品安全管理人员。

⑫第五十三条的规定加大了处罚力度：如未按照规定申请变更的罚款由原来的2 000元至1万元调整到1万～3万元；未按规定申请办理注销手续的罚款由2 000元以下调整至5 000元以下等等。

3.2.2 《食品经营许可管理办法》

2015年8月31日，国家食品药品监督管理总局令第17号公布《食品经营许可管理办法》。该《食品经营许可管理办法》分总则，申请与受理，审查与决定，许可证管理，变更、延续、补办与注销，监督检查，法律责任，附则八章五十六条，自2015年10月1日起施行。主要内容包括：

(1)坚持简政放权　一是将食品流通许可与餐饮服务许可两个许可整合为食品经营许可，减少许可数量。二是将食品添加剂生产许可纳入《食品生产许可管理办法》，规定食品添加剂生产许可申请符合条件的，颁发食品生产许可证，并标注食品添加剂。

(2)明确许可原则　一是食品生产经营许可应当遵循依法、公开、公平、公正、便民、高效的原则。二是食品生产许可实行一企一证原则，即同一个食品生产者从事食品生产活动，应当取得一个食品生产许可证；食品经营许可实行一地一证原则，即食品经营者在一个经营场所从事食品经营活动，应当取得一个食品经营许可证。三是食品药品监督管理部门按照食品的风险程度对食品生产经营实施分类许可。

(3)实施分类许可　一是食品生产分为粮食加工品，食用油、油脂及其制品，调味品，肉制品，乳制品，饮料，方便食品，饼干，罐头，冷冻饮品，速冻食品，薯类和膨化食品，糖果制品，茶叶及相关制品，酒类，蔬菜制品，水果制品，炒货食品及坚果制品，蛋制品，可可及焙烤咖啡产品，食糖，水产制品，淀粉及淀粉制品，糕点，豆制品，蜂产品，保健食品，特殊医学用途配方食品，婴幼儿配方食品，特殊膳食食品，其他食品等31个类别。二是食品经营主体业态分为食品销售经营者、餐饮服务经营者、单位食堂。食品经营项目分为预包装食品销售、散装食品销售、特殊食品销售、其他类食品销售；热食类食品制售、冷食类食品制售、生食类食品制售、糕点类食品制售、自制饮品制售、其他类食品制售等10个类别。

(4)特殊食品生产从严许可　一是省级食品药品监督管理部门负责特殊食品的生产许可审查工作。二是特殊食品生产企业除需要具备普通食品的许可条件外，还应当提交与所生产食品相适应的生产质量管理体系文件以及产品注册和备案文件。

(5)明确许可证编号规则　一是食品生产许可证编号由SC(“生产”的汉语拼音字母缩写)

和14位阿拉伯数字组成。数字从左至右依次为:3位食品类别编码、2位省(自治区、直辖市)代码、2位市(地)代码、2位县(区)代码、4位顺序码、1位校验码。二是食品经营许可证编号由JY("经营"的汉语拼音字母缩写)和14位阿拉伯数字组成。数字从左至右依次为:1位主体业态代码、2位省(自治区、直辖市)代码、2位市(地)代码、2位县(区)代码、6位顺序码、1位校验码。

(6)明确许可证载明事项　为强化责任落实,一是食品生产许可证应当载明:生产者名称、社会信用代码、法定代表人、住所、生产地址、食品类别、许可证编号、有效期、日常监督管理机构、日常监督管理人员、投诉举报电话、发证机关、签发人、发证日期和二维码。二是食品经营许可证应当载明:经营者名称、社会信用代码、法定代表人、住所、经营场所、主体业态、经营项目、许可证编号、有效期、日常监督管理机构、日常监督管理人员、投诉举报电话、发证机关、签发人、发证日期和二维码。

(7)增强操作性　一是明确食品添加剂生产许可的管理原则、程序、监督检查和法律责任,适用有关食品生产许可的规定。二是生产同一食品类别内的事项、外设仓库地址等事项发生变化的,食品生产者不需要增加或者变更许可,只需要在变化后10个工作日内向原发证的食品药品监督管理部门报告即可。三是在变更或者延续食品生产经营许可申请中,申请人声明生产经营条件未发生变化的,食品药品监督管理部门可以不再进行现场核查。

3.2.3　食品标签相关法规

食品标签形式应符合《食品安全国家标准　预包装食品标签通则》(GB 7718—2011)、《食品安全国家标准　预包装食品营养标签通则》(GB 28050—2011)、《食品安全国家标准　预包装特殊膳食用食品标签》(GB 13432—2013)等国家食品安全标准要求。

根据国家营养调查结果,我国居民既有营养不足,也有营养过剩的问题,特别是脂肪、钠(食盐)、胆固醇的摄入较高,这是引发慢性病的主要因素。为指导和规范食品营养标签的标示,引导消费者合理选择食品,促进膳食营养平衡,保护消费者知情权和身体健康,原卫生部于2007年12月18日颁布了《食品营养标签管理规范》,该规范的颁布和实施,标志着在我国食品营养标签开始正式走入市场,走进老百姓的生活。在该规范中的营养标签是指向消费者提供食品营养成分信息和特性的说明,包括营养成分表、营养声称和营养成分功能声称三个部分。消费者学会读懂营养标签,并应用营养标签了解更多的营养信息,选择适合自身的健康食品,有利于促进膳食平衡和维护健康。

根据2009年颁布实施的《中华人民共和国食品安全法》的有关规定,为指导和规范我国食品营养标签标示,引导消费者合理选择预包装食品,促进公众膳食营养平衡和身体健康,保护消费者的知情权、选择权和监督权,原卫生部在参考国际食品法典委员会和国内外管理经验的基础上,又组织制定了《食品安全国家标准　预包装食品营养标签通则》(GB 28050—2011),于2011年10月12日发布2013年1月1日起正式实施。该标签通则取代了2007年12月18日颁布,2018年7月4日废止的《食品营养标签管理规范》,同时该标签通则对食品营养标签的基本要求,强制标示内容,可选择标示内容以及营养成分的表达方式等进行了明确的规定。通过实施营养标签标准,要求预包装食品必须标示营养标签内容,一是有利于宣传普及食品营养知识,指导公众科学选择膳食;二是有利于促进消费者合理平衡膳食和身体健康;三是有利于规范企业正确标示营养标签,科学宣传有关营养知识,促进食品产业健康发展。

此外，在2015年10月1日实施的新《中华人民共和国食品安全法》第四章第三节对食品标签的基本内容也有明确的规定。另外，第一百二十五条规定："生产经营无标签的预包装食品、食品添加剂或者标签、说明书不符合本法规定的食品、食品添加剂，由县级以上人民政府食品药品监督管理部门进行相应的处罚""生产经营的食品、食品添加剂的标签、说明书存在瑕疵但不影响食品安全且不会对消费者造成误导的，由县级以上人民政府食品药品监督管理部门责令改正；拒不改正的，处二千元以下罚款。"

3.2.4　食品添加剂相关法规

为了保障食品安全、加强对食品添加剂生产的监督管理，国家质量监督检验检疫总局制定并颁布了《食品添加剂生产监督管理规定》，自2010年6月1日起施行。自2002年7月3日实施的《食品添加剂生产企业卫生规范》、2015年5月24日实施的《食品安全国家标准　食品添加剂使用标准》(GB 2760—2014)和《中华人民共和国食品安全法》对《食品添加剂生产监督管理规定》中的内容做出了进一步的明确。

其中依据《中华人民共和国食品卫生法》和《食品添加剂卫生管理办法》的有关规定，制定的《卫生规范》规定了食品添加剂生产企业选址、设计与设施、原料采购、生产过程、贮存、运输和从业人员的基本卫生要求和管理原则。强调了凡从事食品添加剂生产的企业，包括食品香精、香料和食品工业用加工助剂的生产企业都必须遵守本规范。

而2015年5月24日实施的《食品安全国家标准　食品添加剂使用标准》(GB 2760—2014)中规定了食品添加剂的使用原则、允许使用的食品添加剂品种、使用范围及最大使用量或残留量。其中规定添加剂的定义为：为改善食品品质和色、香、味，以及为防腐、保鲜和加工工艺的需要而加入食品中的人工合成或者天然物质。食品用香料、胶基糖果中基础剂物质、食品工业用加工助剂也包括在内。

《中华人民共和国食品安全法》对食品添加剂也格外重视。

第三十九条中明确了国家对食品添加剂生产实行许可制度。从事食品添加剂生产，应当具有与所生产食品添加剂品种相适应的场所、生产设备或者设施、专业技术人员和管理制度，并依照本法第三十五条第二款规定的程序，取得食品添加剂生产许可。

第四十条中规定了食品添加剂应当在技术上确有必要且经过风险评估证明安全可靠，方可列入允许使用的范围；有关食品安全国家标准应当根据技术必要性和食品安全风险评估结果及时修订。

第五十条中规定了食品生产者采购食品原料、食品添加剂、食品相关产品，应当查验供货者的许可证和产品合格证明；对无法提供合格证明的食品原料，应当按照食品安全标准进行检验；不得采购或者使用不符合食品安全标准的食品原料、食品添加剂、食品相关产品。

第五十二条规定了食品、食品添加剂、食品相关产品的生产者，应当按照食品安全标准对所生产的食品、食品添加剂、食品相关产品进行检验，检验合格后方可出厂或者销售。

第七十条中规定了食品添加剂应当有标签、说明书和包装。标签、说明书应当载明本法第六十七条第一款第一项至第六项、第八项、第九项规定的事项，以及食品添加剂的使用范围、用量、使用方法，并在标签上载明"食品添加剂"字样。

第七十一条中规定食品和食品添加剂的标签、说明书，不得含有虚假内容，不得涉及疾病预防、治疗功能。生产经营者对其提供的标签、说明书的内容负责。食品和食品添加剂的标签、说明书应当清楚、明显，生产日期、保质期等事项应当显著标注，容易辨识。食品和食品添加剂与其标签、说明书的内容不符的，不得上市销售。多次提到食品添加剂生产、采购、检验、标签等方面的问题，这也体现了食品添加剂在我国食品生产和食品安全中的重要地位。

3.2.5 《新食品原料安全性审查管理办法》

2013年5月31日，国家卫生和计划生育委员会令第1号公布《新食品原料安全性审查管理办法》(以下简称《办法》)自2013年10月1日起施行。《办法》第二十四条决定，废止原卫生部2007年12月1日公布的《新资源食品管理办法》。《办法》对新资源食品做出了明确界定：在我国无食用习惯的动物、植物和微生物；从动物、植物、微生物中分离的在我国无食用习惯的食品原料；在食品加工过程中使用的微生物新品种；因采用新工艺生产导致原有成分或者结构发生改变的食品原料等。该《办法》共含24条，配套实施文件主要包括《新食品原料申报与受理规定》《新食品原料安全性审查规程》《食品评审专家管理办法》。

《办法》修订的目的一是要与《食品安全法》相衔接，二是要解决《新资源食品管理办法》实施过程中存在的有关问题。这些问题包括：①实质等同问题：无量化指标缺乏实际可操作性。②现场核查问题：无具体规定缺乏可操作性。③交叉管理问题：与其他产品的界定问题以及判定难问题等五大问题。《办法》贯彻落实了《食品安全法》对新的食品原料管理的要求，进一步明确了新食品原料许可职责、程序和要求。

《办法》修订的主要内容有9点：修改了名称；修改了定义、范围；增加了新食品原料的属性要求；增加了网上申报内容和征求意见的程序；增加了风险评估报告要求；补充并完善了新食品原料现场核查要求；调整了实质等同判定主体；完善了评审结论的处理程序；删除了生产经营和卫生监督相关内容。

3.2.6 保健食品管理规定

为加强保健食品的监督管理，保证保健食品质量，卫生部制定《保健食品管理办法》，共分为七章三十五条，并于1996年6月1日起实施。《保健食品管理办法》对保健食品的审批，保健食品的生产经营，保健食品标签、说明书及广告宣传，保健食品的监督管理，违反《保健食品管理办法》的处罚进行了规定和规范。《保健食品注册管理办法(试行)》(食品药品管理令第19号)经国家食品药品监督管理局局务会审议通过，于2005年4月30日公布，自2005年7月1日起施行，共九章，一百零五条。1996年卫生部在颁发的《保健食品管理办法》将保健食品定义为：具有特定的保健功能的食品，即适宜于特定人群食用，具有调节机体功能，不以治疗疾病为目的的食品。2005年我国在施行《保健食品注册管理办法(试行)》将保健食品定义为：声称具有特定保健功能或者以补充维生素矿物质为目的的食品。即适宜于特定人群食用，具有调节机体功能，不以治疗疾病为目的，并且对人体不产生任何急性亚急性或者慢性危害的食品。

新修订的《中华人民共和国食品安全法》对保健食品、特殊医学用途配方食品、婴幼儿配方食品的监管做了进一步完善。新修订《食品安全法》中涉保健食品主要条款如下。

第七十四条　国家对保健食品、特殊医学用途配方食品和婴幼儿配方食品等特殊食品实行严格监督管理。婴幼儿配方食品等特殊食品实行严格监督管理。

第七十五条　保健食品声称保健功能，应当具有科学依据，不得对人体产生急性、亚急性或者慢性危害。保健食品原料目录和允许保健食品声称的保健功能目录，由国务院食品药品监督管理部门会同国务院卫生行政部门、国家中医药管理部门制定、调整并公布。

保健食品原料目录应当包括原料名称、用量及其对应的功效；列入保健食品原料目录的原料只能用于保健食品生产，不得用于其他食品生产。

第七十六条 使用保健食品原料目录以外原料的保健食品和首次进口的保健食品应当经国务院食品药品监督管理部门注册。但是，首次进口的保健食品中属于补充维生素、矿物质等营养物质的，应当报国务院食品药品监督管理部门备案。其他保健食品应当报省、自治区、直辖市人民政府食品药品监督管理部门备案。

《中华人民共和国食品安全法》中对保健食品的具体要求如下。

(1)明确了对保健食品实行注册与备案分类管理的方式，改变了过去单一的产品注册制度。

(2)明确了保健食品原料目录功能目录的管理制度，通过制定保健食品原料目录，明确原料用量和对应的功效，对使用符合保健食品原料目录规定原料的产品实行备案管理。

(3)明确了保健食品企业应落实主体责任，生产必须符合良好生产规范，并实行定期报告等制度。

(4)明确了保健食品广告发布必须经过省级食品药品监管部门的审查批准。

(5)明确了保健食品违法行为的处罚依据。这些具体的条款，大家可以看看法律中所做的规定，很具体、很明确，特别是对于保健食品的标签、广告，食品安全法和刚刚通过的广告法都有规定，应该说规定比较具体、明确，处罚的措施也比较严厉。

(6)保健食品原料目录中原料只能用于保健食品生产，不能用于其他食品生产。在保健食品目录中，应当包括原料目录的名称、用量及其对应的功效。有些物质属于药食同源，既可以用于普通食品，也可以用于保健食品，为了清晰地界定保健食品与其他食品的区别，法中明确地提出了列入保健食品原料目录的原料，按照目录规定的用量、声称的对应功效只能用于保健食品的生产，这条规定进一步明确了保健食品和其他食品的区别。

随着《中华人民共和国食品安全法》的公布，对保健食品管理方面也提出了很多新的要求。因此，国家食品药品监督管理总局于 2016 年 2 月 24 日公布了《保健食品注册与备案管理办法》(国家食品药品监督管理总局令第 22 号)，自 2016 年 7 月 1 日起施行，原《保健食品注册管理办法(试行)》同时废止。新的管理办法共八章，七十五条，分别对保健食品的管理对象、管理机构、注册、注册证书管理、备案、标签和说明书、监督管理、法律责任等方面提出了具体要求。

新的保健食品管理办法进一步强调了《中华人民共和国食品安全法》中将保健食品产品上市的管理模式由原来的单一注册制，调整为注册与备案相结合的管理模式，由国家药品监督管理局和省、自治区、直辖市食药监局分别管理；规定了生产使用保健食品原料目录以外原料的保健食品，以及首次进口的保健食品(属于补充维生素、矿物质等营养物质的保健食品除外)必须通过产品注册。

该管理办法进一步明确惩罚细则：①重申优化保健食品注册程序(备案可节约大量行政时间成本)。②强化保健食品注册证书的管理，该办法规定保健食品注册证书有效期为 5 年。③明确保健食品的备案要求，该办法明确使用的原料已经列入保健食品原料目录和首次进口的保健食品中属于补充维生素、矿物质等营养物质的保健食品应当进行备案。④严格保健食品的命名规定。不得使用虚假、夸大或者绝对化、明示或者暗示预防、治疗功能等词语；不得使用功能名称或者与表述产品功能相关的文字；规定同一企业不得使用同一配方，注册或者备案不同名称的保健食品，不得使用同一名称注册或者备案不同配方的保健食品。⑤强化对保健食品注册和备案违法行为的处罚。

3.2.7 食品认证相关规定

3.2.7.1 《无公害农产品管理办法》

2002年4月，农业部和国家认证认可监督管理委员会联合制定了《无公害农产品管理办法》。从直接意义上讲，长期食用不会对人体健康产生危害的食品称为无公害食品。我国现在所称的无公害食品是专指产地环境、生产过程和最终产品符合无公害食品标准和规范，经专门机构认定，许可使用无公害农产品标识的食品。

无公害农产品标志由麦穗、对勾和无公害农产品字样组成，麦穗代表农产品，对勾表示合格，金色寓意成熟和丰收，绿色象征环保和安全。该标志是由农业部和国家认证认可监督管理委员会联合制定并发布的，是加施于获得全国统一无公害农产品认证的产品或产品包装上的证明性标识，而印制在标签、广告、说明书上的无公害农产品标志图案，不能作为无公害农产品标志使用。区分普通农产品和无公害农产品的主要方法是看其在销售时是否加贴全国统一的无公害农产品标志，通过辨别标志的真伪，来判断该产品是否是无公害农产品。

为了加强对无公害农产品标志的管理，2003年5月，农业部和国家认证认可监督管理委员会联合制定了《无公害农产品标志管理办法》。

无公害农产品标志涉及政府对无公害农产品质量的保证和对生产者、经营者及消费者合法权益的维护，是对无公害农产品进行有效监督和管理的重要手段。因此，要求所有获证产品以"无公害农产品"称谓进入市场流通，均需在产品或产品包装上加贴该标志。该标志除了采用多种传统静态防伪技术外，还具有防伪数码查询功能的动态防伪技术。因此，使用该标志是无公害农产品高度防伪的重要措施。

3.2.7.2 《绿色食品标志管理办法》

绿色食品标志是在经权威机构认证的绿色食品上使用以区分此类产品与普通食品的特定标志。该标志已作为我国第一例证明商标由中国绿色食品发展中心在国家商标局注册，受法律保护。

农业部负责组织实施绿色食品的质量监督、认证工作，于1993年制定了《绿色食品标志管理办法》(1993农(绿)字第1号)，于2012年10月1日开始实行新的《绿色食品标志管理办法》(中华人民共和国农业部令2012年第6号)。中国绿色食品发展中心依据标准认定绿色食品，依据《商标法》实施绿色食品标志商标管理。中国绿色食品发展中心开展绿色食品标志许可工作，可收取绿色食品认证费和标志使用费。绿色食品标志管理，即绿色食品标志证明商标特定的法律属性，通过该标志商标的使用许可，衡量企业的生产过程及其产品的质量是否符合特定的绿色食品标准，并监督符合标准的企业严格执行绿色食品生产操作规程、正确使用绿色食品标志的过程。

依据《绿色食品标志管理办法》，绿色食品标志管理有两大特点：一是依据标准认定，二是依据法律管理。

所谓依据标准认定即把可能影响最终产品质量的生产全过程(从农田到餐桌)逐环节地制定出严格的量化标准，并按国际通行的质量认证程序检查其是否达标，确保认定本身的科学性、权威性和公正性。所谓依法管理，即依据国家《商标法》《反不正当竞争法》《广告法》《产品质量法》等法律法规，切实规范生产者和经营者的行为，打击市场假冒伪劣现象，维护生产者、经营者和消费者的合法权益。

3.2.7.3 《有机产品认证管理办法》

《有机食品认证管理办法》(以下简称《办法》)于 2001 年 4 月 27 日由国家环保总局发布，新的《有机产品认证管理办法》于 2013 年 4 月 23 日由国家质量监督检验检疫总局局务会议审议通过，于 2013 年 11 月 15 日由国家质量监督检验检疫总局令第 155 号文件形式发布，自 2014 年 4 月 1 日起施行，同时废止国家质检总局 2004 年 11 月 5 日发布的《办法》。《办法》共七章六十三条，主要内容包括：①有机食品的范围：符合国家食品卫生标准和有机食品技术规范，在原料生产和产品加工过程中不使用化肥、农药、生长激素、化学添加剂、化学色素和防腐剂等化学物质，不使用基因工程技术并通过本办法规定的有机食品认证机构认证并使用有机食品标志的农产品及其加工产品。②关于有机食品认证机构的规定。③关于有机食品基地生产证书、加工证书、贸易证书、申请认证程序及生产经营单位的规定。④有机食品证书及标志使用的规定。⑤法律责任。

与 2001 年由国家环保总局颁布的《办法》相比，该《办法》最为鲜明的变化在名称上，从"有机食品"到"有机产品"。这一变化来自于《办法》中对有机产品的定义，即有机产品指生产、加工和销售过程符合相关国家标准的供人类消费、动物食用的产品。该《办法》的实施，无论对于政府部门的统一监管，企业的生产活动，认证机构的认证行为，还是对于消费者购买相关产品，都具有极重要的意义。《办法》规定，今后我国的有机产品认证、认可工作将在国家认监委的统一管理、综合协调和监督之下开展。《办法》同时规定，凡在我国境内从事有机产品认证活动以及有机产品生产、加工、销售活动都应当遵循相关规定。这就意味着我国在有机产品认证、认可方面将有一套统一的评价和管理要求。这无疑将为我国大力发展优质、高产、高效、生态、安全农业，全面提高农产品质量安全水平起到积极的促进作用。

3.2.8 食品检验机构相关规定

食品检验工作是加强食品安全监管，保证消费者食用安全的关键环节。食品检验既是对市场销售食品实施安全监控的重要手段，也对食品原料及加工过程进行安全控制、确保合格产品进入市场的必不可少的重要措施。有效的食品安全监管工作依赖于公正、客观的食品检验结果，科学、严谨的食品检验工作是整个食品安全监管体系的基础。新《食品安全法》中，第五章专门对食品检验相关工作进行了规定。其中几个关键问题是，食品检验机构按照国家有关认证认可的规定取得资质认定后，方可从事食品检验活动；食品检验由食品检验机构指定的检验人独立进行；食品检验实行食品检验机构与检验人负责制；县级以上人民政府食品药品监督管理部门应当对食品进行定期或者不定期的抽样检验，并依据有关规定公布检验结果，不得免检。

其中，食品检验机构应符合实验室资质认定(计量认证)和食品检验机构资质认定的相关规定。

3.2.8.1 实验室资质认定

依据《中华人民共和国计量法》第二十二条和《中华人民共和国计量法实施细则》第七章，

所有从事产品质量检测检验的机构，均应进行计量认证。1987 年 7 月 10 日，国家计量局发布的《产品质量检验机构计量认证管理办法》中规定，对产品质量检验机构的计量认证，是考核产品质量检验机构的计量检定、测试的能力和可靠性，证明其具有为社会提供公证数据的资格，并为国际产品质量检验机构的相互承认创造条件。凡为社会提供公证数据的产品质量检验机构，必须进行计量认证。经计量认证合格的产品质量检验机构所提供的数据用于贸易出证、产品质量评价、成果鉴定作为公证数据，才具有法律效力。

2006 年 4 月 1 日起施行《实验室和检查机构资质认定管理办法》（中华人民共和国国家质量监督检验检疫总局令第 86 号）代替了原有的《产品质量检验机构计量认证管理办法》，规定了实验室资质认定的形式包括计量认证和审查认可，实验室和检查机构的基本条件与能力，资质认定程序，实验室和检查机构行为规范，监督检查等内容。

自 2015 年 8 月 1 日起施行的《检验检测机构资质认定管理办法》（国家质监总局令第 163 号）又取代了《实验室和检查机构资质认定管理办法》。该办法共七章五十条，新办法规定了检验检测机构资质认定条件和程序、技术评审管理、检验检测机构从业规范、监督管理、法律责任等相关内容。新办法的 5 个亮点是：①科学设置检验检测机构资质许可项目，依法合规。②放宽检验检测机构主体准入条件，公平竞争。③延长许可有效周期，优化许可评审程序，减轻机构负担。④强化检验检测机构从业规范，独立、公正、诚信。⑤加强事中事后监管，严格法律责任。

为了配套国家质检总局的管理办法的实施，国家认证认可监督管理委员会于 2007 年 1 月 1 日开始实施《实验室资质认定评审准则》（国认实函〔2006〕141 号），共包含 19 个要素，管理要求 11 个，技术要求 8 个。管理要求：①组织；②管理体系；③文件控制；④分包；⑤服务和供应品采购；⑥合同评审；⑦申诉和投诉；⑧纠正措施、预防措施和改进；⑨记录；⑩内审；⑪管理评审。技术要求：①人员；②设施和环境条件；③检测和校准方法；③设备和标准物质；⑤量值溯源；⑥抽样和样品处置；⑦结果质量控制；⑧结果报告。

在新的《检验检测机构资质认定管理办法》出台后，国家认证认可监督管理委员会于 2015 年 7 月 29 日出台了《国家认监委关于实施〈检验检测机构资质认定管理办法〉的若干意见》（国认实〔2015〕49 号），就关于检验检测机构资质认定实施范围、检验检测机构主体准入条件、调整有关检验检测机构资质、资格许可权限、检验检测机构资质认定的技术评审、检验检测机构资质认定证书有效期的衔接、检验检测人员的有关要求、检验检测报告或者证书的责任、检验检测机构资质认定标志、检验检测专用章的规定、检验检测机构资质认定的监督管理、检验检测机构资质认定分类监督管理、检验检测机构资质认定能力验证的规定等相关问题进行详细的说明。

此外，依据该意见，认监委将于 2016 年 1 月 1 日正式实施《检验检测机构资质认定评审准则》。新的评审准则共有 15 个配套的工作程序和技术要求。

①检验检测机构资质认定　公正性和保密性要求。

②检验检测机构资质认定　专业技术评价机构基本要求。

③检验检测机构资质认定　评审员管理要求。

④检验检测机构资质认定　标志及其使用要求。

⑤检验检测机构资质认定　证书及其使用要求。

⑥检验检测机构资质认定　检验检测专用章使用要求。

⑦检验检测机构资质认定　分类监管实施意见。

⑧检验检测机构资质认定　评审工作程序。

⑨检验检测机构资质认定　评审准则。

⑩检验检测机构资质认定　刑事技术机构评审补充要求。

⑪检验检测机构资质认定　司法鉴定机构评审补充要求。

⑫检验检测机构资质认定许可公示表。

⑬检验检测机构资质认定申请书。

⑭检验检测机构资质认定评审报告。

⑮检验检测机构资质认定审批表。

目前，检测机构资质认定的主要依据是国家认证认可监督管理委员会发布的，于2018年5月1日正式实施的《检验检测机构资质认定能力评价　检验检测机构通用要求》(RB/T 214—2017)。该标准从机构、人员、场所环境、设备设施和管理体系5个方面对检验检测机构提出了具体的要求。

3.2.8.2　食品检验机构资质认定

为加强食品检验机构管理，规范食品检验机构资质认定和食品检验工作工作，根据《中华人民共和国食品安全法》第八十四条的有关规定，国家食品药品监督管理总局和国家认证认可监督管理委员会于2016年8月8日组织制定了《食品检验机构资质认定条件》(食药监科〔2016〕106号)，于2016年12月30日国家食品药品监督管理总局组织制定了《总局关于印发食品检验工作规范的通知》(食药监科〔2016〕170号)，取代了原卫生部于2010年3月4日颁布实施了《食品检测机构资质认定条件》和《食品检验工作规范》两项法规(卫监督发〔2010〕29号)。

其中《食品检验机构资质认定条件》共八章、三十一条，规定了检验机构在组织、管理体系、检验能力、人员、环境和设施、设备和标准物质等方面应当达到的要求。其重点在于检验机构应当符合相关法律法规和本认定条件的要求，按照食品检验工作规范开展食品检验活动，并保证检验活动的独立、科学、诚信和公正。资质认定部门在实施食品检验机构资质认定评审时，应当将《资质认定条件》作为食品检验机构资质认定评审的补充要求，与国家认监委制定印发的《检验检测机构资质认定评审准则》结合使用。新《食品检验工作规范》共七章，四十三条，充分借鉴了原卫生部2010版的《食品检验工作规范》。在原来的基础上，根据当前食品安全监管需求和食品检验工作发展状况做了针对性的调整、修改和补充，尤其是对检验机构的诚信要求、社会责任、检验过程控制、质量管理以及检验记录信息完整可追溯等方面的要求做了进一步的强调和细化。针对食品检验工作的关键环节，规定了总则、抽(采)样和样品的管理、检验、结果报告、质量管理、监督管理、附则等方面的内容，强化了检验机构的主体责任和法律社会责任，突出了质量管理和质量控制要求，规范检验机构检验行为，树立诚信检验理念，提高检验能力。

国家质量监督检验检疫总局于2010年11月1日起施行《食品检验机构资质认定管理办法》(国家质量监督检验检疫总局令第131号)。该办法分为六章，四十三条。主要规定了食品检验机构资质认定条件与程序、技术评审工作如何开展、如何对食品检验机构进行监督管理以及违规违法情况的处罚等。为了配合《管理办法》的实施，国家认证认可监督管理委员会组织制定了《食品检验机构资质认定评审准则》(国认实〔2010〕49号)，自2010年11月1日起实施。该准则主要对食品检验机构的组织机构、检验能力、工作制度、人员、设施和环境、原始数据报告管理、仪器设备和标准物质等方面进行了细致的规定。随着2015年新的《中华人民共和国食品安全法》的出台，国家质量监督检验检疫总局也对该办法进行了修订，即《国家质量监督检验检疫总局关于修改的决定》(国家质量监督检验检疫总局令2015年第165号)，对食品检验机构资质认定主管部门、技术评审时间期限、处罚依据等条目进行了修订，于2015年10月1日起实施。同时，国家认证认可监督管理委员会颁布了配套的《关于实施食品检验机构资质认定工作的通知》(国认实〔2015〕63号)，但是，2020年7月13日，国家市场监督管理总局发布了第29号令《国家市场监督管理总局关于废止部分规章的决定》，废止了《食品检验机构资质认定管理办法》，该管理办法从2020年7月16日起，将不再作为食品检验机构资质认定的法规依据。这是由于该管理办法中规定的内容在《检验检测机构资质认定管理办法》(国家质监总局令第163号)、《检验检测机构资质认定能力评价 检验检测机构通用要求》(RB/T 214—2017)中都有相关的体现。同时，原已取得食品检验机构资质认定证书(CMAF)的检验检测机构，食品检验机构资质认定证书到期后，不再延续。资质认定部门可根据机构具体情况，采用书面或者现场审查的方式，将原有的食品检验检测能力纳入其检验检测机构资质认定(CMA)范围。

思考题

1.《中华人民共和国食品安全法》的基本内容是什么？

2.《中华人民共和国食品安全法》的立法背景和意义是什么？

3.《中华人民共和国产品质量法》的基本内容是什么？

4.《中华人民共和国消费者权益保护法》规定消费者的权利有哪些？

5.我国食品市场准入制度的主要内容是什么？实施食品市场准入制度有何意义？

6.食品违法可以分为哪几类？不同违法的处理程序是什么？

参考文献

[1] 中华人民共和国食品安全法. http://www.gov.cn/zhengce/2015-04/25/content_2853643.htm.

[2] 王东海.史上最严，打响“舌尖安全”保卫战——新修订《食品安全法》深度解读.中国食品药品监管，2015(5):12-17.

[3]《食品安全法》违法案例-1. http://www.zhuzhouwang.com/2014/0314/269706.shtml.

[4] 中华人民共和国产品质量法. http://www.aqsiq.gov.cn/xxgk_13386/jgfl/zfdcs/zcfg/201210/t20121017_265702.htm.

[5] 中华人民共和国标准化法. http://www.miit.gov.cn/n11293472/n11293832/n11294042/n11302330/11641871.html.

[6] 中华人民共和国商标法. http://www.lawtime.cn/faguizt/39.html.

[7] 中华人民共和国计量法. http://www.npc.gov.cn/wxzl/gongbao/2014-03/21/content_1867685.htm.

[8] 中华人民共和国反不正当竞争法. http://www.gov.cn/banshi/2005-08/31/content_68766.htm.

[9] 中华人民共和国专利法. http://www.gov.cn/flfg/2008-12/28/content_

1189755. htm.

［10］中华人民共和国技术合同法. http://www. gov. cn/banshi/2005-07/11/content_13695. htm.

［11］中华人民共和国消费者权益保护法. http://www. npc. gov. cn/npc/xinwen/2013-10/26/content_1811773. htm.

［12］中华人民共和国进出口商品检验法. http://www. gov. cn/banshi/2005-08/31/content_143975. htm.

［13］中华人民共和国进出境动植物检疫法. http://www. gov. cn/ziliao/flfg/2005-08/05/content_20917. htm.

［14］中华人民共和国国境卫生检疫法. http://www. gov. cn/banshi/2005-08/01/content_18901. htm.

［15］食品生产许可管理办法. http://www. gov. cn/gongbao/content/2020/content_5509732. htm.

［16］食品经营许可管理办法. http://www. gov. cn/gongbao/content/2015/content_2978272. htm.

［17］中华人民共和国卫生部. GB 7718—2011　食品安全国家标准　预包装食品标签通则.

［18］中华人民共和国卫生部. GB 28050—2011　食品安全国家标准　预包装食品营养标签通则.

［19］中华人民共和国国家卫生和计划生育委员会. GB 13432—2013　食品安全国家标准　预包装特殊膳食用食品标签.

［20］中华人民共和国国家卫生和计划生育委员会. GB 2760—2014　食品安全国家标准　食品添加剂使用标准.

［21］新食品原料安全性审查管理办法. http://www. gov. cn/gongbao/content/2013/content_2501883. htm.

［22］保健食品注册与备案管理办法. http://www. gov. cn/gongbao/content/2016/content_5074083. htm.

［23］无公害农产品管理办法. http://www. gov. cn/gongbao/content/2003/content_62589. htm.

［24］绿色食品标志管理办法. http://www. gov. cn/gongbao/content/2012/content_2256580. htm.

［25］有机产品认证管理办法. http://www. gov. cn/gongbao/content/2014/content_2574743. htm.

［26］检验检测机构资质认定管理办法. http://www. gov. cn/gongbao/content/2015/content_2878230. htm.

［27］食品检验机构资质认定条件. http://www. gov. cn/gongbao/content/2017/content_5191712. htm.

第 4 章

国际与部分国家的食品安全管理机构和法律法规

本章学习目的与要求

1. 了解国际与部分国家食品法律法规的基本内容与要求。
2. 熟悉国际食品标准组织的结构、业务内容及作用。
3. 了解发达国家的食品法律法规体系。

4.1 国际食品法律法规概述

随着经济的发展和科学技术的不断进步，人们对食品的关注不再停留在满足温饱的层面，而是深入到食品安全和营养的领域。食品原料从农田到餐桌，历经采收、加工、贮藏、销售和消费等多个流程，在这过程中食品卫生与安全问题便成为应及时解决的重要问题之一。

世界各国都在关注食品卫生与安全问题，政府在努力倡导并督促企业加强自身管理建设，生产出更多优质健康食品的同时，也制定了相关政策和法律法规，并加强国际合作，不断修正和完善法律法规体系和标准。许多国家已强制性要求食品企业实行良好操作规范(GMP)和危害分析关键控制点(HACCP)，以减少食品加工过程中由不良操作引起的食品安全问题。

为保证食品贸易的公平和安全，1961 年第 11 届联合国粮食及农业组织(FAO)大会和 1963 年第 16 届世界卫生组织(WHO)大会分别通过了创建国际食品法典委员会(CAC)的决议，以保障消费者的健康和确保食品贸易公平，促进国际政府和非政府组织所承担的所有食品标准工作的协调一致。其他为保障食品工业各方面协调健康发展的国际组织还包括：国际标准化组织(ISO)、国际乳品业联合会(IDF)，国际葡萄与葡萄酒局(OIV)以及国际谷物科技协会(ICC)等。

除国际标准之外，各国也都制定了相关的政策、法规来保证食品行业的规范。欧盟于 2000 年 11 月宣布成立欧洲食品署，以保证欧盟有关食品卫生与安全的政策得到贯彻，重建消费者对欧洲食品安全的信心。2001 年，欧盟委员会提出建议对维持了 25 年之久的欧盟食品安全卫生制度进行根本性改革，对原 17 项法令进行合并、简化和协调统一，力求制定一项统一、透明的安全卫生规则，加强对实物从“田间”到“餐桌”的监管。自 2006 年 1 月 1 日起，欧盟有关食品安全的一系列法规全面生效，食品安全的监督管理成了一个统一、透明的整体。

美国在“21 世纪食品工业发展计划”中将食品安全研究放到了首位。美国食品安全监管体系比较全面、系统，整个食品安全监管体系分为联邦、州和地区三个层次。三级监管机构的许多部门都聘用流行病学专家、微生物学家和食品科研专家等人员，采取专业人员进驻食品加工厂、饲养场等方式，从原料采集、生产、流通、销售和售后等各个环节进行全方位监管，构成覆盖全国的立体监管网络。美国商业部、财政部和联邦贸易委员会等不同程度地承担了对食品安全的监管职能。此外，其他部门如疾病控制预防中心(CDC)、国家健康研究所(NIH)、农业研究服务部(ARS)、农业市场服务部、经济研究服务部、监测包装及畜牧管理局、美国法典办公室、国家水产品服务中心等，也负有研究、教育、预防、监测、制定标准、对突发事件做出应急对策等责任。与之相配套的是涵盖食品产业各环节的食品安全法律及产业标准，既有类似《联邦食品、药品和化妆品法》《食品质量保护法》《公共卫生服务法》等这样的综合性法律，也有像《食品添加剂修正案》这样的具体法规。一旦被查出食品有安全问题，食品供应商和销售商将面临严厉的处罚和巨额罚款。

日本保障食品质量安全的法律法规体系由两大基本法和其他相关法律法规组成。《食品安全基本法》和《食品卫生法》是两大基本法律。除上述基本法外，与食品相关的法律法规还包括《转基因食品标识法》《包装容器法》《农药取缔法》《健康增进法》《家禽传染病预防法》《乳及乳制品成分规格省令》《农林物资规格化法(JAS 法)》《新食品标识法》等。日本 2003 年制定的《食品安全基本法》给现行的食品安全法奠定了基础，确立了基本理念、基本原则和基本制度。

它确立了最优先保护国民健康、过程化规制、科学与民意并用的基本理念,确立了法治原则、各负其责原则、公开与参与原则和预防原则等基本原则,引入了风险分析机制,建立了风险评估、风险管理和风险沟通的基本制度框架。2003年5月30日修订并开始实施的《食品卫生法》,是日本控制食品质量安全最重要的法律,适用于国内产品和进口产品。该法规定了食品和食品添加剂的标准和成分规格、容器包装、农药残留标准、食品的标识和广告、进口食品的监控指导计划以及进口食品监督检查等,同时还规定了国内食品生产、加工、流通、销售商的设施监督检查及相关的处罚条例。

2012年6月7日加拿大政府出台了《加拿大食品安全法案》,加强食品安全和食品安全体系现代化,以保证向加拿大人民持续供应健康食品。最新法案整合了现有的4部食品安全法案,包括《水产品检验法案》《加拿大农产品检验法案》《肉品检验法案》和《消费者包装与标识法案》。它将从以下几方面加强监管:建立适用于所有食品的更为一致的食品检验机制;加大对危及消费者健康行为的处罚力度;加强对进出口食品的监管;强化食品追溯能力。最新的食品安全新法案在强化食品安全的同时,还可帮助食品企业更好地理解与遵守食品安全法。该法案还采用强制登记或许可管理方来加强对进口食品商品的控制,禁止不安全食品进口到加拿大国内。

中国国务院在1979年颁布《中华人民共和国食品卫生管理条例》,1982年颁布《中华人民共和国食品卫生法(试行)》,其实施标志着我国公共卫生管理从传统的卫生行政管理开始转向法制管理。1995年颁布《中华人民共和国食品卫生法》。《中华人民共和国食品安全法》自2009年6月1日起施行,使食品安全的法规体系建设得以完善和发展。修订后的《中华人民共和国食品安全法》自2015年10月1日起施行,于2021年4月29日第二次修正,国务院食品安全监督管理部门对食品生产经营活动实施监督管理。

4.2 国际食品标准组织

4.2.1 世界卫生组织(WHO)

4.2.1.1 世界卫生组织概况

世界卫生组织(World Health Organization ,WHO)是联合国系统内卫生问题的指导和协调机构。1946年7月,64个国家的代表在纽约举行了一次国际卫生会议,签署了《世界卫生组织法》,1948年4月7日,该法得到联合国26个会员国批准并生效,每年的4月7日被定为世界卫生日。同年6月24日,WHO在日内瓦召开的第一届世界卫生大会上正式成立,总部设在日内瓦。2014年5月,第67届世界卫生大会通过2014年至2023年传统医学战略,敦促各国政府重视传统医学在医疗保健中的作用,并进一步提高传统医学的规范性与安全性。这项举措将推进中医药发展。目前,该组织有194个正式成员(2015年)。

中国是WHO的创始国之一。1972年第25届世界卫生大会恢复了中国在该组织的合法席位。1978年10月,中国卫生部部长和该组织总干事在北京签署了“卫生技术合作谅解备忘录”,协调双方的技术合作,这是双方友好合作史上的里程碑。2006年11月,在日内瓦举行的世界卫生大会特别会议上,陈冯富珍当选为世界卫生组织总干事。这是中国公民首次提名竞选并成功当选联合国专门机构的最高领导职位。2013年2月26日下午,WHO在华合作中心主任会议在北京召开。

目前，中国的 WHO 合作中心已达 69 个，其数目位居世界卫生组织西太平洋地区国家之首。现有的合作中心分布于我国 14 个省、市、自治区或行政特区，覆盖了医学 12 个学科 30 余个专业。WHO 合作中心作为我国与 WHO 开展卫生技术合作的窗口，在促进国际与国内卫生技术交流、人员培训等方面发挥了积极的辐射和示范作用，现已成为促进我国医学科学现代化，早日实现人人享有卫生保健目标的一支重要力量。

4.2.1.2　世界卫生组织的机构

WHO 的最高权力机构是世界卫生大会，每年 5 月在日内瓦举行一次，主要任务是审议总干事的工作报告、规划预算、接纳新会员国和讨论其他重要议题。执行委员会由世界卫生大会选出的 32 名会员国政府指定的代表组成，任期三年，每年改选 1/3。根据 WHO 的君子协议，联合国安理会 5 个常任理事国是必然的执委成员国，但席位第三年后轮空一年。常设办事机构为秘书处，下设非洲、美洲、欧洲、东地中海、东南亚、西太平洋 6 个地区办事处。总干事是秘书处行政和业务首席官员，经投票选举产生。

执行委员会每年至少举行两次会议，正常情况下主会议在 1 月举行，第 2 次较短的会议在 5 月卫生大会结束即举行。执行委员会的主要职能是行使卫生大会做出的决议和政策，建议并促进其工作。

秘书处由 3 800 个卫生及其他领域的专家，以及一般服务人员等组成，分别在总部和 6 个国家地区办公室工作。秘书处秘书长由执行委员会提名，通过世界卫生大会任命。

WHO 的专业组织有顾问和临时顾问、专家委员会、全球和地区医学研究顾问委员会和合作中心。

4.2.1.3　世界卫生组织的目标和职能

WHO 负责对全球卫生事务提供领导，拟定卫生研究议程，制定规范和标准，阐明以证据为基础的政策方案，向各国提供技术支持，以及监测和评估卫生趋势。该组织关注世界人民健康，给健康下的定义为“身体、精神和社会生活的完美状态”；致力于促进流行病和地方病的防治，提供和改进公共卫生、疾病医疗和有关事项的教学与训练，推动确定生物制品的国际标准。WHO 通过以上核心职能来实现其目标，这些核心职能载于第十一个工作总规划，它为全组织范围工作规划、预算等提供了框架。该规划以“参与卫生工作”为标题，涵盖从 2006—2015 年的 10 年时间。

4.2.1.4　世界卫生组织卫生条例的修订

原条例是由 WHO 于 1951 年制定的，用来帮助监测和控制四种严重传染病——霍乱、鼠疫、黄热病和天花。但目前受人口流动、全球经济发展和环境污染等因素的影响，一些新的和重新出现的疾病以不同以往的方式传播，原条例已不能适应当今全球公共卫生的需要和疾病的跨境传染。1995 年，第 48 届世界卫生大会通过了修订《国际卫生条例》的决议。2003 年的“非典”疫情蔓延更加速了修订的进程，先后于 2004 年 11 月和 2005 年 2 月、5 月，在日内瓦组织召开了条例修订政府间工作组会议，于 2005 年 5 月经磋商达成一致，其中中国政府结合自身的经验，提出了很多建设性的意见并被采纳。此后，《国际卫生条例》修订草案即提交正在召开的第 58 届世界卫生大会，新条例的通过成为世界公共卫生史上的一个里程碑。

《国际卫生条例(2005)》(*International Health Regulations*)(以下简称《条例》)是一部具

有普遍约束力的国际卫生法，我国是《条例》的缔约国。《条例》要求各缔约国应当发展、加强和保持其快速有效应对国际关注的突发公共卫生事件的应急核心能力。目前，我国公共卫生应急核心能力已达到《条例》的标准。

自《条例》生效以来，世界卫生组织194个会员国几乎已全部建立了其国家《条例》归口单位，并作了179项任命。世界卫生组织经常收到卫生事件警报，与通报国一起进行联合风险评估并与其他会员国分享实时信息。中国与世界卫生组织和其他成员国就《条例》实施的相关问题开展交流与合作，提高了《条例》的实施能力。

4.2.2 联合国粮食及农业组织(FAO)

4.2.2.1 联合国粮食及农业组织概况

联合国粮食及农业组织(Food and Agriculture Organization of the United Nations, FAO)简称“粮农组织”，是联合国专门机构之一，是各成员国间讨论粮食和农业问题的国际组织。1943年5月，在美国总统F.D.罗斯福的倡议下，44个国家参加了粮农会议，决定成立粮农组织筹委会，拟订粮农组织章程。1945年10月16日FAO在加拿大魁北克正式成立，1946年12月14日粮农组织成为联合国专门机构，总部设在意大利罗马。FAO的宗旨是提高各成员国人民的营养和生活水平，实现农、林、渔业一切粮食和农业产品生产和分配效率的改进，改善农村人口的生活状况，从而为发展世界经济做出贡献。从创建之初，FAO便致力于通过发展农业生产来减少饥饿，改善食品营养状况，杜绝食品安全问题引起的人类疾病。2014年3月11日，联合国粮食及农业组织表示，在21世纪中期之前全球粮食必须增产60%，否则将面临严重的粮食短缺，从而引发社会动荡及内战。

我国于1971年被FAO理事国第57届会议接纳作为正式会员参加该组织。FAO在亚太、西非、东非和拉美设有区域办事处，在欧洲设有区域代表，另外在联合国纽约总部和华盛顿特区设有联络办事处。

4.2.2.2 联合国粮食及农业组织工作内容

FAO的工作涉及很多领域，有土地和水资源的开发，森林工业，渔业，经济和社会政策，投资，种植业与畜牧业的生产以及营养，食物标准等。在这些领域，它应成员国要求提供直接的发展援助或与其他单位合作对发展中国家提供“发展援助”；收集、分析并传播信息，为各国政府提出建议；并为各阶层人士辩论和讨论食物和农业问题提供了一个国际论坛。此外，FAO还出版经济和科技方面的刊物。1963年，为了以粮食为手段促进经济和社会发展以及提供紧急救济，FAO的活动进一步扩展，联合国和FAO合办的世界粮食计划署正式开始工作。世界粮食计划署一方面为天灾人祸的受害者提供紧急救济，另一方面为发展中国家的经济和社会发展项目提供支持。随着自然资源的不断消耗和环境恶化现象的不断加剧，社会各界都在重视可持续发展，FAO也将近期工作重点转移到了可持续发展上，合理利用自然资源，保护生态环境，在不损害后代人利益的前提下满足当代人的需求。

FAO还负责实施联合国开发计划署资助的各项农业技术援助计划，参与联合国儿童基金会、世界银行、国际劳工组织以及其他机构有关粮农计划的实际活动，指导世界范围内民众免于饥饿，并通过对国际农产品市场形势的分析和质量预测组织政府间协商，推进农产品的国际贸易。

FAO 的出版物有《粮农状况》(*State of Food and Agriculture*)年度报告,《谷物女神》(*Ceres*)双月刊。其中《粮农状况》被 FAO 理事会作为向成员国提出建议的依据。

4.2.2.3　联合国粮食及农业组织的组织机构

大会是该组织最高权力机构,由各成员国委派 1 名代表组成,每 2 年举行一次会议,大会负责决定该组织的政策,批准预算和工作计划,通过行动规章和财务制度。

理事会是大会的执行机构,在大会休会期间执行大会所赋予的权力。理事会下设计划和财政、农业、林业、渔业、商品问题及世界粮食安全委员会,协助理事会研究和审查各种专门问题,并提出相应的建议。

秘书处是大会和理事会的执行机构,负责执行大会和理事会有关决议及处理日常工作。

4.2.3　国际食品法典委员会(CAC)

4.2.3.1　国际食品法典委员会概况

为了在国际食品和农产品贸易中给消费者提供更高水平的保护,促进更公平的贸易活动,FAO 和 WHO 在联合食品标准计划下创建了食品法典委员会(Codex Alimentarius Commission,CAC)。作为一个制定食品标准、准则和操作规范等相关文件的国际性机构,其宗旨是保护消费者健康和便利食品国际贸易,通过制定推荐的食品标准及食品加工规范,协调各国的食品标准立法并指导其建立食品安全体系。

自 1961 年第 11 届 FAO 大会和 1963 年第 16 届世界卫生大会分别通过了创建 CAC 的决议以来,已有 187 个成员国和 1 个成员国组织(欧盟)加入该组织,覆盖全球 99%的人口。我国于 1984 年正式加入 CAC,成为 CAC 的正式成员;1986 年成立了中国食品法典委员会,由与食品安全相关的多个部门组成。

CAC 为成员国和国际机构提供了一个交流食品安全和贸易问题信息的论坛,通过制定、建立具有科学基础的食品标准、准则、操作规范和其他相关建议,以促进消费者保护和食品贸易。其主要职能为:

①保护消费者健康和确保公平的食品贸易。

②促进国际政府和非政府组织所承担的所有食品标准工作的协调一致。

③通过或借助于适当的组织确定优先重点以及开始或指导草案标准的制定工作。

④批准由以上第③条已制定的标准,并与其他机构(以上第③条)已批准的国际标准一起,在由成员国政府接受后,作为世界或区域标准予以发布。

⑤根据制定情况,在适当审查后修订已发布的标准。

4.2.3.2　国际食品法典委员会组织机构

CAC 的组织机构包括全体成员国大会(含常设秘书处)、执行委员会和附属技术机构(各类分委员会)。

(1)全体成员国大会　CAC 主要的决策机构是每 2 年 1 次在罗马和日内瓦轮流召开的全体成员国大会,审议并通过国际食品法典标准和其他相关事项。委员会的日常工作由在罗马粮农组织总部的一个由 6 名专业人员和 7 名支持人员组成的常设秘书处来承担。

(2)执行委员会　在 CAC 全体成员国大会休会期间,执行委员会代表委员会开展工作行使职权。执行委员会由主席和副主席连同委员会选出的 7 名来自非洲、亚洲、欧洲、拉丁美洲和加勒比、近东、北美洲和西南太平洋的成员组成。

(3)附属技术机构　CAC的附属技术机构是制定CAC国际标准的实体机构。这些附属机构分成综合主题委员会(10个)、商品委员会(11个)、区域协调委员会(6个)和政府间特设工作组(1个)四类。每个委员会由CAC会议选定一个成员国主持。食品法典委员会的章程中明确提出了其目的、责任规范、目标和议事规则。

综合主题委员会负责拟订有关适用于所有食品的食品安全和消费者健康保护通用原则的标准。商品委员会(纵向)负责拟定有关特定商品的标准。区域协调委员会负责处理区域性事务。此外,委员会成立政府间特设工作组(而非食品法典的委员会),以作为一种精简委员会组织结构的手段,并借此提高附属机构的运行效率。具体委员会如图4-1所示。

CAC的分委员会和特别工作组负责草拟提交给委员会的标准,无论其是拟作全球使用的还是供特定区域或国家使用的。在食品法典内,对标准草案及相关文件的解释工作由附属技术机构承担。CAC的组织机构被假定为互相联系的,每个成员国内部有相应的行政管理结构。

CAC与成员国主要机构的接触渠道就是各国家的法典联络处。根据法典程序手册,法典联络处的核心职能是充当CAC秘书处与成员国之间的联系纽带,并协调国家一级与食品法典有关的所有活动。

此外,FAO和WHO共同资助和管理两个专家委员会——FAO/WHO食品添加剂和污染物联合专家委员会(JECFA)及农药残留联合会议(JMPR),二者均为制定食品法典标准所需的信息提供独立的专家科学建议。

4.2.3.3　国际食品法典

国际食品法典是全球消费者、食品生产和加工者、各国食品管理机构和国际食品贸易重要的基本参照标准。

制定国际食品法典要求遵循以下原则。

①保护消费者健康。

②促进公平的国际食品贸易。

③以科学危险性评价(定性与定量)为基础:JECFA,JMPR,微生物危险性评价专家咨询会议。

④考虑其他合理因素:经济、不同地区和国家的情况等。

标准体系内容结构有下列要素架构:横向的通用标准由一般专题分委员会制定,包括食品卫生(包括卫生操作规范)、食品添加剂、农药残留、污染物、标签及其说明以及分析和取样方法等方面的规定;纵向的产品标准由商品委员会制定,涉及水果、蔬菜、肉和肉制品、鱼和鱼制品、谷物及其制品、豆类及其制品、植物蛋白、油脂及其制品、婴儿配方食品、糖、可可制品、巧克力、果汁及瓶装水、食用冰等14类产品。

自从1961年开始制定国际食品法典以来,负责这一工作的CAC在食品质量和安全方面的工作也得到了世界的重视,并且在保护消费者健康和维护公平食品贸易有关的工作中做出了突出的贡献。国际社会对食品安全认识的提高使得国际食品法典成为唯一的参考标准。它还促进国际社会和各国政府对食品安全的认同并大大加强了对消费者的保护。

图 4-1　国际食品法典委员会的机构

4.2.4 世界动物卫生组织(OIE)

世界动物卫生组织(法语:Office international des épizooties,OIE;英语:World Organization for Animal Health),也称“国际兽疫局”,是1924年1月25日建立的一个国际组织。2018年5月,OIE有182个成员,总部在法国巴黎。世界动物卫生组织作为动物卫生的国际组织,在国际动物法规和标准的制定中发挥着重要的作用,对全球的动物卫生工作具有权威性的指导作用。

OIE所宣称的使命是:

①全球动物疫情的透明化。这是OIE的首要任务。成员国在发生动物疫情时必须向OIE进行通报,OIE根据疫病危害程度紧急或者定期通过OIE网站、E-mail和出版《疫情信息》(*Disease Information*)、《世界动物卫生状况》(*World Animal Health*)刊物等途径将这些信息转发给其他成员国,以便及时采取必要的预防措施。

②收集、分析和传播兽医科技信息。OIE收集和分析动物疫病控制的最新科技信息,然后将整理的有用信息通报给各成员,以帮助他们提高控制和根除疫病技术的能力。这些指导性原则由全世界的OIE协作中心和参考实验室网络来制定。兽医科技信息也通过OIE出版的各种著作和刊物发布,最著名的是《科学技术评论》(*Scientific and Technical Review*)。

③为动物疫病控制提供专家意见和鼓励国际协作。OIE向在控制和根除动物疫病(包括人兽共患病)方面需要帮助的成员国提供技术支持,尤其是向贫穷的国家提供专家意见,以帮助控制那些影响畜牧业发展和人类健康,以及威胁其他国家的动物疫病。OIE已经与许多国际性地区和国家金融组织建立了永久性联系,以保证他们能够更多地为控制动物疫病和人兽共患病提供资金支持。

④制定动物和动物产品国际贸易的卫生规则,保证国际贸易的卫生安全。OIE制定一系列国际标准化准则,包括《陆生动物卫生法典》(*Terrestrial Animal Health Code*)、《陆生动物诊断试验和疫苗手册》(*Manual of Diagnostic Tests and Vaccines for Terrestrial Animals*)、《水生动物卫生法典》(*Aquatic Animal Health Code*)和《水生动物诊断试验手册》(*Manual of Diagnostic Tests for Aquatic Animals*)等。通过应用这些准则,成员国既可以避免外来疫病和病原的侵入,又不需要设置不公正的技术壁垒。

⑤提供动物源食品更好的安全保障和通过科学的途径促进动物福利。OIE成员国决定通过建立OIE和国际食品法典委员会(CAC)的进一步协作以更好地保障动物源食品的安全。OIE在本领域内制定的标准着重在对动物屠宰前或者动物产品的初加工过程中(肉、奶、蛋等)可能对消费者有威胁的潜在危害进行消除。

二维码4-1 世界动物卫生组织——为全球动物健康及动物源食品安全提供有力保障

OIE自成立起,就作为唯一的国际动物卫生参考组织发挥了重要的作用,得到了国际的认可,并通过与所有成员国兽医机构的直接合作得到长足的发展。作为动物卫生和动物福利之间紧密联系的一种标志,应各成员国的要求,OIE已成为动物福利的最主要的国际组织。基于上述发展目标,OIE得到了各成员国和许多相关的国际和区域性组织的认可,从而也使自身获得了发展,成为动物和动物产品国际贸易中举足轻重的一个国际性组织。

4.2.5　国际植物保护公约(IPPC)

4.2.5.1　国际植物保护公约概况

国际植物保护公约(International Plant Protection Convention,IPPC)是一个由 FAO 倡导的多边条约,由设在 FAO 植保处的 IPPC 秘书处管理。IPPC 的签约国家有 177 个(截至 2016 年 7 月 5 日),签署目的是防止由植物和植物产品导致的害虫的引进和传播,以及促进各签约国采取相应的控制措施。IPPC 得到了世界贸易组织的动植物卫生和检疫措施协议(WTO/SPS)的认可,IPPC 制定的植物检疫措施的国际标准影响着国际贸易。

4.2.5.2　IPPC 秘书处的职责和任务

最初,IPPC 由 FAO 的植保处管理,主要通过 FAO 的植保处与各地区和各国家的植保组织合作。1992 年,FAO 考虑到其标准制定与 WTO/SPS 协议的关系,建立了 IPPC 秘书处,秘书处的职责是在 IPPC 的框架指导下,在全球范围内协调植物检疫措施。IPPC 秘书处的人员包括秘书、协调人员、植物检疫官员、植物病理学家和信息官员。秘书处的主要活动有:

①植物检疫措施国际标准的建立。

②规范 IPPC 要求的信息,简化签约国之间信息的交换。

③通过 FAO 与各国政府及其他组织的合作为各国提供技术援助。

4.2.5.3　植物检疫措施专家委员会、植物检疫措施过渡委员会及临时标准委员会成立的背景及其职能

1993 年,FAO 成立了植物检疫措施专家委员会(CEPM),并采用了过渡标准制定程序。1997 年 11 月,FAO 大会通过了新修订的国际植物保护公约,提出建立植物检疫措施委员会,作为制定全球植物检疫协议的管理机构。据此,FAO 组建了植物检疫措施过渡委员会(ICPM),其职责是评价世界范围内植物保护的状况,为 IPPC 秘书处的工作计划提供指导并批准发布国际标准。ICPM 每年召开 1 次会议,确定优先制定的标准,并与 IPPC 秘书处合作协调植物检疫措施,或召集有关标准制修订特别会议。

1999 年,ICPM 采用了新的标准制定程序;2000 年,临时标准委员会(ISC)代替了植物检疫措施专家委员会(CEPM)。ISC 由世界范围的植物检疫措施专家组成,每年要对秘书处所准备的文件的适用性和科学性进行评价和检查。截至 2011 年 12 月 30 日,国际植保公约已经制定发布的国际植物检疫措施标准共 34 项,主要包括以下内容:规程和参考资料,有害生物监督、调查和监测,进口管制和有害生物风险分析,遵守程序和植物检疫检测方法,有害生物管理,入境后检疫,外来有害生物应急响应、防控以及根除,出口检疫证书等。

与植物检疫措施国际标准制定有关的植物保护组织包括国家级植物保护组织(NPPOs)和区域性植物保护组织(RPPOs)。IPPC 规定每个签约国都应指定一个官方联络点,以便于 IPPC 相关信息的交流。各签约国的国家级植物保护组织可以作为本国的官方联络点。区域性的植物保护组织有 9 个,分别是亚太植物保护委员会(APPPC)、加勒比海植物保护委员会(CPPC)、欧洲和地中海植物保护组织(EPPO)、南美锥形区域植物保护委员会(COSAVE)、中南美植保委员会(又称协定委员会,CA)、泛非植物检疫委员会(IAPSC)、北美植物保护组织(NAPPO)、国际区域农业卫生组织(OIRSA)和太平洋植物保护组织(PPPO)。中国是亚太植物保护委员会成员之一。

4.2.5.4 植物检疫措施国际标准制定的程序

植物检疫措施国际标准制定的程序如下：

①由国家植物保护组织或区域性植物保护组织或IPPC专家工作组向IPPC秘书处提出标准的第一草案。

②秘书处将标准草案提交给临时标准委员会(ISC)。

③ISC对标准的适用性和科学性进行评价和检查后反馈给IPPC秘书处。

④IPPC秘书处就标准进行政府咨询。

⑤IPPC秘书处将咨询结果再次提交ISC。

⑥ISC充分考虑政府咨询结果，对标准草案进行修改并反馈给IPPC秘书处。

⑦由IPPC将修改后的标准提交给植物检疫措施过渡委员会(ICPM)，并形成标准，分发给IPPC的各签约国。

截止到2012年年底，ICPM已经发布的植物检疫措施国际标准(ISPMs)有36项，其中2012年5月到2012年12月新制定或修订10项。这些植物检疫措施的国际标准多数是基础性、管理性标准。

4.2.6 国际标准化组织(ISO)

4.2.6.1 国际标准化组织概况

国际标准化组织(International Organization for Standardization)简称ISO，是一个全球性的非政府组织，在国际标准化领域中有十分重要的地位。它是世界上最大、最具权威性的标准化机构。“ISO”并不是其全称首字母的缩写，而是一个词，它来源于希腊语，意为“相等”，从“相等”到“标准”，内涵上的联系使“ISO”成为组织的名称。截至目前，ISO共有165个成员。

国际标准化活动最早开始于电子领域，于1906年成立了世界上最早的国际标准化机构——国际电工委员会(IEC)。其他技术领域的工作由成立于1926年的国家标准化协会的国际联盟(International Federation of the National Standardizing Associations, ISA)承担，重点在于机械工程方面。由于第二次世界大战，ISA的工作在1942年终止。1946年，来自中国、澳大利亚、加拿大、法国等25个国家的64位代表在伦敦召开会议，决定成立一个新的国际标准化机构，以促进国际的合作和工业标准的统一。ISO章程于1947年2月23日得到15个国家标准化机构的认可，国际标准化组织宣告正式成立。美国的Howard Coonley先生当选为ISO第一任主席，任期从1947年到1949年。其总部设在瑞士的日内瓦，工作语言为英文、法文和俄文。

ISO的宗旨是在全世界范围内促进标准化工作的开展，以利于国际物资交流和相互服务，并扩大知识、科学、技术和经济方面的合作。它的工作领域很宽，涉及除电工电子以外其他所有学科，其活动主要是制定国际标准，协调世界范围内的标准化工作，组织各成员国和技术委员会进行情报交流，以及与其他国际性组织进行合作，共同研究有关标准化问题。各个国家的标准化组织可以以正式成员(P成员)或通信成员(O成员)的名义参加该国际组织。我国于1978年9月以中国标准化协会名义参加了ISO，成为正式成员，1985年起改以中国国家标准局名义参加。我国连续三次被选为理事会成员，在ISO组织工作中发挥着重要作用。在2008年10月的第31届国际标准化组织大会上，中国正式成为ISO的常任理事国。

ISO 是联合国经济和社会理事会的甲级咨询组织和贸易和发展理事会综合级(即最高级)咨询组织。此外,ISO 还与联合国的许多组织,如国际劳工组织、教科文组织、粮农组织、国际民用航空组织等保持密切联系。根据 ISO 章程规定,为扩大国际的经济技术合作,增进相互了解,消除彼此间的技术壁垒,ISO 还与 600 多个国际性和区域性组织就标准化问题进行合作。

4.2.6.2　国际标准化组织的组织机构

国际标准化组织的组织机构包括全体成员大会、政策制定委员会、理事会、中央秘书处、理事会常务委员会、特别顾问咨询组、技术管理局(包括标准样品委员会、技术咨询组、技术委员会等),如图 4-2 所示。

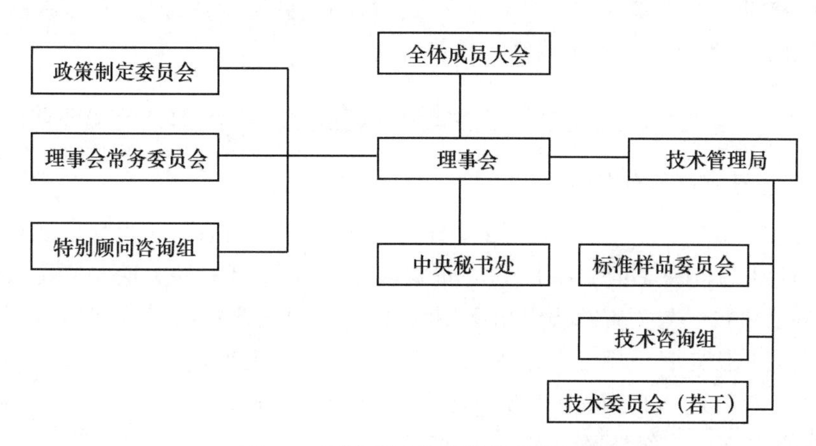

图 4-2　国际标准化组织的组织机构

ISO 的最高权力机构是全体成员大会,它由官员和各成员团体指定的代表组成,其官员由主席、副主席(政策)、副主席(技术)、司库、秘书长组成。它一般每年 9 月举行 1 次,其议事日程包括 ISO 年度报告、ISO 有关财政和战略规划及司库关于中央秘书处的财政状况报告。全体大会由主席主持。

理事会由主席、副主席、秘书长、司库及 18 个理事国组成,每年召开 1 次,理事会成员的任期为 3 年,每年改选 1/3。英、法、德、美、中、日为常任理事国。在 18 个理事国中,发展中国家不少于 6 个。理事会下设政策制定委员会、理事会常务委员会、技术管理局、特别顾问咨询组以及若干专门委员会,具体介绍如下。

(1)政策制定委员会(PDC)　包括以下 4 个。

①合格评定委员会(CASCO)。成立于 1970 年,原称认证委员会(CERTICO)。主要任务是研究关于产品、过程、质量、加工工序、技术服务、质量体系的评定,以及对试验室、检查机构和认证团体的认定和认可,制定指导性文件,促进双边、多边以及国际认证活动的开展。

②消费者政策委员会(COPOLCO)。成立于 1978 年,主要任务是研究协助消费者获得标准化效益,参加标准化活动,反映消费者需要,保护消费者利益。

③发展中国家事务委员会(DEVCO)。成立于 1961 年,主要任务是研究协助发展中国家开展标准化活动和组织经验交流。

④情报服务委员会(INFCO)。下设一个情报网(ISONET),它的工作主要是组织标准化情报交流和人员培训,并就标准和技术法规的收存、检索、应用及传播和推动科技交流向理事

会提出建议。

(2)理事会常务委员会　负责处理理事会交办的日常工作，一般由副主席兼任该委员会主席。

(3)中央秘书处　负责ISO的日常行政事务，负责ISO技术工作的计划、协调，出版ISO标准及其他出版物，指导各技术组织的工作，代表ISO与其他国际机构联系。

(4)技术管理局　包括标准样品委员会(REMCO)、技术咨询组和各技术委员会，由9名成员国个人代表组成。主要任务是对技术工作的组织协调和规划计划，向理事会提出建议建立或解散技术委员会等；审查技术工作新领域和ISO技术工作导则，并按理事会决议处理有关技术事务。它的工作高度分散，由2 700多个技术委员会(TC)、分技术委员会(SC)和工作组(WG)承担。根据工作需要可设立技术咨询组(TAG)，就基础性工作、专业协调、综合计划以及提出新工作领域等问题向技术管理局提供咨询。

4.2.7　世界贸易组织、卫生与植物卫生措施实施协定(SPS)和技术性贸易壁垒协定(TBT)

4.2.7.1　世界贸易组织概况

世界贸易组织(WTO)于1995年1月1日正式开始运作，负责管理世界经济和贸易秩序，总部设在瑞士日内瓦。1996年1月1日，它正式取代1947年订立的关税及贸易总协定(简称关贸总协定)临时机构。与关贸总协定相比，世界贸易组织涵盖货物贸易、服务贸易以及知识产权贸易，而关贸总协定只适用于商品货物贸易。世界贸易组织是当代最重要的国际经济组织之一，截至2020年3月，官网显示世界贸易组织有164个成员、24个观察成员，成员国贸易总额达到全球的97%，有“经济联合国”之称。

WTO的宗旨是：提高生活水平，保证充分就业及大幅度、稳步提高实际收入和有效需求；扩大货物和服务的生产与贸易；坚持走可持续发展之路，各成员方应促进对世界资源的最优利用、保护和维护环境，并以符合不同经济发展水平下各成员需要的方式，加强采取各种相应的措施；积极努力确保发展中国家，尤其是最不发达国家在国际贸易增长中获得与其经济发展水平相适应的份额和利益。

WTO的基本职能有：管理和执行共同构成世贸组织的多边及诸边贸易协定；作为多边贸易谈判的讲坛；寻求解决贸易争端；监督各成员贸易政策，并与其他和制定全球经济政策有关的国际机构进行合作。WTO的目标是建立一个完整的、更具有活力的和永久性的多边贸易体制。与关贸总协定相比，WTO管辖的范围除传统的和乌拉圭回合确定的货物贸易外，还包括长期游离于关贸总协定外的知识产权、投资措施和非货物贸易(服务贸易)等领域。

WTO是一个独立于联合国的、具有法人地位的永久性国际组织，在调解成员争端方面具有更高的权威性。

4.2.7.2　世界贸易组织与食品卫生安全工作

当今世界，食品安全已成为人们日益关注的问题。为维护全世界人民的利益，WTO对食品安全提出了几点建议及策略：

①把食品安全作为公共卫生的基本职能之一，并提供足够的资源以建立和加强其食品安全规划。

②制定和实施系统的和持久的预防措施，以显著减少食源性疾病的发生。

③建立和维护国家或区域水平的食源性疾病调查以及食品中有关微生物和化学物的监测和控制手段，强化食品加工者、生产者和销售者在食品安全方面应负的责任；应提高实验室能力，尤其是在发展中国家。

④为防止微生物抗药性的发展，应将综合措施纳入食品安全策略。

⑤支持食品危险因素评估科学的发展，其中包括与食源性疾病相关危险因素的分析。

⑥把食品安全问题纳入消费者卫生和营养教育与资讯网络，尤其是引入小学和中学的课程中，并开展针对食品操作人员、消费者、农场主及农产品加工人员进行的符合文化特点的卫生和营养教育。

⑦从消费者角度建立包括个体从业人员（尤其是在城市食品市场）在内的食品安全改善规划，并通过与食品企业合作，探索提高他们对良好生产规范的认识方法。

⑧协调国家级食品安全相关部门进行的食品安全活动，尤其是与食源性疾病危险性评估相关的活动。

⑨积极参与 CAC 及其工作委员会的工作，包括对新出现的食品安全风险的分析活动。

另外，各国还应加强食源性疾病的监测系统建设，加强危险性评价，发展对新技术食品安全性评价的方法，增强 WHO 在 CAC 中科学性和公共健康方面的作用，加强危险性交流和提倡食品安全，加强国际和国内的有效合作，加强能力建设。

4.2.7.3 卫生与植物卫生措施实施协定(SPS 协定)

为了保护人类、动物和植物的生命和健康，并使贸易的负面影响尽可能降到最小，WTO 各成员方达成了《卫生与植物卫生措施实施协定》（简称《SPS 协定》）。《SPS 协定》指出，保护食品安全、防止动植物病害传入本国是必要的，因此各国有权制定或采取一定措施以保护本国的消费者、动物及植物，但这些措施绝不能人为地或不公正地对各国商品贸易存在不平等待遇，或超过保护消费者要求的更严格的标准，造成潜在的贸易限制。为此《SPS 协定》要求各国的检疫措施应遵守科学原则、国际标准化原则、等效原则、区域化原则、透明度原则及预防原则等，以对某一特定措施究竟是一项限制贸易的措施还是一项保护健康的措施予以公正、客观的判断，解决出口方进入市场的权利和进口方维持特定的健康和安全的权利之间发生的冲突，使《SPS 协定》对国际贸易的限制降到最小。

1.《SPS 协定》的适用范围

《SPS 协定》适用于所有可能直接或间接影响国际贸易的卫生与植物卫生措施，这些措施包括下列 5 个方面内容：

①保护成员方人的生命免受食品和饮料中的添加剂、污染物、毒素以及外来动植物病虫害传入危害的措施。

②保护成员方动物的生命免受饲料中的添加剂、污染物、毒素以及外来病虫害传入危害的措施。

③保护成员方植物的生命免受外来病虫害传入危害的措施。

④防止外来病虫害传入成员方造成危害的措施。

⑤与上述措施有关的所有法律、法规、要求和程序，特别包括：最终产品标准，工序和生产方法，检测、检验、出证和审批批准程序，各种检疫处理，有关统计方法、抽样程序风险评估方法的规定，以及与食品安全直接有关的包装和标签要求。

就适用范围而言,《SPS 协定》涉及动物卫生、植物卫生和食品安全三个领域的工作。

2.《SPS 协定》的主要内容

各成员在制定 SPS 措施时,要考虑有科学依据,要采用风险评估技术,要接受病虫害非疫区和低度流行区概念,要制定适当的保护水平等。《SPS 协定》制定的思路是,通过制定 SPS 措施应遵循的基本原则,规范各成员执行 SPS 措施的行为,达到既保护人类、动物和植物的健康,又促进国际贸易发展的目的。

(1)科学依据　各成员应确保任何卫生与植物卫生措施的实施都以科学原理为依据,没有充分科学依据的卫生与植物卫生措施则不再实施。在科学依据不充分的情况下,可临时采取某种 SPS 措施,但应在合理的期限内做出评价。科学依据包括有害生物的非疫区,有害生物的风险分析(PRA),检验、抽样和测试方法,有关工序和生产方法,有关生态和环境条件,有害生物传入、定居或传播条件等。

(2)国际标准　指三大国际组织制定的国际标准、准则和建议。即国际食品法典委员会(CAC)——食品安全(食品添加剂、兽药和杀虫剂残留、污染物等),世界动物卫生组织(OIE)——动物健康,国际植物保护公约(IPPC)——植物保护;强调各成员的卫生与植物卫生措施应以国际标准、准则和建议为依据;符合国际标准、准则和建议的 SPS 措施视为是保护人类、动物和植物的生命和健康所必需的措施;可以实施和维持比现有国际标准、准则和建议高的标准,但需要有科学依据。实施没有国际标准、准则和建议的 SPS 措施时,或实施的 SPS 措施与国际标准、准则和建议的内容实质上不一致时,如限制或潜在地限制了出口国的产品进口,进口国则要向出口国做出理由解释,并及早发出通知;鼓励各成员特别是发展中国家成员积极参与 CAC 等国际组织的活动,以促进这些组织制定和定期审议有关的 SPS 标准、指南和建议。

(3)等同对待　如果出口成员对出口产品所采取的 SPS 措施,客观上达到了进口成员适当的卫生与植物卫生保护水平,进口成员就应当接受这种 SPS 措施,哪怕这种措施不同于自己所采取的措施,或不同于从事同一产品贸易的其他成员所采用的措施;可根据等同性的原则进行成员间的磋商并达成双边和多边协议。

(4)风险分析　有害生物风险分析(PRA)是进口成员的相关专家在进口前对进口产品可能带来的有害生物的定居、传播、危害和经济影响做出的科学理论报告。该报告将是一个成员决定是否进口某产品的科学基础,或叫决策依据。PRA 分析应考虑可获得的科学依据;PRA 分析强调适当的卫生与植物卫生保护水平,并应考虑把对贸易的消极影响降低到最小程度这一目标;PRA 分析要考虑有关国际组织制定的风险评估技术;要考虑有害生物的传入途径、定居、传播、控制和根除经济成本等。

(5)非疫区概念　检疫性有害生物在一个地区没有发生,这个地区就是非疫区。例如,地中海实蝇或非洲猪瘟在北京地区没有发生,那么,北京地区就是非疫区。确定一个非疫区大小,要考虑地理、生态系统、流行病监测以及 SPS 措施的效果等。各成员应承认病虫害低度流行区和非疫区的概念。《SPS 协定》将非疫区定义为——经主管当局认定,某种有害生物没有发生的地区,这可以是一个国家的全部或部分,或几个国家的全部或部分。出口成员声明其境内某些地区是非疫区时,应向进口成员提供必要的证据等。

(6)透明度原则　各成员应确保所有卫生与植物卫生措施法规及时公布。除紧急情况外,各成员应允许在卫生与植物卫生措施法规公布和生效之间有合理的时间间隔,以便让出口成员，尤其是发展中国家成员的生产商有足够的时间调整其产品和生产方法，以适应进口成员的要求。

通过 SPS 咨询点和通知机构实现透明。各成员应确保设立一个咨询点，负责对感兴趣的成员提出的所有合理问题提供答复，并提供有关文件。同时，各成员应指定一个中央机构，当实施缺乏国际标准、指南或建议或与国际标准、指南或建议有实质不同，并对其他成员的贸易有重大影响的 SPS 措施时，由该中央机构负责及早发出通知，并通过 WTO 秘书处对拟议的法规做出目的和理由说明。

(7)SPS 措施委员会　为磋商提供一个经常性的场所。SPS 措施委员会的职能是执行《SPS 协定》的各项规定，推动协调一致的目标实现。鼓励成员对特定的 SPS 措施问题进行不定期的磋商或谈判。鼓励所有成员采用国际标准、准则和建议，并制定程序监督国际协调的进程以及国际标准、准则和建议的采用；应与国际食品法典委员会(CAC)，世界动物卫生组织(OIE)和国际植物保护公约(IPPC)秘书处保持密切联系；拟定一份对贸易有重大影响的卫生与植物卫生措施方面的国际标准、准则和建议清单。

除以上主要内容外，《SPS 协定》还包括诸如争端解决、优待发展中国家、技术援助、非歧视及控制、检验和批准程序等内容。

3. 我国的动植物检验检疫与 WTO/SPS 协定

在我国入世后，检验检疫部门肩负把关与服务的双重职责。把关就要把好国门之关，拒疫情于国门之外，要防止外国农产品对我国农产品市场的冲击。服务就是利用检验检疫技术手段，打破国外技术壁垒和不合理的检疫要求，为国内农产品的出口铺平道路。中国检验检疫把关与服务的主要依据就是 WTO/SPS 协定。

WTO/SPS 协定是 WTO 重要的多边贸易规则之一。截至 2020 年 12 月 31 日，美国、巴西、加拿大、中国等已经在国际贸易中使用 SPS 措施来调整对外贸易。肩负重任的中国检验检疫部门已经充分利用《SPS 协定》赋予的权利，打开更多的国际市场，严防境外有害生物的传入，保护了我国人民与动植物的健康。

首先，利用《SPS 协定》的基本原则，有针对性地开展工作，保证工作不违反 SPS 原则是当前的首要任务。科学地落实工作，以确保我国的进出境动植物检验检疫。依据或参考现有的国家标准，制(修)订我国的动植物检验检疫措施与标准，并对现行检验检疫规章进行清理，废除部分规章，进一步完善我国符合《SPS 协定》的动植物检验检疫规章制度和标准体系的建设。确立动植物检验检疫风险管理的基本工作思路，改变长期以来采用的零风险管理模式，保证所采用的 SPS 措施建立在风险评估的基础上，做好进口小麦、水果等农产品的解禁工作，履行缔约方义务。与此同时，加强科学论证，实事求是地与一些禁止我国农产品的国家，如日本、美国、加拿大、新西兰等国开展双边磋商，解除其对我国农产品出口的检疫限制，使我国的哈密瓜、荔枝、盆景、鸵鸟、种猪、小公牛等进入上述以往受限的市场，并利用强制性技术标准、有条件地限制国外某些农产品对国内市场的冲击，保护国内市场。着手建立和规范动植物疫情区域化确认工作，根据《SPS 协定》有关区域化的原则，会同农业农村部、国家林业和草原局等部门研究制定我国关注的国际动植物病虫害疫区区域化原则和国内相关疫区、非疫区管理办法，以促进我国农产品在有害生物控制水平现状下的出口及安全进程。另外，还要加强动植物检验检疫处理技术和方法的研究，实现既促进进出口贸易发展又确保安全、环保的可持续发展的双重目标。

其次，关于不在WTO成员间构成不合理歧视的规定，我国过去就做得较好。但还需要国家增加投入，以进一步提高国内动植物检验检疫水平。国家市场监督管理总局要在过去良好工作的基础上，主动加强和国内有关部门的联系与配合，不断完善国家相关法律、法规、规章和标准体系，对内对外采取相同的动植物检验检疫管制措施，以充分体现上述原则。在我国内外法律、法规分立，体系分设的情况下，检验检疫部门应以国家利益为重，按职责分工，相互协作、配合，完成各自工作任务并注意及时通气，实现资源共享。要充分发挥垂直管理等系统内人力、物力和财力的资源优势，通过有效的组织形式，并合理利用系统外的有用资源，联合攻关完成几个重大项目。

再次，配合有关部门落实我国入世的承诺，高质量按时完成现行动植物检验检疫法规、规章的对外通报，让全社会了解，并让其他国家检验检疫部门掌握。继续做好双边动植物检疫协定、议定书的签署，以及整理和印发工作。对今后动植物检验检疫法规、规章及相关措施的起草、制定与发布，要按照《SPS协定》确定的通报程序，提前通知WTO成员，并征求国内外相关部门和产业界的意见。

最后，我国应该从被动适应到主动使用《SPS协定》规则，保护国内农、林、牧、渔业生产安全，促进国内产业发展。针对国际疫情多发态势，检验检疫部门建立了积极主动、科学有效的预警机制。加强对生物风险分析的研究，适时调整入境检验检疫要求，限制国外高风险动植物及其产品的入境，使其真正成为检验检疫决策的重要工具。加强并规范进境动植物检疫审批工作，严格限制从疫区进口动植物及其产品。加强产地预检、监装和疫情调查，在将不合格的动植物及其产品拒之国门之外的同时，减少进口企业的不必要损失。加大农产品入境的检验检疫力度，提高疫情检出率，发现问题，依法采取严格的退货或销毁处理措施。必要时暂停有关国家、地区或厂家生产的动植物及其产品进口。根据疫情动态，适时制定或调整口岸检验检疫策略与工作重点。

应用《SPS协定》有关规则，打破国外动植物检验检疫壁垒，促进农产品出口。积极配合国内农、牧、渔业生产结构调整规划，重点加强我国产品的出口检验检疫工作，提高出口创汇能力。

我国于2005年10月加入国际植物保护公约(IPPC)、2007年5月加入世界动物卫生组织(OIE)。这对促进我国在防止有害生物传播蔓延和确保国际植物及植物产品贸易顺利进行有积极的作用，对促进我国全面有效参与全球动物疫病防控、兽医公共卫生、食品安全、国际贸易等领域的国际交流合作也有积极的作用。

4.2.7.4 技术性贸易壁垒协定(TBT协定)

技术性贸易壁垒协定(Agreement on Technical Barrier to Trade of the World Trade Organization，TBT协定)由15条和3个附件组成，对各成员国在国际贸易中制定、采用和实施的技术法规、标准及合格评定程序等做出了明确的规定。

TBT协定是非关税壁垒的主要表现形式，它以技术为支撑条件，即商品进口国在实施贸易进口管制时，通过颁布法律、法令、条例、规定，建立技术标准、认证制度、卫生检验检疫制度、检验程序以及包装和标签标准等，提高对进口产品的技术要求，增加进口难度，最终达到保障国家安全、保护消费者利益和保持国际收支平衡的目的。

1. TBT协定的宗旨、主要原则及表现形式

(1)宗旨　为防止和消除国际贸易中的技术性贸易壁垒，避免各成员的技术法规、标准以

及合格评定程序(Conformity Assessment Procedures)给国际贸易带来不必要的障碍,使国际贸易自由化和便利化,在技术法规、标准、合格评定程序以及标签和标志制度等技术要求方面,以国际标准为基础开展国际协调,遏制以带有歧视性的技术要求为主要表现形式的贸易保护主义,最大限度地减少和消除国际贸易中的技术壁垒,为世界经济全球化服务。

(2)主要原则　最少贸易限制原则、非歧视原则、协调性原则、等效和相互承认原则、透明度原则、对发展中国家实行差别和优惠待遇原则等。

(3)主要表现形式　概括起来有技术法规、标准、合格评定程序以及利用工业产权和知识产权形成技术保护等其他形式的技术壁垒,如发达国家利用环境标准、生态保护法规等设置的绿色壁垒等。

2. TBT 协定的基本内容

TBT 协定共分为6部分,包括15条129款和3个附件。基本内容如下。

(1)序言、总则　主要阐述该协定的目的、宗旨及适用范围。

(2)技术法规和标准　规范各成员国中央政府、地方政府和非政府机构制定、采用和实施技术法规和标准的行为。各成员国在制定技术法规、标准方面应以国际标准为基础,否则必须在文件的初期阶段进行通报。

(3)符合技术法规和标准　规定各成员国中央政府、地方政府、非政府机构和国际及区域性组织制定、采用和实施合格评定程序的行为。其原则是:采用通用的国际规范;尽可能承认其他国家的认证结果;积极参加国际和区域性的合格评定活动。

(4)信息和援助　要求各成员国设立国家级 TBT 咨询点,代表政府按规定开展通报咨询工作;对其他成员提出的请求给予技术援助;对发展中国家成员提供特殊和差别待遇。

(5)机构、磋商和争端解决　设立技术性贸易壁垒委员会,就协定执行中出现的有关事项进行磋商,并负责解决争端。

(6)最后条款　要求各成员国在加入 WTO 时对执行 TBT 协定做出承诺。未经其他成员的同意,不得对执行本协定的任何条款提出保留。

(7)附件　本协定中的术语及其定义;技术专家小组;关于制定、采用和实施标准的良好行为规范。

3. 我国现行标准与 TBT 协定存在的主要问题

计划经济时期我国制定的标准大多数属于生产型标准,随着经济体制向社会主义市场经济转变,生产型标准日趋显示出它的不适应性,企业按这些标准组织生产的产品,往往难以满足频繁更新和瞬息多变的市场需求。我国加入 WTO 后,企业生产的产品更应该是满足国际市场需要的商品,即"用来交换,能满足用户或消费者需要的劳动产品"。因此,以适应满足市场或顾客需要为宗旨的贸易型标准应运而生。TBT 协定也明确规定,各成员"均应按产品使用性能而不是按设计或叙述的特点来制定产品标准",并且还规定标准化机构应保证制定、通过和执行标准的"目的和效果不应给世界贸易造成不必要的障碍"。

对照 TBT 协定,我国食品行业企业标准主要存在的问题有:

①生产型的产品标准居多。

②产品标准(国家标准和行业标准)的标龄普遍较长,显示的是静态标准。

③标准的内容具有滞后性,缺乏超前性。

④食品行业中某些产品如染料和农药，基本上检索不到国外标准文本，给标准水平的分析对比和采标工作带来困难。

⑤企业缺乏标准信息收集、传递能力，只有个别企业建立了标准信息网络。

⑥采用国际标准比例小，按国际标准组织生产产品较少，而文本采用较多。

⑦环境及其保护未纳入标准化工作的范畴。

⑧很多企业已通过质量体系 ISO 9000 族认证，但未与企业标准化体系紧密结合。

⑨标准化的工作重点仅局限在标准的制定，缺乏对标准实施的工作管理。

4.2.8 国际乳品业联合会(IDF)

国际乳品业联合会(International Dairy Federation，IDF)是由国际乳品业创办，为乳品业提供服务的论坛和信息服务中心，是一个独立的、非政治性的及非营利的民间国际组织，也是乳品业唯一的世界性组织，于 1903 年成立于布鲁塞尔。其宗旨是通过国际合作促进乳品科学、技术和经济问题的解决：制定牛奶、奶制品(成分、采样和分析)、乳畜饲养业、工厂设备及杀菌剂等标准(自愿性)，并制定微生物和化学分析标准。

4.2.8.1 国际乳品业联合会成员

2013 年，IDF 有 56 个成员，每一成员国都设有国家委员会，代表本国的乳品业开展广泛的乳品业活动，如乳畜饲养、乳品加工、贸易、技术、食品科学、营养和健康、法规及分析方法和采样等。

IDF 成员包括：

①全权成员——有表决权。

②参加成员——没有表决权，可参加 IDF 的部分活动。

③荣誉成员——由 IDF 提名对联合会有突出贡献的人，该类成员可向联合会提出建议。

IDF 与成员之间的联系有以下几种方式：一是 IDF 成员国家委员会负责与 IDF 之间的信息交换工作，从而使成员的乳品业获得最大利益。二是 IDF 成员可以参加 IDF 年会和其他会议及获得 IDF 出版物，通过本国国家委员会或 IDF 秘书处订购其出版物。非成员国可直接向秘书处订购。三是通过探讨 IDF、专家网络、秘书处和其成员国针对和关心的问题进行有关的接触，并对广泛的问题提出解决的建议。IDF 采用多种方法无偿帮助成员国乳品业的发展。

4.2.8.2 国际乳品业联合会组织机构

IDF 的最高权力机构是理事会，下设管理委员会、学术委员会和秘书处。

理事会由成员国代表组成，负责制定和修改联合会章程，选举联合会主席和副主席，选举管理委员会和学术委员会主席，批准年度经费预算和新会员国入会等。理事会每年至少举行 1 次会议。

管理委员会即常务理事会，由选举产生的 5～6 名委员组成，负责主持联合会的日常工作。

学术委员会负责协调和组织下设的 6 个专业技术委员会的工作，具体考虑乳品领域科学、技术和经济方面的问题，并要体现理事会制定的政策。各专业技术委员会通过组织专家组，解决各自领域内的具体问题。6 个专门委员会各负责一个特定领域的工作，即 A 委员会负责乳品生产、卫生和质量；B 委员会管理乳品工艺和工程；C 委员会负责乳品行业经济、销售和管理；D 委员会管理乳品行业法规、成分标准、分类和术语；E 委员会负责乳与乳制品的实验室技术和分析标准;F 委员会管理乳品行业科学、营养和教育。

秘书处负责处理联合会的日常事务工作。

4.2.8.3　国际乳品业联合会对乳品业的贡献

国际乳品业联合会对乳品业的贡献有:

①针对乳品业相关的所有问题提供信息和服务。

②提供科学和技术援助和建议。

③确定乳品业专家,帮助解决问题。

④通过组织各层次乳品业的联络和信息交流提高乳品专业知识的价值。

⑤通过改进乳品业的形象提高乳品业的竞争能力。

⑥在有关贸易、食品标准、风险管理等的决议中代表乳品业的利益。

⑦通过提供乳品方面的科学和技术建议支持其他国际组织的工作等主要活动。

IDF 每 4 年召开 1 次国际乳制品代表大会,每年召开 1 次年会。大会期间,通过举办各种专题研讨会、报告会和书面报告的形式,为世界乳品行业提供技术交流、信息沟通的场所和机会。年会期间 6 个专业技术委员会分别开会,由专家组报告工作情况,并做出相应的决议。除大会和年会外,各专业技术委员会经常举办一些研讨会、技术报告会和专题报告会,就乳品行业普遍关心的技术、经济、政策等方面的问题进行交流和探讨。

另外,协调各国乳品行业之间和乳品行业与其他国际组织之间的关系也是 IDF 的主要工作之一。

4.2.8.4　国际乳品业联合会标准的制定

IDF 通过 D 委员会和 E 委员会制定自己的分析方法、产品和其他方面的标准,并直接参与 ISO 和 CAC 国际标准的制定工作,IDF 标准是 ISO 和 CAC 制定有关乳品标准的重要依据。IDF 标准包含产品标准、乳品设备及综合性标准等。IDF 已发行标准 200 余个,其中大多数为分析方法标准,少数为产品标准和乳品设备及综合性标准,有 140 余个标准是与 ISO 共同发布的。

4.2.8.5　国际乳品业联合会的出版物

(1)IDF 公报　它是技术性刊物,刊登有关的重要文件和 IDF 活动新闻。每年出版 10 期。

(2)书籍　包括较长的专题论文单行本和座谈会论文集。

(3)标准　涉及化学分析国际测试方法、抽样和微生物检查、国际认可的乳制品成分标准以及某些工程方面标准。

4.2.8.6　国际乳品业联合会与其他组织的联系

为促进国际乳品业快速稳步的发展,使更多国家受益,IDF 与很多组织有密切的联系,主要包括两种,即国际组织和区域组织。

(1)国际组织　主要有:国际食品法典委员会(CAC),秘书处向其提供拟召开的会议信息(地点和时间),并提供最新会议的总结;国际标准化组织(ISO),它出版许多乳品业标准(抽样和分析方法、工程),食品工业标准及基础标准;美国官方分析化学师协会(AOAC),又称 AOAC 国际,专门从事食品、动物饲养、毒品等分析;世界动物卫生组织(OIE);国际实验动物科学委员会(ICLAS);国际农业生产者联合会(IFAP);联合国粮食及农业组织(FAO);经济合作与发展组织(OECD);世界贸易组织(WTO);国际纯粹与应用化学联合会(IUPAC);国际营养科学联盟(IUNS);国际科学联盟理事会(ICSU)。

(2)区域组织　包括欧洲标准化委员会(CEN)、北欧食品分析方法委员会(NMKL)等。

4.2.9　国际谷类加工食品科学技术协会(ICC)

1955年建立的国际谷类加工食品科学技术协会(International Association for Cereal Science and Technology, ICC)是一个独立的、国际认可的专家组织,它为所有谷物科学家与技术专家搭建了一个成熟的论坛,是国际标准方案的发行人、国内外重大事件的组织者。它作为科学技术研究与实践的桥梁,在全球性、地域性和国家性的水平上为推动国际合作起了不可或缺的作用。

ICC的首要目标是促进国际性标准和可接受的谷物粮食生产测试程序的发展。如今,ICC是致力于国际合作及先进科学知识普及的最重要的国际组织之一。它在维也纳和澳大利亚分别设有总部和秘书处。目前已有50多个国家在ICC内有代理。它通过其进行政策制定的决策委员会、副委员会和技术委员会管理,行政管理及其他开支通过会员国的会员费和社团成员费用及其他来源供给。

ICC通过普及科学知识和发展标准办法来加强国际合作,不断自我完善,使自身在谷物科学与技术领域成为一个最具影响力的组织。为此,它以谷物科学技术发展为目标,对所有国家、公司、组织提供成员资格,对国际合作负责,为对话建立论坛,为提高谷物的利用率评定新的方法,并通过提供国际性的批准和接纳测试程序来加强国内外贸易。

它的最终目标是吸收所有国家作为成员国,与谷物科学及其相关领域内的所有组织合作,通过社团资格与所有相关公司和组织保持联系,吸引所有谷物科学家及技术专家与ICC合作。

另外,ICC的出版物主要包括方法标准、业务通信、多种语言的字典、谷物科学界的名人录、重大事件的记录和会议印刷品等。

4.2.10　国际葡萄与葡萄酒局(OIV)

4.2.10.1　国际葡萄与葡萄酒局概况

国际葡萄与葡萄酒局(International Office of Vine and Wine, OIV)是ISO确认并公布的国际组织之一,成立于1924年,总部设在法国巴黎,是一个政府间的国际组织,由符合一定标准的葡萄及葡萄酒生产国组成。该组织是国际葡萄酒业的权威机构,在业内被称为“国际标准提供商”。OIV标准亦是世界贸易组织在葡萄酒方面采用的标准。世界产葡萄国家95%以上都参加了该组织,拥有法国、意大利等49个成员国。OIV主要从事果酒分析方法(包括定义、分析证书、最大极限剂量、葡萄酒酿造等)方面的研究和标准化工作。研究结论由该组织的正式机构审查讨论,然后将意见报告给成员国并公之于众,这些意见都会引起生产者和消费者的极大兴趣。它的目标为:

①明确葡萄酒的优点及卫生质量。

②保护葡萄栽培者利益,改善市场环境。

③统一分析方法及参考对照。

④保护原产地名称。

⑤保证产品的纯度和产地。

⑥防止恶性及不公平竞争。

2002年9月10日，OIV就中国加入OIV有关事宜签署了一份备忘录，不久就正式接纳中国为该组织的成员国，这标志着中国葡萄酒业开始全面启动与国际标准的对接。

4.2.10.2　国际葡萄酒组织(IWO)

根据2001年4月3日的协定，国际葡萄及葡萄酒局改为国际葡萄酒组织(International Vine and Wine Office, IWO)，于2004年1月1日生效，于2004年3月17日成立大会，传统地继承了国际葡萄及葡萄酒局的科学技术标准。第42届世界葡萄与葡萄酒大会暨第17届IWO大会于2019年7月15日在瑞士日内瓦举办。

IWO本着告知其成员涉及葡萄及葡萄酒领域中生产者、消费者及其他应考虑的参与者的标准；援助其他政府间及非政府间国际组织，特别是执行标准化工作的国际组织；促进现存惯例与标准的统一，如有必要，可制定新的国际标准，以便改善葡萄及葡萄酒生产和销售境况，并确保对消费者的利益予以重视的目的健康而稳定地运行着，为世界人民带来了福音。

IWO的科学技术委员会分为三类：

第一委员会，管辖范围是葡萄栽培，即选择葡萄，葡萄生理学，食用葡萄与葡萄干，疾病、虫害及葡萄保护，葡萄栽培的分区。

第二委员会，管理酒类研究方面的事项，主要包括葡萄酒工艺、葡萄酒微生物学、酿酒准则国际代码、葡萄酒分析和葡萄酒附属委员会鉴定、营养健康委员会、食品安全、营养与葡萄酒消费的社会状况。

第三委员会，管理葡萄酒经济，内容涉及经济分析和状况、市场分析和葡萄酿酒业网络、法律法规、葡萄蒸馏酒和葡萄饮料研究培训。

IWO的政府间机构与国际知识产权组织(WIPO)、国际植物新品种保护协会(UPOV)、国际法定计量组织(OIML)、联合国粮食及农业组织(FAO)、世界卫生组织(WHO)、世界贸易组织(WTO)、欧盟(EU)、食品法典委员会(CAC)等许多组织都有合作。

IWO在教育方面也有突出的表现，它的研究生计划(Master of Science in Wine Management)始建于1986年，培养了很多葡萄酒管理的理科硕士。其教育模式有两种：其一为跨学科的培训，涉及葡萄及葡萄酒管理的各个方面；其二为跨国界的培训，由15个国家的33所大学和研究中心组成，国际葡萄酒大学联盟(AUIV)提供协助，并接受IWO的监督和直接协助。

4.2.11　国际有机农业运动联合会(IFOAM)

4.2.11.1　国际有机农业运动联合会概况

国际有机农业运动联合会(International Federation of Organic Agriculture Movements, IFOAM)是各国农业生态发展机构进行合作的国际性组织，于1972年11月在法国凡尔赛成立，到目前已经有110多个国家700多个会员组织。其宗旨和任务是促进各国农业生态发展机构(包括经济学团体和营养学团体)同农业生态科学应用机构之间的联系和合作；编辑、翻译和出版有关农业生态的资料；定期举办会议，交流职业经验和信息。它的优势在于联合了国际上从事有机农业生产、加工和研究的各类组织和个人，其制定的标准具有广泛的民主性和代表性。

4.2.11.2　有机农业

以开发廉价化石能源及工业技术装备为特征的集约化农业(或称石油农业、常规农业)在提高劳动生产率、增加农畜产品产量的同时，带来了自然资源衰竭、环境污染、生态破坏和能源损耗的严重问题，致使农业生态系统自我维持力降低，引起了生态危机。有机农业在20世纪初被提倡，20世纪70年代得到迅速发展。

(1)发展有机农业的原因　发展有机农业将有助于解决现代农业存在的问题。有机农业不使用合成的农药和肥料，既可以减少污染，又可以节省能源。有机农业提倡农业废弃物的循环利用，可以提高农业资源利用率。它还提倡物种多样性，采用生物方法进行生产，有利于农业的持续发展。发展有机农业可向社会提供优质、美味、营养丰富的安全食品，满足人们的需要。有机农业的发展还有助于提高产品的市场竞争能力，提高农业生产的持续性。中国加入世界贸易组织后，农业受到严重的冲击，但生产与出口有机食品是参与农产品国际市场竞争、制服国外非关税壁垒的重要措施。

(2)发展有机农业生产和有机食品加工的主要目标　具体如下：

①生产足够的优质产品。

②以一种建设性、提高生命质量的方式与自然系统相互作用。

③考虑有机生产和加工体系广泛的社会和生态影响。

④促进耕作系统中包括微生物、土壤动植物、其他植物和动物在内的生物循环。

⑤发展一种有价值的持续水生生态系统。

⑥保持和提高土壤的长效肥力。

⑦保持生物和周围环境中的基因多样性，包括保护植物和野生动物的栖息地。

⑧促进水、水资源和其他生命的合理利用和保护。

⑨尽可能利用当地生产系统中的可再生资源。

⑩协调作物生产和畜牧业生产的平衡。

⑪考虑畜禽在自然环境中的所有生活需求和条件。

⑫使各种形式的污染最小化。

⑬利用可再生资源加工有机产品。

⑭生产生物可完全降解的有机产品。

⑮使从事有机生产和加工的每一个人都能获得足够的收入，享受优质的生活，满足他们的基本需求，对他们从事的工作满意，包括有一个安全的工作环境。

⑯努力使整个生产、加工和销售链都能向社会上公正、生态上合理的方面发展。

以上目标可以概括为环境、健康、经济及社会公正四方面，要实现此目标，有机生产者就必须真正理解有机农业原理，使其生产系统能按生态学、生物学自身的规律发挥作用，对农场进行精心的管理。任何过分的利益驱动和急功近利的思想都不利于发展成功的有机生产，不利于实现有机生产的目标。

(3)IFOAM的有机食品法规　有机农业从20世纪80年代开始得到多数国家或地区政府的重视，欧洲和美国的主流销售渠道开始介入有机食品销售，有机食品出现跨国贸易并表现出相当的潜力，政府开始重视建立有关法规体系。另外，有机农业产业界自身也在积极寻求政府建立法规体系，建立生产和销售秩序。到目前为止，世界上有31个国家已经颁布并实施有机食品的法规和标准，另有9个国家已经发布有关标准但尚未开始实施。

欧盟于1991年颁布了有机农业条例，即《关于农产品的有机生产和相关农产品及食品的有关规定》。虽然这不是世界上第一个有机农业法规，但这是迄今为止实施最成功的一个法规。该法规对有机食品有着明确的法律定义，对欧洲成为世界上最大的有机食品市场起到了积极的作用，所有进入欧盟市场的贸易和发生在欧盟市场的零售，都必须符合这个条例的规定。

美国 1990 年就通过了有机食品生产法案和标准，但如何实施这个法案却由于争论耗费了很长时间。直到 2000 年 12 月，美国农业部才发布“国家有机食品计划”，并于 2002 年 10 月实施。

在日本，农林水产省于 2006 年 6 月发布了关于有机食品检查和认证的标准，于 2007 年 4 月开始实施，在日本市场上销售的有机食品都必须统一标志“日本有机食品标志”。

在国际层次上，IFOAM 于 1980 年制定了《有机食品生产和加工基本标准》，并且每两年修订一次。由于此标准的广泛性和民主性，许多国家在制定有机农业标准时参考 IFOAM 的基本标准，甚至 FAO 在制定标准时也专门邀请了 IFOAM 参与制定。此外，IFOAM 的授权体系，即监督和控制有机农业检查认证机构的组织和准则 IOAS（Independent Organic Accreditation Service）和其基本标准一样，有很大的国际影响。IFOAM 的基本标准包括了植物生产、动物生产以及加工的各类环节。对有机农业检查认证机构的监督和控制单独由 IOAS 进行。此外，考虑到特殊农产品的要求和特点，IFOAM 还专门对茶叶和咖啡制定了标准，甚至以后还有可能对纺织品和化妆品制定标准。

目前，该组织有 700 多个会员。IFOAM 的基本标准属于非政府组织制定的有机农业/有机食品的标准，由于其标准具有广泛的民主性和代表性，加上两年修订一次，因此具有权威性和先进性。IFOAM 制定的有机农业/有机食品的国际基本标准有以下 4 个方面。

（1）前提条件　包括以下 3 个：

①凡标上“有机”标签的产品，生产者和农场必须属于 IFOAM 成员。

②不属于 IFOAM 的个体生产者不可声明他们是按 IFOAM 标准进行生产的。

③不属于 IFOAM 标准包括农场审查和颁证方案的建议。

（2）基本标准的框架　具体如下：

①生产足够数量具有高营养的食品。

②维持和增强土壤的长期肥力。

③在当地农业系统中尽可能利用可再生资源。

④在封闭系统中尽可能进行有机物质和营养元素方面的循环利用。

⑤给所有的牲畜提供生活条件，使它们按自然的生活习性生活。

⑥避免农业技术带来的所有形式的污染。

⑦维持农业系统遗传基质的多样性，包括植物和野生动物环境的保护。

⑧允许农业生产者获得足够的利润。

⑨考虑农业系统广泛的社会和生态影响。

（3）采用的方法和技术　可采用遵循自然生态平衡的某些技术，强调指出禁止使用农用化学品，例如合成肥料、杀虫剂等。

（4）如何使产品成为有机产品　原来不是有机产品，可进行转换，让其变为有机产品。在一定时期内按标准要求进行转换，由每个有机农业颁证机构确定转换过程的时间，并定期（每年）进行评价。转换计划包括：

①增强土地肥力的轮作制度。

②适当的饲料计划(养殖业)。

③合适的肥料管理方法(种植业)。

④建立良好环境,以减少病虫害转换周期时间。

如果产品在两年之内满足所有标准则第三年可作为有机产品出售。

4.3 部分国家和地区食品法律法规

4.3.1 美国食品卫生与安全法律法规

美国是一个十分重视食品安全的国家,它的农产品、食品供给体系是世界上最安全的体系之一。美国有关食品安全的法律法规非常多,如《联邦食品、药物和化妆品法》《包装和标签法》《营养标签与教育法》《食品质量保护法》和《公共卫生服务法》等综合性法规。这些法律法规覆盖了所有食品,为保障食品安全制定了非常具体的标准以及监管程序。

4.3.1.1 美国食品安全组织管理体系

美国历来重视食品安全工作,建立了由总统食品安全顾问委员会综合协调,卫生部、农业部、环境保护署等多个部门具体负责的综合性监管体系。总统亲自抓食品安全。1997 年 6 月,美国的政府官员和各界代表在华盛顿召开了第 1 次全国食品安全工作会议,并启动了一项食品安全计划。1998 年 8 月,总统签署行政命令,成立总统食品安全顾问委员会,负责建立国家食品安全计划和战略、指导政府部门优先投资重要食品安全领域和食品安全研究所的工作,并协调全国食品安全检查措施。

美国食品药品监督管理局(FDA)、农业部(USDA)和环境保护署(EPA)等分工负责相关食品的安全,并制定有关法规和标准。食品安全机构对总统负责,对国会负责,对评估条例和实施行动负责,对公众负责,他们通过与立法者沟通参与法律及条例的制定,公开发表有关食品安全问题的言论,确保食品安全水平的提高。美国还建有联邦、州和地方政府之间既相互独立、又相互合作的食品安全监督管理网。食品机构中资深的科学家和公共健康专家互相合作,努力保证美国食品的安全性。在食品质量安全监督工作上,联邦政府不依赖各州政府,他们在全美国设立多个检验中心或实验室,并向全国各地派驻大量的调查员。但在一些具体问题上,联邦政府与部分州政府签订协议,授权当地一些检验机构按照联邦政府的方法检验食品。

联邦所有具有食品质量安全监督职能的机构都没有促进贸易的职能,从而保证食品质量安全监督免受地方和部门经济利益影响和干扰。

4.3.1.2 美国食品安全法律法规体系

美国食品安全体系的高度完善来自严格的食品管理,美国政府的三大权力分支——立法、执法和司法,都对确保食品供应的安全性有重要作用。1906 年,美国颁布了第一部有关食品和药品的法律《食品和药品法令》,此法令的颁布对美国的食品、药品和化妆品产生了重大和深远的影响。美国关于食品的法律法规包括两个方面的内容:一是议会通过的法案,称为法令(ACT),如《美国法典》(USC)、《行政管理程序法令》(APA)、《联邦咨询委员会法令》(FACA)和《新闻自由法令》(FOIA)等;二是由权力机构根据议会的授权制定的具有法律效力的规则和命令,包括《联邦食品、药物和化妆品法》(FFDCA)、《联邦肉类检验法》(FMIA)、《禽类产品检验法》(PPIA)、《蛋产品检验法》(EPIA)、《食品质量保护法》(FQPA)、《公共卫生服务法》(PHSA)以及《公共卫生安全与生物恐怖防范应对法》(PHSBPRA)等。美国食品安全法律法规的制定与修订采用向公众公开、透明的方式,不仅允许而且鼓励被管理的行业、消费者和其他利益相关者参与到规章的制定和颁布的过程中。当遇到特别难解的问题时,就需要向管理机构以外的专家咨询,管理机构可以选择召开公开会议或召开咨询委员会会议。召开公开会议时,可以根据管理机构的需要,通过非正常程序将专家和资金持有者召集在一起。这类会议可用于收集公众对某一专题或今后的项目的看法。召开公开会议和咨询委员会会议应在“联邦注册”(Federal Register)上发布消息(除非讨论特定问题)。任何组织或个人对管理机构的决议有异议,都可以将管理机构诉诸法庭,以此保证食品行业不仅要保证食品的安全,而且有遵守法律和管理条例的责任。

4.3.1.3　美国食品安全管理机构

(1)食品药品监督管理局(FDA)　FDA 是一个由医生、律师、微生物学家和统计学家等专业人士组成的,致力于保护、促进和提高美国国民健康的政府卫生管制机构,它是专门从事食品与药品管理的最高执法机关,对于确保美国社会上所有的食品、药品、化妆品和医疗器具对人体的安全具有重要作用。FDA 在国际上被公认为世界上最大的食品与药品管理机构之一,它每年所管理产品的价值,相当于美国年消费总额的 1/4,与美国人每天的基本生活息息相关。许多国家均通过寻求和接受 FDA 的帮助来促进并监控本国产品的安全。FDA 的管辖范围包括所有国产食品和进口食品(但不包括肉类和禽类)、瓶装水、酒精含量小于 7%的葡萄酒。FDA 的主要评估机构有食品安全和应用营养中心(CFSAN)、药品评估和研究中心(CDER)、设备安全和放射线健康保护中心(CDRH)、生物制品评估和研究中心(CBER)、兽用药品中心(CVM),其中食品安全和应用营养中心是 FDA 工作量最大的部门。FDA 实施的主要法规有:1938 年《联邦食品、药物和化妆品法》,1966 年出台的《公平包装和标签法》,1990 年出台的《营养标签与教育法》,1994 年出台的《膳食补充剂健康和教育法》和《公共卫生服务法》,以及 2002 年出台的《公共卫生安全与生物恐怖防范应对法》。

FDA 的食品安全职责是:

①执行食品安全法律,管理除肉禽类以外的国内食品和进口食品。

②收集食品样品,检验分析食品加工厂、食品仓库样品的物理、化学和微生物的污染。

③产品上市销售前,负责综述和验证食品添加剂和色素添加剂的安全性。

④综述和验证兽药对所用动物的安全性及对食用该动物食品的人的安全性。

⑤监测作为食品生产动物饲料的安全性。

⑥制定食品法典、条令、指南和说明,并与各州合作,运用这些法典、条令、指南和说明管理牛奶、贝类和零售食品以及餐馆和杂货商店等。

⑦以现代食品法典为指针,指导零售商、护理院及其他机构正确准备食品和预防食源性疾病。

⑧建立良好的食品加工操作程序和其他生产标准,如工厂卫生、包装要求、危害分析和关键控制点计划。

⑨加强与外国政府的合作,确保进口食品的安全。

⑩要求加工商召回不安全的食品,并监测其具体行动的进行,并采取相应的行动。

⑪对食品安全展开科学研究。

⑫对食品行业进行消费食品安全处理规程的培训。

FDA 在制定食品安全法规方面充分体现了预防在先的原则。FDA 在 1973 年为保护罐装食品免受梭状芽孢杆菌的危害，首先要求在食品加工中实施 HACCP 控制，并于 1974 年正式将 HACCP 引入低酸罐装食品的 GMP 中。1995 年 12 月 18 日 FDA 颁布了强制性的水产品 HACCP 法规，并在 1997 年 12 月 18 日规定所有对美出口的水产品企业都必须建立 HACCP 体系，否则其产品不得进入美国市场。2001 年 1 月 FDA 颁布了对果汁饮料行业的 HACCP 强制性法规。2002 年 1 月 22 日 FDA 规定所有的果汁饮料行业的大中型企业必须实行 HACCP 体系，2003 年 1 月 21 日 FDA 规定小型果汁饮料企业必须实施 HACCP 体系，2004 年 1 月 20 日 FDA 规定非常小型的果汁饮料企业也必须实施 HACCP 体系。1998 年 USDA 颁布了畜禽肉的 HACCP 体系，1999 年 1 月 USDA 规定绝大多数肉类和家禽企业必须建立 HACCP 体系，2000 年 1 月 USDA 规定极小型肉类和家禽企业必须建立 HACCP 体系。

(2)食品安全检验局(FSIS)和动植物卫生检验局(APHIS)　FSIS 的管辖范围是国内和进口的肉禽以及相关产品，如肉禽食品、比萨饼、冷冻食品、加工的蛋制品(一般指液态、冷冻和干燥的巴氏杀菌的蛋制品)。其食品安全职责为：

①执行食品安全法律，管理国内和进口肉禽品。

②对用作食品的动物进行屠宰前和屠宰后检验。

③检验肉禽屠宰厂和肉禽加工厂。

④收集和分析食品样品，进行微生物和化学传染物的毒素监测和检验。

⑤在准备包装肉禽产品，或进行热加工和其他处理时，建立食品添加剂和食品其他配料使用的生产标准。

⑥建立工厂卫生标准，确保所有进口到美国的国外肉禽加工符合美国标准。

⑦要求肉禽加工者对其加工的不安全产品自愿召回。

⑧资助肉禽加工食品安全的研究。

⑨制定食品行业和消费者有关食品安全的食品处理规程。

动植物卫生检验局在食品安全体系中的主要职责是保护动植物生长、抵制病虫害、防止动植物发生有害生物和疾病。

(3)环境保护署(EPA)　该局的任务是保护公众的健康和环境不受农药的危害，完善对有害生物的管理方式，改进安全性。任何食品或饮料中如果含有 FDA 不允许的食品添加剂或兽药残留，或含有 EPA 没有规定限量的农药残留或农药残留限量超过规定的限量，都不允许上市。其管辖范围包括饮用水、食用植物、海产品、肉禽食品。其食品安全职责为：

①建立安全饮用水标准。

②管理有毒物质和废物，预防其进入环境和食物链。

③帮助各州检测饮用水的质量，探测预防饮用水污染的途径。

④测定新的杀虫剂的安全性，建立杀虫剂在食品中残留的限量水平，发布杀虫剂安全使用指南。

⑤制定农药、环境化学物的残留限量和有关法规。

(4)疾病预防和控制中心(CDC)　该中心管辖范围为所有食品。其食品安全职责为：

①调查食源性疾病的暴发。

②维护国家范围食源性疾病调查的体系。

③采取快速行动，运用电子系统及早报道食源性感染情况。

④与其他机构合作，监测食源性疾病暴发的速率和趋势。

⑤开发快速检验病原菌的技术，制定公众健康方针，预防食源性疾病。

⑥开展研究并有效预防食源性疾病。

⑦为地方和各州培训食品安全人员。

(5)国家海洋和大气管理局(NOAA)　该局的管辖范围为鱼类和海产品。其食品安全职责是按照联邦卫生标准，通过收费的海产品检验计划，对运载渔船、海产品加工工厂、零售点进行检验和颁发证书。

(6)州际联合研究教育推广局(CSREES)　该局的管辖范围为所有国产食品和一些进口产品。其食品安全职责是与美国各大学、学院合作，对农业主和消费者就有关食品安全实施研究和教育计划。

(7)国家农业图书馆(NAL)食源性疾病教育信息中心(FIEIC)　该中心的管辖范围为所有食品。其食品安全职责是维护有关预防食源性疾病资料的数据库，帮助教育者、从事食品行业的培训人员、消费者得到有关食源性疾病的资料。

(8)美国国立卫生研究院(NIH)　该院管辖范围为所有食品。其食品安全职责是进行食品安全研究。

(9)财政部酒精、烟草税和枪支局(DTBATF)　该局的管辖范围为酒精饮料(除了酒精含量在7%以下的饮料)。其食品安全职责是执行食品安全法律，管理酒精饮料的生产和配送，调查假冒酒精产品的案件。有时需要FDA的协助。

(10)美国海关总署(USCS)　该署的管辖范围为所有食品。其食品安全职责是与联邦管理机构合作，确保所有进出口食品符合美国的法律、法规。

4.3.1.4　美国有关食品安全的主要法律法规

美国有关食品安全的主要大法包括《联邦食品、药物和化妆品法》(FFDCA)、《联邦肉类检验法》(FMIA)、《禽类产品检验法》(PPIA)、《蛋产品检验法》(EPIA)、《食品质量保护法》(FQPA)和《公平包装与标签法》(FPLA)。

(1)《联邦食品、药物和化妆品法》(FFDCA)　1938年出台的《联邦食品、药物和化妆品法》(*Federal Food, Drug and Cosmetic Act*, FFDCA)是美国食品安全方面最主要的法律之一。1906年，美国颁布的第一部《食品药品法令》(FDA)主要为了禁止在食品中添加有毒有害物质，但概念不明确。而FFDCA则规定任何不清洁的、腐烂的、腐败变质的或其他方面不适用的食品都视为伪劣食品。同时该法还规定，只要是在不卫生条件下制作、包装食品，那么不管有没有污染发生，都被视为伪劣食品，这就对加工业提出了“生产质量管理规范”要求。

1958年对该法作了大的修改。主要包括两个方面：一是关于食品添加剂，要求生产商使用食品添加剂要在“相当程度上”保证对人体无害(这一要求曾一度被上升为确保“零风险”)，凡是人或动物食用后会导致癌症，或经食品安全性测试后被证明为致癌的食品添加剂都不能使用；二是在409部分中增加了德兰尼条款(Delaney clause)，赋予环境保护署(EPA)制定农药最高限量的权力，即要求所有在食用农作物上使用的农药都必须取得EPA认定颁发的使用限量规定。

关于“零风险”的概念是否符合实际一直争论不休。1987年，国家科学研究院(NRC)在一份研究报告中认为应该用“可忽略风险(negligible risk)”取代“零风险”的概念。1988年10月,EPA宣布了所谓“可忽略风险”的标准,即在100万活过70岁的人群中因食用添加剂而致癌的人数为1个,但这一观点没有被广泛接受。1990年,布什政府曾接受NRC的建议提出修改FFDCA,用“可忽略风险”标准代替德兰尼条款中所谓“零风险”标准,但国会未予采纳。1994年,克林顿政府提议将德兰尼条款中关于残留的限制标准扩大到原始农产品,还要求对成人和儿童设定不同的残留标准。新标准的制定应不考虑农药产业的效益,而只考虑是否对人体健康有风险。这一提案意味着对农药登记注册提出更为严格的要求。2011年4月,美国FDA发布了一份有关药品安全性的新指南,为药物上市后的安全性监察和研究提供了可循的规章和依据。

(2)《联邦肉类检验法》(FMIA) 1906年出台的《联邦肉类检验法》是最早的肉类检验法。该法要求对所有跨州和出口交易的肉类进行检验,包括对加工、包装设备和设施的检验。1967年修改了《联邦肉类检验法》,形成了《健康肉类法》(*Wholesome Meat Act*);1986年又增加了《健康禽产品法》(*Wholesome Poultry Products Act*),形成了目前的对肉类全面的监管。这两个法案将检验范围扩大到了州内交易和所有畜禽产品,要求食品安全检验局(FSIS)和农业市场服务局对屠宰场、肉禽加工厂、蛋类包装和加工厂实施检验。对屠宰场的检验必须是不间断的,联邦检验员要始终在现场。

类似的法规还有《禽类产品检验法》《蛋产品检验法》《联邦进口牛奶法》等。

(3)《营养标签与教育法》(*The Nutrition Labeling and Education Act*) 1966年颁布的《公平包装和标签法》(*Fair Packaging and Labeling Act*)要求食品有统一格式的标签。1990年出台的《营养标签与教育法》对食品标签方面的有关规定进行了彻底的修改,对标签中营养作用的表示做了更为严格的要求。1994年,农业部对原始产品和肉禽半成品的标签作出了新的规定。传统的食品标签是针对消费者营养信息需求而制定的,新的食品标签法案则要求标签中提供尽可能多的与质量和安全有关的信息,如是否采用辐射处理等。

(4)《食品质量保护法》(*The Food Quality Protection Act*) 该法于1996年8月生效,要求EPA立即采用新的、更加科学的方法检测食品中的化学物质残留。从美国的法规制定和变迁可以看出,在食品安全法规的制定中比较重视科学依据,且法规的制定过程是透明的,公众可以广泛参与。

(5)《食品安全增强法(1997)》(*The Food Safety Enforcement and Enhancement Act of 1997*) 1997年发布的《食品安全增强法》赋予FDA召回被确认为有害食品的权力。而在此之前,FDA无权召回。只能要求企业自觉收回,或采用对公众“曝光”的方式。

(6)《植物检疫法》(*The Plant Quarantine Act*) 1912年美国生效了第一部《植物检疫法》,1917年又发布了补充法令授权农业部部长制定国内植物检疫法。1957年美国再一次制定颁发了《联邦植物保护法》,由此构成了美国植物检疫法规的3个骨干法案。此后美国不断制定了许多诸如墨西哥边境管理法、海外领地检疫法等检疫法规及补充案和修正案,立法严密,不断完善,成为世界上综合性植物检疫法规的典范。

(7)《FDA食品安全现代化法》(*FDA Food Safety Modernization Act*) 2011年1月4日,《FDA食品安全现代化法》被总统签署为美国第111届国会第353号法律(Public Law No:111-353)并付诸实施。该法对1938年通过的《联邦食品、药品及化妆品法》进行了大规模修订,是美国食品安全监管体系70多年来改革力度最大的一次调整和变革,标志着美国的食品安全监管体系从过去单纯依靠检验为主过渡到以预防为主。该法的实施扩大了FDA的权力和职责,也势必增加食品生产企业的成本和承担的责任,加大了输美食品阻力。该法包括四部分内容:提高防御食品安全问题的能力;提高检测和应对食品安全问题的能力;提高进出口的安全性;其他相关规定。除非另有说明,此法中所有针对某部分或条款进行的修订,均需参考《联邦食品、药物及化妆品法》(美国法典第 21 编 301 条)所对应的部分或条款。

(8)其他相关法规

①《美国肉禽屠宰加工厂(场)食品安全管理新法规》　1996 年颁布,要求企业同时建立以 HACCP 为基础的,加工控制系统与微生物检测规范、减少致病菌的操作规范及卫生标准操作规范等法规的有效组合应用,以减少肉禽产品致病菌的污染,预防食品中毒事件。新法规强调预防为主,实行生产全过程的监控。这是对美国使用了近百年之久的以感官检查加终端产品检测为手段的旧有食品安全管理体系的全面改革,其目的在于使美国人民享有全球最丰富且最安全的肉禽食品供应。

②《公共卫生安全与生物恐怖防范应对法(2002)》　2002 年 9 月,美国 FDA 出台该法,要求从 2003 年 12 月 12 日开始,美国国内和外国从事食品生产、加工、包装储藏,供美国居民及动物消费的食品的各类企业必须向 FDA 办理登记注册手续。否则,其产品将遭美海关扣留,该企业也可能面临其他严重后果。

③《联邦杀虫剂、杀菌剂和杀鼠剂法》(FIFRA)　除了 FFDCA 中的 408 和 409 部分之外,FIFRA 是关于农药方面的主要联邦法律。该法在 1972 年、1975 年、1978 年、1988 年作了修订。1972 年的修订案要求农药使用对人和环境的影响必须是“可接受的”。一种农药在不同作物上使用必须分别进行登记注册。产品标签中需要说明批准的用量、安全使用注意事项。对于高毒农药还要求必须是有资质的人员才能使用。1972 年修订案要求对市场上流通的约 40 000 种农药进行登记,但 EPA 无法完成任务,因此,1978 年修订案只要求对约 600 种农药中使用的活性成分进行注册。

1988 年的修订案要求 EPA 在 1997 年之前对所有在 1984 年前注册的农药进行重新注册,费用由生产商承担。但这一工作进展十分缓慢,主要原因是成本高,风险和收益分析非常复杂,而且这些评估必须由 EPA 来做。特别是对于那些用于生产面积小的蔬菜、水果和观赏植物的专用农药,由于生产量小,生产商无法支付注册费。1990 年,布什政府提议简化注册程序,而建立定期评估制度。克林顿政府也提议对所有农药进行定期评估(每隔 15 年),对毒性低、用量小的农药可简化手续,对生物类农药可以在完成所有测试前给予有条件的注册。1996 年 8 月生效的《食品质量保护法》(FQPA)要求 EPA 立即采用新的、更加科学的方法检测食品中的化学物质残留。

4.3.2　欧盟食品安全法律法规

欧盟具有较完善的食品安全法律体系,涵盖了“从农田到餐桌”的整个食物链。欧盟关于食品质量安全的法律法规有 20 多部,如《通用食品法》《食品卫生法》《动物饲料法规》以及《添加剂、调料、包装和放射性食物的法规》等。还有一系列的食品安全规范要求,主要包括:动植物疾病控制规定;农药、兽药残留量控制规范;食品生产、投放市场的卫生规定;对检验实施控制的规定;对第三国食品准入的控制规定;出口国官方兽医证书的规定。

欧盟的食品安全的监管实行欧盟和各成员国的两级监控制度。欧盟的执行机构是食品和兽医办公室,负责监督各成员国执行欧盟立法的情况和第三国进口到欧盟的食品安全情况。

尽管欧共体自成立起就一直关注食品安全，食品危害事件仍不时发生，特别是疯牛病事件严重地影响了欧盟消费者的信心，20 世纪 90 年代的欧洲食品质量安全制度已不再能满足社会的安全需要。

为了确保食品质量安全，恢复消费者的信心，欧盟加强了对食品安全的管理。目前欧盟已经建立了一个较完善的食品安全法规体系，形成了以《欧盟食品安全白皮书》为核心的各种法律、法令、指令等并存的食品安全法规体系新框架。到目前为止，欧盟已经制定了 13 类 173 个有关食品安全的法规标准，其中包括 31 个法令、128 个指令和 14 个决定，其法律法规的数量和内容在不断增加和完善中。在欧盟食品安全的法律框架下，各成员国如德国、荷兰、丹麦等也形成了一套各自的法规框架，这些法规并不一定与欧盟的法规完全吻合，主要是针对成员国的实际情况制定的。

2000 年，欧盟公布了《欧盟食品安全白皮书》，并于 2002 年 1 月 28 日正式成立了欧盟食品安全管理局(EFSA)，同时颁布了第 178/2002 号指令，规定了食品安全法规的基本原则和要求及与食品安全有关的事项和程序。欧盟食品安全管理局由管理委员会、行政主任、咨询论坛、科学委员会和 8 个专门科学小组构成。依据独立性、科学性、透明性原则，该权威机构的特点是以最先进的科学为指导，独立于工业和政治利益，向社会公开所进行的严格评审。目前欧盟食品质量安全监控政策的制定主要依据《欧盟食品法》、欧盟食品安全权威机构的工作以及新的官方监控方法。

《欧盟食品安全白皮书》长达 52 页，包括执行摘要和 9 章的内容，用 116 项条款对食品安全问题进行了详细阐述，制定了一套连贯和透明的法规，提高了欧盟食品安全科学咨询体系的能力。白皮书提出了一项根本改革，就是食品法以控制“从农田到餐桌” 全过程为基础，包括普通动物饲养、动物健康与保健、污染物和农药残留、新型食品、添加剂、香精、包装、辐射、饲料生产、农场主和食品生产者的责任，以及各种农田控制措施等。

第 178/2002 号法令主要制定了食品法律的一般原则和要求、建立 EFSA 和制定食品安全事务的程序，该法令是欧盟的又一个重要法规。第 178/2002 号法令包括界定食品、食品法律、食品商业、饲料、风险分析等 20 多个概念。一般食品法律部分主要规定食品法律的一般原则、透明原则、食品贸易的一般原则、食品法律的一般要求等。EFSA 部分详述 EFSA 的任务和使命、组织机构、操作规程，EFSA 的独立性、透明性、保密性和交流性，EFSA 的财政条款，EFSA 其他条款等。快速预警系统、危机管理和紧急事件部分主要阐述了快速预警系统的建立和实施、紧急事件处理方式和危机管理程序。程序和最终条款主要规定委员会的职责、调节程序及一些补充条款。

其他欧盟食品安全法律法规中的主要农产品(食品)质量安全方面的法律有《通用食品法》《食品卫生法》《添加剂、调料、包装和放射性食物的法规》等，另外还有一些由欧洲议会、欧盟理事会、欧委会单独或共同批准，在《官方公报》公告的一系列 EC、EEC 指令，如关于动物饲料安全法律的、关于动物卫生法律的、关于化学品安全法律的、关于食品添加剂与调味品法律的、关于与食品接触的物料法律的、关于转基因食品与饲料法律的等。

近年来，欧盟不断改进立法和开展相关行动，尤其自 2000 年以来，欧盟对食品安全条例进行了大量修订和更新。以食品卫生法规为例，欧盟出台了许多理事会指令，这些指令又经过了数次修订，修订的主要依据是“从农田到餐桌”的综合治理以及 GMP 和 HACCP 原则等。

欧洲议会与欧盟理事会 2004 年 6 月发布 2004/41/EC 规章宣布，欧盟自 2006 年 1 月 1

日起停止使用涉及水产品、肉类、肠衣、奶制品等食品的91/492/EEC、91/493/EEC、91/494/EEC、91/495/EEC等16个指令，并对部分发布执行的指令内容进行了修订，同时发布了2004/852/EC、2004/853/EC、2004/854/EC、2004/882/EC 4个欧盟规章，对欧盟各成员国生产的以及从第三国进口到欧盟的水产品、肉类、肠衣、奶制品以及部分植物源性食品的官方管理与加工企业的基本卫生等提出了新的规定要求。这些规章自2006年1月1日起施行。新的《欧盟食品及饲料安全管理法规》具有两项功能：一是对内功能，所有成员国都必须遵守，如有不符合要求的产品出现在欧盟市场上，无论是哪个成员国生产的，一经发现立即取消其市场准入资格；二是对外功能，即欧盟以外的国家，其生产的食品要想进入欧盟市场都必须符合这项新的法规，否则不准进入欧盟市场。

新的食品及饲料安全管理法规在四方面发生重大变化：一是法规数量被大大简化，新法规将不再把食品安全和贸易混为一谈，只关注食品安全、动物健康与动物福利问题；二是突出强调了食品"从农田到餐桌"的全过程控制管理，强调了食品生产者在保证食品安全中的重要职责，对食品从原料到成品储存、运输以及销售等环节提出了具体明确的要求，要杜绝食品生产过程中可能产生的任何污染，更加强调食品安全的零风险；三是突出了食品生产过程中的可追溯管理与食品的可追溯性，强调食品尤其是动物源性食品的身份鉴定标识与健康标识；四是强调了官方监管部门在保证食品安全中的重要职责，官方监管控制工作涉及保护公众健康的所有方面，包括保护动物的健康和福利方面。这将意味着今后向欧盟出口的农产品，不但要符合欧盟食品安全相关标准，还要放大延伸食品安全管理链条，这一改变对我国官方监管工作与出口生产企业提出了更高的要求。

近几年来，欧盟在食品安全方面主要采取了以下措施：成立欧洲食品安全局，对食品生产的各个环节加强监管；进行食品安全立法，加强食品安全管理；加强对食品安全的监控；建立快速警报系统及其他措施，快速应对食品危机事件。

欧盟在食品安全管理方面最主要的特点就是强调食品安全要"从农田到餐桌"，食品安全存在于整个食品链中，从原料的生产到最后的消费。可以说，疯牛病、口蹄疫等食品安全危机暴露了欧盟食品安全政策的缺陷，而食品安全危机的严重性又迫使欧盟尽快推行严格的食品安全政策。另外，随着欧洲一体化的深入和欧盟的东扩，欧盟食品安全政策会受到更严峻的挑战，欧盟也会进一步加强对食品安全的控制。

4.3.3 德国食品法律法规

4.3.3.1 德国食品安全监督机制

德国是欧盟的重要成员国，在欧盟的法律框架内，德国政府致力于监管措施的日趋完善，建立健全了食品安全监督机制和快速预警机制，在"从农田到餐桌"的全过程食品监督中采用以"风险管理"为主，政府、企业、研究机构和公众共同参与的监管模式，较好地解决了食品质量安全问题。

在欧洲食品安全局（EFSA）的架构内，德国于2001年将原食品、农业和林业部改组为消费者保护、食品和农业部，接管了卫生部的消费者保护和经济技术部的消费者政策制定职能，对全国食品安全统一监管，并于2002年设立了联邦风险评估研究所、联邦消费者保护和食品安全局两个专业机构。为了保证国家制定的法律法规得到贯彻执行，德国各州、大区、专区和城市政府都设立了负责食品安全的监管部门，形成了统一的监管体系。联邦消费者保护、食品和农业部的主要职责是制定政策，将欧盟的法规转化为德国法律，对各州进行监督协调。联邦消费者保护和食品安全局是专业监督执法部门，对联邦、各州执行政策法规进行协调，进行日常管理和风险危机处置，并对保健品、化妆品及有关器具进行管理。联邦风险评估研究所对食品安全、动物技术、植物基因进行检验评估，为食品安全提供咨询，不仅对食品本身，对与食品有关的材料、包装也进行风险评估。

为预防和控制食品安全风险，全球食品生产、食品贸易在很大程度上都要借助检验检测手段，德国建立起了官方的和非官方的多层次检验检测机构和体系，大体上分为三个层次。第一层次是企业自我检测，这是基础。联邦德国制定的食品安全政策措施都是建立在一定经济利益基础上的，促使企业重视并加强自我检测。第二层次是中介机构检测，它是介于企业与政府之间完全独立的技术检测机构，它可以受政府、企业、行业、协会等委托从事检验业务，收取一定报酬。第三层次是政府检验检测，不收取费用。德国的食品安全监管是以检验检测为基础的，检验标准、操作规范统一，食品生产企业重视和自觉地加强自我检验，这对从源头确保食品安全非常重要。中介检测机构独立于企业和监管部门之外，有利于防止权力滥用，保证检验结果的真实、准确和公正。

在德国食品安全管理机制中，食品安全的首要责任是生产者、加工者和经营者的责任，政府部门的主要责任是通过加强监管，最大限度地降低食品安全风险。《欧盟食品安全白皮书》规定，食品生产加工者、饲料生产者和农民对食品安全承担基础责任；政府当局通过国家监督和控制体系的运作来确保食品安全；消费者对食品的保管、处理与烹煮负责。在德国，只要监管部门履行了职责，有真实完整的监管记录，即使发生了食品安全事故，政府及管理部门均不承担责任，也不为事故造成的损失买单。

4.3.3.2 德国食品安全法律体系

德国食品安全法律体系的显著特点是食品安全法律法规的颁发和执法监督及研究鉴定实行权限分立、职能分开。食品安全法律法规由联邦议会和国会通过颁发。联邦各州是食品安全法律执行情况的监督主体。食品安全的问题评估和科学监督的主体是联邦风险评估研究所(BfR)，即过去负责医疗卫生的联邦消费者保护与兽医研究所(BgVV)，它还提供相关的信息材料和《HACCP-方案》的咨询。

德国食品安全法律体系涉及全部食品产业链，包括植物保护、动物健康、善待动物的饲养方式、食品标签标识等。德国在食品安全的法律建设中构架了四大支柱，它们互相补充、构成了范围广泛的食品安全法律体系的基础。

(1)《食品、烟草制品、化妆品和其他日用品管理法》(*Lebensmittel und Futtermittel gesetzbuches*, LFGB)　它是德国食品安全的核心法律，为食品安全其他法规的制定提供了原则和框架，主要目的是“全面保护消费者，避免食品、烟草制品、化妆品和其他日用品危害消费者健康，损害消费者利益”。2005年9月，德国新的《食品、烟草制品、化妆品和其他日用品管理法》(LFGB)取代了《食品和日用品管理法》(*Lebensmittel und Bedarfsgegen Staende Gesetz*, LMBG)。

(2)《食品卫生管理条例》(*Lebensmittel Hygiene Verordnung*)　它是LFGB的配套法规和细则，详尽规范了涉及食品安全的方方面面，具有很强的针对性和可操作性。

(3)《HACCP-方案》(*Hazard Analysis and Critical Control Point-Konzept*)　该方案对食品企业自我检查体系和义务作了详细规范，对食品生产和流通过程中可能发生的危害进行确

认、分析、监控，从而预防任何潜在危险，或将危害消除以便降低到认可的程度，保证食品安全。HACCP 体系是以预防为主的食品安全有效控制体系。FAO/WHO 的《国际食品法典》(*Codex Alimentarius*)推荐采用 HACCP 体系，这一做法已经得到国际权威机构和主要发达国家的认可。

(4)食品卫生良好操作规范的《指导性政策》　它是欧盟统一的食品安全法案——《欧洲议会指导性法案 93/43/EWG》在德国的具体化，属于辅导性措施，以企业自愿为原则，由德国标准研究院(DIN)和相关行业协会颁发。

在食品安全法律体系的四大基础支柱之上，德国颁布了一系列法规和标准，再加上在德国适用的欧盟法案，形成了法理严密、权限清楚、惩罚分明、可操作性强的德国食品安全法律体系。

主要食品法规如《畜肉卫生法》《畜肉管理条例》《禽肉卫生法》《禽肉管理条例》《混合碎肉管理条例》对肉类和肉制品，《鱼卫生条例》对鱼和瓣鳃纲动物及其产品，《奶管理条例》对奶和乳制品，《蛋管理条例》对蛋和蛋制品分别进行了法律规范。

其他食品安全法规如《纯净度标准》对食品添加剂，《残留物最高限量管理条例》对食品中有害物质残留，《欧洲国会和议会(EG)Nr 258/97 法案》对新型食品及转基因食品，《植物保护法》对农药登记和使用等分别进行了法律规范。

4.3.4　法国食品法律法规

4.3.4.1　法国食品安全监管机制

法国的农业十分发达，54%的国土面积为农业用地，农业就业人口只占总就业人口的3%，是仅次于美国的世界第二大农产品出口国。法国农业有这么好的成绩离不开欧盟的共同农业政策和优秀的食品质量。

在法国，对食品安全的监督来自四个方面的压力：一是来自欧洲食品安全局对法国食品质量的监控及提出的警告、预警、质量通告、安全指令等，隶属于欧洲食品安全局的法国食品安全局的主要职责是为法国政府提供食品安全方面的咨询和建议，发布食品安全警报，并在全法国设有约 50 个实验室；二是来自消费者的压力，法国消费者协会会定期或不定期进行食品质量调查并通过其杂志予以公布；三是来自食品行业内部管理的压力；四是来自政府的压力，法国政府对食品质量安全问题的监管明确由农业部、经济财政和工业部以及卫生团结部等三大部门协同配合，全方位实现对食品质量安全的全程监控。

法国农业部肩负着从生产到销售各环节的技术性质量安全管理的全程监控职责，主要体现在对食品质量安全的技术规范及其管理，对动植物卫生健康的监督管理，以及对食品质量安全的全程监察等三大职能。

农业部门食品质量安全监控主要由部食品司、地区分支机构和省级分支机构三级监控机构组成。以畜禽养殖为例，农业部食品司设有兽医服务与监察大队，负责对地区和省级分支机构的工作进行联络和协调。农业部在全国 26 个地区和 100 个省分别设立了兽医服务站和省分局，这些分局负责对食品生产、加工、贮运、销售等各个环节中食品质量安全法律、法规和强制性技术标准、规范等的执行情况进行监控。监察范围涉及食品质量及卫生安全的所有环节，如兽药、饲料的质量及使用情况，动物的健康管理及其生活环境和运输条件，野生动物的保护、保健及种群动态平衡，环境保护等，在各方面都有监督、检查和处罚权，必要时可对当事人进行查封处理，直至提交法院追究刑事责任。根据国家相关规定，各地的畜禽屠宰场和大型农贸批发市场都有常驻的兽医官，同时，对分布在各地的养殖农场实行划片区兽医官监察制度。为质量监察需要建立健全检验检测体系，农业部在国立农业科学院设有各类研究性专业实验室，并根据实际需要在全国各地设有约25家综合或专业性检测机构。

法国经济财政和工业部对食品质量的管理工作侧重于市场交易环节及卫生安全保证的诚信性监控检查。法国经济财政和工业部设有消费与竞争稽查局，局本部的主要职能一是将欧盟相关的法律法规运用于本国，二是对欧盟尚未制定的法律法规，根据本国实际制定适应的法律、法规。消费与竞争稽查局在全境100个省中分别设有分局，并根据实际需要在全国各地设有9个直属的综合性和专业性的检验检测机构。省分局没有制定和发布法律法规的权力，其主要职能是对国家颁布实施的法律法规等在辖区内的执行情况进行监控管理，拥有监督检查和执法处罚权。省分局对大型食品批发交易市场也派驻监察官员。监管措施主要是抽样检测、现场查验标签和票据、现场检查等，依据法律法规采取行政处罚措施，严重的可没收产品、查封机构、罚款，直至追究刑事责任。

法国卫生团结部一般只在因食品质量安全引发了公共健康安全问题之后介入调查和防控管理，并对违反公共卫生安全法律法规和不符合卫生许可的行为进行监察和处罚等。卫生团结部设有健康总局，在26个地区和100个省分别设有分局，并设有国立和地区级实验室。

以上三大部门的食品安全管理职能在特定条件下会有交叉，在出现重要食品质量安全事件时，必须协同配合，按照完全透明性、全程可追溯的原则完成各自的监控职能。

4.3.4.2 法国食品法律体系

法国早在1905年8月1日就颁布了有关食品安全的法律。20世纪70年代，随着欧洲共同市场的建立，在欧盟单一市场的框架下，法国食品安全立法主要基于欧盟食品质量安全规章条例，并不断修订现有的食品安全法律法规。1993年颁布并于1998年修订的《消费法》，涵盖了产品生产全过程的每一个环节，对产品的组分、标签、生产和分销渠道进行了严格的规定，后经几次修改日趋完善，最近一次修订是在2013年7月。与《消费法》相对应的另一部法律为《农村法》，该法于2010年修订为《农业与海洋捕捞法》，不仅规范了食品生产企业的卫生环境，而且规定了卫生检查的内容和产品质量，同时还提出了从“农田到餐桌”可追溯的概念。1998年7月1日颁布的《公共健康监督与产品安全性控制法》则重新构建了食品质量安全体系，正式决定将风险评估和风险管理职能分离。

4.3.5 英国食品法律法规

4.3.5.1 英国食品安全监管机制

在英国，食品安全监管由联邦政府、地方主管当局以及多个组织共同承担。在英国，责任主体违法，不仅要承担对受害者的民事赔偿责任，还要根据违法程度和具体情况承受相应的行政处罚甚至刑事制裁。例如，根据《食品安全法》，一般违法行为根据具体情节处以5 000英镑的罚款或3个月以内的监禁；销售不符合质量标准要求的食品或提供食品致人健康受损的，处以最高2万英镑的罚款或6个月监禁；违法情节和造成后果十分严重的，对违法者最高处以无上限罚款或2年监禁。

英国法律授权监管机关可对食品的生产、加工和销售场所进行检查，并规定检查人员有权检查、复制和扣押有关记录，取样分析。食品卫生官员经常对餐馆、外卖店、超市、食品批发市场进行不定期检查。在英国，屠宰场是重点监控场所，为保障食品的安全，政府对各屠宰场实行全程监督；大型肉制品和水产品批发市场也是检查重点，食品卫生检查官员每天在这些场所进行仔细的抽样检查，确保出售的商品来源渠道合法并符合卫生标准。

在英国食品安全监管方面，一个重要特征是执行食品追溯和召回制度。监管机关如发现食品存在问题，可以通过计算机记录很快查到食品的来源。一旦发生重大食品安全事故，地方主管部门可立即调查并确定可能受事故影响的范围、对健康造成危害的程度，通知公众并紧急收回已流通的食品，同时将有关资料送交国家卫生部，以便在全国范围内统筹安排工作，控制事态，最大限度地保护消费者权益。为追查食物中毒事件，英国政府还建立了食品危害报警系统、食物中毒通知系统、化验所汇报系统和流行病学通信及咨询网络系统。严格的法律和系统监管有效地控制了有害食品在英国市场的流通。

4.3.5.2　英国食品安全的法律体系

健全的法律体系是食品安全监管顺利推行的基础。英国从 1984 年开始分别制定了《食品法》《食品安全法》《食品标准法》《食品卫生法》《动物防疫法》等，同时还出台了许多专门规定，如《甜品规定》《食品标签规定》《肉类制品规定》《饲料卫生规定》和《食品添加剂规定》等。这些法律法规涵盖所有食品类别，涉及“从农田到餐桌”整条食物链的各个环节。

4.3.5.3　英国食品标准局

为强化监管职能，根据《食品标准法》，英国政府于 1999 年成立了食品标准局(Food Standards Agency)。该局不隶属于任何政府部门，是独立的食品监督机构，负责食品安全总体事务和制定各种标准，代表英王履行职能，并向议会报告工作。食品标准局的职能：一是制定政策，即制定或协助公共政策机关制定食品(饲料)政策；二是服务，即向公共当局及公众提供与食品(饲料)有关的建议、信息和协助；三是检查，即获取并审查与食品(饲料)有关的信息，可对食品和食品原料的生产、流通及饲料的生产、流通和使用的任何方面进行检测；四是监督，即对其他食品安全监管机关的执法活动进行监督、评估和检查。食品标准局还设立了特别工作组，由该局首席执行官挂帅，加强对食品链各环节的监控。食品标准局总部设在伦敦，但在苏格兰、威尔士和北爱尔兰都有办事处，各地区均有执行其决定的官员。食品标准局制定的法规和消费提示在世界范围内都有一定的影响。如 2005 年 2 月 18 日，英国食品标准局就食用含有添加可致癌物质苏丹红色素的食品向消费者发出警告并在其网站上公布了 30 家企业生产的可能含有苏丹红一号的 359 个品牌的食品，揭开了对苏丹红一号从生产、流通、使用各环节拉网式围剿行动的序幕。

4.3.6　日本食品法律法规

4.3.6.1　日本食品安全管理机构

日本负责食品安全的管理机构主要由三个隶属于中央政府的政府部门组成：厚生劳动省、农林水产省和食品安全委员会。

(1)厚生劳动省　日本于 2001 年 1 月重组各省的架构，将厚生省与劳动省合并为现在的厚生劳动省。在该省下，医药食品局(Pharmaceutical and Food Safety Bureau)，尤其该局辖下的食品安全部(Department of Food Safety)，负责执行食品安全事宜。其主要业务内容是：执行食品卫生法保护国民健康，根据食品安全委员会的评估鉴定结果，制定食品添加物以及残留农药等的指数规格,执行对食品加工设施的卫生管理,监视并指导包括进口食品的食品流通过程的安全管理,听取国民对食品安全管理各项制度及其实施的意见,并促进和有关人士(消费者、生产者、专家学者)交换信息和意见。

食品安全部辖下负责食品事宜的各课列述如下。

①企划情报课(Policy Planning and Communication Division)。负责一般统筹及风险传达的事宜。该课辖下的检疫所业务管理室负责处理所有检疫事物及检查进口食品。

②基准审查课(Standards Evaluation Division)。负责制定食品、食品添加剂、残留农药、残留兽药、食品容器及标签的规格和标准。该课辖下的新开发食品保健对策室负责制定标签准则,以及处理基因改造食品的安全评估工作。

③监视安全课(Inspection and Safety Division)。负责执行食品检查、健康风险管理、家禽及牲畜肉类的安全措施,以及环境污染的措施。该课辖下的输入安全对策室负责确保进口食品安全。

(2)农林水产省　农林水产省曾于2001年1月进行重组,以便有效实施《食品、农业、农村基本法》(*Basic Law on Food,Agriculture and Rural Areas*)的措施。鉴于日本越来越依赖进口食品,而食品自给自足的比率不断下降,为确保该国的食品供应稳定,农林水产省进行架构重组,以应付农业、林业及渔业在21世纪的改变。重组后的农林水产省设有综合食品局(General Food Policy Bureau),负责食品政策实施和涉及维持食品供应稳定的事宜。该局促进本土生产的食品供应,同时确保进口粮食及储备稳定。该局也提供有关健康饮食的信息,制定有机食品及基因改造食品的标签制度,发展强大的食品业,以及推动国际合作。

(3)食品安全委员会　在2003年5月,日本制定全国的《食品安全基本法》(*Food Safety Basic Law*),该法规定了食品安全委员会的职责及功能。食品安全委员会在2003年7月1日正式成立,它是独立的组织,负责进行食物的风险评估,而厚生劳动省及农林水产省则负责风险管理工作。

食品安全委员会的主要职责是:进行科学化及独立的食品风险评估,以及向相关各省提供建议;向有关各方(消费者及经营与食物有关业务的人士)传达食品风险的信息;就食品事故/紧急事故做出回应。

4.3.6.2　日本食品安全法律法规体系

日本拥有较完善的食品安全法律法规体系,主要有《食品卫生法》和《食品安全基本法》。根据相关法律规定,主要由厚生劳动省与农林水产省承担食品卫生安全方面的行政管理职能,农林水产省负责食品生产卫生和质量保证,厚生劳动省负责食品供应稳定和食品安全。

(1)《食品卫生法》　日本食品安全管理的主要依据是《食品卫生法》,该法制定于1947年,后来根据需要经过几次修订,最近一次于2003年5月30日修订并开始实施。该法由36条条文组成,是日本控制食品质量安全最重要的法律,适用于国内产品和进口产品。该法的特点有:该法涉及众多的对象;该法将权力授予厚生劳动省;该法赋予地方政府管理食品的重要作用,厚生劳动省与地方政府共同承担责任;该法是以HACCP为基础的一个全面的卫生控制系统。

(2)《食品安全基本法》　疯牛病事件之后,为了重新获取消费者的信任,日本政府修订了其基本的食品安全法律。日本参议院于2003年5月16日通过了《食品安全基本法》草案,于2003年7月开始实施。该法为日本的食品安全行政制度提供了基本的原则和要素,又是以保护消费者为根本、确保食品安全为目的的一部法律，既是食品安全基本法，又对与食品安全相关的法律进行了必要的修订。

《食品安全基本法》为日本的食品安全行政制度提供了基本的原则和要素。要点有 4 个：一是确保食品安全；二是地方政府和消费者共同参与；三是协调政策原则；四是建立食品安全委员会，负责进行风险评估，并向风险管理部门也就是厚生劳动省和农林水产省，提供科学建议。

除《食品卫生法》《食品安全基本法》外，与此相关的主要法规还有《食品卫生法实施规则》《食品卫生法实施令》《产品责任法(PL 法)》《植物检疫法》《计量法》等，与进出口食品有关的还有《输出入贸易法》《关税法》等。迄今为止，日本共颁布了 300 多项食品安全相关法律法规。

(3)肯定列表制度　2003 年 5 月，日本修订了《食品卫生法》。从 2003 年起，日本厚生劳动省根据修订后的《食品卫生法》，在 3 年内逐步引入食品中农药、饲料及饲料添加剂残留的“肯定列表制度”(Positive List System)。2005 年 11 月 29 日，日本厚生劳动省在官方网站上发布公告，正式公布“肯定列表制度”的主要内容，并宣布于 2006 年 5 月 29 日起开始实施制度，执行新的农业化学品残留限量标准。此后，厚生劳动省又陆续发布了多项与“肯定列表制度”有关的规定、说明和通知，不断完善和补充这一农业化学品残留的管理体系。与日本过去的规定相比，新体系对食品中农业化学品残留限量的要求更加全面、系统和严格。

日本“肯定列表制度”涉及的农业化学品残留限量，目前包括 62 410 个限量标准，主要有以下 4 个类型：

①“暂定标准”共涉及农药、兽药和饲料添加剂 734 种，农产品食品 264 种(类)，暂定限量标准 51 392 条。

②“沿用原日本限量标准而未重新制定暂定限量标准”共涉及农业化学品 63 种，农产品食品 175 种，残留限量标准 2 470 条。

③“统一标准”是对未涵盖在上述标准中的所有其他农业化学品或其他农产品制定的一个统一限量标准或一律标准，即 0.01 mg/kg。

④“豁免物质”共 9 类 68 种，其中杀虫剂和兽药 13 种、食品添加剂 50 种、其他物质 5 种。

此外，还有 15 种农业化学品不得在任何食品中检出；有 8 种农业化学品在部分食品中不得检出，涉及 84 种食品和 166 个限量标准。

“肯定列表制度”提出了食品中农业化学品残留管理的总原则，厚生劳动省根据该原则，采取了以下 3 个具体措施：

①确定“豁免物质”，即在常规条件下其在食品中的残留对人体健康无不良影响的农业化学品。对于这部分物质，无任何残留限量要求。

②针对具体农业化学品和具体食品制定的“最大残留限量标准”。

③对在豁免清单之外且无最大残留限量标准的农业化学品，制定“一律标准”。

4.3.7　韩国食品法律法规

韩国政府虽然一直十分重视食品安全问题，食品安全问题依然时有发生。例如，2011 年的“甲醛牛奶”事件、2010 年的章鱼内脏重金属含量超标事件、2004 年的“垃圾饺子”事件等。随着这些食品安全事故的发生和最近一些新型食品原料(如转基因食品、新资源食品等)的产生，韩国也在不断地调整相应监管机构职责并制定一些新的法律法规，以提高本国食品品质和市场竞争力，保障食品安全。

4.3.7.1 韩国食品安全管理机构

韩国食品安全管理机构的设立是为了保证食品安全，提高食品品质和市场竞争力。韩国的食品安全管理机构主要有食品安全政策委员会、食品医药品安全处、农林畜产食品部和海洋水产部。

(1)食品安全政策委员会　类似于我国的国务院食品安全管理委员会，于2008年成立，是国务总理室下属的审议委员会，是“为了构建食品安全促进体系，保证食品安全政策的有效性”而成立的。该部门主要的工作内容是制定食品安全管理计划，制定食品安全相关的主要政策，制定和修订食品安全相关标准规范等相关事项，制定卫生性评价的相关事项和重大安全事故的综合应对措施相关事项以及其他与食品安全相关的重要事项。食品安全政策委员会的委员长为国务总理，其中食品医药品安全处长、农林畜产食品部长官和海洋水产部长官都是该委员会的委员。

(2)韩国食品医药品安全处　掌管韩国食品和保健食品、医药品、麻药类、化妆品、医药外品、医疗器械等安全事务的中央行政机关。1998年，韩国食品医药品安全厅作为保健福祉部的外厅被设立，2013年3月名称由食品医药品安全厅升级为食品医药品安全处，属于国务总理室的下属机关。2013年3月22日韩国对《政府组织法》进行了修改，对食品医药品安全处进行了扩大和改编。升级后的食品医药品安全处本部包括7个局(消费者危害预防局、食品安全政策局、食品营养安全局、农畜水产品安全局、医药品安全局、生物生药局、医疗器械安全局)、1个官(企划调整官)、44个科；下属机关包括食品医药品安全评价院、6个地方厅(首尔地方厅、釜山地方厅、京仁地方厅、大邱地方厅、光州地方厅、大田地方厅)和13个分所。

(3)农林畜产食品部　掌管韩国农产、畜产、粮食、耕地、水利、食品产业振兴、农村开发和农产品流通等事务的中央行政机关。1948年作为农林部被设立，1973年改为农水产部，1986年改为农林水产部，1996年改为农林部，2008年改为农林水产食品部，2013年3月改为农林畜产食品部。农林畜产食品部主要管理粮食的安全供给、农产物的品质、农民的收获；提高经营者的福利和农业的竞争力；负责相关产业的培育、农村地区的开发和国际农业的通商合作；负责食品产业的振兴和农产物的流通及价格稳定相关的事项。不过重点地区的农畜产品卫生安全管理的职责则移交给了食品医药品安全处。

(4)海洋水产部　掌管海洋政策、水产、渔村开发以及水产品流通、海运、港湾、海洋环境、海洋调查、海洋资源开发、海洋科学技术研究开发和海洋安全审判等相关事务的中央行政机关。2013年3月23日被设立并开始管理国土海洋部移交给的海洋业务和农林水产食品部移交给的水产业务。

4.3.7.2 韩国食品法律法规体系

韩国在食品监管方面拥有完整的法律体系，目前韩国主要的食品安全管理相关法律法规有《食品卫生法》《食品安全基本法》《保健食品相关法》《畜产品卫生管理法》《农水产品品质管理法》等，其中《食品卫生法》和《食品安全基本法》尤为重要。韩国已经建立了相对完善的食品安全管理机构，并且制定了一套相对成熟的法律法规以及标准规范来为食品安全服务。随着中韩贸易往来的增加，了解韩国的监管机构与法规体系，可以在食品出口韩国时做到符合韩国的法律法规和限量要求，减少不合格率，从而避免财产上和物质上的双重损失。

4.3.8　加拿大食品卫生与安全法律法规

4.3.8.1　加拿大食品安全管理体制

加拿大食品安全管理采取的是分级管理、相互合作、广泛参与的模式。联邦、各省和市政当局都有管理食品安全的责任，负责实施法规和标准并对有关法规和标准的执行情况进行监督。在联邦一级的主要管理机构是加拿大卫生部和农业与农业食品部(Agriculture and Agri.-Food)下属的食品检验局(CFIA)。CFIA 是 1997 年加拿大把国内食品安全管理机构，把农业与农业食品部、渔业与海洋部、卫生部、工业部的食品安全监督管理职能整合到了一起建立起来的。这两个部门相互合作，各司其职。卫生部负责制定所有在加拿大出售的食品的安全及营养质量标准，并对食品检验局的食品安全工作情况进行评估，同时负责食品源疾病的监督与预警。CFIA 负责管理联邦一级注册、产品跨省或在国际市场销售的食品企业，并对有关法规和标准执行情况进行监督，实施这些法规和标准。省级政府的食品安全机构提供在自己管辖权范围内、产品本地销售的成千上万的小食品企业的检验。市政当局负责向经营最终食品的饭店提供公共健康的标准，并对其进行监督。政府要求农民、渔民、食品加工者、进口商、运输商和零售商根据标准、技术法规和指南来生产、加工和经营。家庭、饭店和机构食堂的厨师则要根据食品零售商、加工企业和政府提供的指南加工食品。CFIA 的合作单位——加拿大消费者食品安全教育组织还通过互联网向消费者提供如何避免病从口入的信息和知识。同时，加拿大其他联邦政府的部门也参与相关的食品安全管理工作，如外交部、国际贸易部参与食品进出口贸易和国际的食品安全合作。此外，大学和各种专门委员会，如加拿大谷物委员会，加拿大人类、动物健康科学中心和圭尔夫大学(University of Guelph)等机构也参与食品安全的工作。在加拿大，食品安全人人有责是一个普遍接受的原则，体现了参与的广泛性。

尽管参与食品安全管理的组织很多，但在联邦一级的 CFIA 是最主要的机构。CFIA 的使命有三项，即提高联邦一级食品企业的食品安全水平、保证动物的健康和福利、保护植物资源基础。其中提高加拿大的食品安全水平和保护加拿大消费者的健康是其最重要的职责。CFIA 直接向农业部长报告，提供所有与联邦食品安全有关的服务，主要是对在联邦注册管理的食品生产者、制造商、经销商和进口商进行监督，以核实其产品是否能够满足安全、质量、数量、成分、同一性以及操作、加工、包装、标签的标准。如果加拿大与其他国家间有相互的食品检验认证协议，CFIA 还向出口食品颁发证书，以证明这些食品达到了这些进口国的有关要求。CFIA 的一线检验员、兽医和科学家的日常工作涉及：对肉、蛋、奶、鱼、蜂蜜、水果、蔬菜及其加工品等食品进行检验，对动物屠宰和加工企业进行食品安全检验；促进和推广 HACCP 基于科学的食品安全管理方法；在发生食品安全紧急情况和事故时，及时地以适当的方式做出反应；满足其他国家的食品安全要求，并与其他国家政府合作，制定共同认可的食品安全操作方法和程序；规范食品标签，制止各种误导性的市场行为；对不符合联邦法规要求的产品、设施、操作方法采取相应处罚措施，甚至追究法律责任等。CFIA 总共有 4 800 多名训练有素的雇员，总部设在渥太华，在全加拿大有 4 个区域办公室，即大西洋、魁北克、安大略和西部办公室。还有 18 个地区办公室，185 个田间办公室和数百个工厂办公室。此外，CFIA 还有 21 个实验室和研究室。CFIA 的最终目标是食品安全状况能够百分之百满足所有联邦法规的要求。为了实现其目标，CFIA 采取的主要措施有：与产业界合作，建立和推行更为科学的管理规范；进行检验和测试，以评估与法律和规定的一致性，并采取强制行动以取得一致性，包括查封、移交、召回产品;在必要的时候,采取法律行动,包括征收处理罚款和起诉。其中,与产业界合作,建立和推行更为科学的管理规范,作为一种预防性的措施,具有重要的意义,备受青睐。

4.3.8.2 加拿大食品法律法规

由加拿大国会制定的法令和由政府机构等制定的法规是加拿大的主要法律形式,法规是法令的详细阐述,涉及食品安全的主要法律法规有:

(1)《食品药物法》 负责有关食品、药物、化妆品和医疗器械的卫生安全和防止商业欺诈(食品检验署只负责食品部分)。

(2)《肉品检验法》 规定了如何制定合法登记的生产单位生产安全、符合一定标准的肉类制品所应达到的标准和要求,以及在省级和国际市场上出售时为防止欺诈所做标识的标准和要求。

(3)《鱼类检验法》 规定了有关鱼类产品和海洋植物的捕捞、运输和加工的标准和要求,包括了省级贸易和外贸进出口的鱼类产品和海洋植物。

(4)《加拿大农业产品法》 就如何监督在联邦登记注册的企业生产农业产品(例如奶品、枫叶产品、加工品)规定了基本原则,并制定了促进省级贸易和外贸进出口食品的安全和质量的标准。

(5)《消费品包装和标识法》 防止包装食品和某些非食用产品在包装、标识、销售、进口和广告方面的商业欺诈(食品检验署只负责食品部分)。

(6)《植物保护法》 防止对植物有害的疾病的传播,并就如何控制和消除疾病以及对植物进行认证做了规定。

(7)《化肥法》 协助确保化肥和营养补充产品安全、有效并标识准确。

(8)《种子法》 在种子的进出口和销售中对监管种子的质量、标识及登记注册规定了标准。

(9)《饲料法》 管理牲畜饲料的生产、销售和进口。

(10)《动物卫生检疫法》 防止将动物疾病传入加拿大并防止对人类健康或国家的畜牧业经济构成危害的疾病在国内的传播。

以上每一部法律都制定有数量不等的配套法规,分别对法令所涉及的产品或领域进行详细的阐述并提出具体的要求。

4.3.9 澳大利亚食品法律法规

4.3.9.1 澳大利亚食品管理体系

澳大利亚作为一个联邦制国家,联邦政府负责对进出口食品进行管理,保证进口食品的安全,确保出口食品符合进口国的要求。国内食品由各州和地区政府负责管理,各州和地区制定自己的食品法,由地方政府负责执行。联邦政府中负责食品的部门主要有两个:卫生和老年关怀部下属的澳大利亚新西兰食品管理局(ANZFA)和农业、渔业和林业部下属的澳大利亚检疫检验局(AQIS)。

ANZFA 是根据《澳大利亚新西兰食品标准法 1991》设立的法定管理机构,于 1996 年正式成立。ANZFA 负责在澳、新两国制定统一的食品标准法典(FSC)和其他的管理规定。另外,在澳大利亚,它还负责协调澳大利亚的食品监控、与州和地区政府合作协调食品回收、进行与食品标准内容有关的问题的研究、与州和地区政府合作进行食品安全教育、制定可能包括在食品标准中的工业操作规范,以及制定进口食品风险评估政策。FSC 的主要内容包括在澳大利亚出售的食品的成分和标签标准、食品添加剂和污染物的限量、微生物学规范以及对营养标签和标示声明的要求。

AQIS 成立于 1987 年,由原澳大利亚农业卫生和检疫局与澳大利亚出口检验局合并而成。AQIS 的主要职责是进行口岸检疫和监督、进口检验、出口检验和出证、国际联络。

4.3.9.2　澳大利亚进口食品管理

尽管澳大利亚作为世界主要的食品原料和加工食品生产国,进口食品的比例不大,但近年来食品进口量一直保持持续增长。

所有进口到澳大利亚的食品必须遵守进口食品计划(The Imported Foods Program, IFP),IFP 的目的在于保证进口到澳大利亚的食品符合澳大利亚的食品法律。根据有关的谅解备忘录,由 ANZFA 负责制定进口食品的政策,具体的执行由 AQIS 负责。根据 IFP 的要求,进口到澳大利亚的食品必须首先符合有关的检疫(动植物卫生)要求,同时也必须满足《进口食品管理法》(1992)中有关食品安全方面的规定。

(1)检疫　澳大利亚对进口动植物,包括新鲜和部分加工的食品实行严格的检疫措施。要求对某些进口食品进行不同的处理如熏蒸消毒等,同时要求附有进口许可证和原产国有关机构出口证书的证明。这些食品主要有鸡肉、猪肉、牛肉(特别是来自口蹄疫为地方性疾病国家的)、蛋和蛋制品、热带水果和蔬菜、乳制品、大马哈鱼和牡蛎等。

(2)食品安全　进口澳大利亚的食品必须符合 FSC 的规定。

①进口食品风险评估。根据《进口食品管理法》(1992)的规定,ANZFA 负责按照评估的风险对进口食品进行分类,并且定期进行全面审核。一旦 ANZFA 了解到某种或某类特定的食品与一种潜在的危害有关时,就会将进行风险评估的计划通知有关团体,具体的风险评估方法按照风险分析的有关原理进行。此外,在进行风险分类时,还要考虑危害是短期的还是长期的,以及可能产生的后果。危害可能立即或短期产生后果(如细菌污染)的食品被划分在高风险类别,危害可能长期产生后果(如重金属污染)的食品被划分在风险类别。进口食品检验的性质和频度最终由评估的风险性质决定。

②进口食品检验。根据《进口食品管理法》(1992)的规定,AQIS 负责对进口食品实施监控。具体的监控根据下列类别进行:风险类别食品;主动监督类别食品;随机监督类别食品。

所有进口食品必须按照国际通用的关税表分类向澳大利亚海关申报,AQIS 与海关的计算机网络直接连接,根据监督类别和以往的进口记录决定对该批食品进行检验或是放行。AQIS 并不是对所有项目都进行检查,它主要对标签进行审查及对安全项目进行目视检验。

AQIS 与许多外国政府机构签订协议,承认这些机构对一些种类食品的认证,这些具有证书的食品在进口时无须检验(在进行审查或者存在某批值得注意的货物时的情况除外)。如经加拿大食品检验局出证的所有水产品、由原中国地方商检局出证的蘑菇罐头等。

4.3.9.3　澳大利亚出口食品管理

食品出口在澳大利亚食品工业中占有十分重要的地位,不过,出口食品中粗加工食品比重较大。澳大利亚近 80%的食品用于出口。在澳大利亚,完全为国内消费生产的食品厂家很少,大多数食品企业同时为国内外市场进行生产。

为了保证出口食品的质量，澳大利亚制定了一系列的法律法令，主要包括澳大利亚《出口管理法》(1982)、《规定货物一般法令》、《出口肉类法令》、《野味、家禽和兔肉法令》、《(加工食品)出口管理法令》、《(新鲜水果和蔬菜)出口管理法令》、《(动物)出口管理法令》、《(有机产品认证)出口管理法令》、《(谷物、植物和植物产品)出口管理法令》等。此外，根据《出口管理法》(1982)的规定，AQIS还可以依据《出口管理法》(1982)制定相关的法令和命令。

AQIS对出口企业实行注册制度。生产不同食品的企业必须满足不同的要求。企业首先应当向AQIS提出申请，提交有关材料。AQIS将对申请材料和企业进行审查和检查，并对合格企业颁发注册证书和注册号。AQIS每年对注册企业进行复审。

出口食品的检验由AQIS委托经澳大利亚国家检验机构协会(NATA)认证的实验室进行。NATA是经澳大利亚联邦政府认可的唯一一家全国性的实验室认证机构，负责对实验室进行评估和认证。所有为AQIS提供分析数据的实验室都必须获得NATA认证。同时，《(加工食品)出口管理法令》中规定采用的分析方法应当是美国官方分析化学家协会(AOAC)、国际食品法典委员会或澳大利亚的标准方法。

AQIS目前正在推广HACCP管理体系，以确保出口食品和农产品的卫生质量。已经建立HACCP体系的食品类别有肉类、乳制品、鱼、加工水果和蔬菜、干果等。

澳大利亚的出口食品分为两类："规定"食品与"非规定"食品。后者出口无须得到出口许可证，而大多数"规定"食品未经AQIS检验不得出口。"规定"食品主要包括：肉类(野味、家禽、兔肉)，乳制品，鱼(鲜鱼)，蛋及蛋制品，干果，绿豆，谷物，加工水果和蔬菜，新鲜水果和蔬菜等，它们必须符合《规定货物一般法令》和相应商品出口法令的规定，如《出口肉类法令》等。

由于肉类出口在澳大利亚食品出口中占有举足轻重的地位，因此，澳大利亚的出口管理分为肉类和其他"规定"食品两种模式。

思考题

1.我国食品法律法规相对于国际食品法律法规存在哪些缺陷？应如何改善？

2.ISO在食品标准与法规中的作用和地位是什么？

3.简述欧盟食品法律法规的现状以及对我国法律法规制定及实施的影响。

4.谈谈有机农业的优点以及发展有机农业的原因。

5.简述与食品有关的国际食品组织的机构和工作范围。

6.美国食品安全法律法规的体系是什么？有何特点？

7.加拿大的食品安全管理机制如何？有哪些主要的法律法规？

8.日本的食品安全管理机构有哪些？什么是"肯定列表制度"？

9.欧盟食品安全法律法规的体系是什么？有何特点？

10.简述德国食品安全法律体系的主要内容和特点。

11.法国的食品安全监管机制如何？各部门的食品安全管理职能是什么？

12.韩国的食品安全管理机构有哪些？有哪些主要的法律法规？

参考文献

[1]刘少伟，鲁茂林.食品标准与法律法规[M].北京：中国纺织出版社，2013.

[2]凌俊杰，程禹，梁超.国内外食品安全追溯及系统分析[J].食品工业，2013(5)：

186-190.

[3]何翔.食品安全国家标准体系建设研究[D].长沙:中南大学,2013.

[4]韦玮.我国食品标准制定现状与对策研究[D].重庆:西南政法大学,2013.

[5]马文娟,和文龙,韩瑞阁,等.国际有机农业运动联盟有机生产和加工基本标准研究[J].世界农业,2011(2):7-11.

[6]黄中夯,黄友静.联合国粮农组织和世界卫生组织食品法律范本[J].国外医学(卫生学分册),2007(2):124-128.

[7]褚小菊,冯婧,陈秋玉.基于 ISO 22000 标准的中国食品安全管理体系认证解析[J].中国质食品安全质量检测学报,2014(4):1250-1257.

[8]吴天真.核心企业主导下的食品可追溯体系信息共享机理研究[D].北京:中国农业大学,2015.

[9]吴晓云.ISO 22000 在福建乌龙茶生产中的应用研究[D].福州:福建农林大学,2013.

[10]黄平,郑勇奇.国际植物新品种保护公约的变迁及日本和韩国经验借鉴[J].世界林业研究,2012,25(3):64-69.

[11]路平,张衍海,郑增忍,等.OIE 兽医体系效能评估初步研究[J].中国动物检疫,2013,30(11):10-13.

[12]王力坚,孙成明,陈瑛瑛,等.我国农产品质量可追溯系统的应用研究进展[J].食品科学,2015,36(11):267-271.

[13]中国养殖业可持续发展战略研究项目组.中国工程院重大咨询项目:中国养殖业可持续发展战略研究:养殖产品加工与食品安全卷[M].北京:中国农业出版社,2013.

[14]刘雄,陈宗道.食品质量与安全[M].北京:化学工业出版社,2009.

[15]谭智心.发达国家和地区政府食品安全监管的主要做法[J].世界农业,2013(11):1-5.

[16]刘亚平,杨美芬.德国食品安全监管体制的建构及其启示[J].德国研究,2014(1):4-17.

[17]周峰.欧盟食品安全管理体系对我国的启示[J].山东行政学院学报,2015(2):120-123.

[18]陈潇源,黄金梅.美国食品安全监管模式对中国食品安全监管体系再造的启示[J].经济研究导刊,2014(31):327-328.

[19]张璐.日本食品安全监管体系及法规现状[J].食品安全导刊,2015(25):68-69.

[20]李琳.韩国食品安全管理机构和法律法规体系简介[J].食品安全导刊,2014(8):68-69.

[21]段胜男.IPPC 新发布 10 项植物检疫措施标准[J].植物检疫,2012,26(4):100.

[22]隋军.SPS 措施通报应用的发展及对中国的启示[J].暨南学报(哲学社会学版),2013(8):53-59.

[23]孙京新.调理肉制品加工技术[M].北京:中国农业出版社,2014.

[24]中国科学技术协会.2012—2013 食品科学技术学科发展报告[M].北京:中国科学技术出版社,2014.

[25]张建新.食品标准与技术法规[M].北京:中国农业出版社,2014.

[26]食品伙伴网 https://www.foodmate.net/.

[27]杨玉红,魏晓华.食品标准与法规[M].2版.北京:中国轻工业出版社,2018.

[28]张建新,陈宗道.食品标准与法规[M].北京:中国轻工业出版社,2017.

[29]余以刚.食品标准与法规[M].2版.北京:中国轻工业出版社,2017.

[30]艾志录.食品标准与法规[M].北京:科学出版社,2016.

[31]李湖中,孙大发,屈鹏峰,等.国内外特殊医学用途配方食品法规标准与安全管理对比分析[J].中国食物与营养,2020,26(5):29-34.

[32]邓攀,陈科,王佳.中外食品安全标准法规的比较分析[J].食品安全质量检测学报,2019,10(13):4050-4054.

[33]孙红梅,刘凤松.国内外食品安全法规与标准体系现状[J].中国食物与营养,2018,24(4):23-25.

第5章

食品标准化基础知识与标准编写

本章学习目的与要求

1. 明确标准化的相关概念。
2. 学习标准化活动的基本原则和标准化方法原理。
3. 熟悉标准的分级、分类，标准体系表的作用和编制方法。
4. 掌握标准化文件的构成及编写的基本要求。

5.1 标准与标准化

标准化是人类在长期生产实践过程中逐渐摸索和创立起来的一门科学,也是一门重要的应用技术。标准化是组织现代化生产的重要手段,是发展市场经济的技术基础,是科学管理的重要组成部分。标准化水平反映了一个国家的生产技术水平和管理水平。

食品标准化是全面提升食品质量和安全水平,保障消费者健康的关键;是提高国家食品产业竞争力的重要技术支撑;是实现食品产业结构调整的重要手段;是国家食品监督管理、规范市场秩序的依据。因此,学习和掌握食品标准与标准化的基本理论和基础知识具有重要的意义和作用。食品科学与工程等相关专业本科毕业生应该做到以下 4 点:

①掌握标准化的基础知识;

②树立较强的标准化意识;

③熟悉与食品专业等有关的主要国际、国家与行业标准;

④自觉地实施现行标准,懂法、执法。

5.1.1 标准与标准化概念

标准化作为一门独立的学科,有它特有的概念体系。研究标准化的概念,对标准化学科的建设和发展以及开展和传播标准化的活动具有重要意义。

“标准化”和“标准”是标准化概念体系中最基本的概念。

5.1.1.1 “标准化”定义

我国国家标准《标准化工作指南 第 1 部分:标准化和相关活动的通用术语》(GB/T 20000.1—2014)对“标准化”的定义是:

“为了在既定范围内获得最佳秩序,促进共同效益,对现实问题或潜在问题确立共同使用和重复使用的条款以及编制、发布和应用文件的活动。

“注 1:标准化活动确立的条款,可形成标准化文件,包括标准和其他标准化文件。

“注 2:标准化的主要效益在于为了产品、过程或服务的预期目的改进它们的适用性,促进贸易、交流以及技术合作。”

标准化的定义包含下述含义:

①标准化的出发点是“获得最佳秩序,促进共同效益”。

②标准化是一个活动过程,其活动的核心是标准。标准化是制定标准、实施标准和修订标准的活动过程。

③标准化是一项有目的的活动,其目的就是使产品、过程或服务具有适用性。

④标准化活动是建立规范的活动,该规范具有共同使用和重复使用的特征。条款或规范不仅针对当前存在的问题,而且针对潜在的问题,这是信息时代标准化的一个重大变化和显著特点。标准化是一种科学活动,伴随着科学技术的进步和人类实践经验的不断深化,需要重新修订、贯彻标准,达到新的统一,具有不断循环、螺旋式上升的特征。

5.1.1.2 “标准”定义

我国国家标准 GB/T 20000.1—2014 对“标准”的定义是:

“通过标准化活动，按照规定的程序经协商一致制定，为各种活动或其结果提供规则、指南或特性，供共同使用和重复使用的文件。

“注1：标准宜以科学、技术和经验的综合成果为基础。

“注2：规定的程序指制定标准的机构颁布的标准制定程序。

“注3：诸如国际标准、区域标准、国家标准等，由于它们可以公开获得以及必要时通过修正或修订保持与最新技术水平同步，因此它们被视为构成了公认的技术规则。其他层次上通过的标准，诸如专业协(学)会标准、企业标准等，在地域上可影响几个国家和地区。”

标准的定义包含下述含义：

①标准产生的基础是科学研究的成就、技术进步的新成果和先进的实践经验的结合。

②标准的对象是具有重复性的事物，标准是重复使用的文件。

③标准是一种特殊文件，该文件需按规定程序经协商一致制定。

综上所述，标准是科学、技术和实践经验的综合成果，是先进的科学与技术的结合，是理论与实践的统一，是综合现代科学技术和生产实践的产物。标准随着科学技术与生产的发展而发展，具有时效性，它是协调社会经济活动，规范市场秩序的重要手段，它既是科学技术研究和生产的依据，又是贸易中签订合同、交货和验货、仲裁纠纷的依据。

而在世界贸易组织《贸易技术壁垒协议》(WTO/TBT)中，“技术法规”指强制性文件，“标准”仅指自愿性文件。

(1)技术法规　WTO/TBT对“技术法规”的定义是：“强制执行的规定产品特性或相应加工和生产方法(包括可适用的行政或管理规定在内)的文件。技术法规也可以包括或专门规定用于产品、加工或生产方法的术语、符号、包装、标志或标签要求。”

技术法规是指规定技术要求的法规，它或者直接规定技术要求，或者通过引用标准、技术规范或规程来规定技术要求，或者将标准、技术规范或规程的内容纳入法规中。

(2)标准　WTO/TBT对“标准”的定义是：

“由公认机构批准的、非强制性的、为了通用或反复使用的目的，为产品或相关加工和生产方法提供规则、指南或特性的文件。标准也可以包括或专门规定用于产品、加工或生产方法的术语、符号、包装、标志或标签要求。

“注：ISO/IEC指南2定义的标准可以是强制性的，也可以是自愿性的。本协议中标准定义为自愿性文件，技术法规定义为强制性文件。”

该定义是在发达国家普遍存在强制性技术法规的情况下产生的。在我国，当前还存在相当数量的强制性标准，也是“标准”的一部分。我国的强制性标准也发挥了国外某些技术法规的作用。这是目前我国的管理、法规体制与国际的差异所致。

5.1.1.3　“食品标准”与“食品标准化”概念

(1)“食品标准化”概念　基于GB/T 20000.1—2014中对标准化的定义，结合食品满足人们基本健康需求的属性，“食品标准化”可定义为：为了在食品领域特定范围内获得最佳秩序，促进共同效益，对食品基础性问题，现实或潜在的食品技术问题确立共同使用和重复使用的条款以及编制、发布和应用文件的活动。

食品标准化的定义揭示出其具有下述特征：

①食品标准化是一个活动过程。

②制定食品标准是食品标准化活动的基础。

③实施食品标准是实现食品生产管理和监管的关键。

(2)“食品标准”概念　食品标准的概念与标准的概念密不可分,结合食品的特点,可将“食品标准”定义为:通过食品标准化活动,按照规定的程序经协商一致制定,为食品各种活动或其结果提供规则、指南或特性,供共同使用和重复使用的文件。

食品标准的定义包含下述含义:

①食品标准的制定是基于食品科技的成果。

②食品标准制定有特定对象,即食品本身、食品生产过程、食品接触材料与制品、食品标签等。

③食品标准需要得到国家或相关组织认可。

5.1.2　标准化活动的基本原则

5.1.2.1　超前预防原则

标准化的对象不仅要在依存主体的实际问题中选取,而且更应从潜在问题中选取,以避免该对象非标准化造成的损失。

21世纪,科学技术迅猛发展,日新月异。而以科学技术与实践经验的成果为基础制定的标准,作为共同使用和重复使用的一种规范性文件,又要求具有相对的稳定性。为协调好发展和稳定这一关系,对潜在问题实行超前标准化是一个有效的原则,这可有效地预防多样化和复杂化,避免非标准化造成的损失。

5.1.2.2　协商一致原则

标准作为一种特殊的文件,是在兼顾各有关方面利益的基础上,经过协商一致而制定的,这充分体现了标准的民主性。标准在实施过程中有“自愿性”,坚持标准民主性,经过标准使用各方进行充分的协商讨论,最终形成一致的标准,这个标准才能在实际生产和工作中得到顺利的贯彻实施。

5.1.2.3　时效性原则

应依据标准所处环境的变化,按规定的程序适时修订,以保证标准的先进性和适用性。一个标准制定完成之后,绝不是一成不变的,随科学技术的不断进步和人民生活水平的提高,要适时进行标准修订,以适应其发展需要,否则就会滞后而丧失生命力。标准的制修订有规定的程序,要按规定的时间和规定的程序进行修订和批准。

5.1.2.4　互相兼容原则

标准的制定必须坚持互相兼容的原则,尽可能使不同的产品、过程或服务实现互换和兼容,以扩大标准化的经济效益和社会效益。应在标准中统一计量单位、制图符号,对一个活动或同一类产品在核心技术上应制定统一的技术要求,达到资源共享的目的。如农产品安全质量要求、产地环境条件、农药残留最大限量等都应有统一的规定。

5.1.2.5　系列优化原则

标准化的效益包含经济效益和社会效益,实行标准化应考虑获取最大效益。获取标准化效益时,不只要考虑对象自身的局部标准化效益,还要考虑对象依存主体系统,即全局的最佳效益。

在标准尤其是系列标准的制定中,如通用检测方法标准、不同等级的产品质量标准和管理标准、工作标准等,一定要坚持系列优化的原则,减少重复、避免浪费,以提高经济和社会效益。

农产品中农药残留量的测定方法是比较通用的方法，不同种类的食品都可以引用，也便于测定结果的相互比较，保证农产品质量。《食品安全国家标准　食品微生物学检验　总则》(GB 4789.1—2016)和《食品卫生检验方法　理化部分　总则》(GB/T 5009.1—2003)就是不断完善、系列优化的标准，在食品质量检验工作中具有重要的地位和作用。

5.1.2.6　阶梯发展原则

标准化活动过程，即标准的“制定→实施(相对稳定一个时期)→修订(提高)”，是一个阶梯上升发展的过程。每次修订标准就把标准水平提高一步，它形象地反映了标准化必须伴随其依存主体，即技术或管理水平的提高而提高。如《标准化工作导则　第1部分：标准化文件的结构和起草规则》标准，经过多次修订，其标准水平不断提高。

5.1.2.7　滞阻即废原则

当标准制约或阻碍依存主体的发展时，应及时进行更正、修订或废止。

任何标准都有二重性。当科学技术和科学管理水平提高到一定阶段后，现行的标准由于制定时的科技水平和人们认识水平的限制，可能已成为阻碍生产力发展和社会进步的因素，就要立即更正、修订或废止，重新制定新标准，以适应社会经济发展的需要。为了保持标准的先进性，国家标准化行政主管部门和企业标准的批准和发布者，要定时复审，确认标准是否需要更改、修订或废止，以充分发挥标准应有的作用。

5.1.3　标准化的方法原理

食品标准化理论研究的主要内容是认识食品标准化活动的基本规律和原理，寻求有效方法解决食品标准化过程中的问题。

当今标准化的方法也是食品标准化的方法，主要有：简化、统一化、通用化、系列化、组合化、模块化。

5.1.3.1　简化

简化是古老又最基本的标准化形式。简化是在一定范围内缩减对象(事物)的类型数目，使之在既定时间内满足一般的需要。其特点是：当具有同种功能的标准化对象，其多样性的发展规模超出了必要的范围时，即应消除其中多余的、可替换的和低功能的环节，保持其构成的精炼、合理，使总体功能最佳。由此可见，简化一般是事后进行的“治乱”。

运用简化时必须把握好必要性和合理性两个界限。

(1)简化的必要性界限　事物的多样性是发展的普遍形式，食品的商品生产和竞争是多样化失控的重要原因。在食品生产领域，随着科学、技术、竞争和需求的发展，食品产品的种类急剧增加。在激烈的市场竞争中，这种多样化的发展趋势，不可避免地带有不同程度的盲目性，如果不加控制地任其发展，就可能出现多余的、无用的和低功能的产品品种。简化是人类对食品产品的类型进行有意识的自我控制的一种有效形式。在这种事后简化的过程中，要把握好简化的必要性界限，只有“当具有同种功能的标准化对象，其多样性的发展规模超出了必要的范围时”，才允许简化。所谓的必要范围是通过对象发展规模(如品种、规格的数量等)与客观实际的需要程度相比较而确定的。运用技术经济分析等方法，可以使简化的“范围”具体化，“界定”定量化。

(2)简化的合理性界限　“总体功能最佳”就是简化的合理性界限的目标。“总体”指的是简化对象的品种构成,“最佳”指的是从全局看效果最佳。它是衡量简化是否做到了既“精炼”又“合理”的唯一标准。运用最优化的方法,可以从几种接近的简化方案中选择“总体功能最佳”的方案。

简化的实质是对客观系统的结构进行调整使之优化的一种有目的的标准化活动,应遵循如下原则:

二维码 5-1　简化原理在食品标准化中的应用

①应充分满足客观的需要,不能盲目地追求事物的缩减。

②对简化方案的分析论证应以特定的时间、空间范围为前提。时间上要考虑当前的情况和今后一定时期的发展要求;对简化涉及的空间范围以及简化后标准发生作用的空间范围,必须做较为准确地计算或估计,切实贯彻全局利益原则。

③必须保证简化的结果在既定的时期和一定的领域内满足一般的需要,不能因简化而损害消费者的利益。

④对产品规格的简化要形成系列,其参数组合应尽量符合数值分级规定。

5.1.3.2　统一化

统一化是把同类事物两种以上的表现形态归并为一种或限定在一个范围内的标准化形式。同简化一样,都是古老而又基本的标准化形式,人类的标准化活动就是从统一开始的。

统一化的原理是在一定范围、一定时期和一定条件下,对标准化对象的形式、功能或其他技术特性所确立的一致性,应与被取代的事物功能等效,以实现标准化的目的。

统一有两类。一类是绝对的统一,它不允许有灵活性,必须达到某种要求或指标。对于食品标准,安全要求就是绝对的统一,例如制定食品安全限量标准、食品标签标准等强制性标准。另一类是相对的统一,可依据情况区别对待,如一些推荐性的食品标准化术语、食品检测方法标准等。食品标准化的统一化一般应把握好下述原则。

(1)适时原则　统一是事物发展到一定规模、一定水平时,人为进行干预的一种标准化形式。干预的时机是否恰当,对事物未来的发展有很大影响。

所谓“适时”就是指统一的时机要选准。如果统一过早,有可能将尚不完善、稳定、成熟的类型以标准的形式固定下来,可能使低劣的类型合法化,不利于优异类型的产生;如果统一过迟,当低效能类型大量出现并形成定局时,在淘汰低劣类型过程中必定会造成较大的经济损失,增加统一化的难度。

为较准确地把握统一化的时机,可通过预测技术和经济效益分析,经济技术发展规划、趋势的研究等科学地加以确定。在具体的标准化活动实践中,统一过早的事例并不多见,但统一过迟的事例却屡见不鲜。把握好统一的时机,是搞好食品标准化统一的关键。

(2)适度原则　所谓“适度”就是要合理地确定统一化的范围和指标水平。度是量的数量界限。对客观事物进行统一化,既要有定性的要求(质的规定),又要有定量的要求。例如,在对产品进行统一化时,不仅要对统一的内容、范围、要求等做出明确的规定,而且必须恰当地规定每项要求的数量界限。在对标准化对象某一特性做定量规定时,对可以灵活规定的技术特性指标,要掌

二维码 5-2　统一化原则在食品标准化中的应用

握好指标的灵活度。

(3)等效原则 所谓“等效”是指把同类事物两种以上的表现形式归并为一种(或限定在某一范围)时，被确定的一致性与被取代事物之间必须具有功能上的可替代性。只有统一后的标准与被统一的对象具有功能上的等效性，才能替代。

(4)先进性原则 所谓“先进性”是指确定的一致性(或所做的统一规定)应有利于促进生产发展和技术进步，有利于社会需求得到更好的满足。贯彻先进性原则，就是要使建立起来的统一性具有比被淘汰的对象更高的功能，在生产和使用过程中取得更大的效益。

统一化充分体现了标准化的本质与核心。统一要先进、科学、合理、有度。统一是有一定范围或层级的，由此，确定标准宜制定为国家标准还是企业标准；统一是在一定水平上的，由此，决定标准的先进性即技术指标的高低；统一是有一定量度的，为此，有的标准要规定统一的量值，有的要统一规定量值的上限(如食品中有害物质含量)、下限(如食品中营养成分含量)，更多的是规定上、下允差值(如某一机器零件的几何尺寸标准)。

目前，我国加强食品风险分析技术研究，制定食品风险分析基本原则，制定食品安全全程控制的《食品安全管理体系 食品链中各类组织的要求》(GB/T 22000—2006)、食品企业HACCP等标准，都充分体现了标准化活动的前瞻性、先进性。

5.1.3.3 通用化

通用化是指在互相独立的系统中，选择和确定具有功能互换性或尺寸互换性的子系统或功能单元。通用化以互换性为前提。互换性指的是不同时间、不同地点制造出来的产品或零件，在装配、维修时不必经过修整就能任意替换使用的性质。

互换性概念有两层含义：一是功能互换性；二是尺寸互换性。尺寸互换性是功能互换性的部分内容，它对于零部件的通用化具有突出作用，但功能互换性问题在标准化过程中显得越来越重要。通用化概念包括功能互换的含义。

零部件通用化的目的是最大限度地减少零部件在设计和使用过程中的重复劳动，使用途相同、结构相近，或用其中某一种可以完全代替之的零部件，经过通用化，具有互换性，从而节约设计和试制的工作量，简化管理，缩短设计试制周期，扩大生产批量，提高专业化水平，为企业带来一系列经济效益。

通用化在生产组织中得到了广泛的应用，主要包括工艺规程典型化和成组工艺。工艺规程典型化是从工厂实际条件出发，根据产品特点和要求，从众多加工对象中选择结构和工艺方法相近的进行归类，在每类中选出有代表性的加工对象，以其为样板编制出工艺规程。它不仅可以直接用于该加工对象，而且基本上可供该类使用。所以，它实际上是通用工艺规程。在产品品种多变的企业，典型工艺还可作为编制新工艺规程的依据，在一定程度上起着标准的作用。成组工艺则是指零件成组加工或处理的工艺方法和技术。

5.1.3.4 系列化

系列化是指对同一类产品或其中的一组产品进行通盘规划的标准化形式。系列化的对象是一类(组)产品，而不是一个产品。通过对同一类产品国内外产需发展趋势的预测，结合生产技术条件，经过全面的技术经济比较，将主产品的主要参数、型式、功能、基本结构等进行合理的安排与规划。具体包括：按该类产品的基本参数系列形成基本系列；在基本系列基础上产生变型和派生系列；按其他特征(如豪华程度)形成系列。

产品成系列开发的意义体现在以下 3 个方面：

①系列产品能较好地满足市场需求。如按尺寸或功能参数形成的系列，可满足不同范围的需求；按豪华程度形成的系列，可满足不同层次的需求；变型系列，可满足不断变化的个性化需求。

②系列产品能有效应对市场挑战，使投资省、风险小、成功率高、周期短、交货及时；同时制造方便、成本低、继承性好、可靠程度高。

③有利于企业采取优势延伸的经营策略。由此可见，系列化是使某一类产品系统结构优化、功能最佳的标准化形式。

工业产品的系列化一般可分为制定产品基本参数系列标准、编制系列型谱和开展系列设计等三方面内容。

5.1.3.5 组合化

组合化是指按照统一化、系列化的原则，设计并制造出若干组通用性较强的单元，根据需要拼合成不同用途的物品的一种标准化形式。其特点是：产品由可互换的单元组成；单元是可拆、可重组的（多次重复利用）；单元是标准化的、成系列制造的；改变单元及其组合便可改变产品功能，达到以少变求多变的目的。

二维码 5-3 组合化的理论基础

组合化是受积木式玩具的启发而发展起来的，故也称为“积木化”。组合化的特征是通过统一化的单元组合为物体，这个物体又能重新拆装，组合新的结构，而统一化单元可以多次重复利用。

在产品设计、生产过程及产品的使用过程中，都可以运用组合化的方法。组合化的内容，主要是选择和设计标准单元和通用单元，这些单元又可叫作“组合元”。确定组合元的程序，先确定其应用范围，然后划分组合元，编排组合型谱（由一定数量的组合元组成产品的各种可能形式），检验组合元是否能完成各种预定的组合，最后设计组合元件并制定相应的标准。除确定必要的结构形式和尺寸规格系列外，拼接配合面（接口）的统一化和组合单元的互换性是组合化的关键。

标准单元的多次重复利用是效率和效益之源。以较少种类的单元组合成功能各异的物品，能较经济地满足多样化、个性化需求，较好地解决多样化与专业化的矛盾。通过产品组合设计可快速响应市场，为企业创造经营活力，同时方便用户维修和更新换代，为用户创造价值。标准单元积累越多，开发效率越高，效益越好。标准单元的积累是企业资源和竞争优势的积累。

5.1.3.6 模块化

20 世纪后半叶，世界各国通过经济发展有力地促进了技术进步，尤其是信息技术发展催生了一系列高科技复杂产品，企业面临一系列复杂系统挑战。模块化正是在此背景下产生的、应对复杂系统（产品或工程）的标准化新形式。模块化以模块为基础，综合了通用化、系列化和组合化的特点，用以解决复杂系统（产品）快速应变的标准化形式问题。

二维码 5-4 模块化的技术经济意义

模块是产品系统的构成要素，通常由元件或零部件组合而成，具有独立功能，或成系列，可单独制造。高层模块可由低层模块组成，通过不同形式的接口与其他模块或单元组成产品，且可分、可合、可互换。模块是模块化的基础，可分为功能模块和结构模块等。模块化的过程通常包括模块化的设计、生产和装配。

模块化从产品起源到现在已扩展到工程领域。集成电路、海洋平台、宇宙飞船等都是模块化的杰作。模块化工程体现出多、快、好、省的优越性。2015年远大集团用短短19天在长沙建成了一栋57层高楼，该建筑整栋采用的就是成型的工业化模块。2003年用时仅7天建成的北京小汤山医院，2020年用时仅10天建成的武汉火神山、雷神山医院，都是模块化设计建设的典范。现在，模块化教育系统、模块化电子战系统等都已在实际应用中。21世纪，模块化产品比比皆是，模块化制造系统、模块化企业、模块化企业族群、模块化产业结构、模块化产业集群网络等已成为经济学界的研究热点，国内外众多经济学家把当今的时代称为“模块时代”。

5.2 食品标准分类和标准体系

5.2.1 食品标准分类

食品标准从不同目的出发，依据不同准则，可分成不同的标准类别。

5.2.1.1 根据标准制定主体分类

2018年1月1日实施的《中华人民共和国标准化法》第二条规定，我国标准分为国家标准、行业标准、地方标准和团体标准、企业标准。国家标准、行业标准和地方标准属于政府主导制定的标准，团体标准、企业标准属于市场主体自主制定的标准。

(1)国家标准　我国国家标准是指由国家标准机构通过并公开发布的标准。其是指对全国经济技术发展有重大意义，必须在全国范围内统一的标准。国家标准由国务院标准化行政主管部门负责立项、组织起草、审查、编号、批准发布等。

食品领域内需要在全国范围内统一的食品技术要求，应当制定食品国家标准。

国家标准的代号由大写汉字拼音字母构成，强制性国家标准代号为“GB”，推荐性国家标准的代号为“GB/T”。具体如图5-1所示。

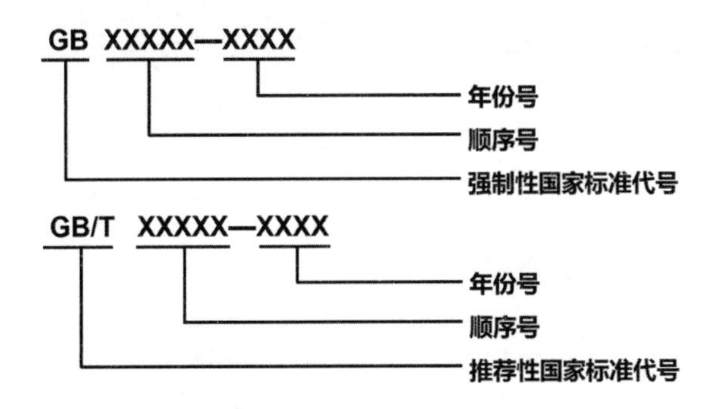

图5-1 我国国家标准的代号标识

(2)行业标准　我国对没有推荐性国家标准、需要在全国某个行业范围内统一的技术要求，可以制定行业标准。行业标准由国务院有关行政主管部门制定，并报国务院标准化行政主管部门备案。

二维码5-5 我国行业标准类别与代号

根据我国现行标准化法的规定，对没有食品推荐性国家标准，而又需要在全国食品行业范围内统一的技术要求，可以制定食品行业标准。在相应的国家标准实施后，该项行业标准自行废止。

我国行业标准的代号标识如图 5-2 所示。

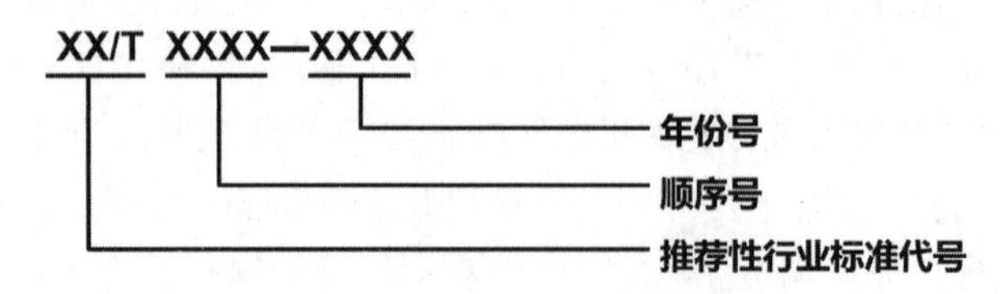

图 5-2　我国行业标准的代号标识

(3)地方标准　为满足地方自然条件、风俗习惯等特殊技术要求，可以制定地方标准。地方标准由省、自治区、直辖市人民政府标准化行政主管部门制定，并报国务院标准化行政主管部门和国务院有关行政主管部门备案。

设区的市级人民政府标准化行政主管部门根据本行政区域的特殊需要，经所在地省、自治区、直辖市人民政府标准化行政主管部门批准，可以制定本行政区域的地方标准。并报国务院标准化行政主管部门备案，由国务院标准化行政主管部门通报国务院有关行政主管部门。

二维码 5-6　省、自治区、直辖市、特别行政区代码

根据我国现行标准化法的规定，对没有国家标准和行业标准而又需要在省、自治区、直辖市范围内统一的食品工业产品的安全、卫生要求等，可以制定地方标准。在相应的国家标准或行业标准实施后，该项地方标准自行废止。2018 年 12 月 29 日实施的《中华人民共和国食品安全法》第二十九条规定，对地方特色食品，没有食品安全国家标准的，省、自治区、直辖市人民政府卫生行政部门可以制定并公布食品安全地方标准，报国务院卫生行政部门备案。食品安全国家标准制定后，该地方标准即行废止。

我国地方标准代号使用各省、自治区、直辖市行政区划代码，标识如图 5-3 所示。

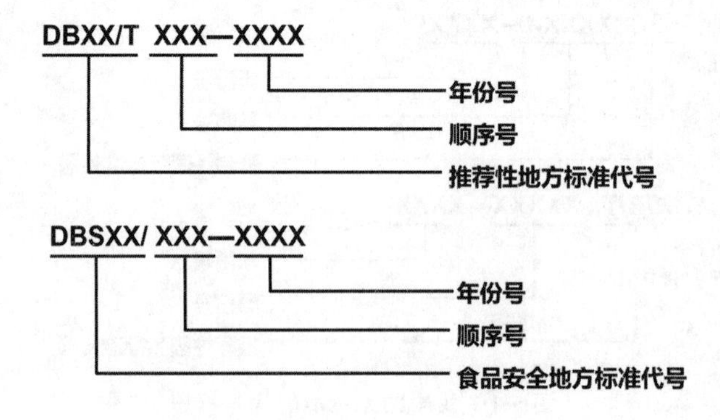

图 5-3　我国地方标准的代号标识

(4)团体标准　我国的团体标准是指由依法成立的社会团体(学会、协会、商会、联合会、产业技术联盟等)为满足市场和创新需求，协调相关市场主体共同制定的标准。国务院标准化行政主管部门会同国务院有关行政主管部门对团体标准的制定进行规范、引导和监督。

食品团体标准由食品行业学会、协会、商会、联合会、产业技术联盟等社会团体协调食品行业相关市场主体共同制定，由本团体成员约定采用或者按照本团体的规定供社会自愿采用。团体标准的技术要求不得低于强制性国家标准的相关技术要求，国家鼓励社会团体制定高于推荐性标准相关技术要求的团体标准。

我国团体标准代号标识如图5-4所示。

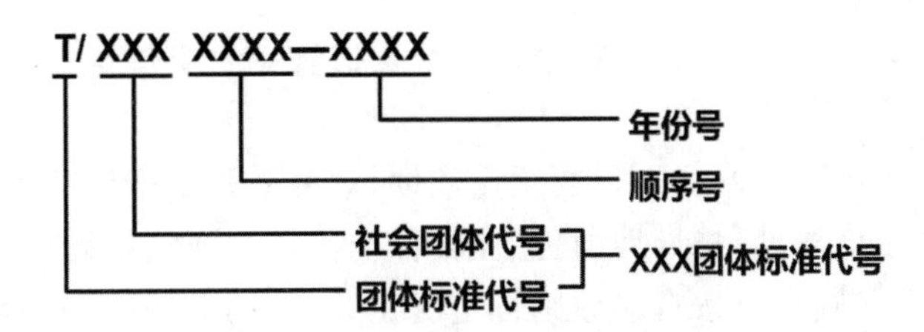

图5-4　我国团体标准的代号标识

(5)企业标准　我国的企业可以根据需要自行制定企业标准，或者与其他企业联合制定企业标准。

食品企业标准的技术要求不得低于强制性国家标准的相关技术要求，国家鼓励企业制定高于推荐性标准相关技术要求的企业标准。2018年12月29日实施的《中华人民共和国食品安全法》第三十条规定，国家鼓励食品生产企业制定严于食品安全国家标准或者地方标准的企业标准，在本企业适用，并报省、自治区、直辖市人民政府卫生行政部门备案。

企业标准代号由国务院标准化行政主管部门会同国务院有关行政主管部门规定。例如：Q/，标识如图5-5所示。

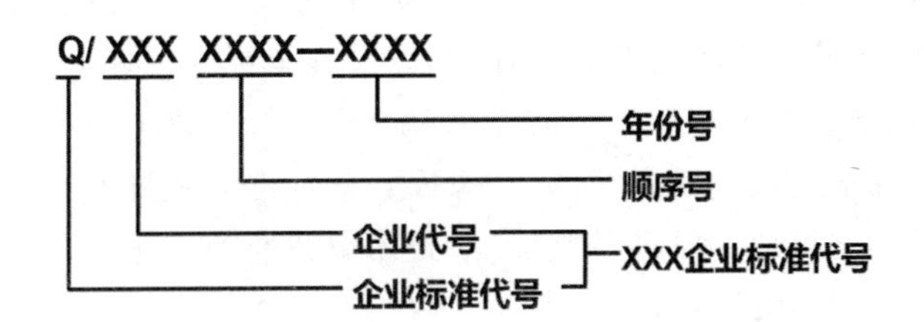

图5-5　我国企业标准的代号标识

5.2.1.2　根据标准实施的约束力分类

我国根据标准实施的约束力，将标准分为强制性标准和推荐性标准。这种分类只适用于政府制定的标准。强制性标准仅有国家标准一级，推荐性标准包括国家标准、行业标准、地方标准。

(1)强制性标准　我国的强制性国家标准严格限定在保障人身健康和生命财产安全、国家安全、生态环境安全以及满足社会经济管理基本需求的范围之内。但过渡性地保留了强制性标准例外管理，即目前部分法律、行政法规和国务院决定对强制性标准制定另有规定者。例如，食品安全的强制性地方标准。

2018年12月29日实施的《中华人民共和国食品安全法》第二十五规定，食品安全标准是强制执行的标准。除食品安全标准外，不得制定其他食品强制性标准。

强制性标准必须执行。不符合强制性标准的产品、服务，不得生产、销售、进口或者提供。违反强制性标准的，将依法承担相应的法律责任。

(2)推荐性标准　又称非强制性标准或自愿性标准，是指生产、交换、使用等方面，通过经济手段或市场调节而自愿采用的一类标准。推荐性国家标准、行业标准、地方标准、团体标准、企业标准的技术要求不得低于强制性国家标准的相关技术要求。国家鼓励社会团体、企业制定高于推荐性标准相关技术要求的团体标准、企业标准。但在下述情况下，推荐性标准必须执行：

①被相关法律、法规、规章引用，则该推荐性标准具有相应的强制约束力，应当按法律、法规、规章的相关规定予以实施。

②被企业在产品包装、说明书或者标准信息公共服务平台上进行了自我声明公开，企业必须执行该推荐性标准。

③被合同双方作为产品或服务交付的质量依据，双方必须执行该推荐性标准。

食品推荐性标准是倡导性、指导性、自愿性的标准。通常国家和行政主管部门积极向企业推荐采用这类标准，企业则完全按自愿原则自主决定是否采用。企业一旦采用了某推荐性标准作为产品出厂标准，或与顾客商定将某推荐性标准作为合同条款，那么该推荐性标准就有了相应的约束力。

5.2.1.3　根据标准化对象的基本属性分类

根据标准化对象的基本属性，标准分为技术标准、管理标准和工作标准。

二维码 5-7　技术标准的主要类别

(1)技术标准　是指对标准化领域中需要协调统一的技术事项所制定的标准。技术标准的形式可以是标准、技术规范、规程等文件，以及标准样品实物。技术标准是标准体系的主体，量大、面广、种类繁多，其主要类别有基础标准，产品标准，设计标准，工艺标准，检验和试验标准，信息标识、包装、搬运、储存、安装、交付、维修、服务标准，设备和工艺装备标准，基础设施和能源标准，医药卫生和职业健康标准，以及安全标准和环境标准等。

(2)管理标准　是指对标准化领域中需要协调统一的管理事项所制定的标准。

管理标准与技术标准的区别是相对的，一方面管理标准涉及技术事项，另一方面技术标准也适用于管理。管理标准可分为管理基础标准、技术管理标准、经济管理标准、行政管理标准等，每一类又可细分为更具体的内容。

企业中的管理标准种类和数量很多，其中与管理现代化，特别是与企业信息化建设关系最密切的标准，主要有管理体系标准、管理程序标准、定额标准和期量标准。

二维码 5-8　管理标准的主要类别

(3)工作标准　是为实现整个工作过程的协调，提高工作质量和效率，对工作岗位所制定的标准。

通常，企业的工作岗位可分为生产岗位(操作岗位)和管理岗位，相应的工作标准也分为管理工作标准和作业标准。管理工作标准主要规定工作岗位的工作内容、工作职责和权限，本岗位与组织内部其他岗位纵、横向的联系，本岗位与外部的联系，岗位工作员工的能力和资格要求等。作业标准的核心内容是规定作业程序的方法，常以作业指导书或操作规程的形式存在。

5.2.1.4　根据标准信息载体分类

根据标准信息载体，可将标准分为标准文件和标准样品。

(1)标准文件 根据标准中技术内容的要求程度,可将食品标准分为规范、规程和指南。这三类标准中技术内容的要求程度逐渐降低,标准中所使用的条款及表现形式也有差别,编写要求也不相同。

规范是指“规定产品、过程或服务需要满足的技术要求的文件”(引自 GB/T 20000.1—2014 5.5)。几乎所有的食品标准化对象都可以成为“规范”的对象,无论是产品、过程还是服务,或者是其他更具体的标准化对象。这类文件的内容有一个共同的特点,即它规定的是各类食品标准化对象需要满足的要求。在适应的情况下,规范最好指明可以判定其要求是否得到满足的程度,也就是说规范中应该有由要求型条款组成的“要求”一章,其中所提出的要求,一旦声明符合标准,是需要严格判定的。因此,规范中需要同时指出判定符合要求的程度。

规程是指“为产品、过程或服务全生命周期的有关阶段推荐良好惯例或程序的文件”(引自 GB/T 20000.1—2014 5.6)。食品规程针对的标准化对象是产品、过程或服务全生命周期的有关阶段。规程与规范的区别是:规程的标准化对象较规范更具体;规程的内容是“推荐”惯例或程序,规范是“规定”技术要求;规程中的惯例或程序推荐的是“过程”,而规范规定的是“结果”;规程中大部分条款由推荐型条款组成,规范必定有由要求型条款组成的“要求”。因此,从内容和力度上来看,规程和规范之间都存在着明显的差异。

指南是指给出某主题的一般性、原则性、方向性的信息、指导或建议的文件。

食品指南的标准化对象较广泛,但具体到每一个特定的指南,其标准化对象则集中到某一主题的特定方面。这些特定方面是有共性的,即一般性、原则性或方向性的内容。指南的具体内容限定在信息、指导或建议等方面,而不会涉及要求或程度。可见,指南的内容和规范、规程有着本质的区别。

(2)标准样品 食品标准样品的作用主要是提供实物,作为质量检验、鉴定的对比依据,测量设备检定、校准的依据,以及作为判断测试数据准确性和精确度的依据。

食品标准样品是具有足够均匀的一种或多种化学、物理、生物学、工程技术或感官等的性能特征,经过技术鉴定,并附有说明有关性能数据证书的一批样品。

5.2.1.5 根据标准的内容划分

(1)食品基础标准 是指在食品领域具有广泛的使用范围,涵盖整个食品或某个食品专业领域内的通用条款和技术要求,主要包括通用的食品技术术语标准,相关量和单位标准,通用的符号、代号(含代码)标准等,如《食品工业基本术语》(GB/T 15091—1994)、《食用菌术语》(GB/T 12728—2006)等。

(2)食品安全限量标准 该类标准包括食品中有毒有害物质限量标准、与食品接触材料卫生要求以及食品添加剂使用限量标准。食品中有毒有害物质限量标准又包括食品中农药残留限量标准,兽药残留限量标准,食品中有害金属、非金属化合物限量标准,食品中生物毒素限量标准,食品中微生物限量标准等。如《食品安全国家标准 食品中农药最大残留限量》(GB 2763—2021)、《食品安全国家标准 食品中真菌毒素限量》(GB 2761—2017)和《食品安全国家标准 食品中污染物限量》(GB 2762—2017)等。

(3)食品检验检测方法标准 该类标准包括食品微生物检验方法标准、食品卫生理化分析方法标准、食品感官分析方法标准、毒理学评价方法标准等。如《食品安全国家标准 蜂蜜、果汁和果酒中497种农药及相关化学品残留量的测定 气相色谱-质谱法》(GB 23200.7—2016)等。

(4)食品质量安全控制与管理技术标准 该类标准指通用的为满足和达到食品及食品生

产、加工、储存、运输、流通和消费中质量、安全、卫生要求的各种控制与管理技术规范、操作规程等标准。如《食品与饮料行业 GB/T 19001—2000 应用指南》(GB/T 19080—2003)、《食品安全国家标准 食品生产通用卫生规范》(GB 14881—2013)等。

(5)食品标签标准 这是一类在食品包装上传递食品信息有关要求的标准,我国目前的食品标签标准有《食品安全国家标准 预包装食品标签通则》(GB 7718—2011)、《食品安全国家标准 预包装特殊膳食用食品标签通则》(GB 13432—2013)和《食品安全国家标准 预包装食品营养标签通则》(GB 28050—2011)等。

(6)重要食品产品标准 该类标准涉及企业食品生产许可(SC)分类的 31 类产品中消费量大、与日常生活和出口贸易密切相关的重要产品标准。如《大豆油》(GB/T1535—2017)、《食品安全国家标准 发酵乳》(GB 19302—2010)等。

(7)食品接触材料与制品标准 这类标准对与食品接触的材料及制品的质量和安全要求进行规定。如《液体食品无菌包装用纸基复合材料》(GB/T 18192—2008)、《液体食品保鲜包装用纸基复合材料》(GB/T 18706—2008)等。

(8)其他标准 除上述标准外,其他如限制人为因素、非法因素带来的食品安全问题,采用加强公众宣传教育的方式进行预防,制定消费者食品安全教育指南等方面的标准。

5.2.2 食品标准体系与标准体系表

食品质量、安全控制与管理是一项综合性、多主体、复杂的系统工程,不论是针对食品产品不同类别,还是加工过程各环节要素,都需要制定标准。只有通过标准手段,构建食品标准体系,对全过程进行有效监控和管理,才能从根本上保证和提高食品质量和安全水平。

5.2.2.1 食品标准体系

食品标准体系是指为实现确定的目标,由食品领域内具有一定内在联系的标准组成的、具有特定功能的科学有机整体,是一幅包括现有、应有和计划制定的标准工作蓝图。

5.2.2.2 标准体系表的编制原则

食品标准体系表是指一定范围标准体系内的标准,按一定的形式排列起来的图表。食品标准体系表是食品标准体系的有效表达方式,即用图或表的形式把食品标准体系内的标准按一定形式排列起来,表示食品标准体系的概况、总体结构和各标准间的内在联系。

食品标准体系表能够直观地概括出食品标准的全貌和局部内容,清楚地显示每项食品标准的层级、属性等信息,以及食品标准的前瞻性发展方向,从而满足一段时间内食品标准管理的需要。同时,食品标准体系表是标准体系规划的落脚点,如果食品标准体系的研究规划最后不落实到标准的制定、修订上,体系的目标便无法有效地实现。因此,食品标准体系表的编制是建立食品标准体系十分重要而关键的一环。

《标准体系构建原则和要求》(GB/T 13016—2018)提出标准体系表的编制原则包括四个方面:目标明确、全面成套、层次适当和划分清楚。

在国家层面,食品标准体系表编制"目标明确"是要求标准体系要为食品标准化目标服务。"全面成套"是指针对食品标准体系满足食品质量安全控制与管理目标,要实现食品标准的"全",要充分体现整体性。只有胸有全局,才能解决主要矛盾、明确主攻方向,这对前瞻性的食品技术标准尤为重要,这也是食品标准体系表的重要价值体现。

食品标准体系表编制"层次适当"是指共性与个性的关系处理必须恰当,否则会出现重复、混乱。一般要尽量扩大共性食品标准的使用范围,并将它们尽量安排在食品标准体系表的高层次上。例如,食品中微生物的检测方法要尽量安排在通用的食品检测方法层面上,而不应以食品产品类别划分安排在产品标准范围内(如制定白酒中某微生物的测定、葡萄酒中某微生物的测定等),避免产生过多、过细的标准。

食品标准体系表编制“划分清楚”包括多方面含义。如食品分类划分清楚、标准类型划分清楚、标准属性和层级划分清楚等。我国食品标准体系的建设目标是“形成重点突出,强制性标准与推荐性标准定位准确,国家标准、行业标准和地方标准相互协调,基础标准、产品标准、方法标准和管理标准配套,与国际食品标准体系基本接轨,能适应行业要求,满足进出口贸易需要,科学、合理、完善的食品标准新体系。”因此,编制食品标准体系表时划分清楚十分重要,这需要大量的研究基础作支撑。

5.2.2.3　食品标准体系表的编制

在编制食品标准体系表前,首先要根据标准体系的组成特点,选择适宜的标准体系表形式;然后将所需的所有食品标准,依据标准体系总框架,充分考虑食品类别、标准层次、加工环节、标准属性等多个方面,按照标准层次(通用标准和产品专用标准)—过程环节—标准类型—标准性质的顺序展开。

食品标准体系表主要有下述几种形式。

(1)明细表　将食品标准的序号、体系编号、标准名称、标准编号、标准层级和属性、编制状态、采用国际或国外标准状况、备注等组成二维表格(表 5-1)。

表 5-1　食品标准体系表明细的结构形式

体系编号	标准名称	标准编号	标准层级和属性	编制状态	采用国际或国外标准状况	备注
1-a-1-1	食品分类与基本术语	GB/T 15091—1994	GB/T	已发布		修订中 20050765-T-469

(2)序列结构图　食品企业标准体系的序列结构图如图 5-6 所示。

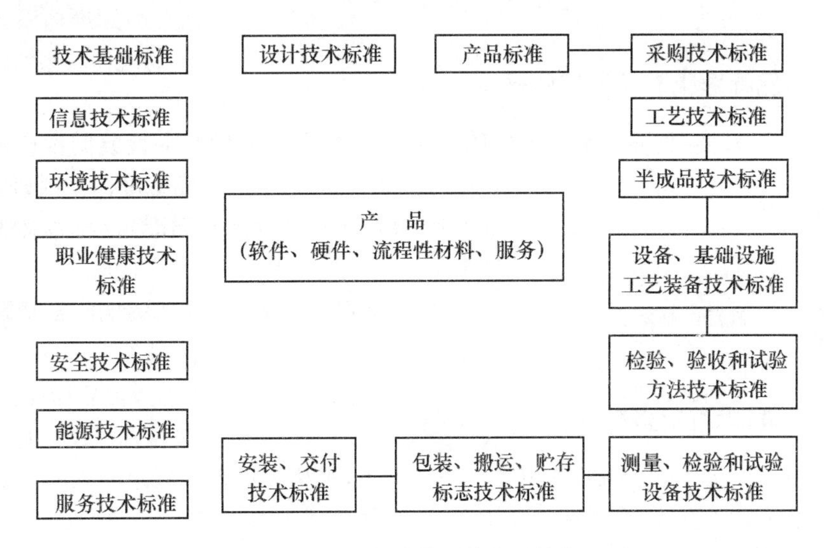

图 5-6　企业标准体系的序列结构图

(3)层次结构图　食品企业标准体系的层次结构图如图 5-7 所示。

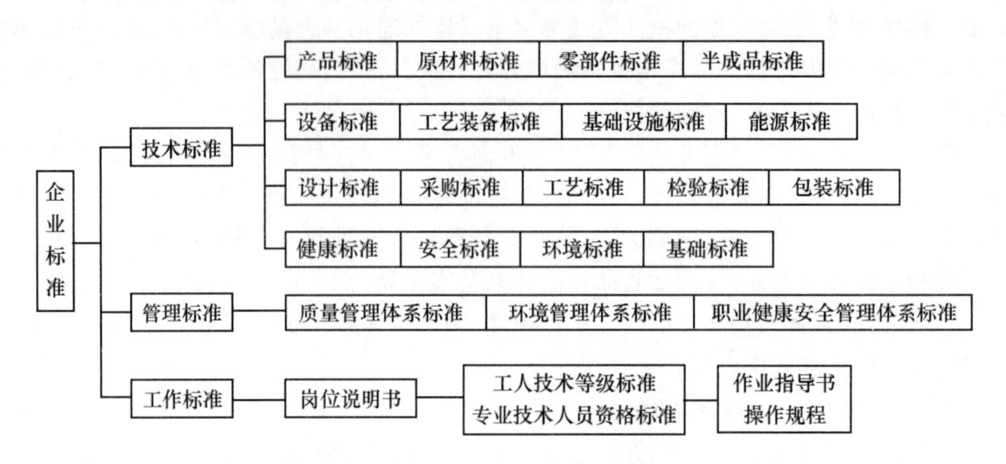

图 5-7　企业标准体系的层次结构图

5.3　标准化文件的制定

我国的标准化文件包括标准、标准化指导性技术文件，以及文件的某个部分等。制定标准化文件是标准化工作的重要任务，影响面大、政策性强，需要大量的技术组织和协调工作。它必须紧密围绕制定标准的目标，合理选择制定标准的对象，按照规定的程序和方法，遵循制定标准的原则，才能保证标准的质量。

5.3.1　标准化文件制定的目标

《标准化工作导则　第 1 部分：标准化文件的结构和起草规则》(GB/T 1.1—2020)明确指出，标准化文件的制定目标是通过规定清楚、准确和无歧义的条款，使得文件能够为未来技术发展提供框架，并被未参加文件编制的专业人员所理解且易于应用，从而促进贸易、交流以及技术合作。

5.3.2　食品标准化文件制定的原则

为了达到上述目标，食品标准化文件的制定应遵循下述总体原则：充分考虑食品相关领域最新技术水平和当前市场情况，认真分析所涉及领域的标准化需求；在准确把握标准化对象、文件使用者和文件编制目的的基础上，明确文件的类别和/或功能类型，选择和确定文件的规范性要素，合理设置和编写文件的层次和要素，准确表述文件的技术内容。

二维码 5-9　标准化文件制定的基本原则

5.3.3　标准制定的程序

标准是社会广泛参与的产物，在市场经济条件下，严格按照统一规定的程序开展标准制定工作，是保障标准编制质量，提高标准技术水平，缩短标准制定周期，实现标准制定过程公平、公正、协调、有序的基础和前提。食品标准的制修订程序与一般标准的制修订程序一致。1997

年颁布的《国家标准制定程序的阶段划分及代码》(GB/T 16733—1997)在借鉴世界贸易组织(WTO)、国际标准化组织(ISO)和国际电工委员会(IEC)关于标准制定阶段划分规定的基础上,结合我国的实际情况,确立了国家标准的制定程序分为9个阶段,具体如表5-2所示。

表5-2　国家标准制定程序的阶段划分

阶段代码	阶段名称	阶段任务	阶段成果	完成周期/月	WTO对应阶段	ISO/IEC对应阶段
0	预阶段	提出新工作项目建议	PW1			0
10	立项阶段	提出新工作项目	NP	3	Ⅰ	10
20	起草阶段	提出标准草案征求意见稿	WD	10	Ⅰ	20
30	征求意见阶段	提出标准草案送审稿	CD	5	Ⅱ	30
40	审查阶段	提供标准草案报批稿	DS	5	Ⅲ	40
50	批准阶段	提供标准出版稿	FDS	8	Ⅳ	50
60	出版阶段	提供标准出版物	GB, GB/T, GB/Z	3	Ⅳ	60
90	复审阶段	定期复审	确认有效,修订	60	Ⅴ	90
95	废止阶段		废止			95

5.3.3.1　预阶段

预阶段是标准计划项目建议的提出阶段,其自全国专业标准化技术委员会或部门收到新工作项目建议提案起,至将新工作项目建议上报国务院标准化行政主管部门止。技术委员会应根据我国市场经济和社会发展的需要,对将要立项的新工作项目进行研究及必要的论证,并在此基础上提出新工作项目建议。

食品标准制定的项目建议应考虑以下3个方面:

①制定标准的必要性,即制定标准的目的和规范是否符合当前社会和经济发展的客观需要,要解决的问题是否普遍存在。

②目前现行的标准中是否有相同或类似的标准,要制定的标准与现行标准的差异是什么。

③制定标准要从国家、行业、地方、团体、企业各级的整体利益出发,要保证制定出来的标准在执行过程中不会出现大的分歧。

5.3.3.2　立项阶段

立项阶段自各有关标准化行政主管部门收到新工作项目建议起,至其下达新工作项目计划止。立项的目的是保证标准的统一协调性,避免标准的交叉和重复制定。国家标准、行业标准、地方标准提出制定标准的项目建议后,各有关标准化行政主管部门应对上报的新工作项目建议统一汇总、审查、协调、确认,直至下达标准制修订项目计划。团体标准、企业标准由相关团体、企业的技术部门制定项目计划。立项阶段的时间周期一般不超过3个月。

5.3.3.3　起草阶段

起草阶段自技术委员会收到新工作项目计划起,至标准起草工作组完成标准征求意见稿止。新工作项目由技术委员会组织落实，由承担任务的单位负责完成。该阶段的主要任务是：制定工作计划，广泛调查研究，收集与起草标准有关的资料，确定标准的技术内容或技术指标，对需要试验验证的项目，要选择有条件的单位承担，并提出试验报告和结论意见。起草阶段的时间周期一般不超过10个月。

5.3.3.4 征求意见阶段

征求意见阶段自标准起草工作组将标准征求意见稿发往有关单位征求意见起，经过收集、整理回函意见，提出征求意见汇总处理表，至完成标准送审稿止。标准草案征求意见是制定标准的重要环节，要做到周密、细致、完备。征求意见阶段的时间周期一般不超过5个月。

5.3.3.5 审查阶段

审查阶段自技术委员会收到起草工作组完成的标准送审稿起，经过会审或函审，至工作组完成标准报批稿止。审查标准送审稿是对标准草案的技术内容、适用性及市场需求等方面进行全面审查，确保标准与其他相关标准的协调一致，不与国家有关法律、行政法规、强制性标准相抵触。审查标准送审稿，可采取会审，也可采取函审。采用会议方式审查的，应写出《会议纪要》，并附参加审查会议的代表名单；采用函审方式审查的，应写出《函审结论》并附《函审单》。强制性标准必须通过会议审查。审查阶段的时间周期一般不超过5个月。

5.3.3.6 批准阶段

批准阶段自国务院有关行政主管部门、国务院标准化行政主管部门收到标准报批稿起，至国务院标准化行政主管部门批准发布国家标准止。该阶段是标准化行政主管部门对上报的标准草案报批稿及相关文件进行程序、技术审核。符合报批要求的，批准、发布。批准阶段主要包括：上报标准报批稿、审查标准报批稿、统一编号、批准、发布等程序。国家标准由国务院标准化行政主管部门批准、发布；行业标准由国务院有关行政主管部门批准、发布；地方标准由省、自治区、直辖市标准化行政主管部门批准、发布；团体标准、企业标准由相关团体、企业法人代表或法人代表授权的主管领导批准、发布。涉及贸易标准中的强制性标准应根据我国关于《制定、采用和实施标准的良好行为规范》的承诺，向世界贸易组织（WTO）各成员国通报，自通报之日起60天之后，无反对意见，国务院标准化行政主管部门方可批准、发布。

依据《中华人民共和国标准化法》，行业标准、地方标准批准发布后，应向国务院标准化行政主管部门和国务院有关行政主管部门备案。批准阶段总的时间周期一般不超过8个月。

5.3.3.7 出版阶段

标准出版阶段自国家标准出版单位收到国家标准出版稿起，至国家标准正式出版止。出版阶段的时间周期一般不超过3个月。

5.3.3.8 复审阶段

国家标准、行业标准和地方标准实施后，应根据科学技术的发展和经济建设的需要适时进行复审。国家标准复审后，不需要修改的可确认其继续有效；需作修改的可发布技术勘误表或修改单，需要修订的可作为修订项目申报，列入国家标准修订计划。对已无存在必要的，由技术委员会或部门对该国家标准提议废止。

5.3.3.9 废止阶段

经复审，标准的内容已不适应当前的经济建设和科学技术发展的需要，则应予以废止。标准废止后，要由标准化行政主管部门批准、公告。原标准编号同时废止，其他标准不得再引用。

5.4　标准化文件的结构

标准化文件的结构是文件的骨架，该骨架的质量决定了文件的质量。文件的结构可从文件的层次和要素两方面划分。从这两个角度认识标准化文件，会对文件的结构有一个全方位的掌握。详细内容见《标准化工作导则　第1部分：标准化文件的结构和起草规则》(GB/T 1.1—2020)。

5.4.1　标准化文件的层次

根据标准化文件内容的从属关系，可将文件划分为部分、章、条、段、列项和附录等层次。表5-3给出了文件可能具有的层次及相应的编号示例。

表5-3　层次及其编号示例

层次	编号示例
部分	××××.1
章	5
条	5.1
条	5.1.1
段	[无编号]
列项	列项符号："——"和"."；列项编号：a)、b)和1)、2)

表5-3所示的层次是一项文件可能具有的所有层次。具体文件所具有的层次及其设置应视文件篇幅的多少、内容的繁简而定。但无论什么样的文件，至少要有章、条、段三个层次，它们是标准化文件的必备层次，其余的层次都是可选的。

5.4.1.1　部分

部分是一个标准化文件划分出的第一层次。划分出的不同部分共用同一个文件顺序号。每个部分可以单独编制、修订和发布，并与整体文件遵守同样的起草原则和规则。

5.4.1.2　章

章是标准化文件层次划分的基本单元。应使用从1开始的阿拉伯数字对章编号。章编号应从范围一章开始，一直连续到附录之前。每一章均应有章标题，并应置于编号之后。

5.4.1.3　条

条是章内有编号的细分层次。条可以进一步细分，细分层次最多可到第五层次。当段与段之间的内容明显不同，或者某章或条的几段内容中的某段有可能被本文件或其他文件所引用时，应考虑设立条。

5.4.1.4　段

段是章或条内没有编号的细分层次。为了避免在引用时产生混淆，不宜在章标题与条之间或条标题与下一层次条之间设段(称为"悬置段")。

5.4.1.5 列项

列项是段中的子层次,用于强调细分的并列各项中的内容。它可以在章或条中的任意段里出现。列项应由引语和被引出的并列的各项组成,只有同时具备引语和被引出的并列各项,列项才是完整的。采用列项的形式能起到如下作用:①由于列项的形式具有独特、醒目的特点,因此,可以突出并列的各项;②通过对列项中的各项进行编号,可以强调并列各项的先后顺序。

标准化文件的层次的具体编号如图 5-8 所示。

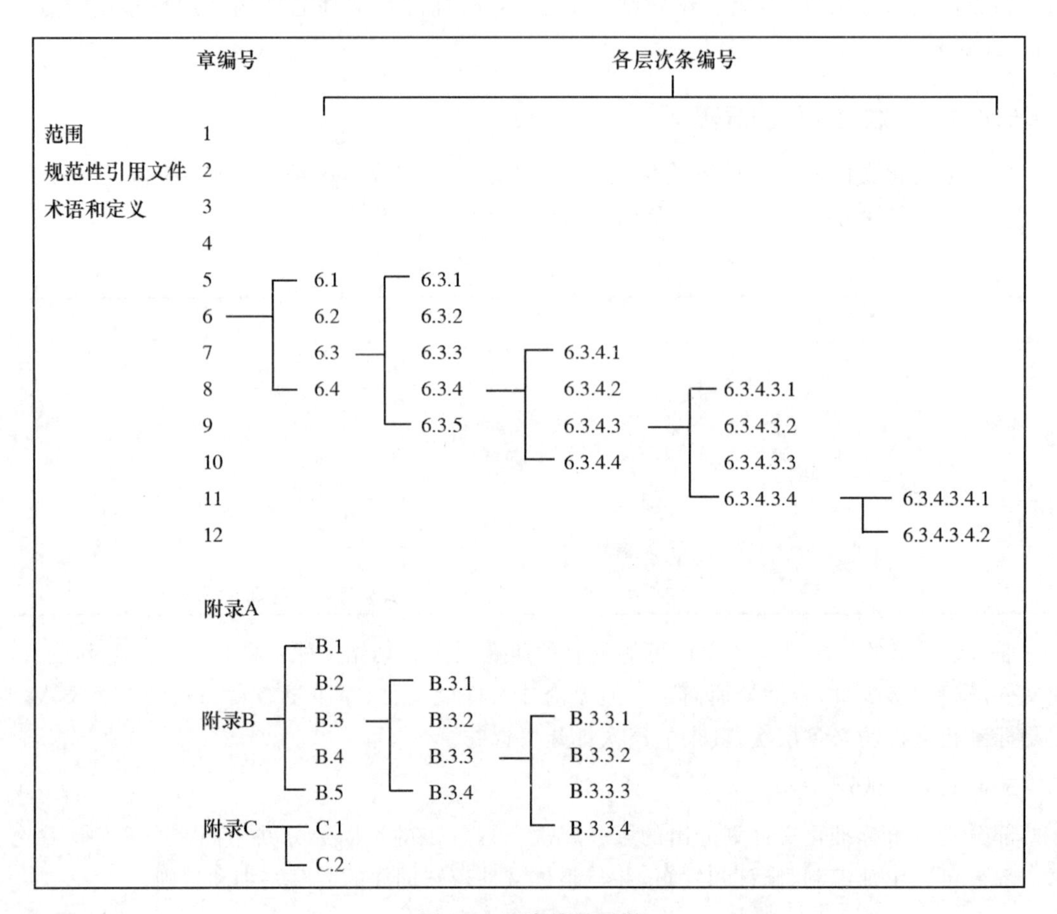

图 5-8 层次编号示例

从图 5-8 及前文介绍可见,标准化文件的层次是按照隶属关系编排的。“部分”的编号在标准顺序号之后,隶属于标准顺序号;“章”的编号统管该章下所有的条,即同一章下所有的条编号都隶属于该章;每下一层条的编号隶属于其上一层条的编号,依此类推。因此,标准中的编号是具有层次关系的。

5.4.2 标准化文件的要素

按照功能,可以将标准化文件的内容分为相对独立的功能单元——要素,而要素由条款和/或附加信息构成。

5.4.2.1 要素的分类

从不同的维度，可以将要素分为不同的类别。

(1)按照要素所起的作用，可分为规范性要素和资料性要素两大类。

规范性要素是“界定文件范围或设定条款的要素”。其在标准中的目的是让标准使用者遵照执行，一旦声明某一产品、过程或服务符合某一项标准，就须符合标准中的规范性要素的条款，即要遵守某一标准，就是要遵守该标准中所有规范性要素所规定的内容。

资料性要素是“给出有助于文件的理解或使用的附加信息的要素”。其在标准中的目的是提供一些附加信息或资料。当声明符合标准时，这些要素中的内容无须遵守。但无须遵守不等于不必存在。资料性要素在标准中具有特殊意义，一些资料性要素提高了标准的适用性，而封面、前言等资料性要素还是标准的必备要素。

(2)按照要素存在的状态，可分为必备要素和可选要素两大类。

必备要素是“在文件中必不可少的要素”。标准化文件的封面、前言、范围、核心技术要素为必备要素，规范性引用文件、术语和定义既可为必备要素，也可为可选要素，视标准化文件条款的具体需求而定。

可选要素是“在文件中存在与否取决于起草特定文件的具体需要的要素”。标准化文件中除必备要素外的其余要素均为可选要素。

5.4.2.2 要素的构成和表述

标准化文件中各要素的内容由条款和/或附加信息构成。规范性要素主要由条款构成，还可包括少量附加信息；资料性要素由附加信息构成。

构成要素的条款或附加信息一般采取陈述、推荐或要求等表述形式。陈述用于表达信息的条款；推荐用于表达建议或指导的条款；要求用于表达如果声明符合标准需要满足的准则，并且不准许存在偏差的条款。

当需要使用文件自身其他位置的内容或其他文件中的内容时，可在文件中采取引用或提示的表述形式。为了便于文件结构的安排和内容的理解，有些条文需要采取附录、图、表、数学公式等表述形式。

在具体表述条款的内容时，根据不同的情况可采取不同的形式。

(1)条文　是由条或段表述文件要素内容所用的文字和/或文字符号。条文是条款的文字表述形式，也是表述条款内容时最常使用的形式。

(2)注和脚注　是条款的辅助表述形式，通过较广泛的解释性或说明性文字，对条款的理解和使用提供帮助。注和脚注通常使用文字形式表述。条文中的注和脚注的内容都是资料性的。

(3)示例　是条款的另一种辅助表述形式，通过现实或模拟的具体例子，帮助文件使用者尽快掌握条款的内容。示例多用文字表述，但也可用图、表表述。示例的内容是资料性的。

(4)图　是条款的一种特殊表述形式，它是条款内容的一种“变形”。当用图表述所要表达的内容比用文字表达更清晰易懂时，图这种特殊的表述形式就成了一个理想的选择，这时，将文字的内容“变形”为图。在对事物进行空间描述时，使用图往往会收到事半功倍的效果。

(5)表　是条款的一种特殊表述形式，也是条款内容的另一种“变形”。当用表表述所要表达的内容比用文字表达更简洁明了时，表这种特殊的表述方式也是一个理想的选择，这时，将文字的内容“变形”为表。在需要对大量数据或事件进行对比、对照时，表的优势显而易见。

表5-4界定了标准化文件中要素的类别及其构成，给出了要素允许的表述形式。

表5-4　标准化文件中各要素的类别、构成及表述形式

要素	要素的类别		要素的构成	要素所允许的表述形式
	必备或可选	规范性或资料性		
封面	必备	资料性	附加信息	标明文件信息
目次	可选			列表(自动生成的内容)
前言	必备			条文、注、脚注、指明附录
引言	可选			条文、图、表、数学公式、注、脚注、指明附录
范围	必备	规范性	条款、附加信息	条文、表、注、脚注
规范性引用文件	必备/可选	资料性	附加信息	清单、注、脚注
术语和定义	必备/可选	规范性	条款、附加信息	条文、图、数学公式、示例、注、引用、提示
符号和缩略语	可选	规范性	条款、附加信息	条文、图、表、数学公式、示例、注、脚注、引用、提示、指明附录
分类和编码/系统构成	可选			
总体原则和/或总体要求	可选			
核心技术要素	必备			
其他技术要素	可选			
参考文献	可选	资料性	附加信息	清单、脚注
索引	可选			列表(自动生成的内容)

5.5　标准的编写

标准化文件的编写应按照严格的“程序”，使用正确的“方法”，编写出良好的文本，才能达到标准化的预期目的，使文件真正起到应有的作用。

食品标准种类很多，在起草标准前，应首先明确制定标准的目的，要规范的技术内容，如食品的安全(卫生)，食品生产过程的控制，食品的营养成分和品质特性，食品添加剂，食品检验方法，食品的标签、包装、运输和贮存等。

5.5.1　封面的编写

标准化文件的“封面”用来标识文件，给出文件名称、层次或类别、代号、编号、分类号、发布日期、实施日期、发布机构等基本信息。

封面是必备的、资料性要素，每项标准都应有封面。标准封面的主要内容为：

——文件的层次；
——文件的代号；
——文件的编号；
——被代替文件编号；
——国际标准分类号(ICS 号)；
——中国标准文献分类号(CCC 号)；
——备案号(不适用于国家标准)；
——文件名称；
——文件名称对应的英文译名；
——与国际标准的一致性程度的标识；
——文件的发布和实施日期；
——文件的发布部门或单位。

这里特别说明文件名称的编写。

文件名称是必备的、规范性要素，是对文件所覆盖的主题的清晰、简明的概括，任何文件均应有文件名称。文件名称还是读者使用、收集和检索文件的主要依据。食品标准名称及其对应的英文译名的编写需注意下述问题。

二维码 5-10　封面的编写

(1)文件名称的构成　文件名称最多由三个元素组成，即主体元素、引导元素和补充元素。主体元素为必备元素，表示食品领域内文件所涉及的标准化对象；引导元素为可选元素，表示文件所属的领域；补充元素也为可选元素，表示标准化对象的特殊方面，或者给出某文件与其他文件，或分为若干部分的文件的各部分之间的区分信息。例如，《食品安全国家标准　预包装食品标签通则》(GB 7718—2011)中，“食品安全国家标准”是引导要素，“预包装食品标签通则”是主体要素，这里的引导要素不可省略。又如《食品安全国家标准　食品添加剂　咖啡因》(GB 14758—2010)中的补充要素“咖啡因”不可省略，否则这个标准的范围超出了原标准涵盖的范围，与原标准实际要达到的目的不相符。

(2)食品的产品标准名称要能反映产品的真实属性　国家标准或行业标准对食品名称已给出定义的，企业可以用，但产品标准不能超出定义的范围。如《蜂蜜》(GH/T 18796—2012)对蜂蜜的定义是：“蜜蜂采集植物的花蜜、分泌物或蜜露，与自身分泌物结合后，经充分酿造而成的天然甜物质。”即蜂蜜中不应包括人为添加的其他物质。

国家标准或行业标准对某食品名称给出一个以上名称时，应选择其中一个等效的名称，如“酸牛奶”与“酸牛乳”，可选择其中一个作为标准名称。

国家标准或行业标准没有规定具体名称的，在编写产品标准名称时要注意名称一定要反映产品的真实属性，尽量使用通俗名称或常用名称，而不要使用奇特名称或创新名称。有些商品名称可以作为标准名称，如“婴儿配方奶粉”“苹果汁饮料”“广式粽子”等，因为它反映出产品的真实属性。但有些商品不能作为标准名称，如“牛冷切”“乐乐果”“摩奇系列”等，这些名称没有反映出产品的真实属性，人们不清楚标准要规范的产品是什么。为了避免与同类食品混淆并突出某产品的特性或特点，可以在标准名称前或后附加反映食品制作方法、物理状态、用途、口味、功能、食用方法、适用对象和主要成分等名词。如“香肠”,可在前面加上“熏煮”或“烧烤”字样;在“固体饮料”前面加上“速溶”字样等。

有关食品的定义可查阅《食品工业基本术语》(GB/T 15091—1994)等一些食品分类标准和单一食品标准等。

(3)标准英文译名　为了便于国际贸易和对外技术交流,在国家标准和行业标准封面的中文名称之下应给出标准的英文译名。

英文译名要以中文标准名称为基础,应尽量从相应国际标准的名称中选取;在采用国际标准时,宜采用原标准的英文名称。如标准中规定的内容与相应的国际标准的标准化对象及其技术特征有差异(与国际标准非等效时),应研究是否可以使用原文的标准名称,如确实不能使用原文的名称,则需按照我国标准化的标准名称作相应调整。

涉及试验方法的标准,只要可能,其英文译名的表述方式应为:“Test method”或“Determination of...”。应避免“Method of testing...”“Method for the determination of...”“Test code for the measurement of...”“Test on...”等表述。

5.5.2　目次的编写

标准化文件的“目次”为可选的、资料性要素,用来呈现文件的结构,设置与否,根据所形成的文件的具体需要决定。若需要设置目次,则应用“目次”作标题,将其置于封面之后。图5-9所示为《食品安全国家标准　食品中农药最大残留限量》(GB 2763—2021)目次的部分内容。

二维码 5-11　标准化文件目次的编写

目　次

前　言 …… XIV
1　范围 …… 1
2　规范性引用文件 …… 1
3　术语和定义 …… 6
4　技术要求 …… 6
4.1　2,4-滴丁酸(2,4-DB) …… 6
4.2　2,4-滴丁酯(2,4-D butylate) …… 7
4.3　2,4-滴二甲胺盐(2,4-D-dimethyl amine salt) …… 7
4.4　2,4-滴和2,4-滴钠盐(2,4-D and 2,4-D Na) …… 7
4.5　2,4-滴异辛酯(2,4-D-ethylhexyl) …… 8
4.6　2甲4氯(钠)[MCPA(sodium)] …… 9
4.7　2甲4氯丁酸(MCPB) …… 10
4.8　2甲4氯二甲胺盐(MCPA-dimethylamine salt) …… 10

图5-9　标准的“目次”编写示例

5.5.3 前言的编写

标准化文件的“前言”为必备的、资料性要素，用来给出诸如文件起草依据的其他文件、与其他文件的关系和编制、起草者的基本信息，其位于目次（如果有的话）之后，引言（如果有的话）之前，用“前言”作标题。前言不应包含要求、指示、推荐或允许型条款，也不应使用图、表或数学公式等表述形式。前言不应给出章编号且不分条。

二维码 5-12　前言的编写

图5-10所示为《食品安全国家标准　预包装食品标准通则》（GB 7718—2011）前言的部分内容。

前　言

本标准代替《预包装食品标签通则》（GB 7718—2004）。

本标准与GB 7718—2004相比，主要变化如下：

——修改了适用范围；

——修改了预包装食品和生产日期的定义，增加了规格的定义，取消了保存期的定义；

——修改了食品添加剂的标示方式；

——增加了规格的标示方式；

——修改了生产者、经销者的名称、地址和联系方式的标示方式；

——修改了强制标示内容的文字、符号、数字的高度不小于1.8 mm时的包装物或包装容器的最大表面面积；

——增加了食品中可能含有致敏物质时的推荐标示要求；

——修改了附录A中最大表面面积的计算方法；

——增加了附录B和附录C。

图5-10　标准的“前言”编写示例

5.5.4 引言的编写

标准化文件的“引言”是可选的、资料性要素。如果需要，则应用“引言”作标题，并将其置于前言之后，或置于标准正文之前，用来说明与文件自身内容相关的信息，不应包含要求型条款。当引言的内容需要分条时，应仅对条编号，编为0.1、0.2等。

在引言中通常给出下列背景信息：

——编制该文件的原因、编制目的、分为部分的原因以及各部分之间关系等事项的说明；

——文件技术内容的特殊信息或说明。

二维码 5-13　引言的编写

如果编制过程中已识别出文件的某些内容涉及专利，则应按规定给出有关内容。如果需要给出有关专利的内容较多时，可将相关内容移作附录。

5.5.5 范围的编写

“范围”是标准化文件必备的、规范性要素，用来界定文件的标准化对象和所覆盖的各个方面，并指明文件的适用界限。必要时，范围宜指出那些通常被认为文件可能覆盖，但实际上并不涉及的内容。分为部分的文件的各个部分，其范围只界定各自部分的标准化对象和所覆盖的各个方面。

该要素应设置为文件的第1章。如果确有必要，可以进一步细分为条。

文件中的条款只有在“范围”所界定的界限内才是适用的。如图5-11为《食品安全国家标准　预包装食品标准通则》(GB 7718—2011)的“范围”示例。

> **1　范围**
>
> 本标准适用于直接提供给消费者的预包装食品标签和非直接提供给消费者的预包装食品标签。
>
> 本标准不适用于为预包装食品在储藏运输过程中提供保护的食品储运包装标签、散装食品和现制现售食品的标识。

图5-11　标准的“范围”编写示例

范围的编写应做到以下两点：

(1)完整　范围一章所提供的信息要全面，要涵盖“文件的对象”及“文件的适用性”两方面的内容，不应缺项，必要时还可指出“文件不适用的界限”。

(2)陈述简洁　在完整的前提下，应力求简洁，高度提炼所要表述的内容，以使范围起到“内容提要”的作用。在范围中不应陈述可在引言中给出的背景信息。范围应表述为一系列事实的陈述，使用陈述型条款，不应包含要求、指标、推荐和允许型条款。

二维码5-14　范围的编写细则

范围的详细编写要求见二维码5-14。

5.5.6 规范性引用文件的编写

“规范性引用文件”是必备/可选的、资料性要素，用来列出文件中规范性引用的文件，由引导语和文件清单构成。该要素应设置为文件的第2章，且不应分条。

规范性引用文件清单应由引导语引出。

如果不存在规范性引用文件，应在章标题下给出以下说明：

“本文件没有规范性引用文件。”

文件清单中应列出该文件中规范性引用的每个文件，列出的文件之前不给出序号。图5-12所示为《食品安全国家标准　食品中农药最大残留限量》(GB 2763—2021)中的部分“规范性引用文件”。

2　规范性引用文件

本标准中引用的文件对本标准的应用是必不可少的。其中，注日期的引用文件，仅该日期对应的版本适用于本文件；不注日期的引用文件，其最新版本（包括所有的修改单）适用于本文件。

在配套检测方法中选择满足检测要求的方法进行检测。在本文件发布后，新实施的食品安全国家标准（GB 23200）同样适用于相应参数的检测。

GB/T 5009.19　食品中有机氯农药多组分残留量的测定
GB/T 5009.20　食品中有机磷农药残留量的测定
GB/T 5009.21　粮、油、菜中甲萘威残留量的测定
GB/T 5009.36　粮食卫生标准的分析方法
GB/T 5009.102　植物性食品中辛硫磷农药残留量的测定
GB/T 5009.103　植物性食品中甲胺磷和乙酰甲胺磷农药残留量的测定
GB/T 5009.104　植物性食品中氨基甲酸酯类农药残留量的测定

图5-12　标准的“规范性引用文件”编写示例

规范性引用文件的编写要求详见二维码5-15。引用“规范性引用文件”应注意：

二维码5-15　规范性引用文件的编写要求

①引用的所有规范性文件一定要在文件中提及，没有提及的文件不应作为规范性引用文件。

②不要将资料性引用文件列入规范性引用文件中。

③不要列入尚未发布的文件或不能公开得到的文件。

④引用的文件应是最新的版本，不引用已被代替或废止的文件。

5.5.7　术语和定义的编写

对于通用术语，为了方便引用，常将其制定成单独的术语标准，如《食品工业基本术语》（GB/T 15091—1994）。但在非术语标准中，“术语和定义”是一个必备/可选的、规范性要素，用来界定为理解文件中某些术语所必需的定义，由引导语和术语条目构成。该要素应设置为文件的第3章，为了表示概念的分类可以细分为条，每条应给出条标题。

该要素的表述形式是“引导语＋术语条目（清单）”，清单的内容只表述每条术语及其定义。图5-13所示为《食品安全国家标准　预包装食品标准通则》（GB 7718—2011）的部分“术语和定义”。

二维码5-16　术语和定义的编写要求

2　术语和定义

2.1　预包装食品

预先定量包装或者制作在包装材料和容器中的食品，包括预先定量包装以及预先定量制作在包装材料和容器中并且在一定量限范围内具有统一的质量或体积标识的食品。

2.2　食品标签

食品包装上的文字、图形、符号及一切说明物。

2.3　配料

在制造或加工食品时使用的，并存在（包括以改性的形式存在）于产品中的任何物质，包括食品添加剂。

图5-13　标准的“术语和定义”编写示例

5.5.8 符号和缩略语的编写

标准化文件中的“符号和缩略语”是一个可选的、规范性要素，用来给出为理解文件所必需的、文件中使用的符号和缩略语的说明或定义，宜作为文件的第4章，其表达形式是：“引导语＋清单”，清单的内容只表达每个符号、缩略语及其说明或解释。

二维码5-17 符号和缩略语的编写要求

如果为了反映技术准则，符号需要以特定次序列出，则该要素可细分为条，每条应给出条标题。

符号和缩略语的说明或定义宜使用陈述型条款，不应包含要求和推荐型条款。

根据编写的需要，该要素可并入“术语和定义”。

5.5.9 分类和编码/系统构成的编写

标准化文件中的“分类和编码”是可选的、规范性要素，用来给出针对标准化对象的划分以及对分类结果的命名或编码，以方便在文件核心技术要素中针对标准化对象的细分类别作出规定。它通常涉及“分类和命名”“编码和代码”等内容。

分类和编码/系统构成通常使用陈述型条款，其表达形式和内容可能是条文、图或表；内容可以表达“结果”(是什么)，也可以表达“过程”(怎么做)。

根据编写的需要，该要素可与规范、规程或指南标准中的核心技术要素的有关内容合并，在一个复合标题下形成相关内容。

(1)分类与命名、编码、标记的关系　当需要对产品、过程或服务中某个标准化对象进行区分时，就会选择“分类”。进行分类时，可以用文字、数字、字母或符号标记：

——用文字进行识别，得到的就是名称或名字，这种组合就是“分类和命名”；

——用数字、字母进行识别，得到的就是代码或编码，这种组合就是“分类和编码”；

——用符号标记进行识别，得到的就是符号或标记，这种组合就是“分类和标记”。

因此，“分类、标记和编码”实际上包含了：“分类和命名”“分类和编码”和“分类和标记”三个内容。

(2)食品产品分类举例　食品标准产品分类的目的是区分同类产品不同的名称，让同行业或标准使用者了解同类产品之间的区别。通过类别的划分，能更确切地把握标准所规定的范围。例：《茶饮料》(GB/T 21733—2008)(图5-14)。

4　产品分类

4.1　按产品风味分为：茶饮料(茶汤)、调味茶饮料、复(混)合茶饮料、茶浓缩液。

4.1.1　茶饮料(茶汤)分为：红茶饮料、绿茶饮料、乌龙茶饮料、花茶饮料、其他茶饮料。

4.1.2　调味茶饮料分为：果汁茶饮料、果味茶饮料、奶茶饮料、奶味茶饮料、碳酸茶饮料、其他调味茶饮料。

图5-14　标准的“产品分类”编写示例

5.5.10 总体原则和/或总体要求的编写

“总体原则”是标准化文件中的可选的、规范性要素，用来规定为达到编制目的需要依据的方向性的总框架或准则。文件中随后各要素中的条款或者需要符合或者具体落实这些原则，从而实现文件编制目的。总体要求这一要素用来规定涉及整体文件或随后多个要素均需要规定的要求。

总体原则/总则/原则应使用陈述或推荐型条款，不应包含要求型条款。总体要求应使用要求型条款。

5.5.11 核心技术要素的编写

标准化文件中的“核心技术要素”是必备的、规范性要素，是各功能类型标准的标志性的要素，它是表述标准特定功能的要素。标准功能类型不同，其核心技术要素就会不同，表述核心技术要素使用的条款类型也会不同。各种功能类型标准所具有的核心技术要素以及所使用的条款类型应符合表5-5的规定。各种功能类型标准的核心技术要素的具体编写应遵守GB/T 20001(所有部分)的规定。

表5-5 各种功能类型标准的核心技术要素以及所使用的条款类型

标准功能类型	核心技术要素	使用的条款类型
术语标准	术语条目	界定术语的定义使用陈述型条款
符号标准	符号/标志及其含义	界定符号或标志的含义使用陈述型条款
分类标准	分类和/或编码	陈述、要求型条款
试验标准	试验步骤 试验数据处理	指示、要求型条款 陈述、指示型条款
规范标准	要求 证实方法	要求型条款 指示、陈述型条款
规程标准	程序确立 程序指示 追溯/证实方法	陈述型条款 指示、要求型条款 指示、陈述型条款
指南标准	需考虑的因素	推荐、陈述型条款

5.5.11.1 要求的编写

标准化文件中的要求是标准中可选的、规范性要素的核心。要求的表述内容和形式不固定。根据编写标准的目的，内容可以表达“结果”(是什么)或“过程”(怎么做)，形式可能是条文、图或表。

1.要求中的要求型条款

要求型条款是“表达声明符合该文件需要满足的客观可证实的准则，并且不准许存在偏差的条款”(GB/T 1.1—2020中3.3.2)。要求型条款是在第一方声明符合或双方认可时需要满足，还需要证实，并且应该能够做到的准则。

2. 食品"要求"要素编写应注意的问题

(1)编写"要求"的目的要明确　食品的品种和种类繁多，各种食品有不同的特性，一项标准不可能把所有食品的特征和特性都包含进去。选择哪些特征和特性要求，取决于食品的品种和食品标准要达到的最终目的。通常保证食品的安全(卫生)是编写食品标准最重要、最常见的目的。还有其他目的，如适用性目的，促进成长发育的目的，保证营养和引起食欲的色、香、味目的，方便食用和适用人群的目的等。

(2)食品的性能特性要量化　要求的表达通常用食品的性能特性或描述特性来表达。食品的性能特性主要是指食品的营养成分、理化指标、微生物学等方面的要求。描述性特性是指对食品的外观、色、香、味的要求。食品的性能特性一般容易量化，而描述性特性有时则不易量化。编写要求时应根据食品的具体情况，能量化的一定要量化。例如，同类产品的番茄酱，有国际食品法典委员会(CAC)标准 Codex Stan 57—2017(经加工的浓缩番茄标准)，也有我国国家标准《番茄酱罐头》(GB/T 14215—2008)。这两项标准对番茄酱的颜色都有要求，CAC 标准规定为"呈现很好的颜色"，GB/T 14215—2008 则规定为低浓度番茄酱罐头的一级品中番茄红素含量不低于 13 mg/100 g。"呈现很好的颜色"不是量化指标，难以界定。用番茄红素含量多少来评定番茄酱红色的深浅，科学、准确，不会因人而异。

采用性能特性还是描述特性表述"要求"，需要权衡利弊。因为用性能特性表述"要求"时，必须通过试验验证，可能会增加产品成本。而且采用性能特性表述"要求"时，一般应采用明确的、被量化的数值。特别是食品的理化、安全方面的要求，要用"最大值""最小值""范围值"和带公差的"中间值"表述；而不应采用"绝对值""不得检出"的表述方式。

(3)"要求"中规定的性能特性和描述性特性要可证实　"要求"中规定的所有食品特性应能证实，要有相应的试验(检验)方法，这是编写"要求"一章的重要原则。那些无法用试验证明食品的性能特性，或不宜被证实、不便被证实的性能要求，不应列入食品标准的"要求"。

(4)尽量引用现行食品标准　制定标准时，涉及食品安全(卫生)要求、营养成分要求、原料要求的，如有现行国家标准、行业标准，应直接引用。如《食品安全国家标准鲜(冻)畜、禽产品》(GB 2707—2016)提出"农药残留量应符合 GB 2763 的规定"。有的食品标准引用现行标准的一部分、某一章或某一条，如"水分采用《食品安全国家标准　食品中水分的测定》(GB 5009.3)中第一法的方法测定"。引用现行标准可以保证与相关标准的协调和统一，同时简化了标准的编写内容，避免了与现行有效的强制性标准和食品市场准入要求执行的推荐性标准相抵触。

二维码 5-18　"要求"表述的内容和形式

3. 食品的主要技术要求

(1)原料要求　为了保证食品的质量、安全和卫生，应对产品的必用原料和可选用原料加以规定。对直接影响食品质量的原料也应规定基本要求。若必用和可选用原料有现行国家标准或行业标准，应直接引用，或规定不低于现行原料标准的要求。

建议采用下列典型用语：

"本产品应以……为主要原料制成。"

“本产品的可选原料有……”

“本产品加工中所使用的……应符合国际的有关规定。”

例:《月饼》(GB/T 19855—2015)技术要求的原料和辅料(图 5-15)。

5　技术要求

5.1　原料和辅料

5.1.1　小麦粉

应符合 GB 1355 的规定。

5.1.2　白砂糖

应符合 GB 317 和 GB 13104 的规定。

5.1.3　花生

应符合 GB/T 1532 的规定。

图 5-15　标准的“原料和辅料”技术要求编写示例

(2)外观和感官要求　应对食品的外观和感官特性,如食品的外形、色泽、气味、味道、质地等作出规定。

(3)理化要求　应对食品物理、化学指标作出规定。

a. 物理指标,如净含量、固形物含量、比容、密度、异物量等;

b. 化学成分,如水分、灰分、营养素的含量等;

c. 食品添加剂允许量;

d. 农药残留限量;

e. 兽药残留限量;

f. 重金属限量。

(4)生物学要求　应对食品的生物学特性和生物性污染作出规定,如:

a. 活性酵母、乳酸菌等;

b. 细菌总数、大肠菌群、致病菌、霉菌、微生物毒素等;

c. 寄生虫、虫卵等。

例:《月饼》(GB/T 19855—2015)技术要求的感官要求和理化指标(图 5-16)。

5.2　感官要求和理化指标

5.2.1　广式月饼感官要求见表 1,理化指标见表 2。

表 1　广式月饼感官要求

项目		薯沙类	果仁类	果蔬类	肉与肉制品类	水产制品类	蛋黄类	水晶皮类
干燥失重/(g/100 g)	≤	25	28	25	22	22	23	40
蛋白质/(g/100 g)	≥	—	5	—	5	5	—	0
脂肪/(g/100 g)	≤	24	35	23	35	35	30	18

图 5-16　标准的“感官要求和理化指标”编写示例

5.5.11.2 试验方法的编写

“试验方法”是标准中的可选要素。试验方法是测定标准化对象特性值是否符合规定要求的方法，并对测试的条件、设施、方法、顺序、步骤以及抽样和对结果进行数据的统计处理等作出统一规定。

(1)试验方法标准的类型　根据具体情况，试验方法要素的标准类型有如下 5 种：

①作为一项标准的独立一章。

②作为一项标准的规范性附录或资料性附录(适用推荐的试验方法)。

③作为一项标准的单独部分。

④作为单独的一项标准(试验方法有可能被若干其他标准所引用时，尤为适用)。

⑤并入“要求”要素一章中(仅适用于试验方法内容较简单时)。

二维码 5-19　试验方法应包括的内容

(2)试验方法应包括的内容　食品标准化对象不同，相应的试验方法或分析方法、测量方法中规定的编制细节亦有所不同。在编制标准时可根据具体情况，从下列 3 种方式中进行选择及增删：

①试验方法。

②化学分析方法。

③测量方法。

图 5-17 为《茶饮料》(GB/T 21733—2008)中的试验方法示例。

> **6　试验方法**
>
> **6.1　感官检验**
>
> 取约 50 mL 混合均匀的被测样品于无色透明的容器中，置于明亮处，迎光观察其色泽和澄清度，并在室温下，嗅其气味，品尝其滋味。
>
> **6.2　理化指标**
>
> **6.2.1　茶多酚**
>
> 按附录 A 的方法检测。
>
> **6.2.2　咖啡因**
>
> 按 GB/T 5009.139 规定的方法检验。

图 5-17　标准中“试验方法”编写示例

(3)编写“试验方法”章的注意事项　具体如下：

①试验方法一般应采用现行标准试验方法。需要制定的试验方法如与现行标准试验方法的原理、步骤基本相同，仅是个别操作步骤不同，应在引用现行标准的前提下只规定其不同部分，不宜重复制定。如果没有现行标准试验方法可供采用，可以规定试验方法。

②“要求”章中的每项要求，均应有相应的试验或测量方法，二者的编排顺序也应尽可能相同。外观和感官指标也应尽量规定较为详细具体的检测方法。

③原则上，对一项要求只规定一种试验或测量方法，而且试验或测量方法应具有再现性。如因某种原因，对同一项要求需要规定两种或两种以上试验(或测量)方法时，应规定一种仲裁方法。如在标准中注明：“当对测量结果有异议时，方法一为仲裁测量方法。”

④在规定试验(或测量)用仪器、设备时,一般情况下均不应规定制造厂或其商标名称,只需规定仪器、设备应有的精度和性能要求,且在规定的有效检定周期内。标准中规定的计量器具应具有可溯源性。

⑤一般情况下应规定试验(或测量)方法的精密度或者允许偏差。

⑥试验(或测量)结果数据应与技术要求量值的有效位数一致。

⑦对于具有有害物质的试样和可能有某种危险的试验(或测量)方法应加以明确说明,并对预防措施作出严格的规定。

⑧如果试验(或测量)程序会影响试验结果,应对试验(或测量)程序作出规定。

⑨用作对比试验(或测量)的标准样品,应对其取得检定和保存方法作出明确规定。必要时,还应规定对标准样品的要求。

⑩如果该章内容既有试验内容,又有测量内容,标题可改为"测试方法"。

⑪"试验方法"若并入"要求"一章中,章的标题可为"要求与试验(或测量)方法"。

⑫适用时,应指明试验(或测量)方法适用的场合,如型式试验或定型试验、常规试验或例行试验,还是抽样试验等。

5.5.11.3 检验规则的编写

检验规则也称合格评定程序,是指对产品满足要求所进行的系统检查的程序。检验规则编写的内容主要包括:检验分类、检验项目、组批规则、判定原则和复验规则。

根据产品特点,可选择下列1~2类检验作为判定产品质量合格与否的检验:出厂检验、常规检验、交付检验、质量一致性检验、型式检验、例行检验、鉴定检验、首件检验等;一般情况下选择出厂检验(交付检验)和型式检验(例行检验)较多。

例:《月饼》(GB/T 19855—2015)的检验规则(图5-18)。

7 检验规则

7.1 出厂检验

7.1.1 产品出厂需经检验部门逐批检验,检验合格方可出厂。

7.1.2 出厂检验项目包括:感官要求、净含量、馅料含量、菌落总数、大肠菌群。

7.2 型式检验

7.2.1 检验项目应包含本标准5.2、5.3、5.4和5.5规定的项目。

7.2.2 季节性生产时应于生产前进行型式检验,常年生产时每6个月应进行型式检验。

图5-18 标准的"检验规则"编写示例

根据选定的检验类别,分别确定需要检验的项目,出厂检验的具体项目由生产者或接收方确定,即使不检的项目也必须保证符合标准要求。型式检验项目应包括标准要求中规定的所有项目。出厂检验和型式检验项目可采取列表的形式编写,也可采用条、款形式。表头内容主要包括:序号,项目名称,是否要检验的项目,要求的章、条号及检验方法的章、条号。当检验项目的次序影响检验结果时,应对检验项目的次序作出规定。

出厂检验是在交货前必须进行的检验,而型式检验则是根据需要,在规定的时机进行的检验。规定的时机一般包括:停产或转产后恢复生产;新产品试制或鉴定;原料、工艺有重大变化；出厂检验与上次型式检验有较大差异；国家质量监督机构提出要求。

组批规则是依据产品的特点和供需双方的约定确定的。组批规则需要规定的内容主要包括组批条件、批量、组批方法等。一般规定同一班次、同一生产线、同一规格或品种的产品为一批，或同一时段、同一原料、同一生产线、同一规格或品种的产品为一批。批量可根据抽样方案确定。

判定规则是判定一批产品是否合格的条件。对每一类检验均应规定判定规则。

复验规则是指根据产品特点对第一次检验不合格的项目再次提出检验，并规定复验规则，根据复验结果再进行综合判定。根据食品的特点，有些检验项目是不能复验的，特别是微生物指标，一般不能规定复验。

5.5.12 其他技术要素的编写

标准化文件中的取样、标志、标签、包装等属于其他技术要素。

5.5.12.1 取样的编写

“取样”是食品产品标准中的可选的、规范性要素。取样是从一大批成品中抽取一小部分作为实验室样品，送到实验室供检测或测试用的过程。取样一般应排在试验方法之前，原因是试验（检测）的结果是否能代表一批产品与取样有直接关系。也可将取样一章合并到检验规则或试验方法中，只要能保证取样的样本与成品之间的一致性，满足接收还是拒收的判定规则即可。如果每件产品必检，则不需要编写取样。

例：《月饼》（GB/T 19855—2015）抽样方法和数量（图 5-19）。

7.3 抽样方法和数量

7.3.1 出厂检验时，在成品库，从同一批次待销产品中随机抽取，抽样数量满足出厂检验项目的需要。

7.3.2 型式检验时，在成品库，从同一批次待销产品中随机抽取，抽样数量满足型式检验项目的需要。

图 5-19 标准的“抽样方法和数量”编写示例

取样的内容一般包括：

①需要时应规定取样条件。

②需要时应规定取样方法。

③对易变质的产品应规定贮存样品的容器及保管条件。

④需要时应规定抽取样品的数量。

食品产品标准中具体选择哪一种较为适合的取样方案，可参考《验收抽样检验导则》（GB/T 13393—2008）。

5.5.12.2 标志、标签、包装、运输和贮存的编写

“标志、标签、包装、运输和贮存”在食品标准中属于可选的、规范性要素，因为只有食品的产品标准或与产品有关的食品卫生标准中才有这部分内容。

1. 标志和标签的编写

二维码 5-20　食品标签和包装物上要求标注的内容

食品的标志和标签虽然与食品本身的质量没有直接关系，但它们在贸易中却占有举足轻重的地位。在技术性贸易壁垒协定（TBT 协定）中，无论是标准还是技术法规的定义中都提到了标志和标签的问题，可见标志和标签在贸易中的重要地位。

广义的标志，实际上是产品的"标识"，它包括图形、文字和符号。标志包含的内容很多，含义各不相同，有的体现在产品的标签上，有的体现在产品的说明书上，有的体现在产品的包装上。在我国，食品标志是由法律文件和强制性标准规定的，如《中华人民共和国产品质量法》《中华人民共和国消费者权益保护法》等对产品或者其包装上的标志都做了严格规定。国家强制性标准《食品安全国家标准　预包装食品标签通则》（GB 7718—2011）、《食品安全国家标准　预包装特殊膳食用食品标签》（GB 13432—2013）等是编写食品标志、标签一章应遵循的重要依据，一般情况下直接引用这些标准即可。由于各种食品的标志、标签规定的要求不完全相同，因此对有特殊要求的食品还要在标准中列出标签或包装物上应标注的内容。

例：《月饼》（GB/T 19855—2015）中的标签标识（图 5-20）。

8　标签标识

8.1　标签和标识应符合 GB 7718 的规定。

8.2　运输包装标志应符合 GB/T 191 的规定。

图 5-20　标准的"标签标识"编写示例

2. 包装、运输和贮存的编写

包装、运输、贮存一章在食品标准中是可选要素，除了产品标准外，其他食品标准（包括检验方法标准、限量标准等）可以省略包装、运输、贮存一章。包装、运输、贮存等中间环节可能对产品的质量和安全造成不利的影响，如风吹、日晒、雨淋、异味、有毒有害物质等都会对产品造成危害。有些产品由于包装或运输不当，还可能对周围环境带来污染，因此从保护产品和环境的目的出发，对食品的包装、运输、贮存有必要在标准中作出规定。

包装涉及的内容很多，如包装材料、容器（包装箱、袋、瓶、罐）、包装方法、包装检验等。食品的包装与食品的质量和安全有直接关系，是保证食品质量的重要环节，包装必须满足食品生产企业卫生规范中的基本要求。国家标准或行业标准中对包装环境、包装物、包装方法已有规定的，应当引用现成的国家标准或行业标准；没有标准的，企业可以制定单独的标准，也可在一项产品标准中规定包装材料、包装形式、包装量以及对包装的试验等。

贮运是产品检验合格入库至销售到消费者手中的中间过程，这一过程要保证产品质量不出问题，要根据产品的特点对贮存场所、贮存条件、贮存方式、贮存期限作出相应的规定。对运输要规定装卸方式、车厢的温度以及运输过程中可能造成影响的其他因素。除了要在标准中规定贮运要求外，还应在产品的标志中加以标注。

例：《月饼》（GB/T 19855—2015）的包装、运输和贮存要求如图 5-21 所示。

9　包装

9.1　月饼包装应符合国家相关法律法规和 GB 23350 的规定,包装材料应符合食品安全相关标准的要求。

9.2　食品塑料周转箱应符合 GB/T 5737 的规定。

9.3　脱氧剂、保鲜剂不应直接接触月饼。

10　运输和贮存

10.1　运输

10.1.1　运输车辆应符合卫生要求。产品不应与有毒、有污染的物品混装、混运,应防止暴晒、雨淋。

10.1.2　装卸时应轻搬、轻放,不得重压。

10.2　贮存

10.2.1　产品应贮存在清洁卫生、凉爽、干燥的仓库中。仓库内有防尘、防蝇、防鼠等设施。

10.2.2　产品应与墙壁、地面保持适当的距离,以利于空气流通及物品的搬运。

图 5-21　标准的“包装、运输和贮存”编写示例

5.5.13　附录的编写

标准化文件中的“附录”用来承接和安置不便在文件正文、前言或引言中表述的内容,它是对它们的补充或附加,它的设置可以使文件的结构更加平衡。附录的内容源自正文、前言或引言中的内容。当正文规范性要素中的某些内容过长或属于附加条款,可以将一些细节或附加条款移出,形成规范性附录。当文件中的示例、信息说明或数据等过多,可以将其移出,形成资料性附录。规范性附录给出正文的补充或附加条款,资料性附录给出有助于理解或使用文件的附加信息。附录的规范性或资料性的作用应在目次中(图 5-22)和附录编号之下(图 5-23)标明。

二维码 5-21　附录的作用

目　次

………………

附录 D(规范性附录)标准名称的起草

图 5-22　目次中列出附录性质示例

附录 D

(规范性附录)

标准名称的起草

图 5-23　附录中标明附录性质示例

文件中下列表述形式提及的附录属于规范性附录:

a. 任何文件中,由要求型条款或指示型条款指明的附录;

b. 规范标准中,由“按”或“按照”指明试验方法的附录;

c. 指南标准中，由推荐型条款指明的附录。

其他表述形式指明的附录都属于资料性附录。

附录应位于正文之后、参考文献之前，附录的顺序取决于其被移作附录之前所处位置的前后顺序。

每个附录均应有附录编号，其由“附录”和随后表明顺序的大写拉丁字母组成，字母从A开始，如“附录A”“附录B”等。只有一个附录时，仍应给出附录编号附录A。附录编号之下应标明附录的作用，即“（规范性）”或“（资料性）”，再下方为附录标题。

附录中不准许设置“范围”“规范性引用文件”“术语和定义”等内容。

5.5.14 参考文献的编写

标准化文件中的“参考文献”为可选的、资料性要素，用来列出文件中资料性引用的文件清单，以及其他信息资源清单，例如起草文件时参考过的文件，以供参阅。

如果需要设置参考文献，应置于最后一个附录之后。该要素不应分条，列出的清单可以通过描述性的标题进行分组，标题不应编号。

参考文献可列出的文献包括标准中资料性引用的文件和标准起草过程中依据或参考的文件。其中，标准中资料性引用的文件包括以下5个方面：

①标准条文中提及的文件。

②标准条文中的注、图注、表注中提及的文件。

③标准中资料性附录提及的文件。

④“术语和定义”一章中在定义后的方括号中标出的术语和定义所出自的文件。

⑤ 摘抄形式引用时，在方括号中标出的摘抄内容所出自的文件。

应在每个列出的参考文献或信息资源前的方括号中给出序号。清单中所列内容及其排列顺序以及在线文献的列出方式均应符合“规范性引用文件——文件清单”的相关规定，其中列出的国际文件、国外文件不必给出中文译名。

5.5.15 索引的编写

标准化文件中的“索引”是可选的、资料性要素，用来给出通过关键词检索文件内容的途径。如果需要设置，应作为文件的最后一个要素。

该要素由索引项形成的索引列表构成。索引项以文件中的“关键词”作为索引目标，同时给出文件的规范性要素中对应的章、条、附录和/或图、表的编号。索引项通常以关键词的汉语拼音字母顺序编排。

电子文本的索引宜自动生成。

5.6 标准起草编制示例

5.6.1 食品产品标准

食品产品标准起草编制以《月饼》（GB/T 19855—2015）为示例。

5.6.2　食品试验方法标准

食品试验方法标准起草编制以《食品安全国家标准　食品中水分的测定》(GB 5009.3—2016)为示例。

5.6.3　管理标准

ISO 9000族《质量管理体系》系列标准是ISO/TC176/SC2制定的一套精心设计、结构严谨、定义明确、内容具体、适用性强的全世界唯一的关于质量管理方面的国际标准，是科技进步和生产力发展的必然产物，是管理学发展的成果，是世界上经济发达国家多年质量管理实践的科学总结。现行有效的ISO 9000标准，包括《质量管理体系　要求》(ISO 9001:2015)、《质量管理体系　基础和术语》(ISO 9000:2015)、《质量管理组织的质量实现持续成功指南》(ISO 9004:2018)和《管理体系审核指南》(ISO 19011:2018)四大标准。现以ISO 9001作为管理标准的起草编制示例。

创新是引领发展的第一动力，而标准是创新成果转化成生产力的保障。标准化建设应以科技创新为基础，贯彻党的二十大精神，坚持面向世界科技前沿、面向经济主战场、面向国家重大需求、面向人民生命健康，以高科技提升标准化水平，以高标准促进产业升级，以高质量推动国家全方位发展。

思考题

1.何谓标准、标准化？两个概念有何区别和联系？

2.标准化方法原理有哪些？其活动的原则是什么？

3.中国的“强制性标准”和“推荐性标准”、WTO/TBT的“技术法规”和“标准”这二种划分有什么区别？

4.标准体系表有什么作用？标准体系表有哪些基本形式？

5.我国有几种标准制定的程序？标准制定的一般程序有哪些基本步骤？其与ISO/IEC和WTO的对应关系如何？

6.标准的规范性要素和资料性要素各包括哪些内容？哪些是必备要素？哪些是可选要素？

7.怎样编写高质量的标准？

参考文献

[1]李春田.标准化概论[M].6版.北京:中国人民大学出版社,2018.

[2]国家标准化管理委员会农轻和地方部.食品标准化[M].北京:中国标准出版社,2006.

[3]张建新,陈宗道.食品标准与法规[M].北京:中国轻工业出版社,2006.

[4]李春田.面对市场竞争新形式的企业标准化战略(PPT).广州:2014年广东省本科高校教师标准化知识培训班会议资料.

[5]刘少伟,鲁茂林.食品标准与法律法规[M].北京:中国纺织出版社,2013.

[6]艾志录,鲁茂林.食品标准与法规[M].南京:东南大学出版社,2006.

第6章

我国的食品标准

本章学习目的与要求

1. 了解我国食品标准的现状以及与国外食品标准的差异。
2. 熟悉我国食品基础标准、食品安全标准及其他各类食品标准的情况。

6.1 我国食品标准概述

食品标准作为一项技术标准，是食品行业的技术规范，涉及食品行业各个领域的不同方面，从多方面规定了食品的技术要求和质量卫生要求。在食品工业中，食品标准占有十分重要的地位，是食品卫生质量安全和食品工业持续发展的重要保障。作为判断食品质量的重要依据，食品标准是政府监管食品安全的手段之一，是企业科学管理的基础，有利于减少和避免我国食品安全问题的出现，保障我国国民身体健康与生命安全，促进社会经济的持续发展。因此，在食品安全问题频发的当今社会，政府以及越来越多的企业及学者开始关注食品标准问题。

6.1.1 我国食品标准发展历程

新中国成立初期，我国的食品类标准较少，20 世纪 70 年代末以后我国食品类相关标准开始日益丰富，颁布的主要是食品添加剂的产品标准，而食品的产品标准和卫生标准较少。20 世纪 80 年代后陆续发布了一系列的食品卫生标准和产品标准。在 1981 年颁布的《蒸馏酒及配制酒卫生标准》(GB 2757—1981)开创了中国酿酒行业的新纪元。1983 年颁布了《中式糕点质量检验方法》(GB 3865—1983)和《西式糕点质量检验方法》(GB 3866—1983)。1985 年颁布了粮食、油料检验方法标准和一系列植物油脂检验方法标准。1986 年和 1987 年颁布了《糕点、饼干、面包卫生标准》(GB 7100—1986)、粮食类产品标准和以 ZBX 为编号的一系列专业生产技术规程。1988 年国家卫生部又颁布了 19 个食品类卫生标准。20 世纪 90 年代初商检局颁布了一系列的进出口产品标准和检验方法标准，卫生部还颁布了一批农药残留等检验方法标准。1995 年农业部颁布了第一批绿色食品相关标准，2001 年颁布了第一批无公害食品相关标准，标志着绿色食品和无公害食品生产在我国走向制度化，也说明了人们食品安全意识的提高和国家对食品安全工作的重视。1996 年、2003 年和 2005 年我国对食品方面卫生标准进行了三次大范围的颁布和修订，使卫生标准的覆盖范围更加广泛，更加有利于保证人民群众的健康和安全。2009 年《中华人民共和国食品安全法》发布实施后，我国对食品国家标准和行业标准又进行了更加全面的清理和修订。截至 2019 年，我国已发布 1 260 项食品安全国家标准，涵盖指标 2 万余项，初步构建起符合我国国情的食品安全国家标准体系。

6.1.2 我国食品标准现状

随着社会的发展和生活质量的不断提高，人们对食品质量的要求越来越高。食品安全不仅为我国人民所关注，也是当今世界人们所关注的焦点问题之一。食品标准作为食品安全、生产、贮存的依据，它的水平直接关系到人们的身体健康，更应引起我们的重视。长期以来，我国存在食品卫生和产品质量两套独立而且规定不一致的法律，按照《食品卫生法》制定的食品卫生标准和按照《产品质量法》制定的产品标准，都有法律效力、地位相同，但制定时缺乏沟通协调机制，造成了标准不统一，指标有差异，使用时出现混乱的问题。2009 年《中华人民共和国食品安全法》发布实施后，我国历时 7 年建立起现行的食品安全标准体系，完成了对 5 000 项食品标准的清理整合，共审查修改 1 293 项标准，2016 年陆续发布了 1 224 项食品安全国家标准。目前，我国各项食品安全国家标准已相当完善，形成了包括通用标准、产品标准、生产经营规范标准、检验方法标准等四大类食品安全国家标准。

6.1.2.1　我国现行的食品标准情况

根据《中华人民共和国标准化法》的规定，我国的标准按效力或标准的权限，可以分为国家标准、行业标准、地方标准和团体标准、企业标准。食品领域内需要在全国范围内统一的食品技术要求，可确定为食品国家标准；没有食品国家标准，但需要在全国某个食品行业范围内统一技术要求，可确定为食品行业标准。我国的国家标准由国务院标准化行政主管部门制定，但对于食品安全标准，《中华人民共和国食品安全法》规定"食品安全国家标准由国务院卫生行政部门会同国务院食品安全监督管理部门制定、公布，国务院标准化行政部门提供国家标准编号"；行业标准由国务院有关行政主管部门制定；地方标准由省、自治区、直辖市人民政府标准化行政主管部门制定；团体标准由团体按照团体确立的标准制定程序自主制定发布；企业标准由企业自己制定。为适应市场经济需求，国家鼓励企业参加到食品标准的制定中。对食品标准层级的确定，食品国家标准和食品行业标准的侧重不同，如食品国家标准侧重环境、安全、基础、通用的技术内容，而食品行业标准侧重产品的技术内容。从标准的法律级别上来讲，国家标准高于行业标准，行业标准高于地方标准，地方标准高于企业标准。但从标准的内容上来讲却不一定与级别一致，一般来讲企业标准的某些技术指标应严于地方标准、行业标准和国家标准。

从标准的属性划分，食品标准可分为强制性食品标准、推荐性食品标准和指导性技术文件。根据我国标准化法规定，保障人身健康和生命财产安全的标准及法律、行政法规规定强制执行的标准是强制性标准，其他标准是推荐性标准。在我国，食品安全标准是强制执行的标准，国家强制性标准的代号是"GB"字母，GB是国标两字汉语拼音首字母的大写；国家推荐性标准的代号是"GB/T"，字母"T"表示"推荐"的意思；推荐性地方标准的代号如陕西省地方标准的代号为"DB61/T"。

从标准的内容划分，食品标准可包括食品基础标准、食品安全限量标准、食品通用的试验及检验方法标准、食品通用的管理技术标准、食品标识标签标准、重要食品产品标准、其他标准等7个方面。

目前，我国食品标准经过50多年的发展，已初步形成门类齐全、结构相对合理、具有一定配套性、基本完整的体系，有力地促进了我国食品的发展和食品质量的提高。

6.1.2.2　我国食品标准建设存在的问题

在我国，食品标准作为食品行业及其相关产业遵循的原则，已得到政府、企业和相关部门的高度重视。经过半个多世纪的发展，我国食品标准化经历了5个发展阶段，分别是初级阶段(20世纪50～70年代)、发展阶段(20世纪80年代)、调整阶段(20世纪90年代)、巩固阶段("十一五"期间)和全面清理修订阶段(2009年至今)。通过对已有标准的不断梳理与清理，我国的食品标准体系结构更加清晰、合理。

经过长期努力，我国在食品标准化体系建设中取得了显著的成就，但与国际同类标准和我国目前食品工业发展形势的要求相比，还存在以下一些问题。

(1)标准体系不够完善　第一，我国还有一些重要食品标准短缺。例如，我国现有的农业国家标准、行业标准多为产品质量标准，与之相配套的检验检测方法标准以及产品生产规程，种子、产地环境等方面的标准相对较少，新技术、新领域的标准就更少。与我国110类、1 000多个可上市农产品所需标准相比,现存农业标准数量严重不足,无法全面指导农业生产和食品进出口贸易。第二,检验方法标准相对缺乏。我国目前虽已有多项分析方法标准,但一些微量、痕量级分析技术的采用相对较少,难以满足大批量产品检验及产品的快速通关检测需要。第三,部分标准的制定没有根据产业链条上下游协调的原则进行配套。我国食品生产、加工和流通环节所涉及的品种标准、产地环境标准、生产过程控制标准、产品标准、加工过程控制标准以及物流标准的配套性虽已有改善,但整体而言还没有成体系配套,使得食品生产全过程安全监控缺乏有效的技术指导和依据。

(2)部分标准水平偏低　我国目前仍有部分食品国家标准和行业标准是 20 世纪 80 年代和 90 年代制定发布的。过去我国食品工业基础差、管理水平较落后,致使某些技术要求水平偏低,相当一部分标准要求低于国际标准。

(3)标准制定与产业发展不同步　食品行业目前与生物技术、互联网等行业高度交叉融合,催生了一系列新型食品类型或产品。由于制定流程、前瞻性、科学性等诸多原因,许多新兴的食品类型与食品产品目前尚无与之匹配的国家标准或行业标准,导致监管存在缺失,市场良莠不齐。

此外,还有其他一些问题,比如标准实施进度较缓慢等。上述这些问题的存在,制约了食品工业的发展和产品质量的提高,降低了我国食品的国际竞争力。

6.1.3　我国食品标准与国外食品标准的对比分析

国际食品法典委员会(CAC)标准、世界动物卫生组织(OIE)标准、国际植物保护公约(IPPC)标准及其他国际认可的国际组织标准以其先进性和科学性而得到 WTO 认可,并被指定为国际贸易和争端解决的技术依据。各发达国家投入巨大的人力、财力积极研究和参与国际标准的制修订工作,以促进本国食品国际贸易、保证食品安全。在经费投入、国际交流、标准的制定等方面,我国的食品标准工作与发达国家相比还存在一定差异。

(1)部分标准科学性和可操作性有待加强　欧美、日本等发达国家十分重视标准的研究与制定工作,均把基于健康保护为目的的食品安全标准作为标准化战略的重点领域。在农药残留方面,几乎涉及了所有的农产品,数量庞大,指标很细,一种农药在不同的作物上都有详细规定,特别是近年来,欧盟的农药残留不断修订增加,指标量已达到近 3 万,而且有很多低毒低残留的农药也被制定了很严格的限量,很大一部分是以最先进的仪器检测限作为限量标准,这给一些发展中国家农产品出口欧盟造成了很大障碍。与此相比,我国虽然制定了一系列有关食品安全的标准,但有些标准缺乏科学性和可操作性,在技术内容方面与 WTO 有关协定和 CAC 标准存在一定差距。

(2)缺乏参与国际标准合作的高级人才　我国食品人才多属专业型人才,缺乏既懂专业又熟悉贸易、既懂标准又熟悉法律、能熟练掌握国际语言的复合型高级人才,制约了我国与国际标准化组织的交流与合作,影响了我国掌握国际标准动态和采用国际标准的步伐。

(3)国家标准采标时效性不高　标准具有时效性,如果采用国际标准不够及时,有可能会导致所采用的国际标准已经过时或废止,相应的国家标准才开始生效。目前,国内现行的标准所采用的国际标准分布时间的幅度很宽,最短为 1 年,最长为 39 年,所采用的近 5 年的国际标准非常少,说明我国采用国际标准时效性不高;而英国在采标方面基本上保持平衡的水平,65.5% 的标准采标时间差为 1 年以下,采标非常及时;德国和法国对于国际标准的采用也较及时,80%的标准采标时间差为 2 年以下。

6.2　食品基础标准

食品基础标准在食品领域具有广泛的使用范围，涵盖整个食品或某个食品专业领域内的通用条款。食品基础标准主要包括通用的食品术语标准，食品图形符号、代号类标准，食品分类标准等。

6.2.1　食品术语标准

术语(terminology)是在特定学科领域用来表示概念的称谓的集合。是通过语音或文字来表达或限定科学概念的约定性语言符号，是思想和认识交流的工具。术语标准化指的是术语的标准化和术语工作方法(术语工作本身也要有标准化的原则和方法)上的标准化，即运用标准化的原理和方法，通过制定术语标准，使之达到一定范围内的术语统一，从而获得最佳秩序和社会效益。术语标准化是当代社会发展的需要，也是信息技术兴起的需要，是标准化工作的重要基础。

6.2.1.1　食品术语标准的特点和作用

术语标准化的主要内容是概念、概念的描述、概念体系、概念的术语和其他类型的订名、概念和订名之间的对应关系。术语标准化的目的，首先在于分清专业界限和概念层次，从而正确指导各项标准的制定和修订工作。因此，术语标准化的重要任务之一是建立与概念体系相对应的术语体系。专业学科和一定专业领域的概念，构成一个概念体系，与之相对应的术语，在专业学科和一定专业领域也需要构成一个术语体系。使一定范围内的术语，按其内在联系形成的科学有机整体，经过对其选编、注释、定义，形成人们普遍接受的一套专门用语，即人们通常称谓的术语集。术语标准化的另一个任务，是对陈旧落后的、阻碍科技进步的原有术语进行清理、修订，重复的要删除，混乱、交叉的要统一。

食品术语的制定与编纂及其标准化，是当代食品工业发展和国际贸易的需要，也是信息技术兴起的需要。和其他术语一样，食品标准中的术语表现形式有两种。一是制定成一项单独的术语标准或单独的部分。包括三种类型的术语标准：词汇、术语集或多语种术语对照。二是编制在含有其他内容的标准中的“术语和定义”一章中。

6.2.1.2　我国重要的食品术语标准

除了编制于众多技术标准中的术语和定义外，我国先后颁布了多部食品术语集的国家标准和行业标准，如下：《食品工业基本术语》(GB/T 15091—1994)、《咖啡及其制品　术语》(GB/T 18007—2011)、《粮油名词术语　粮食、油料及其加工产品》(GB/T 22515—2008)、《糕点术语》(GB/T 12140—2007)、《食用菌术语》(GB/T 12728—2006)、《香辛料和调味品　名称》(GB/T 12729.1—2008)、《茶叶感官审评术语》(GB/T 14487—2017)、《白酒工业术语》(GB/T 15109—2008)、《粮油名词术语　油脂工业》(GB/T 8873—2008)、《肉与肉制品术语》(GB/T 19480—2009)、《食品营养成分基本术语》(GB/Z 21922—2008)、《啤酒机械术语》(QB/T 1079—2016)、《乳品机械名词术语》(QB/T 3921—1999)、《茶叶加工技术术语》(SB/T 10034—1992)、《面条类生产工业用语》(LS/T 1104—1993)、《糖果术语》(GB/T 31120—2014)、《食品机械术语　第1部分：饮食机械》(SB/T 10291.1—2012)、《食品机械术语　第2

部分:糕点加工机械》(SB/T 10291.2—2012)、《调味品名词术语　综合》(SB/T 10295—1999)、《调味品名词术语　酱油》(SB/T 10298—1999)、《调味品名词术语　酱类》(SB/T 10299—1999)、《调味品名词术语　食醋》(SB/T 10300—1999)、《调味品名词术语　酱腌菜》(SB/T 10301—1999)、《调味品名词术语　腐乳》(SB/T 10302—1999)、《调味品名词术语　豆制品》(SB/T 10325—1999)、《水产品加工术语》(SC/T 3012—2002)、《茶叶机械　术语》(JB/T 7863—2016)等。

从这些术语标准所覆盖的内容看,分布很不平衡,一些重要的行业术语标准(如饮料)缺失,而调味品行业术语标准确多达 7 部;许多标准标龄过长,如国家标准《食品工业基本术语》等。

6.2.2 食品图形符号、代号类标准

图形符号是指以图形为主要特征,用以传递某种信息的视觉符号。图形符号跨越语言和文化的障碍,从视觉上引导人们,达到世界通用效果。符号代表的含义比文字丰富。图形符号是自然语言外的一种人工语言符号,具有直观、简明、易懂、易记的特点,便于信息的传递,使不同年龄,具有不同文化水平和使用不同语言的人都容易接受和使用。按其应用领域可分为三类:标志用图形符号(公共信息类)、设备用图形符号和技术文件用图形符号。和术语一样,图形符号是人类用来刻画、描写知识的最基本的信息承载单元,它们不仅渗透科研、生产的各环节,而且与我们的日常生活密切相关。术语标准体系和图形符号标准体系属于标准体系中的两大分支,是各行业、各领域开展标准化工作的基础。

食品的图形符号、代号标准主要包括《包装图样要求》(GB/T 13385—2008)、《粮油工业用图形符号、代号》系列标准从第 1 到第 5 部分(GB/T 12529.1～5)等。

6.2.3 食品分类标准

6.2.3.1 食品分类标准的特点和作用

食品分类的标准化是食品行业发展和技术进步的基础,它的基础性功能体现在以下几个方面:

①食品分类标准是规范市场的工具,是食品生产监督管理部门对食品生产企业进行分类管理、行业统计、经济预测和决策分析的重要依据,也是进行消费者调查的重要工具。

②食品分类标准是食品安全风险暴露评估的依据,是食品安全标准的标准。

③食品分类标准是国家和地区食品成分表的重要组成部分,是进行国家和地区膳食评估比较的依据。

④建立食品分类标准并使之与国际接轨是国际贸易发展和信息化的需要,缺乏统一认可的食品分类识别标准,会给国际食品贸易和安全信息交流带来困难。

因食品分类的目的、原则和方法各异,其分类结果也大不相同。食品分类标准应当在逻辑上是严密的,在用语上是规范的,在操作上是直观的。既要体现食品行业的学科属性,具有完整性和系统性的特点,又要强调食品分类的社会实用性,充分考虑应用分类的社会各组织、各社会组织体系的客观基础。食品分类强调实用性,但不唯实用性。在结构设置上,应尽量避免类级的轻重不当,不能突出一点而忽略其他。随着食品产业的细化,国际上食品分类正朝着开放性的方向发展。

6.2.3.2 我国重要的食品分类标准

我国目前涉及加工食品的国家标准和行业标准主要有:《国民经济行业分类》(GB/T 4754—2017)、《全国主要产品分类与代码 第1部分:可运输产品》(GB/T 7635.1—2002)、《分类与编码通用术语》(GB/T 10113—2003)、《罐头食品分类》(GB/T 10784—2020)、《调味品分类》(GB/T 20903—2007)、《天然香辛料分类》(GB/T 21725—2017)、《饮料酒分类》(GB/T 17204—2008)、《淀粉分类》(GB/T 8887—2009)、《糖果分类》(GB/T 23823—2009)、《肉制品分类》(GB/T 26604—2011)、《淀粉糖分类通则》(GB/T 28720—2012)、《糕点分类》(GB/T 30645—2014)、《冷冻饮品分类》(GB/T 30590—2014)、《茶叶分类》(GB/T 30766—2014)、《腐乳分类》(SB/T 10171—1993)、《酱的分类》(SB/T 10172—1993)、《酱油分类》(SB/T 10173—1993)、《酱腌菜分类》(SB/T 10297—1999)、《冷冻饮品分类》(GB/T 30590—2014)、《糖果分类》(GB/T 23823—2009)、《大豆食品分类》(SB/T 10687—2012)、《坚果炒货食品分类》(SB/T 10671—2012)、《新鲜蔬菜分类与代码》(SB/T 10029—2012)、《新鲜水果分类与代码》(SB/T 11024—2013)、《水产及水产品分类与名称》(SC 3001—1989)、《禾谷类杂粮作物分类与术语》(NY/T 1294—2007)、《热带水果分类和编码》(NY/T 1940—2010)、《温带水果分类和编码》(NY/T 2636—2014)。

以上标准,只有GB/T 7635.1—2002及GB/T 10113—2003包含全面的食品分类。

其中,《国民经济行业分类》(GB/T 4754—2017)是国家统计局为统计国民经济数字而制定的标准,《全国主要产品分类与代码 第1部分:可运输产品》(GB/T 7635.1—2002)是为信息处理和信息交换而制定的标准。其余标准均为单一专业的分类标准,从不同需求角度、不同适用范围制定,标准的分类原则、分类方法和分类结果各有差异。《全国主要产品分类与代码 第1部分:可运输产品》(GB/T 7635.1—2002)是对国标GB/T 7635—1987的修订,该标准将加工食品分为4个部类,20个大类,95个中类,276个小类,2 723种加工产品。

二维码6-1 拟形成的食品安全国家标准目录(食品产品)

6.3 食品安全标准

6.3.1 食品安全标准的概念

《中华人民共和国食品安全法》中规定:"食品安全,指食品无毒、无害,符合应当有的营养要求,对人体健康不造成任何急性、亚急性或者慢性危害。"据此,食品安全标准是指为了对食品生产、加工、流通和消费,即"从农田到餐桌"食品链全过程影响食品安全和质量的各种要素以及各关键环节进行控制和管理,经协商一致制定并由公认机构批准,共同使用的和重复使用的一种规范性文件。

食品安全标准不同于食品质量标准,它是保障食品安全与营养的重要技术手段,其根本目的是要实现全民的健康保护,是食品法律法规体系的重要组成部分,是进行法制化食品监督管理的基本依据。食品安全标准是强制执行的标准,对于食品安全国家标准的制定,应当依据食品安全风险评估结果并充分考虑食用农产品安全风险评估结果,参照相关的国际标准和国际食品安全风险评估结果，并将食品安全国家标准草案向社会公布，广泛听取食品生产经营者、消费者、有关部门等方面的意见，由国务院授权的部门（国务院卫生行政部门会同国务院食品安全监督管理部门）来负责制定和公布。对于省、自治区、直辖市人民政府负责食品安全标准制定的部门要组织制定、修订食品安全地方标准，应当参照执行食品安全法有关食品安全国家标准制定、修订的规定，并报国务院授权负责食品安全标准制定的部门备案。对于生产企业，国家鼓励食品生产经营企业制定严于食品安全国家标准、地方标准的标准，在企业内部适用。

6.3.2 食品安全标准主要内容

《中华人民共和国食品安全法》规定："食品安全标准应当包括下列内容：食品、食品添加剂、食品相关产品中的致病性微生物，农药残留、兽药残留、生物毒素、重金属等污染物质以及其他危害人体健康物质的限量规定；食品添加剂的品种、使用范围、用量；专供婴幼儿和其他特定人群的主辅食品的营养成分要求；对与卫生、营养等食品安全要求有关的标签、标志、说明书的要求；食品生产经营过程的卫生要求；与食品安全有关的质量要求；与食品安全有关的食品检验方法与规程；其他需要制定为食品安全标准的内容等。"根据食品安全标准的内容，食品安全标准可分为以下几类：食品安全限量标准、食品添加剂标准、婴幼儿和其他特定人群的食品安全标准、食品标签标准、食品安全控制与管理标准、食品产品安全标准、食品安全检验方法与规程标准及其他标准。

6.3.3 食品安全限量标准

食品安全限量标准是对食品中天然存在的或者由外界引入的不安全因素限定安全水平所作出的规定。通过技术研究，使这些规定形成特殊形式的文件，经与食品有关的各部门进行协商和严格的技术审查后，由国家相关部门批准，并以特定的形式发布，作为共同遵守的准则和依据。主要包括农药最大残留限量标准、兽药最大残留限量标准、污染物限量标准、生物毒素限量标准、有害微生物限量标准等。食品安全限量标准规定了食品中存在的有毒有害物质的人体可接受的最高水平，其目的是将有毒有害物质限制在安全阈值内，保证食用安全性，最大限度地保障人体健康。

6.3.3.1 食品中农药最大残留限量标准

农药是指用于预防、消灭或者控制危害农业、林业的病、虫、草和其他有害生物，以及有目的地调节植物、昆虫生长的化学合成物或者来源于生物、其他天然物质的一种物质或者几种物质的混合物及其制剂。

残留物（residue）指由于使用农药而在食品、农产品和动物饲料中出现的特定物质，包括被认为具有毒理学意义的农药衍生物，如农药转化物、代谢物、反应产物及杂质等。

最大残留限量（maximum residue limits）指在食品或农产品内部或表面法定允许的农药最大浓度。

1. 我国农药最大残留限量相关国家标准

农药残留超过了一定量就会对人畜产生不良影响或通过食物链对生态系统造成危害。为了保证合理使用农药，控制污染，保障公众身体健康，需制定允许农药残留于作物及食品上的最大限量。目前国际上通常用最大残留限量（MRLs）值来表示，单位为 mg/kg，即每千克食品中含有农药残留的量(mg)。利用 MRLs 可以检验农民是否严格遵守合理使用农药的规定,若残留量超出 MRLs,该作物即为不合格,不准出售或出口。

我国农药最大残留限量相关国家标准为 GB 2763—2021《食品安全国家标准 食品中农药最大残留限量》,该标准于 2021-03-03 发布,代替 GB 2763—2019《食品安全国家标准 食品中农药最大残留限量》。新标准规定了 564 种农药在 376 种(类)食品中 10 092 项残留限量标准。不同产品不同限量总数如下:谷物(1 415 项)、油料和油脂(758 项)、蔬菜(3 226 项)、干制蔬菜(55 项)、水果(2 468 项)、干制水果(152 项)、坚果(148 项)、糖料(180 项)、饮料类(196 项)、食用菌(70 项)、调味料(360 项)、药用植物(161 项)、动物源食品(903 项)。全面覆盖了我国批准使用的农药品种和主要植物源性农产品,农药品种和限量标准数量达到国际食品法典委员会(CAC)相关标准的近 2 倍,标志着我国农药残留标准制定工作迈上新台阶。

2. 我国农药残留限量标准的特点

(1)涵盖农药品种和限量标准数量大幅增加 GB 2763—2021 规定了 564 种农药残留限量标准,包括我国批准登记农药 428 种、禁限用农药 49 种、我国禁用农药以外的尚未登记农药 87 种,同时规定了豁免制定残留限量的低风险农药 44 种。从涵盖的农药品种数量看,已超过 CAC、美国,基本接近欧盟。与 GB 2763—2019 相比,新版标准中农药品种增加 81 个,增幅为 16.7%;农药残留限量标准增加 2 985 项,增幅为 42%,基本覆盖我国批准使用的农药品种和主要植物源性农产品,为加强我国农产品质量安全监管提供了充分的技术支撑。

(2)高风险农药品种监管力度持续加大 GB 2763—2021 重点突出对高风险禁限用农药的监管,规定了 29 种禁用农药 792 项限量值、20 种限用农药在限用作物上的 345 项限量值。按照农药残留检测方法能够检测的最低浓度水平(定量限),制修订了胺苯磺隆等 16 种禁限用农药的限量值,实现了禁用农药在 12 类植物源性农产品、限用农药在相应限用农产品种类上限量的全覆盖,强化了禁限用农药监管。同时,通过评估转化 CAC 标准等方式,制定了除我国禁用农药外的 87 种尚未在我国批准使用农药的 1 742 项残留限量,为加强进口农产品监管、保障我国居民消费安全提供了技术依据。

(3)农药残留限量配套检测方法标准更加完善 GB 2763—2021 新增推荐 7 项配套检测方法,同步发布了《食品安全国家标准 植物源性食品中 331 种农药及其代谢物残留量的测定 液相色谱-质谱联用法》等 4 项新制定的农药残留检测方法国家标准,可以作为相关农药残留限量的配套检测方法,将有效解决 1 000 多项农药残留限量标准“有限量、无方法”问题。

6.3.3.2 食品中兽药最大残留限量标准

兽药是指用于预防、治疗、诊断动物疾病或者有目的地调节动物生理机能的物质(含药物饲料添加剂),主要包括血清制品、疫苗、诊断制品、微生态制品、中药材、中成药、化学药品、抗生素、生化药品、放射性药品及外用杀虫剂、消毒剂等。

兽药残留(veterinary drug residue)指对食品动物用药后,动物产品的任何食用部分中所有与药物有关的物质的残留,包括药物原型或/和其代谢产物。

总残留(total residue)指对食品动物用药后,动物产品的任何可食用部分中药物原型或/和其所有代谢产物的总和。总残留量一般用放射性标记药物试验来测定,以相当于药物母体在食品中的 mg/kg 来表示。

最大残留限量(maximum residue limit,MRL)指对食品动物用药后,允许存在于食物表面或内部的该兽药残留的最高量/浓度(以鲜重计,单位为 μg/kg),此浓度被食品法规委员会推荐为法定批准或认可容许存在于食物中或食物表面的最高量。它的根据是以日允许摄入量(ADI)表示的对人类健康无毒害的残留类型和数量,或者以利用附和安全系数的暂定 ADI 为依据。还要考虑到其他对公众健康造成危害和食品加工方面的有关问题。确定最高残留限量时,还应考虑到植物来源的食品和/或环境中存在的残留。此外,使用兽药的良好规范可降低最高残留限量,并且降到实用的分析方法可达到的程度。

兽药残留是影响动物源食品安全的主要因素之一。随着人们对食品安全的重视,动物性食品中的兽药残留也越来越受关注,在国际贸易中的技术壁垒也有越来越严重的趋势。根据 WTO 关于货物贸易的多边协议技术性贸易壁垒协议(WTO/TBT)和动植物卫生和检疫措施协议(WTO/SPS),进口国为保障本国人民的健康和安全,有权制定比国际标准更加严厉的标准。

1.我国兽药残留标准状况

我国对兽药残留标准的研究,主要侧重于在我国登记使用或国际上禁止使用不得检出的兽药方面的标准研究。农业部公告第 235 号《动物性食品中兽药最高残留限量》就是按照这个原则大量采用了 CAC、欧盟等标准,现行标准为《食品安全国家标准　食品中兽药最大残留量》(GB 31650—2019),它代替农业部公告第 235 号的相关部分,是我国兽药残留最新最权威的标准。就我国畜禽及畜禽产品中兽药残留检测项目、指标来看,1999 年前检测兽药项目仅有 45 种,涉及兽药指标与国外存在着一定的差距,到 2002 年 12 月我国兽药检测项目增至 96 种,第 235 号公告对之前的兽药规定的项目、指标作了修改,且制定、修改的幅度较大。同时农业部第 236 号公告《动物性食品中兽药残留检测方法》对动物性食品中的磺胺二甲嘧啶、苯唑西林等兽药残留的检测方法进行了标准的制定。近年来,动物源性食品出口贸易因对贸易国家兽药残留限量标准不清楚而造成很大的经济损失,所以我国加大力度修订了兽药最高残留限量,目前限量指标的数量和限量值设定达到了发达国家的水平,基本与国际接轨。

GB 31650—2019 对以下 3 类兽药作了具体规定,不再收载禁止药物及化合物清单。具体如下:

①已批准动物性食品中最大残留量规定的兽药,包括阿苯达唑、双甲脒、阿莫西林、氨苄西林、氨丙啉、安普霉素等共 104 种。

②允许用于食品动物,但不需要制定残留限量的兽药,包括醋酸、安络血、氢氧化铝、氯化铵、阿司匹林、阿托品等共 154 种。

③允许作治疗作用,但不得在动物性食品中检出的兽药,包括氯丙嗪、地西泮(安定)、地美硝唑、苯甲酸雌二醇、潮霉素 B、甲硝唑、苯丙酸诺龙等共 9 种。

目前,我国兽药最高残留限量的构成使我国兽药残留管理更加明确,不仅增加了我国对畜禽及畜禽产品检测兽药的种类,而且检测项目制定更加具体、细化,并能够反映出兽药在动物性食品中的使用情况。依据此标准,能够很好地掌握动物用药情况,保证生产出的食品合格。但是这一标准的制定,是因为出口欧盟产品存在严重药残问题而采取的紧急措施,仍然是基于扩大我国动物性产品的出口,是适应别国的标准要求。对日益严重的技术壁垒问题,我们还仅仅是被动地去适应,标准规定的兽药种类还主要是在我国登记注册的兽药,而对那些国外有注册使用且有限量标准的兽药却很少涉及。

2.我国兽药残留标准与国外的差异性分析

在兽药生产使用上，我国和国外有一定的差异，有些是在国外有注册批准使用并且制定了最大残留限量标准，而在我国没有注册生产，也没有制定残留限量标准。我国与CAC、欧盟、美国、日本兽药MRL指标对比分析表明，就畜禽产品兽药残留限量标准涉及首要种类而言，我国共规定有最大残留限量标准的兽药104种，CAC共涉及兽药39种，欧盟共涉及兽药108，美国共涉及兽药87种，日本共涉及兽药22种(抗生素为一类)。在各自标准规定的兽药残留种类中，在我国有限量，而在CAC和欧盟、美国、日本标准限量中未作规定的，主要有倍硫磷、氰戊菊酯、醋酸氟孕酮、氟胺氰菊酯、吉他霉素、马拉硫磷、巴胺磷、氯苯胍、盐霉素、甲基三嗪酮(托曲珠利)、敌百虫等。CAC、欧盟、美国的限量标准中规定得比较具体、细化，对每种药物的标志残留物都有明确的规定，尤其美国对畜禽性激素类残留限量分别按不同性别、不同生长阶段、不同部位、不同用途都作了较为清楚的规定。日本的标准限量很严，尤其是抗生素类全部规定为不得检出。还有一些是在我国未注册生产使用，而其他国家有生产使用且有限量标准的，这类兽药共有41种，这也是我国今后制定兽药残留限量标准需要重点研究的对象与范围。

对在我国未注册生产使用，而其他国家有生产使用且有限量标准的兽药，我们不仅要研究残留检测方法标准，还要有针对性地进行危害性评价。在毒理分析的基础上，进行安全性评估，按照兽药残留安全性评价程序。首先进行毒性试验、致癌试验、致畸试验、神经毒性、遗传基因毒性、免疫毒性及体内吸收分布、代谢、降解等试验来决定ADI值；然后根据毒理学评价、ADI值、GAP及人群暴露(接触)程度，确定这些农药和兽药的毒性以及ADI值，以帮助我们制定限量标准的重点，哪些是必须要建立限量指标的，哪些是可以暂缓考虑的。在科学的毒理性评价的基础上，再根据实际国情、贸易需要，乃至市场供求状况甚至政治因素，来制定限量指标或采用现有国际及国外先进标准，这样既符合WTO/SPS-TPT协议精神，又能增强我国兽药残留限量标准的技术壁垒作用，最终达到提高进口食品质量，保护人民身体健康的目的。

6.3.3.3 食品中污染物限量标准

食品污染物是指食品从生产(包括农作物种植、动物饲养和兽医用药)、加工、包装、贮存、运输、销售，直至食用等过程中产生或环境污染带入的、非有意加入的化学性危害物质。由于食物生产的工业化和新技术的采用，以及对食物中有害因素的新认识，污染物及其控制策略要求出现了新的变化。食品污染物限量标准是判断食品是否安全的重要科学依据，它对保障人体健康具有极为重要的作用。

2000年，我国对食品卫生标准中污染物指标进行了清理。通过清理审查，我国食品污染物限量标准的安全指标基本符合WTO/TBT和CAC有关原则，从而为保障我国的食品安全、促进食品国际贸易提供了有力的技术手段，并提高了我国食品污染物标准的规范性、合理性、科学性以及可操作性。我国食品安全国家标准《食品安全国家标准　食品中污染物限量》中规定的污染物是指除农药残留、兽药残留、生物毒素和放射性物质以外的污染物。我国对食品中农药残留限量、兽药残留限量、放射性物质限量另行制定相关食品安全国家标准。《食品安全国家标准　食品中污染物限量》是食品安全通用标准，对保障食品安全、规范食品生产经营、维护公众健康具有重要意义。

2017年9月17日开始实施新版《食品安全国家标准　食品中污染物限量》(GB 2762—

2017)，该标准依据风险评估原则，参照 CAC 标准，对部分食品品种和限量指标做了相应修改，规定了铅、镉、汞、砷、锡、镍、铬、亚硝酸盐、硝酸盐、苯并[a]芘、*N*-二甲基亚硝胺、多氯联苯、3-氯-1,2-丙二醇等 13 种污染物在谷物、蔬菜、水果、肉类、水产品、调味品、饮料、酒类等 20 余大类食品中的限量。与 GB 2762—2012 相比，主要变化有：增加了螺旋藻及其制品中铅限量要求；调整了黄花菜中镉限量要求；增加了特殊医学用途配方食品、辅食营养补充品、运动营养食品、孕妇及乳母营养补充食品中污染物限量要求；增加了无机砷限量检验要求的说明。

6.3.3.4 食品中生物毒素限量标准

生物毒素又称天然毒素，是指生物来源且不可自复制的有毒化学物质，包括动物、植物、微生物产生的对其他生物物种有毒害作用的各种化学物质。生物毒素能够引起人和动物的急性中毒、致癌、致畸或致突变，是一个世界性问题，引起各国政府普遍关注。生物毒素种类繁多，分布广泛，主要有真菌毒素、细菌毒素、藻毒素、植物毒素、动物毒素等。目前，生物毒素中毒带来的公共卫生问题已成为食品安全的重大问题，并严重影响了食品贸易。国际上对生物毒素的风险管理主要是限定其最大允许量，即制定相应的限量标准。

从 1981 年到 2003 年，我国发布了《食品中黄曲霉毒素 B_1 允许量标准》(GB 2761—1981)、《小麦、面粉、玉米及玉米粉中脱氧雪腐镰刀菌烯醇限量标准》(GB 16329—1996)、《苹果和山楂制品中展青霉素限量》(GB 14974—2003)、《乳及乳制品中黄曲霉毒素 M_1 限量》(GB 9676—2003)等 4 项真菌毒素限量标准。2005 年 1 月，发布了《食品中真菌毒素限量》(GB 2761—2005)，代替并废止了以上 4 项标准。2017 年 9 月 17 日，我国对 GB 2761—2011 进行了修订，发布了《食品安全国家标准　食品中真菌毒素限量》(GB 2761—2017)，标准中规定了食品中黄曲霉毒素 B_1、黄曲霉毒素 M_1、脱氧雪腐镰刀菌烯醇、展青霉素、赭曲霉毒素 A 及玉米赤霉烯酮的限量指标，增加了特殊医学用途配方食品、辅食营养补充品、运动营养食品、孕妇及乳母营养补充食品中真菌毒素限量要求。

在生物毒素中，麻痹性贝类毒素是一类水溶性的化合物，主要存在于贝肉中，人食用后，能引起暂时神经麻痹，严重时可阻碍呼吸，导致死亡，致死率较高。截至目前，我国没有关于贝类水产品中麻痹性贝类毒素(PSP)的最大限量的国家标准，我国行业标准对无公害食品中麻痹性贝类毒素的限量规定有两种：400 MU/100 g 和 80 μg/100 g。国际上普遍接受的贝类水产品中 PSP 的最大限量是 80 μg STX eq/100 g 贝肉。

6.3.3.5 食品中有害微生物限量标准

引起食源性疾病的致病性微生物种类非常广泛，主要有沙门氏菌、致病性大肠杆菌、葡萄球菌、单核细胞增生李斯特氏菌等。这些致病性微生物污染造成的食源性疾病是目前食品安全中最突出的问题。要有效控制微生物性食源性疾病，需采取有效措施来预防病原菌对食品的污染和减少人群的暴露概率，其中制定科学的食品微生物标准就是一个重要方面。

为了降低食源性疾病的死亡率，减少有害微生物造成的经济损失和降低其社会影响，我国迫切需要规范已有的食品微生物检验采样方法、采样量、检样量、操作过程和检测方法，制修订与国际接轨的主要食品中有害微生物的检测方法和限量标准。因此，卫生部等相关部门在充分梳理和分析我国现行有效的食品卫生标准、食品质量标准、行业标准、农产品质量标准基础上，优先解决目前我国各标准间重复、交叉、矛盾或缺失等问题；并参考相关国际组织致病菌风险评估结果和标准规定，借鉴美国、欧盟、澳大利亚和新西兰、日本、加拿大等国家和地区食品中致病菌限量标准规定；同时根据我国食品中致病菌的监测结果，在充分考虑致病菌或其代谢产物对健康造成实际或潜在危害的证据，原料中致病菌状况，加工过程对致病菌状况的影响，贮藏、销售和食用过程中致病菌状况的变化，食品的消费人群，致病菌指标应用的成本/效益分析等因素的基础上，遵循"先进性、实用性、统一性、规范性"的原则，再根据我国的国情，注重标准的可操作性，形成了一套国家食品中致病菌的限量标准。国家卫生健康委员会联合国家市场监督管理总局于2021年9月发布《食品安全国家标准　预包装食品中致病菌限量》(GB 29921—2021)，该标准替代GB 29921—2013，是食品安全基础标准的重要组成部分。

GB 29921—2021主要适用于预包装食品，规定了肉制品、水产制品、即食蛋制品、粮食制品、即食豆类制品、巧克力类及可可制品、即食果蔬制品、饮料、冷冻饮品、即食调味品、坚果籽实制品等11类食品中沙门氏菌、单核细胞增生李斯特氏菌、大肠埃希氏菌O157:H7、金黄色葡萄球菌、副溶血性弧菌等5种致病菌限量。非预包装食品的生产经营者应当严格生产经营过程卫生管理，尽可能降低致病菌污染风险。罐头食品应达到商业无菌要求，不适用于GB 29921—2013。

6.3.4　食品添加剂标准

6.3.4.1　食品添加剂概述

《中华人民共和国食品安全法》(以下简称《食品安全法》)规定："食品添加剂，指为改善食品品质和色、香、味以及为防腐、保鲜和加工工艺的需要而加入食品中的人工合成或者天然物质，包括营养强化剂。"食品添加剂本身不是以食用为目的，也不是作为食品的原料物质，其自身并不一定含有营养物质，但是它在增强食品营养功能、延长食品食用期等方面具有重要作用。食品添加剂作为食品中一类特殊的添加物，已经越来越多地应用于食品生产加工，由于它们大多属于化学合成物或动植物提取物，其安全卫生问题历来为世界各国和国际组织所重视。我国自新中国成立以来先后制定并实施了一系列关于食品添加剂的法规与标准，这些法规标准均要求：不得对消费者产生急性或潜在危害；不得掩盖食品本身或加工过程中的质量缺陷；不得有助于食品假冒；不得降低食品本身的营养价值。目前，我国已经批准的食品添加剂包括23大类2 000多个品种。

食品添加剂标准主要有使用标准、产品标准等。根据《食品安全法》及其实施条例规定和《食品安全国家标准"十二五"规划》要求，卫生部制定公布了《食品标准清理工作方案》，成立了食品标准清理领导小组和专家组，在标准清理时充分考虑食品添加剂标准特点、现行食品添加剂标准执行情况、标准配套性等问题，重点解决标准之间交叉、重复、矛盾等问题。根据规划要求，清理后拟形成的食品添加剂相关食品安全国家标准有608项，其中591项是在现行标准基础上进行修订、整合形成的或已列入食品安全国家标准制修订计划项目，17项是建议新立项制定的食品安全国家标准。

6.3.4.2　我国食品添加剂使用标准

《食品安全国家标准　食品添加剂使用标准》(GB 2760—2014)是我国现行的强制性添加剂使用标准。该标准依据联合国粮农组织和世界卫生组织下的食品添加剂联合专家委员会

(JECFA)风险评估报告科学地调整了食品添加剂的使用范围及用量,代替了《食品安全国家标准　食品添加剂使用标准》(GB 2760—2011)。与2011版相比,该食品添加剂标准增补了原卫生部2010年16号公告至国家卫生和计划生育委员会2014年17号公告的食品添加剂规定;将食品营养强化剂和胶基糖果中基础剂物质及其配料名单调整由其他相关标准进行规定;同时修改了“带入原则”;并增加了“附录A中食品添加剂使用规定索引”等内容。标准中规定了食品添加剂的使用原则、允许使用的食品添加剂品种、使用范围及最大使用量或残留量,适用于所有使用食品添加剂的生产、经营和使用者。

6.3.4.3 食品营养强化剂使用标准

营养强化剂是为了增加食品的营养成分(价值)而加入食品中的天然或人工合成的营养素和其他营养成分。《中华人民共和国食品安全法》规定营养强化剂属于食品添加剂,并制定了专门的标准对食品营养强化剂的使用进行了规定。我国最早的强化食品政策是有关碘盐的管理办法。1979年12月21日国务院批准同意卫生部、轻工业部、商业部、粮食部、全国供销合作总社共同拟定的《食盐加碘防治地方性甲状腺肿暂行办法》,是我国第一部强化食品法规。

进入20世纪80年代以后,随着国民生活水平的提高,人们对食品质量有了更高要求,市场上出现了一些保健食品、强化食品及婴幼儿配方食品等。1982年国务院颁布的《中华人民共和国食品卫生法(试行)》首次在国内法规中提到食品强化剂,是国内首部涉及食品强化剂的法规。目前我国现行的强制性营养强化剂使用标准为《食品安全国家标准　食品营养强化剂使用标准》(GB 14880—2012),该标准是对《食品营养强化剂使用卫生标准》(GB 14880—1994)中营养强化剂的使用规定和历年卫生部批准的食品营养强化剂使用情况进行汇总、梳理以及科学分类。与旧标准相比,新标准增加或规范了营养强化剂、营养素、其他营养成分、特殊膳食用食品的术语和定义;增加了营养强化的主要目的、使用营养强化剂的要求和可强化食品类别的选择要求;在风险评估的基础上,结合本标准的食品类别(名称),调整、合并了部分营养强化剂的使用品种、使用范围和使用量,删除了部分不适宜强化的食品类别;增加了可用于特殊膳食用食品的营养强化剂化合物来源名单和部分营养成分的使用范围和使用量;增加了食品类别(名称)说明等内容。标准中规定了食品营养强化的主要目的、使用营养强化剂的要求、可强化食品类别的选择要求以及营养强化剂的使用规定,标准适用于食品中营养强化剂的使用,国家法律、法规和(或)标准另有规定的除外。

6.3.5 婴幼儿和其他特定人群的食品安全标准

6.3.5.1 婴幼儿食品安全标准

1.婴幼儿食品概述

婴幼儿是指0～36月龄的人群,婴儿是指0～6月龄,较大婴儿是指6～12月龄,幼儿是指12～36月龄。婴幼儿食品是专供婴幼儿食用的食品,主要包括婴幼儿配方食品和婴幼儿辅助食品两大类别。

母乳是婴幼儿最理想的食品,在母乳不足或无母乳时,婴幼儿配方食品是母乳的最佳替代品,适于初生至36月龄婴幼儿食用。其中,婴儿配方食品的营养成分能满足初生至6月龄婴儿生长发育的营养需要,较大婴儿和幼儿配方食品适于6～36月龄婴幼儿食用,但需适当添加辅食才能满足婴幼儿的营养需要。

按配方的不同，婴幼儿配方食品主要有配方乳粉、配方豆粉及特殊配方食品。配方乳粉通常以牛乳（或羊乳）为基础，参考健康母乳成分组成或根据婴幼儿的生长发育特点配制而成。配方豆粉通常以大豆蛋白为主要原料配制而成，适用于对牛乳蛋白过敏和（或）对乳糖不耐受的婴幼儿。特殊配方食品则是专门针对早产儿、低体重儿或代谢紊乱的婴幼儿特殊营养需要而设计的。婴幼儿辅助食品，又叫婴幼儿补充食品或婴幼儿断奶期（转奶期）食品，根据原料、适用年龄段和包装形式的不同，大致可分为两大类——婴幼儿谷物食品和罐装婴幼儿食品。婴幼儿谷物食品是以谷类或豆类为基础加工成粉状、薄片状或饼干等食品，用水、牛乳或其他适宜的液体调稀或冲调成糊状喂食，该类食品适合于婴儿断乳期食用。罐装婴幼儿食品是以各种蔬菜、水果、鱼、禽、肉、肝等为原料加工制成的汁、泥、酱、糊状类即食食品。

2.婴幼儿食品标准概况

初生至3周岁的婴幼儿是人一生中身心健康发展的重要时期，因此婴幼儿的合理营养对奠定其一生的体格和智能极为重要。不同于一般食品，婴幼儿食品有其特殊的营养和卫生要求，必须符合相应的法规标准。婴幼儿食品相关法规标准的制定和执行是保证婴幼儿食品质量安全的基石。

婴幼儿食品标准体系主要由基础通用标准，产品标准，检验方法标准，原、辅材料标准，包装材料标准和标签标准等组成。我国现行涉及的婴幼儿产品标准主要包括《食品安全国家标准　婴儿配方食品》（GB 10765—2010）、《食品安全国家标准　较大婴儿和幼儿配方食品》（GB 10767—2010）。这两项标准在总结既往标准实施情况的基础上，参考国际食品法典委员会（CAC）标准和我国居民膳食营养素参考摄入量，科学规定了其原料、适用范围、能量和各种必需营养成分、可选择成分的含量以及污染物、真菌毒素、微生物的限量要求，符合标准要求的婴幼儿奶粉可满足婴幼儿生长发育的营养需求和食用安全。针对某些患有特殊疾病、代谢紊乱或吸收障碍的婴儿，我国在参考国际标准和国外发达国家标准的基础上，根据国内临床营养研究进展，制定公布了《食品安全国家标准　特殊医学用途婴儿配方食品通则》（GB 25596—2010），适用于早产儿、低出生体重儿、苯丙酮尿症等特殊患儿，保证他们健康成长。该标准出台弥补了我国类似标准缺失而造成临床营养或监管的空白。此外，针对婴幼儿断奶期，我国制定了两项辅助食品标准，包括《食品安全国家标准　婴幼儿谷类辅助食品》（GB 10769—2010）和《食品安全国家标准　婴幼儿罐装辅助食品》（GB 10770—2010）。上述食品安全国家标准符合我国婴幼儿生长发育特点，与国际婴幼儿食品的标准体系一致。

3.婴幼儿食品标准与国外标准的比对

国际食品法典委员会（CAC）标准是各国制定本国标准的重要参考依据和基础。由于不同国家婴幼儿的营养状况和当地营养水平不同，各国根据本国国情制定该国的具体标准。以GB 10765—2010为例，在制定过程中参考各国标准及实施情况，结合中国婴儿营养状况，进行了风险评估，同时参考中国母乳中的营养成分和比例以及我国居民膳食营养素参考摄入量，对大部分营养素规定了严格的上下限，使标准更加符合我国婴儿的营养需求。我国标准立足于保障我国婴幼儿营养需求，考虑行业生产和监管能力等实际情况，部分指标要求比国际更严格。如乳糖，国际食品法典标准对婴儿配方食品中的乳糖含量没有要求，我国标准要求乳基婴儿配方食品中乳糖含量必须占碳水化合物含量90%以上，以保证原料是以乳为基础，不允许在0～6个月婴儿配方奶粉中过多添加蔗糖和淀粉等物质；如硒，国际食品法典标准要求婴儿配方食品中硒含量为1～9 μg/100 kcal(1 cal＝4.18 J)能量，而且上限的“9”为指导上限水平，不是限量值，欧盟的要求与国际食品法典一致，澳大利亚、新西兰为1～5 μg/100 kcal能量，我国为2.01～7.95 μg/100 kcal能量。

除已制定的5项婴幼儿食品产品标准外，我国还制定了与之相配套的相关标准，以满足婴幼儿食品安全管理需要，主要包括检验方法标准。这些与婴幼儿食品中各成分指标、污染物指标、微生物限量指标相对应的检验方法标准，已经以食品安全国家标准的形式发布——《食品安全国家标准　食品营养强化剂使用标准》(GB 14880—2012)。该标准规定了在婴幼儿奶粉中可以添加的30余种营养素及其化合物来源120余种，这些化合物来源都是国际上广泛使用的、有充足的风险评估依据的安全可靠的化合物，在给婴幼儿食品提供全面平衡营养素的同时，不会对婴幼儿产生任何危害。《食品安全国家标准　食品添加剂使用标准》(GB 2760—2014)规定了可以在婴幼儿奶粉中使用的添加剂及其使用量，其主要功能是酸度调节剂、增稠剂、乳化剂等。对于标签要求，我国婴幼儿奶粉的标签应符合《食品安全国家标准　预包装特殊膳食用食品标签》(GB 13432—2013)要求。

6.3.5.2　其他特定人群食品安全标准

特殊医学用途配方食品是针对进食受限、消化吸收障碍、代谢紊乱或其他特定疾病状态人群的营养需要专门加工配制而成的配方食品。国外长期的使用资料表明，特殊医学用途配方食品在患者治疗、康复及机体功能维持过程中起着极其重要的营养支持作用。由于我国此前一直没有相关标准，此类产品的生产、销售与管理缺乏法律法规依据。随着我国人口老龄化和医疗保险压力的增大，为满足国内需求，完善我国食品安全标准体系，指导和规范我国特殊医学用途配方食品的生产、流通和使用，促进我国相关产品研发和应用，有必要建立与国际接轨的食品安全国家标准体系。因此，经过长期研究，我国制定并发布了特殊医学用途配方食品系列标准。其中《食品安全国家标准　特殊医学用途配方食品通则》(GB 29922—2013)主要针对1岁以上人群使用，该标准主要参考了欧盟指令中对于特殊医学用途配方食品的分类，将其分成3类，即全营养配方食品、特定全营养配方食品和非全营养配方食品。全营养配方食品主要针对有医学需求且对营养素没有特别限制的人群，如体质虚弱者、严重营养不良者等。患者可在医生或临床营养师的指导下，根据自身状况，选择使用全营养配方食品。特定全营养配方食品是在满足上述全营养配方食品的基础上，依据特定疾病对部分营养素的限制或需求增加而进行适当调整后的产品。为了严格控制特殊医学用途配方食品的生产，保证特殊医学用途配方食品的质量和安全，我国配套制定了《食品安全国家标准　特殊医学用途配方食品良好生产规范》(GB 29923—2013)，对特殊医学用途配方食品的生产过程提出了要求。我国目前已经形成了“1个规范标准＋2个产品标准”的特殊医学用途配方食品标准体系，涵盖从出生到老年的产品类别，可很好地满足市场和消费者的需求。从标准体系来看，已经与国际和发达国家很好地接轨。

6.3.6　食品标签标准

食品标签是指预包装食品容器上的文字、图形、符号，以及一切说明物。它们提供着食品的内在质量信息、营养信息、时效信息和食用指导信息，是进行食品贸易及消费者选择食品的重要依据，可以起到维护消费者知情权，保护消费者健康和利益的作用，同时也是保证公平贸易的一种手段。通过实施食品标签标准，保护消费者利益和健康，维护消费者知情权，有利于市场正当竞争，促进企业自律，防止利用标签进行欺诈。

6.3.6.1　食品标签标准概况

1987年5月原国家技术监督局批准发布了《食品标签通用标准》(GB 7718—1987)，通过该标准的实施，规范了食品标签，保证了公平竞争，是保护消费者利益的一项重要举措。在经过1994年、2004年、2011年的3次修订后，发布了《食品安全国家标准　预包装食品标签通则》(GB 7718—2011)。在制定和实施GB 7718—1987的基础上，考虑到我国国情、食品的种类和标签管理等方面的问题，又分别发布了《饮料酒标签标准》(GB 10344—1989)和《特殊营养食品标签》(GB 13432—1992)两项标准。为了保持与GB 7718—2004的一致性，2002年对GB 10344—1989进行了修订，于2005年12月发布了《预包装饮料酒标签通则》(GB 10344—2005)；2002年对《特殊营养食品标签》(GB 13432—1992)进行了修订，于2004年5月发布了《预包装特殊膳食用食品标签通则》(GB 13432—2004)。现两项标准均已被废止，由《食品安全国家标准　预包装食品标签通则》(GB 7718—2011)、《食品安全国家标准　预包装食品营养标签通则》(GB 28050—2011)和《食品安全国家标准　预包装特殊膳食用食品标签》(GB 13432—2013)代替。另外，在上述3项标签标准的基础上，一些产品的国家标准和行业标准对标签也作了一些规定。

6.3.6.2　我国现行的食品标签标准

(1)《食品安全国家标准　预包装食品标签通则》(GB 7718—2011)　GB 7718—2004非等效采用国际食品法典委员会(CAC)CODEX STAN 1—1985(1991年修订，1999年修订)《预包装食品标签通用标准(*General Standard for the Labelling of Prepackaged Foods*)》，同时参考了美国联邦法规第101部分《食品标签》。标准规定了预包装食品标签的基本要求、强制标示内容、强制标示内容的免除、非强制标示内容，适用于提供给消费者的所有预包装食品标签。2011年，对标准进行了重新修订，代替了《预包装食品标签通则》(GB 7718—2004)，该标准适用于直接提供给消费者的预包装食品标签和非直接提供给消费者的预包装食品标签，不适用于为预包装食品在储藏运输过程中提供保护的食品储运包装标签及散装食品和现制现售食品的标识。

(2)《食品安全国家标准　预包装食品营养标签通则》(GB 28050—2011)　该标准于2013年1月实施，适用于预包装食品营养标签上营养信息的描述和说明，而不适用于保健食品及预包装特殊膳食用食品的营养标签标示。标准规定了预包装食品营养标签的基本要求、强制标示内容、可选择标示内容、营养成分的表达方式及可豁免强制标示营养标签的预包装食品等内容。

(3)《食品安全国家标准　预包装特殊膳食用食品标签》(GB 13432—2013)　该标准于2015年7月1日起代替《预包装特殊膳食用食品标签通则》(GB 13432—2004)，适用于预包装特殊膳食用食品的标签(含营养标签)。标准规定了预包装特殊膳食用食品的标签应符合GB 7718—2011规定的基本要求的内容，还应符合不涉及疾病预防、治疗功能，应符合预包装特殊膳食用食品相应产品标准中标签、说明书的有关规定，同时不应对0～6月龄婴儿配方食品中的必需成分进行含量声称和功能声称。

(4)有关食品标准对标签的特殊规定　除上述3项标签标准之外，还有许多产品标准对标签也规定了特殊标示内容，一般多为对此产品的特征成分的含量进行标注。如《食品安全国家标准　巴氏杀菌乳》(GB 19645—2010)中规定应在产品包装主要展示面上紧邻产品名称的位置，使用不小于产品名称字号且字体高度不小于主要展示面高度五分之一的汉字标注“鲜牛(羊)奶”或“鲜牛(羊)乳”的要求；《食品安全国家标准饮用天然矿泉水》(GB 8537—2018)中规定产品标签上必须标明矿泉水水源地的名称及某些离子的含量范围等。这些标准的列表见表6-1。

表6-1　规定了特殊标示内容的产品标准

序号	标准编号	标准名称
1	GB 19645—2010	食品安全国家标准　巴氏杀菌乳
2	GB 25190—2010	食品安全国家标准　灭菌乳
3	GB 13102—2010	食品安全国家标准　炼乳
4	GB 8537— 2018	食品安全国家标准　饮用天然矿泉水
5	GB 15266—2009	运动饮料
6	GB 18186—2000	酿造酱油
7	GB 18187—2000	酿造食醋

6.3.7　食品安全控制与管理标准

食品安全控制与管理作为确保食品安全的重要手段，变得越来越重要，国际组织和各国都在对建立科学而有效的食品安全管理规范进行积极的探索。国际上标准化工作发展的一个显著趋势是，标准已经从传统的以产品标准、方法标准为主发展到了相当多的控制与管理标准。我国自20世纪90年代以来，已在部分食品行业中推广应用HACCP、GMP、ISO 9000等管理体系标准，并制定了一系列的食品安全管理与控制标准以及操作规范，为保障我国的食品安全发挥了重要作用。如何确保食品安全，最大限度地降低风险，已成为现代食品行业所追求的核心管理目标，也是各国政府不断加大对食品安全行政监督管理力度的重要方向。

食品安全控制与管理标准主要包括食品安全管理体系、食品企业通用良好操作规范(GMP)、良好农业规范(GAP)、良好卫生规范(GHP)、危害分析和关键控制点(HACCP)体系等。食品安全控制与管理标准作为食品行业的指导性标准，在食品安全控制领域和认证已经得到国内外的普遍认可，并对食品安全改进起着基础性作用，成为食品安全控制的基础手段，可以多种形式满足食品行业需要，同时又为政府主管部门对食品加工企业的监督和管理提供了科学全面的法律依据。

目前，我国已经初步构建和形成了食品安全法律法规体系、监管体系、标准体系和检测体系，从“农田到餐桌”为百姓提供了安全保障，这些体系的建立和完善为确保食品安全奠定了良好的基础。部分相关标准目录见表6-2。

表 6-2　部分食品安全生产控制标准

序号	标准编号	标准名称
1	GB 14881—2013	食品安全国家标准　食品生产通用卫生规范
2	GB 31621—2014	食品安全国家标准　食品经营过程卫生规范
3	GB 12693—2010	食品安全国家标准　乳制品良好生产规范
4	GB 8953— 2018	食品安全国家标准　酱油生产卫生规范
5	GB 8954— 2016	食品安全国家标准　食醋生产卫生规范
6	GB 8955— 2016	食品安全国家标准　食用植物油及其制品生产卫生规范
7	GB 8956— 2016	食品安全国家标准　蜜饯生产卫生规范
8	GB 8957— 2016	食品安全国家标准　糕点、面包卫生规范
9	GB 12694— 2016	食品安全国家标准　畜禽屠宰加工卫生规范
10	GB 12695— 2016	食品安全国家标准　饮料生产卫生规范
11	GB 12696— 2016	食品安全国家标准　发酵酒及其配制酒生产卫生规范
12	GB 13122— 2016	食品安全国家标准　谷物加工卫生规范
13	GB 16568—2006	奶牛场卫生规范
14	GB 17403— 2016	食品安全国家标准　糖果巧克力生产卫生规范
15	GB 19303—2003	熟肉制品企业生产卫生规范
16	GB 19304— 2018	食品安全国家标准　包装饮用水生产卫生规范

6.3.8　食品产品安全标准

根据《食品安全法》及其实施条例和《食品安全国家标准"十二五"规划》要求，国家卫生与人口计划生育委员会于 2013 年启动了食品产品标准的清理工作，由国家食品安全风险评估中心负责组织管理、安排开展。在标准清理工作的过程中，工作组对我国现行食品产品标准进行了梳理，目前现行食品产品相关国家标准和行业标准涉及谷物及其制品、乳与乳制品、蛋与蛋制品、肉与肉制品、水产品及其制品、果蔬及其制品、食用油、油脂及其制品、饮料、酒类、豆类及其制品、食用淀粉及其衍生物、调味品和香辛料、坚果和籽类、罐头食品、焙烤食品、糖果和巧克力、蜂产品、茶叶、辐照食品、保健食品和其他食品等 21 类食品。

通过系统分析这些标准，总结现行标准存在问题，提出标准的清理建议。为避免再次出现标准繁多而导致的标准之间重复、交叉、矛盾等问题，食品安全国家标准在构建初始就注重通用性更强的基础标准的构建，对于食品产品的安全标准则建议直接引用基础标准的指标，不再单独制定或重复列出基础标准已涵盖的内容。清理后拟形成食品安全国家标准目录，共计 79 项标准。其中 71 项是在现行业标准准基础上进行修订、整合或者已经是食品安全国家标准制修订项目计划，8 项是建议新增的食品安全国家标准，包括果蔬酱、坚果及籽类酱、食品工业用盐、复合调味品料、香辛料通则、茶叶、可可豆及可可制品、胶原蛋白。已颁布的部分食品产品安全标准见表 6-3。

表 6-3　我国的部分食品产品安全标准

序号	标准号	标准名称
1	GB 19645—2010	食品安全国家标准　巴氏杀菌乳
2	GB 25190—2010	食品安全国家标准　灭菌乳
3	GB 19644—2010	食品安全国家标准　乳粉
4	GB 19301—2010	食品安全国家标准　生乳
5	GB 19302—2010	食品安全国家标准　发酵乳
6	GB 13102—2010	食品安全国家标准　炼乳
7	GB 11674—2010	食品安全国家标准　乳清粉和乳清蛋白粉
8	GB 25191—2010	食品安全国家标准　调制乳
9	GB 2730—2015	食品安全国家标准　腌腊肉制品
10	GB 10133—2014	食品安全国家标准　水产调味品
11	GB 19295—2011	食品安全国家标准　速冻面米制品
12	GB 2757—2012	食品安全国家标准　蒸馏酒及其配制酒
13	GB 2758—2012	食品安全国家标准　发酵酒及其配制酒
14	GB 7099—2015	食品安全国家标准　糕点、面包
15	GB 7100—2015	食品安全国家标准　饼干
16	GB 17400—2015	食品安全国家标准　方便面
17	GB 14880—2012	食品安全国家标准　食品营养强化剂使用标准
18	GB 30604—2015	食品安全国家标准　食品营养强化剂 1,3-二油酸-2-棕榈酸甘油三酯
19	GB 31618—2014	食品安全国家标准　食品营养强化剂　棉子糖
20	GB 31617—2014	食品安全国家标准　食品营养强化剂　酪蛋白磷酸肽
21	GB 16740—2014	食品安全国家标准　保健食品
22	GB 28404—2012	食品安全国家标准　保健食品中 α-亚麻酸、二十碳五烯酸、二十二碳五烯酸和二十二碳六烯酸的测定

6.3.9　食品安全检验方法与规程标准

食品检验方法标准是指对食品的质量要素进行测定、试验、计量所做的统一规定，包括感官、物理、化学、微生物学、生物化学分析。

食品检验检测的方法有感官分析法、化学分析法、仪器分析法、微生物分析法和生物鉴定法等。感官分析是利用人的感觉器官如眼、耳、口、鼻等对食品的特性进行分析判断的一种方法；物理检验是对食品的一些物理特性的检验，如密度、折光度、旋光度等；化学检验以物质的化学反应为基础，多用于常规检验，如营养成分的检验；仪器检验以物质的物理或物理化学性质为基础，利用光电仪器来测定物质的含量，多用于微量成分的分析，如利用专用的自动分析仪分析蛋白质、脂肪、糖、纤维等。

目前,已公布的食品安全检验方法标准中涉及部分理化指标及部分微生物指标。理化指标有水分、密度、灰分、蛋白质、脂肪、总糖、还原糖、粗纤维、氨基酸、淀粉、蔗糖、酸度、碱度、酒精度、色度、浊度、维生素等,及食品添加剂、各类食品的特征性指标;微生物指标有黄曲霉毒素、菌落总数、大肠菌群、沙门氏菌等。

6.3.9.1　食品理化检验方法标准

食品理化检验主要是利用物理、化学以及仪器等分析方法对食品中的各种营养成分、添加剂、矿物质等进行检验;对食品中携带的有害有毒化学成分进行检验。

食品理化分析的内容丰富,而且范围相当广泛,在各种食品中有许多组分是相同的,有一些组分则是不相同的,特别是不同种类的食品具有不同的特性。食品理化检验方法标准研究大致分为三个方面:基础方面,涉及样品前处理的分离提取、纯化、浓缩(富集)和食品分析误差及理论统计处理;分析方法方面,涉及新的检测方法研究、新项目分析方法的研究、经典方法的改进研究以及简便快速方法的研究;分析仪器的应用方面,近几年食品分析仪器的应用逐渐增加,使得食品理化检测的定量分析达到了一个新的高度。

目前,我国已颁布的食品卫生理化检验方法标准含 GB 5009 系列多个标准,部分目录见表 6-4。

表 6-4　部分食品卫生理化检验方法标准目录

序号	标准号	标准名称
1	GB 5009.3—2016	食品安全国家标准　食品中水分的测定
2	GB 5009.4—2016	食品安全国家标准　食品中灰分的测定
3	GB 5009.12—2017	食品安全国家标准　食品中铅的测定
4	GB 5009.15—2014	食品安全国家标准　食品中镉的测定
5	GB 5009.16—2014	食品安全国家标准　食品中锡的测定
6	GB 5009.17—2014	食品安全国家标准　食品中总汞及有机汞的测定
7	GB 5009.24—2016	食品安全国家标准　食品中黄曲霉素 M 族的测定
8	GB 5009.33—2016	食品安全国家标准　食品中亚硝酸盐与硝酸盐的测定
9	GB 5009.93—2017	食品安全国家标准　食品中硒的测定
10	GB 5009.94—2012	食品安全国家标准　植物性食品中稀土元素的测定
11	GB 5009.123—2014	食品安全国家标准　食品中铬的测定
12	GB 5009.139—2014	食品安全国家标准　饮料中咖啡因的测定
13	GB 5009.148—2014	食品安全国家标准　植物性食品中游离棉酚的测定
14	GB 5009.190—2014	食品安全国家标准　食品中指示性多氯联苯含量的测定
15	GB 5009.204—2014	食品安全国家标准　食品中丙烯酰胺的测定
16	GB 5009.205—2013	食品安全国家标准　食品中二噁英及其类似物毒性当量的测定
17	GB 5009.223—2014	食品安全国家标准　食品中氨基甲酸乙酯的测定

除了 GB 5009 系列标准外，还有 GB 18932.1～GB 18932.28 系列蜂蜜中化学品残留量的测定方法标准及各类产品中农药残留等分析方法标准。同时，2015 年，农业部对现行食品中农药残留检测方法进行了清理，对目前正在广泛使用，适用性和操作性较强的标准予以保留，对检测范围或检测对象有重复、交叉的检测方法予以整合，现行标准有《食品安全国家标准　水果和蔬菜中 500 种农药及相关化学品残留量的测定　气相色谱-质谱法》(GB 23200.8—2016)、《水果和蔬菜中 450 种农药及相关化学品残留量的测定　液相色谱-串联质谱法》(GB/T 20769—2008)等。

6.3.9.2　食品微生物检验方法标准

食品卫生微生物检验是为了正确而客观地揭示食品的卫生情况，加强食品卫生的管理，保障人们的健康，并对防止某些传染病的发生提供科学依据。主要检测对象包括细菌总数、大肠菌群、沙门氏菌等。

目前，我国已颁布的食品安全微生物检验标准共有 20 多个，包括《食品安全国家标准　食品微生物学检验　总则》(GB 4789.1—2016)，《食品安全国家标准　食品微生物学检验　金黄色葡萄球菌检验》(GB 4789.10—2016)，《食品安全国家标准　食品微生物学检验　乳与乳制品检验》(GB 4789.18—2010)等，详见表 6-5。

表 6-5　食品微生物检验方法标准目录

序号	标准号	标准名称
1	GB 4789.1—2016	食品安全国家标准　食品微生物学检验　总则
2	GB 4789.2—2016	食品安全国家标准　食品微生物学检验　菌落总数测定
3	GB 4789.4—2016	食品安全国家标准　食品微生物学检验　沙门氏菌检验
4	GB 4789.5—2012	食品安全国家标准　食品微生物学检验　志贺氏菌检验
5	GB 4789.7—2013	食品安全国家标准　食品微生物学检验　副溶血性弧菌检验
6	GB 4789.9—2014	食品安全国家标准　食品微生物学检验　空肠弯曲菌检验
7	GB 4789.10—2016	食品安全国家标准　食品微生物学检验　金黄色葡萄球菌检验
8	GB 4789.11—2014	食品安全国家标准　食品微生物学检验　β 型溶血性链球菌检验
9	GB 4789.14—2014	食品安全国家标准　食品微生物学检验　蜡样芽孢杆菌检验
10	GB 4789.15—2016	食品安全国家标准　食品微生物学检验　霉菌和酵母计数
11	GB 4789.18—2010	食品安全国家标准　食品微生物学检验　乳与乳制品检验
12	GB 4789.30—2016	食品安全国家标准　食品微生物学检验　单核细胞增生李斯特氏菌检验
13	GB 4789.31—2013	食品安全国家标准　食品微生物学检验　沙门氏菌、志贺氏菌和致泻大肠埃希氏菌的肠杆菌科噬菌体诊断检验
14	GB 4789.28—2013	食品安全国家标准　食品微生物学检验　培养基和试剂的质量要求
15	GB 4789.39—2013	食品安全国家标准　食品微生物学检验　粪大肠菌群计数
16	GB 4789.26—2013	食品安全国家标准　食品微生物学检验　商业无菌检验
17	GB 4789.38—2012	食品安全国家标准　食品微生物学检验　大肠埃希氏菌计数
18	GB 4789.35—2016	食品安全国家标准　食品微生物学检验　乳酸菌检验
19	GB 4789.40—2016	食品安全国家标准　食品微生物学检验　克罗诺杆菌属(阪崎肠杆菌)检验
20	GB 4789.3—2016	食品安全国家标准　食品微生物学检验　大肠菌群计数

6.3.9.3　食品安全性毒理学评价程序与方法

应用食品毒理学的方法对食品进行安全性评价，为正确认识和安全使用食品添加剂(包括营养强化剂)、开发食品新资源和新资源食品及开发保健食品提供了可靠的技术保证，为正确评价和控制食品容器和包装材料、辐照食品、食品及食品工具与设备用洗涤消毒剂、农药残留及兽药残留的安全性提供了可靠的操作方法。关于食品安全性毒理学评价程序与方法的标准主要有以下3个。

(1)《食品安全国家标准　食品安全性毒理学评价程序》(GB 15193.1—2014)　规定了食品安全性毒理学评价的程序，用于评价食品生产、加工、保藏、运输和销售过程中所涉及的可能对健康造成危害的化学、生物和物理因素的安全性，评价对象包括食品添加剂(含营养强化剂)、食品新资源及其成分、新资源食品、辐照食品、食品容器与包装材料、食品工具、设备、洗涤剂、消毒剂、农药残留、兽药残留、食品工业用微生物等。

(2)《食品安全国家标准　食品毒理学实验室操作规范》(GB 15193.2—2014)　规定了食品毒理学实验室(包括实验动物房)的要求，适用于经卫生行政部门认可有资格进行食品安全性毒理学评价试验的单位。

(3)《食品安全国家标准　急性经口毒性试验》(GB 15193.3—2014)　规定了急性毒性试验的基本技术要求。

目前我国已颁布的毒理学评价方法相关标准共有24个左右，详见表6-6。

表6-6　食品毒理学评价相关标准目录

序号	标准号	标准名称
1	GB 15193.1—2014	食品安全国家标准　食品安全性毒理学评价程序
2	GB 15193.2—2014	食品安全国家标准　食品毒理学实验室操作规范
3	GB 15193.3—2014	食品安全国家标准　急性经口毒性试验
4	GB 15193.4—2014	食品安全国家标准　细菌回复突变试验
5	GB 15193.5—2014	食品安全国家标准　哺乳动物红细胞微核试验
6	GB 15193.6—2014	食品安全国家标准　哺乳动物骨髓细胞染色体畸变试验
7	GB 15193.8—2014	食品安全国家标准　小鼠精原细胞或精母细胞染色体畸变试验
8	GB 15193.9—2014	食品安全国家标准　啮齿类动物显性致死试验
9	GB 15193.10—2014	食品安全国家标准　体外哺乳类细胞DNA损伤修复(非程序性DNA合成)试验
10	GB 15193.11—2015	食品安全国家标准　果蝇伴性隐性致死试验
11	GB 15193.12—2014	食品安全国家标准　体外哺乳类细胞HGPRT基因突变试验
12	GB 15193.13—2015	食品安全国家标准　90天经口毒性试验
13	GB 15193.14—2015	食品安全国家标准　致畸试验
14	GB 15193.15—2015	食品安全国家标准　生殖毒性试验
15	GB 15193.16—2014	食品安全国家标准　毒物动力学试验
16	GB 15193.17—2015	食品安全国家标准　慢性毒性和致畸合并试验
17	GB 15193.19—2015	食品安全国家标准　致突变物、致畸物和致癌物的处理方法

续表 6-6

序号	标准号	标准名称
18	GB 15193.20—2014	食品安全国家标准　体外哺乳类细胞 TK 基因突变试验
19	GB 15193.21—2014	食品安全国家标准　受试物试验前处理方法
20	GB 15193.22—2014	食品安全国家标准　28 天经口毒性试验
21	GB 15193.24—2014	食品安全国家标准　食品安全性毒理学评价中病理学检查技术要求
22	GB 15193.25—2014	食品安全国家标准　生殖发育毒性试验
23	GB 15193.26—2015	食品安全国家标准　慢性毒性试验
24	GB 15193.27—2015	食品安全国家标准　致癌试验

6.3.10　食品包装材料与容器卫生标准

食品包装是现代食品工业的最后一道工序，其主要目的是保护食品质量和卫生，不损失原始成分和营养，方便运输，促进销售，提高货架期和商品价值。但同时，包装材料的选择和使用不当又可能对食品安全产生不利影响。食品包装材料中的化学成分向食品中迁移，如果迁移的量超过一定界限，会影响到食品的安全性。我国新颁布的《中华人民共和国食品安全法》对用于食品的包装材料和容器的定义为：包装、盛放食品或者食品添加剂用的纸、竹、木、金属、搪瓷、陶瓷、塑料、橡胶、天然纤维、化学纤维、玻璃等制品和直接接触食品或者食品添加剂的涂料。近年来，随着人们对食品安全的重视程度越来越高，作为与食品直接接触的包装材料，其安全性也备受关注。

1. 食品包装、容器的分类

食品包装材料与容器按包装材料来源可分为塑料、纸制品和金属。塑料又可分为可溶性包装（速溶果汁）、收缩包装（腊肠和肉脯）、吸塑包装（糖果）、泡塑包装（糕点和巧克力）、蒙皮包装（香肠）、收伸薄膜包装、镀金属薄膜包装（罐头和饮料）等；纸与纸板可分为可供烘烤的纸浆容器、折叠纸盒和包装纸；金属包括马口铁罐、易开罐及轻质铝罐头等。

二维码 6-2　部分食品包装卫生标准

按包装功能分类可分成方便包装如开启后可复关闭的容器、气雾罐、软管式、集合包装，展示包装，运输包装，专用包装等。食品包装材料的安全性将直接影响食品质量，继而对人体健康产生影响。

2. 食品包装材料与容器卫生标准

目前，我国已制定塑料、橡胶、涂料、金属、纸等 69 项食品容器、包装材料的法规，涉及 5 类国家食品卫生标准和 7 类检验方法。其中食品包装的国家卫生标准共有 45 项，控制指标分为特异性指标和非特异性指标两大类。如《复合食品包装袋卫生标准》（GB 9683—1988），《食品安全国家标准　食品接触用塑料树脂》（GB 4806.6—2016），《食品安全国家标准　预包装食品标签通则》（GB 7718—2011）等。目前，大部分标准正在不断地修订与完善中。

食品包装既要符合一般商品包装的标准和法规，更要符合与食品卫生与安全性有关的标准与法规。食品包装标准化就是对食品的包装材料、包装方式、包装标志及技术要求等的规定。

虽然我国已经制定了许多食品包装标准,但仍存在一些问题:

①标准数量偏少。现行的国家关于各类食品包装的树脂和成型品的卫生标准,是各个检测机构用来做产品质量检测的重要依据。但随着新材料、新工艺不断涌现,这些标准已不能满足要求,如一些新兴可降解生物基材料。

②检验项目偏少。我国目前仍有部分食品包装的国家卫生标准是在20世纪80年代末与90年代初制定的,不能从根本上适应食品包装行业的发展需求,如《复合食品包装袋卫生标准》(GB 9683—1988)。

③标准体系不太规范。例如,对于包装牛奶的复合袋,标准众多,有《复合食品包装袋卫生标准》(GB 9683—1988)、《液体食品包装用塑料复合膜、袋》(GB 19741—2005)、《液体食品复合软包装材料》(QB/T 3531—1999)、《液体食品无菌包装用纸基复合材料》(GB/T 18192—2008)等,并且在将来也有可能出台专门的牛奶包装袋的标准。从我国食品包装标准体系来分析,由于在制定标准时没有在体系上进行规范,现在各类产品标准既有重复交叉的现象,也有出现真空的现象。

6.4　其他食品检验方法标准

为了对食品的质量进行分析,在食品安全标准外,还有部分推荐性国家标准,主要是食品的感官检验方法标准。食品检验检测方法标准涉及的感官指标有外观、色泽、香气、滋味(口味)、风味、形态(组织形状)、颜色等。

我国自1988年开始,相继制定和颁布了一系列感官分析方法的国家标准,这些标准一般都是参照采用或等效采用相关的国标标准(ISO),具有较高的权威性和可比性,对推进和规范我国的感官分析方法起了重要作用,也是执行感官分析的法律依据。部分感官分析方法标准见表6-7。

表6-7　部分感官分析方法标准

序号	标准或计划号	标准名称
1	GB/T 10220—2012	感官分析　方法学　总论
2	GB/T 10221—2012	感官分析　术语
3	GB/T 12310—2012	感官分析方法　成对比较检验
4	GB/T 12311—2012	感官分析　三点检验
5	GB/T 12312—2012	感官分析　味觉敏感度的测定
6	GB/T 12313—1990	感官分析方法　风味剖面检验
7	GB/T 12314—1990	感官分析方法　不能直接感官分析的样品制备准则
8	GB/T 12315—2008	感官分析　方法学　排序法
9	GB/T 13868—2009	感官分析　建立感官分析实验室的一般导则
10	GB/T 15549—1995	感官分析　方法学　检测和识别气味方面评价员的入门和培训
11	GB/T 16291.1—2012	感官分析　选拔、培训与管理评价员一般导则　第1部分:优选评价员

续表 6-7

序号	标准或计划号	标准名称
12	GB/T 16860—1997	感官分析方法　质地剖面检验
13	GB/T 16861—1997	感官分析　通用多元分析方法鉴定和选择用于建立感官剖面的描述词
14	GB/T 17321—2012	感官分析方法　二-三点检验
15	GB/T 19547—2004	感官分析　方法学　量值估计法
16	GB/T 21172—2007	感官分析　食品颜色评价的总则和检验方法
17	GB/T 22366—2008	感官分析　方法学　采用三点选配法(3-AFC)测定嗅觉、味觉和风味觉察阈值的一般导则
18	GB/T 25005—2010	感官分析　方便面感官评价方法
19	GB/T 25006—2010	感官分析　包装材料引起食品风味改变的评价方法
20	GB/T 29604—2013	感官分析　建立感官特性参比样的一般导则
21	GB/T 29605—2013	感官分析　食品感官质量控制导则
22	GB/T 23776—2018	茶叶感官审评方法
23	GB/T 33404—2016	白酒感官品评导则

6.5 食品流通标准

所谓食品流通，是指以食品的质量安全为核心，以消费者的需求为目标，围绕食品采购、储存、运输、供应、销售等过程环节而进行的管理和控制活动。食品(特别是生鲜食品)在流通中对环境条件(如温度和湿度)要求极为严格，需要在尽可能短的时间内迅速配送到目的地，否则其营养、质量、安全状况将大打折扣，甚至严重影响消费者的健康和权益。据统计，一些易腐食品(如奶制品、海鲜等)售价的七成是用来补贴在流通过程中货损的支出。因此，食品流通问题已影响到人类的健康、社会的稳定和经济的发展。如何解决食品流通问题，保护人民身体健康，已成为我国政府当前的一项迫切任务和重要战略举措。

食品流通包括商流和物流两个方面，它的基本活动主要有运输、贮藏、装卸搬运、包装、流通加工、配送、信息处理以及销售等。食品流通过程与食品安全密切相关，涉及原料、加工工艺过程、包装、贮运及生产加工的相关因素(环境、物品、人员等)等一系列过程中可能影响食品质量安全的因素，如在农产品流通中可能涉及的微生物、化学品污染等。所以需要建立从田间生产→收购→加工→流通→消费的统一安全管理体系和标准体系。

6.5.1 运输工具标准

这类标准主要包括运输车辆、船、搬运车辆、装载工具等相关术语、类型代码、规格和性能标准以及相应的操作方法标准等。通过对运输工具实施标准化，有利于各种运输工具配合与衔接，实现多种运输方式的联运，提高运输效率。

《连续搬运机械术语》(GB/T 14521—2015)，是对运输机械类型、主要参数、装置和零部件、带式运输机、埋刮板运输机、板式运输机、螺旋运输机、流体运输机和提升机制定的系列标准。

6.5.2　站场技术标准

站场技术标准主要包括站台、堆场等技术规范和工艺标准。不同运输方式所要求的站场不一致而导致在运输装卸时人力和物力的浪费，通过规范站台、堆场就可以保证不同的运输方式能够在统一的站台、堆场进行装卸作业，可以提高工作效率。

与站场技术相关的标准有《集装箱进出港站检查交接要求》(GB/T 11601—2000)和《冷藏集装箱堆场技术管理要求》(GB/T 13145—2018)。

6.5.3　运输方式及作业规范标准

运输是一个系统，制定各种运输方式标准和作业规范，将有利于运输的合理分工、配合协作，有利于发挥各种运输方式的运输潜力。

《运输方式代码》(GB/T 6512—2012)使用重新起草法修改采用联合国贸易便利化与电子业务中心(UN/CEFACT)2001年发布的第19号推荐书《运输方式代码》。GB/T 6512规定了标识运输方式的代码，适用于国际贸易单证、报文中使用的运输方式代码，也适用于行政、运输、商业等领域中有关运输方式的标识。

在运输作业规范方面，我国颁布了《良好农业规范　第11部分　畜禽公路运输控制点与符合性规范》(GB/T 20014.11—2005)。

6.5.4　食品贮藏标准

贮藏和运输是流通过程中的两个关键环节，被称为“流通的支柱”。贮藏的概念包括商品的分类、计量、入库、保管、出库、库存控制以及配送等多种功能。

我国与食品贮藏相关的标准主要有：

(1)仓库布局标准　如《数码仓库应用系统规范》(GB/T 18768—2002)、《冷库设计规范》(GB 50072—2010)等。

(2)贮藏保鲜技术规程　此类技术标准大多是关于果蔬的，如《鲜食葡萄冷藏技术》(GB/T 16862—2008)、《杏冷藏》(GB/T 17479—1998)、《苹果冷藏技术》(GB/T 8559—2008)、《柑橘贮藏》(NY/T 1189—2017)、《黄瓜贮藏和冷藏运输》(GB/T 18518—2001)、《蒜薹简易气调冷藏技术》(GB/T 8867—2001)等标准，分别规定了贮藏前的处理、贮藏的温度和湿度及贮藏期限等内容。

(3)堆码苫垫技术标准　对食品的堆垛方式和技术、货架以及苫盖和衬垫方式和技术等都应制定相应的标准和操作规程。

6.5.5　食品包装工艺标准

包装工艺过程就是对各种包装原材料或半成品进行加工或处理，最终将产品包装成为商品的过程。包装工艺规程则是文件形式的包装工艺过程。食品包装工艺、规程的标准化是指必须按“提高品质、严格控制有害物质含量”的有关标准，设计每道工序、确定每项工艺，并制定科学、严格和可行的操作规程。包装工艺标准化应包括产品和包装材料，按规定的方式将其结合成可供销售的包装产品，然后在流通过程中保护内包装产品，并在销售和消费时得到消费者的认可几个方面，其主要内容为：

(1)容量标准化　容量即为每个包装中的产品数量。食品包装容量是标准化的重要内容,数量的过多过少均是不合规范的,不便于食品的贮藏、运输与销售。

(2)产品的状态条件的标准化　包装产品的状态,如温度、物理外形或浓度都会影响食品的贮存期,因此应该规范产品的状态条件。

(3)包装材料标准化　在选用合适、卫生的包装材料的同时,将现场操作时的材料准备状态标准化,必要时须将包装材料部件组装成形以供产品充填。

(4)包装速度规范化　包装速度也应规范化,它是控制成本和质量的因素之一,包装速度取决于所采用的工艺装备的自动化程度。

(5)包装步骤说明　包装步骤是指选定生产线的操作规程。

(6)规定质量控制要求。

6.5.6　装卸搬运标准

目前我国已颁布的装卸方面的标准有《港口装卸术语》(GB/T 8487—2010)、《系列 1　集装箱　装卸和栓固》(GB/T 17382—2008)、《港口连续装卸设备安全规程　第 1 部分:散粮筒仓系统》(GB 13561.1—2009)、《港口连续装卸设备安全规程　第 2 部分:气力卸船机》(GB/T 13561.2 —2008)、《港口连续装卸设备安全规程第 3 部分:带式输送机、埋刮板输送机和斗式提升机》(GB/T 13561.3 —2009)、《港口连续装卸设备安全规程　第 6 部分:港口装卸勾使用技术》(GB/T 13561.6—2006),以及《制酒饮料机械　卸箱机》(QB/T 2588—2012)、《制酒饮料机械　装箱机》(QB/T 2589—2012)等行业标准。其中《系列 1 集装箱　装卸和栓固》(GB/T 17382—2008)适用于各种地表运输中集装箱重箱和空箱。

搬运方面的标准有《索道　术语》(GB/T 12738—2006)、《连续搬运设备　带承载托辊的带式输送机　运行功率和张力的计算》(GB/T 17119—1997)、《工业机器人　抓握型夹持器物体搬运　词汇和特性表示》(GB/T 19400—2003)。

6.5.7　食品配送标准

配送是在经济合理区域范围内,根据用户要求,对物品进行拣选、加工、包装、分割、组配等作业,并按时送达指定地点的物流活动。配送是由集货、配货、送货三部分有机结合而成的流通活动,配送中的送货是短距离的运输。配送与传统的“送货”存在明显的区别,在配送业务活动中包含的分货、选货、加工、配发、配装等工作是具有一定难度的作业。配送不仅是分发、配货、送货等活动的有机结合形式,而且与订货、销售系统有密切联系。因此,必须依赖物流信息的作用,建立完善的配送系统,形成现代化的配送方式。

配送的一般流程是:进货→存贮→分拣→配货、配装→发送。进货是组织货源的过程,可采取订货或购货的方式,也可采取集货或接货的方式。存贮是按照用户要求并依据配送计划将购到或收集到的各种货物进行检验,再分门别类地存贮在相应的设施场所中以备挑选和配货。分拣和配货是同一流程中的两项紧密联系的活动,大多是同时进行和完成的,而且多是采用机械化和半机械化方式操作的。送货是配送的终结,一般包括搬运、配装和交货等活动。

目前,我国颁布的配送方面的标准是《配送备货与货物移动报文》(GB/T 18715—2002)。该标准适用于国内和国际贸易,以通用的商业管理为基础,而不局限于其特定的业务类型和行业,规定了在配送中心管辖范围内的仓库之间发生的配送备货服务和所需的货物移动所用到的报文的基本框架结构。

6.5.8　食品销售标准

食品销售就是将产品的所有权转给用户的流通过程，也是以实现企业销售利润为目的的经营活动，产品只有经过销售才能实现其价值，创造利润，实现企业的价值。销售是包装、运输、贮藏、配送等环节的统一，是流通的最后一个环节。而实现食品销售的重要因素就是市场。商务部等八部委联合组织制定了《农副产品绿色批发市场》(GB/T 19220—2003)和《农副产品绿色零售市场》(GB/T 19221—2003)两个国家标准，二者均从场地环境、设施设备、商品管理、市场管理等方面对销售市场进行了规定。农副产品绿色批发市场是指环境设施清洁卫生、交易商品符合本标准的质量管理要求、经营管理具有较好信誉的农副产品批发市场；农副产品绿色零售市场是指环境设施清洁卫生、交易商品符合本标准的质量管理要求、经营管理具有较好信誉的农副产品零售市场。这两个绿色市场标准对市场流通标准体系建设和规范市场流通环节具有重要意义。

6.6　食品产品及各类食品标准

6.6.1　水产品标准

6.6.1.1　水产品的分类

根据中华人民共和国农业部《水产及水产品分类与名称》(SC 3001—1989)规定，我国的水产品可分为以下几大类：

(1)鲜、活品　包括海水鱼类、海水虾类、海水蟹类、海水贝类、其他海水动物、淡水鱼类、淡水虾类、淡水蟹类、淡水贝类、其他淡水动物。

(2)冷冻品　包括冻海水鱼类、冻海水虾类、冻海水贝类、其他冷冻海产品、冻淡水鱼类、冻淡水虾类、冻淡水贝类。

(3)干制品　包括鱼类干制品、虾类干制品、贝类干制品、藻类干制品、其他水产干制品。

(4)腌制品　包括腌制鱼、其他腌制品。

(5)罐制品　包括鱼罐头、其他水产品罐头。

(6)鱼糜及鱼糜制品　包括鱼糜、鱼香肠、鱼丸、鱼糕、鱼卷、鱼饼、鱼面、虾片、仿蟹肉、仿虾仁、仿扇贝柱。

(7)动物蛋白饲料　包括鱼粉、鱼浆(液体鱼蛋白饲料)。

(8)水产动物内脏制品　包括鲜海胆黄、海胆酱、盐渍海胆黄、鲟鳇鱼籽、鲑鱼籽、盐渍鲱鱼籽、虾籽、乌鱼蛋。

(9)助剂和添加剂类　包括印染用褐藻酸钠、纺织浆纱用褐藻酸钠、食用褐藻酸钠、藻酸丙二酯、褐藻酸、铸造用藻胶、琼胶、卡拉胶、甲壳素、鱼胶、鱼油。

(10)水产调味品　包括鱼露、蚝油、虾油、虾酱、虾味汤料、海藻汤料、其他水产调味品。

(11)医药品类　包括甘露醇、碘、角鲨烯、鱼脂酸丸、鱼肝油酸钠、蛋白胨、清鱼肝油、乳白鱼肝油、果汁鱼肝油、维生素 AD 胶丸、维生素 E 胶丸、维生素 AD 滴剂、维生素 E 滴剂、九合维生素糖丸、六合维生素糖丸、畜禽用鱼肝油、海马、海螵蛸。

(12)其他水产品　包括海藻凝胶食品、珍珠类。

6.6.1.2　水产品标准概况

我国是水产养殖大国，目前海水养殖产量占全球海水养殖总产量的80%以上，且水产品总产量自1990年来一直位居世界首位。加强水产品质量安全管理具有保障消费者生命健康、提升水产品国际竞争力的重要意义。目前，我国已初步建立了以国家标准和行业标准为主体，地方标准和企业标准相衔接、相配套的水产标准体系，内容包括水产品产地环境标准、生产技术标准、水产生产资料质量标准、水产品标准和水产品包装、储存、运输标准等。其中，渔药使用、药物残留限量、渔用饲料安全限量、水产品有毒有害物质限量等有关水产品质量安全的基础性标准的制定取得突破性进展，同时，标准实施的力度也进一步加大。目前，367个国家级和省级标准化示范区陆续建成。

二维码6-3　部分水产品相关标准

依照标准对水产品养殖水域的环境、渔药施用、饲料投喂、加工、保障、包装、标志等实施全过程标准化管理，示范带动作用初见成效。

虽然目前我国水产品标准取得了一定的成绩，但也存在着部分问题：一是标准水平偏低；二是标准的实施情况差，企业标准化意识淡薄；三是标准的研究工作薄弱；四是水产品行业标准的制定与修订工作跟不上产品的发展。根据这些存在的问题，要进一步加强水产品标准的制定与修订工作。

6.6.2　肉、乳食品标准

6.6.2.1　肉及肉制品标准概况

我国各民族、各地区人民的食用习惯差异悬殊，故肉制品品种极其丰富。我国肉制品的标准以20世纪80年代、90年代的国家标准和行业标准较多，2000年以后制定和颁布了一批新的标准，但数量不多。目前，畜肉及其制品标准约有60项，其中国家标准有30余项，以肉品检测方法为主；行业标准有20余项，以产品标准为主。其中，分割鲜、冻瘦猪肉，鲜、冻四分体带骨牛肉，熏煮火腿，火腿肠，肉干，肉松，肉脯和腌腊猪肉及相关的卫生标准有30余项，禽肉类标准不多。有关畜禽肉产品检验、测定方法的标准有30余项，如肉与肉制品的脂肪酸、pH、水分、维生素、铜含量、钙含量、游离脂肪、肉新鲜度等的测定方法。

目前，我国已对具有全国代表性的肉制品制定了相关的标准，如国家标准有《肉和肉制品术语》《熏煮火腿》《火腿肠》以及肉制品理化指标检验方法等40余项标准，行业标准有《中国火腿》《中式香肠》《肉松》《肉干》《肉脯》等。上述标准的实施，对规范我国的肉制品市场，确保肉制品的安全起到至关重要的作用。

当前，食品安全是个引起社会各方关注的问题，肉及肉制品的安全是食品安全中最突出的问题之一。为了保障畜禽肉产品的质量安全，近几年，我国已加快了肉制品标准的制定与修订步伐。畜禽肉制品标准的发展趋势是，对于20世纪90年代前颁布的国家标准或行业标准，结合现在的实际情况尽快进行修订。侧重于对食品安全的考虑，提升标准的先进性，与国际标准接轨。针对市场上日益增加的畜禽肉制品新产品和各地的特色产品，根据产品的特性和

二维码6-4　部分肉及肉制品相关标准

共性，分大类制定相应的国家标准或行业标准，提高标准的适用性。据了解，现已有近 50 项国家标准和 10 余项行业标准的制修订任务先后被列入计划，相信上述项目的完成将从根本上改变我国肉制品标准的滞后状况。

6.6.2.2　乳制品标准概况

乳品行业是近十几年来发展极为迅速的一个行业。在计划经济下，我国乳品业整体发展缓慢。自改革开放以来，乳品行业随着我国市场经济的发展得以快速发展，市场规模不断扩大，工业总产值快速增长，行业销售收入和利润总额连年递增。

虽然目前乳品行业的整体运行态势较好，但仍存在质量标准体系不健全、行业管理落后以及质量问题突出等瓶颈问题，这在一定程度上已经制约了我国乳业的进一步良性发展。为提高我国乳制品企业的加工能力和管理水平，乳制品企业标准化势在必行。

按性状和成分，乳和乳制品可分为液态乳类、乳粉类、乳脂类、炼乳类、干酪类和其他乳制品类共六大类。每大类又进一步分为若干小类：液态乳类分为生乳（原料乳）、复原乳、原味乳、调制乳（包括调味乳和配方乳）和发酵乳[包括活性（发酵）乳和非活性（发酵）乳]；乳粉类分为全脂乳粉、脱脂乳粉和调制乳粉（包括调味乳粉、加糖乳粉和配方乳粉）；乳脂类分为稀奶油、奶油、无水奶油和调味奶油；炼乳类分为淡炼乳和调制炼乳（包括调味炼乳、甜炼乳和配方炼乳）；干酪类分为原干酪（包括特硬质干酪、硬质干酪、半硬质干酪、半软质干酪和软质干酪）和再制干酪；其他乳制品类分为乳清粉、乳糖和干酪素等。

我国乳制品标准制定较早，1986 年前乳制品国家标准有 20 项，包括产品标准和检测方法标准。产品标准集中在新鲜生牛乳、酸牛乳、全脂无糖炼乳（淡炼乳）、消毒牛乳、全脂乳粉、稀奶油、奶油、脱脂乳粉、全脂加糖乳粉、全脂加糖炼乳（甜炼乳）、硬质干酪、粗制乳糖；检验方法标准有牛乳检验方法、乳粉检验方法、奶油检验方法、全脂加糖炼乳检验方法、全脂无糖炼乳检验方法、硬质干酪检验方法、粗制乳糖检验方法以及生鲜牛乳收购标准。上述 20 项标准在 1993 年前都是强制性国家标准，1993 年 10 月 20 日国家技术监督局发布公告，将酸牛乳、全脂加糖炼乳（甜炼乳）、消毒牛乳、全脂乳粉、脱脂乳粉、全脂加糖乳粉、稀奶油、奶油、生鲜牛乳收购标准、牛乳检验方法、乳粉检验方法、全脂加糖炼乳检验方法、奶油检验方法等 13 项标准调整为推荐性国家标准；将全脂无糖炼乳、硬质干酪、粗制乳糖、全脂无糖炼乳检验方法、粗制乳糖检验方法、硬质干酪检验方法等 6 项标准调整为推荐性行业标准；废止了新鲜生牛乳卫生标准。从 1992 年开始，国家质量技术监督局陆续做出乳和乳制品国家标准修订计划，到 1999 年底已经修订了酸牛乳、全脂无糖炼乳（淡炼乳）（行业标准）、消毒牛乳、全脂乳粉、脱脂乳粉、全脂加糖乳粉、奶油、全脂加糖炼乳（甜炼乳）等 8 项标准。修订后将全脂乳粉、脱脂乳粉、全脂加糖乳粉合并为一项标准，将全脂无糖炼乳（淡炼乳）和全脂加糖炼乳（甜炼乳）合并为一项标准。

到目前，我国已发布的乳制品产品相关标准包括《食品安全国家标准　巴氏杀菌乳》（GB 19645—2010）、《食品安全国家标准　灭菌乳》（GB 25190—2010）、《食品安全国家标准　乳粉》（GB 19644—2010）、《食品安全国家标准　炼乳》（GB 13102—2010）等。此外，还有检验方法标准等共计近 20 余项。目前，我国的乳与乳制品的质量标准、检测方法标准等与发达国家还有一定的差距，为了与国际接轨，我们必须要完善和建立新的质量标准，尤其是国家标准要赶上和接近发达国家水平。

6.6.3 食用植物油标准

食用植物油是大豆、花生、菜籽、棉籽、芝麻、米糠等原辅材料经压榨或浸出、油脂精炼等工艺制备而成的食用油。食用植物油根据原辅料不同可分为大豆油、花生油、菜籽油、玉米油、棕榈油、橄榄油和棉籽油等。

二维码 6-5 食用植物油标准

食用植物油标准包括食用植物油及其制品标准、试验方法标准及其相关的卫生标准。目前,《花生油》《大豆油》《棉籽油》《葵花籽油》《玉米油》《米糠油》《油茶籽油》及《菜籽油》8 项标准构成了我国食用植物油全新的标准体系。新的食用植物油国家标准具有一些特点:一是改变了目前以产品用途代替产品等级的做法,将单一品种的几个产品标准合而为一,理顺了食用植物油产品质量标准的结构;二是改变了植物油产品标准过于分散、名称混乱、标准之间关联性差的状况。新的食用植物油标准体系最主要的变化是明确了强制性条文指标和技术要求,提高了对植物油产品的质量和卫生安全要求。一是限定了食用植物油产品的酸值、烟点等指标,增加了过氧化值、溶剂残留量等指标,保证了产品的质量;二是对压榨成品油和浸出成品油的最低等级的各项指标提出了强制要求;三是增加了明示原料来源和加工工艺的标识要求,规定转基因、压榨、浸出产品和原料原产国必须标识,明确告知消费者,强调了标签的重要性,保护了消费者对产品的知情权;四是明确规定产品不得混有其他食用油或非食用油,禁止添加任何香精和香料的要求。新标准体系还重新明确了食用植物油产品的分类和等级要求。新标准体系根据产品的用途、加工工艺和质量要求的不同,分为原油(又称毛油)和成品油(包括压榨成品油、浸出成品油)。新增的原油分类,明确规定不能直接食用,使原油贸易有标可依,可以有效防止原油直接进入市场而危害消费者。成品油分一级、二级、三级、四级 4 个质量等级,分别相当于原来的色拉油、高级烹调油、一级油、二级油。

6.6.4 速冻食品标准

速冻食品又称急冻食品,是指在−30℃以下的低温环境中使食品在 30 min 之内通过其最大冰晶生成带,中心温度达到−18℃,并在−18℃以下的环境中贮藏和流通的方便食品。速冻食品能最大限度地保持食品的色、香、味及营养价值,因其简捷便利、清洁卫生,越来越受到消费者的欢迎。当前速冻食品已经占据了食品市场的重要一席,成为食品工业中举足轻重的支柱产业。我国速冻行业正处于成长期,发展空间巨大。据不完全统计,目前我国速冻食品品种有 400 多种,加工企业达 2 000 多家,年产量达 $2\ 000\times10^4$ t,年销售额达 100 亿元以上。速冻食品业的发展不仅有利于改善居民饮食结构、提高公众生活质量、促进农产品转化,而且对培育新的经济增长点、解决劳动力就业和促进社会稳定发展都具有十分重要的作用。

伴随行业发展,我国速冻食品行业标准也日益完善,已先后颁布了《食品安全国家标准 速冻面米制品》(GB 19295—2011)等多套专门性标准,对速冻食品生产、储藏、运输、经营过程等各个环节都提出了相关要求,有效地规范了速冻食品生产活动,保障了速冻食品质量安全,促进了速冻食品贸易和市场统一,提高了速冻食品行业的国际竞争力。但由于行业起

二维码 6-6 部分速冻食品标准

步晚，发展速度快，目前速冻食品行业标准仍然存在着许多问题，在一定程度上制约了行业的发展。主要表现在5个方面：个别指标过高，与国情不符；标准规定不明确，让劣质产品有机可乘；制标主体过多，标准相互矛盾；标准体系尚不完善，部分指标无标可依；标准实施状况较差，标准效率亟待提高。

6.6.5 饮料与酒的标准

饮料是指以水为基本原料，由不同的配方和制造工艺生产出来，供人们直接饮用的液体食品。饮料除提供水分外，由于在不同品种的饮料中含有不等量的糖、酸、乳以及各种氨基酸、维生素、无机盐等营养成分，因此有一定的营养。

饮料一般可分为含酒精饮料和无酒精饮料，无酒精饮料又称软饮料。《饮料通则》(GB/T 10789—2015)将软饮料又分为碳酸饮料(汽水)、果蔬汁类及其饮料、蛋白饮料类、包装饮用水类、茶饮料类、咖啡饮料类、植物饮料类、风味饮料类、特殊用途饮料类、固体饮料类、其他饮料。《饮料酒分类》(GB/T 17204—2008)将酒分为发酵酒、蒸馏酒、配制酒。葡萄酒、啤酒等属于发酵酒，白酒则属于蒸馏酒。

6.6.5.1 饮料通则

自20世纪80年代以来，我国比较全面地制定了软饮料的各项标准，包括《软饮料的分类》(GB 10789—1989)、《软饮料的检验规则、标志、包装、运输、贮存》(GB/T 10790—1989)、《软饮料原辅材料的要求》(GB/T 10791—1989)和《软饮料中可溶性固形物的测定方法　折光计法》(GB/T 12143.1—1989)等。随着饮料工业的发展，经过1996年、2007年、2015年等3次对已有标准的不断修订，形成了《饮料通则》(GB/T 10789—2015)。

饮料生产涉及的标准还有《食品安全国家标准　饮用天然矿泉水》(GB 8537—2018)、《瓶装饮用纯净水》(GB 17323—1998)、《碳酸饮料(汽水)》(GB/T 10792—2008)、《食品安全国家标准　饮料》(GB 7101—2015)、《运动饮料》(GB 15266—2009)、《食品安全国家标准　食品工业用浓缩液(汁、浆)》(GB 17325—2015)。

二维码6-7　部分软饮料的标准

目前看来，我国现行的饮料标准存在的主要问题表现在：标准体系配套性、互补性较差，结构层次不够合理，重要的产品标准短缺；强制性标准、推荐性标准定位不合理，一些标准强制范围过宽、过严；采用国际标准的比例偏低；一些标准的水平低于国际标准水平，许多方法标准没有经过精密度、准确度、检出限的验证，标准的置信度达不到要求。

6.6.5.2 酒精饮料

我国是酒的故乡，也是酒文化的发源地，是世界上酿酒最早的国家之一。GB/T 10781.1—1989～GB/T 10781.3—1989和GB/T 11859.1—1989～GB/T 11859.3—1989等一系列白酒国家标准是1989年发布实施的，1994年制定饮料酒分类国标时，对各香型白酒的产品规格、工艺流程、原料、曲种、耗粮、产量等等作了较全面的调查。随后，经全国食品工业标准化技术委员会酿酒分委会推荐，原国家轻工业局于2000年7月，以国轻行〔2000〕249号文正式下达了标准的制修订计划。所以我国现行的白酒国家标准制定时间多集中在2000年以后，包括原产地域产品以及各香型白酒的标准。

二维码 6-8　部分酒精饮料标准

20 世纪 90 年代，随着人们对健康、高品质生活的追求，葡萄酒在我国得以升温。在 1994 年，我国便已制定了《葡萄酒》(GB/T 15037—1994)，规定了葡萄酒的术语、分类、技术要求、检验规则和标志、包装、运输、贮存要求。这是基本与国际标准接轨的标准，但仅作为推荐标准。为促进出口与规范市场，2002 年开始对其进行修订，形成了《葡萄酒》(GB/T 15037—2006)，其中有强制性条款，也有推荐性条款。此标准给出了葡萄酒的定义，并按色泽将葡萄酒分为白葡萄酒、桃红葡萄酒和红葡萄酒；按含糖量将葡萄酒分为干葡萄酒、半干葡萄酒、半甜葡萄酒和甜葡萄酒；按二氧化碳含量将葡萄酒分为平静葡萄酒和起泡葡萄酒。关于葡萄酒的标准还有农业部的绿色食品系列等。

6.6.6　焙烤食品标准

焙烤食品是以小麦等谷物为主原料，通过发面、高温焙烤过程而熟化的一大类食品，又称烘烤食品。烘烤食品种类繁多，丰富多彩，按照发酵和膨胀程度可以分为：用培养酵母或野生酵母使之膨化的制品，包括面包、苏打饼干、烧饼等；用化学方法膨化的制品，包括各种蛋糕、炸面包圈、油条、饼干等；利用空气进行膨化的制品，指天使蛋糕、海绵蛋糕等不用化学疏松剂的食品；利用水分气化进行膨化的制品，主要指一些类似膨化食品的小吃。按照生产工艺特点分类可以分为：面包类、松饼类、蛋糕类、饼干类、点心类。此外，也有按照生产地域分类、产业特点分类等。我国焙烤食品的加工从 20 世纪末开始呈现出迅速发展的趋势，人们对各种烘焙食品的需求在不断增加，焙烤食品的花样也不断增多。

二维码 6-9　部分焙烤食品标准

为了规范糕点类食品的生产，卫生部于 1990 年制定实施了《糕点类食品卫生管理办法》法规。此外，我国焙烤食品还有许多国家标准和行业标准。国家标准主要有《月饼》(GB/T 19855—2015)、《糕点通则》(GB/T 20977—2007)、《食品安全国家标准　糕点、面包》(GB 7099—2015)、《食品安全国家标准　饼干》(GB 7100—2015)，规定了月饼、糕点、面包、饼干的术语和定义、产品分类、技术要求、试验方法、检验规则、标签、包装、运输及贮存要求等。此外，《食品安全国家标准　糕点、面包》(GB 7099—2015)中还规定了糕点和面包的指标要求、食品添加剂、生产加工过程的卫生要求、包装、标识、贮存及运输要求和检验方法。各种产品均分别具有一定数量的行业标准。

6.6.7　营养强化食品标准

我国最早的强化食品政策是有关碘盐的管理办法。1979 年 12 月 21 日国务院批准同意卫生部、轻工业部、商业部、粮食部、全国供销合作总社共同拟定的《食盐加碘防治地方性甲状腺肿暂行办法》，是我国第一部强化食品法规。

进入 1980 年以后，随着国民生活水平的提高，人们对食品质量有了更高要求，市场上出现了一些保健食品、强化食品及婴幼儿配方食品等。1982 年国务院颁布的《中华人民共和国食品卫生法(试行)》首次在国内法规中提到食品强化剂，其中规定：“第五条　专供婴幼儿的主、辅食品，必须符合国务院卫生行政部门制定的营养、卫生标准。”“第八条　食品不得加入药物。

按照传统既是食品又是药品的以及作为调料或者食品强化剂加入的除外。”对食品强化剂定义为：指为增强营养成分而加入食品中的天然的或者人工合成的属于天然营养素范围的食品添加剂。这部试行的卫生法规是国内首部涉及食品强化剂的法规。《食品安全国家标准　食品营养强化剂使用卫生标准》(GB 14880—2012)，对使用的营养强化剂的 10 多个品种的使用范围、使用量作了具体规定。

6.6.8　新资源食品、辐照食品与保健食品标准

6.6.8.1　新资源食品标准

食品新资源指我国无食用习惯的动物、植物和微生物；从动物、植物、微生物中分离的在我国无食用习惯的食品原料；在食品加工过程中使用的微生物新品种；采用新工艺生产导致原有成分或者结构发生改变的食品原料等。为加强对新资源食品的监督管理，保障消费者身体健康，根据《中华人民共和国食品卫生法》，我国卫生部制定了《新资源食品管理办法》，对新资源食品的申请、安全性评价和审批作了规定，根据该办法的要求，我国卫生部组织制定了《新资源食品安全性评价规程》和《新资源食品卫生行政许可申报与受理规定》，规程规定了新资源食品安全性评价的原则、内容和要求，规定的内容包括新资源食品卫生行政许可等。

6.6.8.2　辐照食品标准

辐照食品是指通过一种辐照工艺处理而达到灭菌保鲜的安全食品。它是核科技在食品领域的应用成果。辐照食品标准是食品辐照技术推广和应用的重要基础，也是提高辐照食品质量安全水平和市场竞争力的重要保障。近年来，我国辐照食品标准的制定工作取得了一定的成绩。建立并逐步形成符合我国国情、与国际接轨的辐照食品标准体系的初步框架，为促进辐照食品的发展起到了积极推动作用，对保障辐照产品的质量安全、提高市场竞争力、扩大出口贸易都有积极意义。

我国在 1984—1994 年共批准了 18 种辐照食品，1996 年又正式颁布了《辐照食品卫生管理办法》，1997 年公布了《辐照食品类别卫生标准》，进一步鼓励对进口食物、食品原料以及国内的六大类食品进行辐照处理。目前的辐照食品卫生标准主要有 GB 14891.1—1997、GB 14891.2—1994、GB 14891.3—1997～GB 14891.8—1997，分别为辐照熟畜禽肉类、花粉、干果果脯类、香辛料类、新鲜水果和蔬菜类、猪肉、冷冻包装畜禽肉类、豆类和谷类及其制品 8 类辐照食品卫生标准。

2001 年我国政府组织 7 个部委成立了食品辐照与协调专家组，协调食品辐照的政策法规和管理以及各部委之间的信息交流。农业部辐照产品质量监督检验测试中心组织国内食品加工的研究和应用单位制定了 33 个辐照食品标准，其中 17 项已被批准为国家标准，其中，GB 18524—2016 为《食品安全国家标准　食品辐照加工卫生规范》，GB/T 18525.1—2001～GB/T 18525.7—2001 系列分别对豆类、谷类制品、红枣、枸杞干和葡萄干、干香菇、桂圆干、空心莲 7 种产品的辐照杀虫工艺进行了规定。

GB/T 18526.1—2001～GB/T 18526.7—2001 系列分别对速溶茶、花粉、脱水蔬菜、香料和调味品、熟畜禽肉类、糟制肉食品、冷却包装分割猪肉的辐照杀菌工艺进行了规定；GB/T 18527.1—2001 和 GB/T 18527.2—2001

二维码 6-10　部分辐照食品卫生标准

分别为《苹果辐照保鲜工艺》和《大蒜辐照抑制发芽工艺》标准。其余辐照食品标准还有《茶叶辐照杀菌工艺》(NY/T 1206—2006)、《食品安全国家标准 含硅酸盐辐照食品的鉴定热释光法》(GB 31643—2016)、《冷冻水产品辐照杀菌工艺》(NY/T 1256—2006)等。

6.6.8.3 保健食品标准

关于保健食品的概念与界定,世界各国提法有所不同,但其实质含义是一致的。欧美国家统称为“健康食品”或“营养食品”,德国称之为“改善食品”,日本则称之为“功能食品”或“特定保健食品”。我国一般统称保健食品,但也曾称之为“功能食品”“营养保健食品”“疗效食品”“药膳食品”等。

二维码 6-11 部分保健食品相关标准

《保健食品良好生产规范》(GB 17405—1998)规定了对生产具有特定保健功能食品企业人员、设计与设施、原料、生产过程、成品贮存与运输以及品质和卫生管理方面的基本技术要求。2008 年,我国颁布了 40 项推荐性保健食品标准。《食品安全国家标准 保健食品》(GB 16740—2014)给出了在中华人民共和国境内生产和销售的保健(功能)食品的定义、产品分类、基本原则、技术要求、试验方法和标签要求。

6.6.9 无公害食品、绿色食品和有机食品标准

国家和社会高度关注食品的安全卫生及农产品质量安全,为提高农产品质量安全水平、增强农产品国际竞争力,实施了“无公害食品行动计划”,确立了“无公害食品、绿色食品、有机食品”三位一体、整体推进的发展战略,并建立健全了农产品质量安全管理体系。农产品质量安全标准是农产品生产经营者自控的准绳,是消费者判断农产品质量是否安全的尺度,也是各级政府部门开展农产品产地认定、产品认证、例行监测和市场监督抽查的依据,为农产品质量安全监管提供重要的技术支撑。

6.6.9.1 无公害食品标准

无公害食品指产地生态环境清洁,按照特定的技术操作规程生产,将有害物含量控制在规定标准内,并由授权部门审定批准,允许使用无公害标志的食品。无公害食品注重产品的安全质量,其标准要求不是很高,涉及的内容也不是很多。

二维码 6-12 部分无公害食品标准

无公害食品标准适合我国当前的农业生产发展水平和国内消费者的需求,是目前我国农产品质量安全标准中应用最广、影响最大的一个系列标准。

无公害食品标准体系包括无公害食品产地环境质量标准、无公害食品生产技术标准、无公害食品产品质量标准及无公害食品包装储运标准。这几项标准对无公害食品产前、产中和产后全过程质量控制技术和指标作了全面的规定,构成了一个科学、完整的标准体系。

6.6.9.2 绿色食品标准

绿色食品标准由农业部发布,属强制性国家行业标准,是绿色食品生产中必须遵循,绿色食品质量认证时必须依据的技术文件。绿色食品标准是应用科学技术原理,在结合绿色食品生产实践的基础上,借鉴国内外相关先进标准所制定的。其主要内涵是,在特定的环境条件

下，遵循可持续发展原则，按照严格的生产、加工方式组织生产，经专门机构认定，许可使用绿色食品标志商标的安全、无污染、优质、营养类食品。

在许多国家，绿色食品又有着许多相似的名称和叫法，诸如“生态食品”“自然食品”“蓝色天使食品”“健康食品”及“有机农业食品”等。因为已经习惯对保护环境和与之相关的事业冠以“绿色”字样，所以，为突出这类食品产自良好的生态环境和严格的加工程序，在我国统一被称作“绿色食品”。

绿色食品按质量标准分为两类。A级绿色食品：在符合规定标准的环境质量产地(评价项目的综合污染指数不超过1)，生产过程中允许限量使用化学合成物质，按特定的生产操作规程生产、加工，产品质量及包装经检测符合规定标准，并经专门机构认定。AA级绿色食品：在符合规定标准的环境质量产地(评价项目的单项污染指数不超过1)，生产过程中不使用任何有害化学合成物质，按严格规定进行生产、加工，产品质量及包装经检测符合特定标准，并经专门机构认定等同于国外的有机食品。

二维码6-13　部分绿色食品标准

绿色食品标准体系是对绿色食品实行全过程质量控制的一系列标准的总称，包括绿色食品产地环境质量标准，绿色食品生产技术标准，绿色食品产品标准，绿色食品包装、标签、储运标准。目前农业部已制定绿色食品相关标准100多项，内容涉及各类食品，规定了各种绿色食品的术语和定义、要求、试验方法、检验规则、标志、标签、包装、运输及储存。

6.6.9.3　有机食品标准

有机食品是国际上普遍认同的叫法，这里所说的“有机”不是化学上的概念。国际有机农业运动联合会(IFOAM)给有机食品下的定义是：根据有机食品种植标准和生产加工技术规范而生产的、经过有机食品颁证组织认证并配发证书的一切食品和农产品。国家环境保护局有机食品发展中心(OFDC)认证标准中有机食品的定义是：来自有机农业生产体系，根据有机认证标准生产、加工并经独立的有机食品认证机构认证的农产品加工品等，包括粮食、蔬菜、水果、奶制品、禽畜产品、蜂蜜、水产品、调料等。

有机食品执行国际有机农业运动联合会制定的标准。颁证部门对作物生产地全年农作物进行环境检测和质量认证，证书有效期最长不超过1年。国际有机农业和有机农产品的法规与管理体系主要可以分为3个层次：一是联合国层次，二是国际性非政府组织层次，三是国家层次。我国有机食品发展出于保护环境、保护资源、保护人体健康、保持农业可持续发展的考虑，受国际有机农业浪潮的影响和国外一些认证机构在中国进行有机农产品认证的影响，于1989年开始有机食品的开发。按照IFOAM国际有机生产和加工基本标准和管理要求，1995年国家环境保护总局制定并发布了《有机(天然)食品标准管理章程(试行)》，同时国家环境保护总局委托OFDC制定了《有机(天然)食品生产和加工技术规范》，初步建立了有机食品生产标准和认证管理体系。

目前，我国的有机食品标准主要是《有机产品　生产、加工、标识与管理体系要求》(GB/T 19630—2019)，其内容涵盖环境和生态保护、作物种植、畜禽养殖、水产养殖、蜜蜂和蜂产品、林产品、食品和纺织品的加工、贮藏、运输、包装、标识、销售等过程。有些认证标准还包含化妆品、保健品等。

6.6.10 实例分析

构成食品标准的基本要素主要包括以下内容：

(1)资料性概述要素　包括封面、目次、前言、引言。

(2)规范性一般要素　包括标准名称、范围、规范性引用文件。

(3)规范性技术要素　包括术语和定义，符号和缩略语，分类与命名，要求，抽样，试验方法，检验规则，标签、标志、使用说明书，包装、运输、贮存，规范性附录。

(4)资料性补充要素　包括资料性附录、参考文献、索引。

下面是一种食品标准构成要素示例。

示例：食品安全国家标准　灭菌乳 GB 25190—2010。

思考题

1. 简述我国标准的现状与存在的问题。
2. 简述我国的食品基础标准主要包括的内容。
3. 食品安全限量标准包括哪些方面的内容？
4. 简述构成食品标准的基本要素。
5. 简述我国现行的食品标签标准。

参考文献

[1]国家标准化管理委员会农轻和地方部.食品标准化[M].北京：中国标准出版社，2006.

[2]艾志录，鲁茂林.食品标准与法规[M].南京：东南大学出版社，2006.

[3]张建新，陈宗道.食品标准与法规[M].北京：中国轻工业出版社，2011.

[4]食品伙伴网 http://www.foodmate.net/.

[5]全国标准信息公共服务平台 http://std.samr.gov.cn/.

[6]工标网 http://www.csres.com/.

[7]李佳，叶兴乾，沈立荣.我国食品标准的现状、存在问题及发展趋势[J].食品科技，2010，35(10)：297-300.

[8]岳希举，余铭，崔静，等.速冻食品及速冻设备的发展概况及趋势[J].农产品加工(学刊)，2012(12)：94-96，104.

[9]韦玮.我国食品标准制定现状与对策研究[D].重庆：西南政法大学，2013.

[10]邵懿，刘玉洁，张婧，等.我国食品产品标准现况及对策研究[J].食品安全质量检测学报，2014，5(1)：280-286.

[11]刘春卉，计雄飞，汪滨，等.中英德法俄美食品标准现状对比分析[J].中国农学通报，2014，30(27)：293-298.

[12]王紫菲，赵天琪，肖晶，等.我国食品理化检验方法标准现况与清理研究[J].中国食品卫生杂志，2015，27(1)：70-74.

[13]于国光，张志恒，汪雯，等.食品安全国家标准食品中农药最大残留限量2014版与2012版的比较[J].浙江农业科学，2015，56(1)：104-106.

[14]王竹天，樊永祥．清理完善食品安全标准体系研究[J]．中国卫生标准管理，2015，5(10)：84-88．

[15]丁静，周静，姚军，等．食品药品安全标准法规体系现状及对策研究[J]．中国药业，2015，24(10)：8-11．

[16] 李旭．我国食品标准的演进历程及现状概述[J]．中国标准化，2019，3：62-67．

第7章

食品国际标准及采用国际标准

本章学习目的与要求

1. 了解国际标准组织颁布的食品标准的基本内容与要求。
2. 了解发达国家食品标准的制定机构、基本内容与要求。
3. 理解采用国际标准的意义和作用。
4. 熟悉采用国际标准的基本原则及方法。

7.1　国际主要食品标准组织概述

国际标准化活动最早开始于电气领域。1906年6月世界上第一个国际标准化机构——国际电工委员会成立(International Electrotechnical Commission,IEC)。13个国家的代表汇聚伦敦,起草IEC组织章程及其议事规则。IEC的成立起源于世界(特别是西方发达国家)电气工业、贸易全球化发展对国际化标准的必然要求。随着国际贸易活动的加强、技术交流的频繁,各个国家在经济贸易活动中的冲突也层出不穷。其原因主要是不同国家采用不同标准而造成贸易中的技术壁垒,各国之间的术语和计量单位的差异也造成了交流障碍。IEC的早期成员率先意识到需要在电气领域制定国际标准和世界范围内统一技术标准、术语和计量单位,以有效调解这些贸易活动中的冲突。IEC于1914年颁布了第一个推荐标准。其内容包括标准化概念、术语、图形符号、试验方法、安全等方面的标准化基本问题。该推荐标准对标准的国际化做出了开创性的贡献。

1928年国际标准化协会(International Standardization Association,ISA)成立。第二次世界大战爆发后,ISA被迫停止工作,直到战后工业复苏。除电气之外,为数众多的工业领域迫切需要在世界范围内取得一致的国际标准。1946年10月,25个国家的代表汇聚伦敦,讨论成立国际标准化组织问题,并把这个新机构称为国际标准化组织(International Organization for Standardization, ISO)。1947年2月,ISO正式成立,标志着国际标准化的重要发展。

ISO是一个由国家标准化机构组成的世界范围的联合会,它的主要活动是制定并出版国际标准。1947年IEC作为一个电工部门被并入ISO,1976年又从ISO中分立出来。IEC主要负责制定电工、电子领域的国际标准,而其他所有技术领域的国际标准都由ISO负责制定。60多年来,国际标准化组织已制定和颁布了17 000多个国际标准,与535个国际组织和国际标准化组织建立了联络关系,还建立了情报网(ISONET),将50万件标准收入该网络,82个国家的标准信息中心向该网提供快速存取。ISO已经发展成为一个全球性、最具广泛代表性和权威性的组织,在国际标准化工作中居主导地位。

国际标准通常是指国际标准化组织(ISO)、国际电工委员会(IEC)和国际电信联盟(International Telecommunication Union,ITU)制定的标准以及国际标准化组织确认并公布的其他国际组织制定的标准。食品领域的国际标准主要包括两部分:一是由ISO制定的标准;二是由ISO认可,并在ISO标准目录上公布的其他国际组织制定的标准。其主要有国际食品法典委员会(CAC)、国际谷类加工食品科学技术协会(ICC)、国际乳品联合会(IDF)、国际有机农业运动联合会(IFOAM)、国际葡萄与葡萄酒组织(OIV)、世界卫生组织(WHO)、联合国粮食及农业组织(FAO)等。这些组织所规定的某些标准被ISO列入《国际标准题内关键词索引》,也属于国际标准。

7.2　食品国际标准

7.2.1　ISO标准

ISO是一个全球性、最具广泛代表性和权威性的组织。ISO已经制定了17 000多个国际标准，每年出版1 100个新的ISO标准。除电工、电子领域（由IEC负责制定）以外，其他所有的技术领域的标准都由ISO负责制定。ISO在国际标准化活动中居于主导地位。随着国际科学技术的进步和生产、贸易的全球化，ISO标准在消除贸易壁垒，促进国际技术合作和物资交流方面发挥了举足轻重的作用。

7.2.1.1 ISO标准的制定

ISO的技术委员会和分委员会负责制定国际标准。在标准的制定过程中，它们必须遵循以下原则。

(1)协商一致　制造商、卖主和使用者、消费团体、检验实验室、政府、工程职业和研究机构，所有利益方的观点都要加以考虑。

(2)遍及全行业　寻求全球性解决方案，以满足全世界的各种行业和消费者。

(3)自愿性质　由市场驱动，因而是基于市场中所有利益方的自愿参与。

ISO制定国际标准的工作步骤和程序，一般可分为6个阶段，具体如下。

第一，提案阶段(proposal stage)。任何一个正式成员或技术委员会(technical committee，TC)、子委员会(subcommittee，SC)、ISO技术处、理事会或中央秘书处秘书长以及有联系的有关国际组织均可提出新标准项目建议(new work item proposal，NP)。新标准项目建议将会提交给相关的技术委员会(TC)或子委员会(SC)进行投票。如果TC/SC大多数成员赞成，并且至少有5个成员愿意参加此项工作，该提案方可列入工作计划。

第二，筹备阶段(preparatory stage)。当项目被列入计划后，TC/SC将召集专家成立工作组(working group，WG)。工作组的主席即项目的负责人，工作组专家搜集资料，研究、协调，起草工作草案，直到工作组一致认为草案所提出的技术方案是对目标问题的最佳解决途径，然后将草案呈报给工作组的主管委员会，进行后续的询问与讨论阶段。

第三，委员会阶段(committee stage)。当草案完成后，委员会提交中央秘书处进行登记，并同时提交给技术委员会或子委员会成员征求意见。在必要时，在TC/SC正式成员中进行投票，TC/SC对草案的技术内容达成一致赞成意见后，即将该草案提升为国际标准草案(draft international standard，DIS)。

第四，询问阶段(enquiry stage)。ISO中央秘书处将国际标准草案送交所有的ISO成员，进行为期5个月的投票和意见征询。如果TC/SC获得正式成员中2/3以上正式成员的赞同，并且反对票不超过投票总数的1/4，国际标准草案即可成为国际标准最终草案(final draft international standards，FDIS)。

第五，批准阶段(approval stage)。ISO中央秘书处将FDIS发送给所有成员国，进行为期2个月的最后投票。如果获得TC/SC正式成员中2/3的正式成员的赞同，且反对票不超过投票总数的1/4，FDIS就获准成为正式的国际标准。若FDIS未能达到赞成票数，则被退回到有关的TC/SC，根据反对票针对的技术原因重新考虑。

第六，出版阶段(publication stage)。一旦FDIS被批准，ISO中央秘书处须在2个月内更正TC/SC秘书处指出的任何错误，并印刷和分发成为国际标准(international standard，IS)。

所有的国际标准都要经历评估，即在出版后要接受3年以上的评估，ISO全体成员进行第1次评估后，每5年进行1次评估。TC/SC正式成员的多数决定一个国际标准是否应该被确认、修改、撤销。

7.2.1.2 ISO标准中的食品标准

ISO系统的食品标准主要由国际标准化组织的农产食品技术委员会(TC34)制定,少数标准由淀粉(包括衍生物和副产品)委员会(TC93)、化学委员会(TC47)和铁管、钢管和金属配件技术委员会(TC5)制定。具体见表7-1。

表7-1 TC34农产食品技术委员会下设的14个分支标准委员会

分委员会	分委员会名称	分委员会	分委员会名称
TC 34/SC 2	油料种子和果实	TC 34/SC 9	微生物
TC 34/SC 3	水果和蔬菜制品	TC 34/SC 10	动物饲料
TC 34/SC 4	谷物和豆类	TC 34/SC 11	动物和植物油脂
TC 34/SC 5	乳和乳制品	TC 34/SC 12	感官分析
TC 34/SC 6	肉、禽、鱼、蛋及其制品	TC 34/SC 13	脱水和干制水果和蔬菜
TC 34/SC 7	香料和调味品	TC 34/SC 14	新鲜水果和蔬菜
TC 34/SC 8	茶	TC 34/SC 15	咖啡

7.2.1.3 国际标准分类法

国际标准分类法(International Classification for Standards,ICS)是由国际标准化组织编制的标准文献分类法。它主要用于国际标准、区域标准和国家标准以及相关标准化文献的分类、编目、订购与建库,以促进国际标准、区域标准、国家标准以及其他标准化文献在世界范围的传播。

ISO标准目前在商品标准方面占一定的优势。世界贸易组织(world trade organization ,WTO)委托国际标准化组织负责贸易技术壁垒协定(technical barriers to trade,TBT)中有关标准通报工作,规定标准化机构在通报工作计划时要使用国际标准分类法。

国际标准分类法采用三级分类:第一级由41个大类组成;第二级为387个二级类目;第三级为789个类目(小类)。国际标准分类法采用数字编号来表示,即第一级采用两位阿拉伯数字,第二级采用三位阿拉伯数字,第三级采用两位阿拉伯数字,各级类目之间以下脚点相隔。具体见表7-2。

表7-2 国际标准分类及领域

国际标准分类	领域	国际标准分类	领域
67.020	食品工业加工过程 包括食品卫生和食品安全	67.200	食用油脂,油籽
67.040	食品总则	67.220	香辛料和调味品,食品添加剂
67.050	食品试验和分析通用方法 食品微生物,见07.100.30 感官分析,见67.240	67.230	预包装食品和调味品,包括婴儿食品
67.060	谷类、豆类及其衍生物 包括谷类、玉米、面粉、焙烤食品等	67.240	感官分析
67.080	水果蔬菜 包括罐装、干燥和速冻水果和蔬菜 水果、蔬菜汁和饮料,见67.160.20	67.250	与食物接触的材料和制品(包括盛放食物的容器,与饮用水接触的材料和制品)

续表 7-2

国际标准分类	领域	国际标准分类	领域
67.100	乳和乳制品	67.260	食品工作和设备 冷冻室,见 97.130.20 冷冻设备,见 27.200
67.120	肉、肉制品和其他动物制品,包括冷冻肉制品	07.100.01	微生物总则
67.140	茶、咖啡、可可	07.100.20	水的微生物 水的生化特性的检测 见 13.060.70
67.160	饮料	07.100.30	食品微生物(包括动物饲料微生物) 动物饲料,见 65.120 食品微生物检测分析的一般方法,见 67.050
67.180	糖、糖制品、淀粉	07.100.99	与微生物相关的其他方法
67.190	巧克力		

7.2.1.4 ISO 食品标准的内容

国际化标准组织负责的食品标准化工作内容:国际标准化组织在食品标准化领域的活动,包括术语、分析方法和取样方法、产品质量和分级、操作、运输和贮存要求等方面。其不仅涉及农业、建筑、机械工程、制造、物流、交通和医疗器械,而且包括各行业通用的管理和服务实践标准。每个国际标准的目录及文件、已出版的 ISO 标准的目录以及正在制定中的 ISO 标准均可在网上阅览。

1. 术语标准

术语是科技工作专用语言,不同国家或民族因文化差异往往采用不同的术语,ISO 通过制定术语标准,科学、严谨地界定术语的概念,确保所有相关组织都讲一致的语言,消除国际标准化活动中的语言隔阂。许多国家采用了 ISO 标准词汇,而且译成了其他语言。术语在全球范围内趋于一致、统一,有助于不同国家之间的沟通理解。在国际标准分类法中,ICS 01 规定了各技术领域通用的术语、标准和文件,TC 34 也对食品领域具体的术语和定义做出了规定,比如,感官分析、咖啡及其制品的专业词汇。

2. 取样分析、检验分析、分析方法标准

ISO 标准规定了各类食品的取样方法、检验方法、分析方法。这类标准所占比重最大,而且也是世界各国采用最多的标准。其制定具体的取样、检验、分析方法是 ISO 标准制定工作中的首要任务之一。其一,国际交易的食品如果没有统一的检验方法,就无法确定和比较各种来源的食品的质量,无法就技术方面的分歧达成各国间一致认同的协议,国际食品贸易也就难以进行。其二,ISO 标准规定的取样、检验、分析方法融合了世界各国的先进技术,代表国际一致的技术发展水平,被各国普遍采用。ISO/TC 34 制定和出版了水果、蔬菜、谷物、肉、蛋等 10 类食物的取样、检测、分析方法以及微生物、感官分析方法。

3. 食品质量和分级

每类食品都应有一个标准据以明确地判定其质量。在国际贸易中,与协议中对质量的细致描述相比，进出口国更青睐于获得国际公认的ISO标准对食品质量和等级的界定。例如，在大米国际标准中，ISO 6646:2000大米、稻谷和糙米的出口率的测定标准明确了碾米标准化方式，以确保不同操作员的碾米结果可以比较，由此可避免因使用不同方式得到不同结果在销售商与买家之间形成诉讼。ISO 14864:1998大米蒸煮过程中谷粒糊化时间的评价标准提供了衡量大米质量的重要参数。ISO标准通常能够提供科学有效的指标或评价方式，以避免贸易中的纠纷。

4. 包装、标志、贮存和运输要求

ISO制定了各类食品的包装、标志、贮存和运输标准。ISO有专门的技术委员会负责包装方面的标准化工作以及地面、空中和水上运输、集装箱化的标准化事务。

7.2.1.5　ISO质量管理体系

为了适应世界经济和国际贸易发展的需要，确保消费者的利益，ISO制定和颁布了一系列各行业通用的质量管理标准，即著名的ISO 9000、ISO 14000、ISO 22000质量管理体系。

1. ISO 9000质量管理体系

ISO于1979年成立了ISO/TC176"质量管理和质量保证标准化技术委员会"，该委员会以英国BS 5750和加拿大CSAZ-229这两套标准为基础，并参照其他国家的质量管理和质量保证标准，在总结各国质量管理经验的基础上，特别是日本的全面质量管理(TQC)的实践经验等，经过五年的努力，制定了质量管理和质量保证国际标准，即ISO 9000系列标准。该系列标准可以帮助组织建立、实施并有效运行质量管理体系，是质量管理体系通用的要求或指南，适用于各行业或经济部门，可广泛用于各种类型和规模的食品制造企业和食品流通企业。

1987年，ISO发布了ISO 9000系列标准，共有6个标准：《质量管理和质量保证术语》(ISO 8402:1986)、《质量管理和质量保证标准选择和使用指南》(ISO 9000:1987)、《质量体系设计、开发、生产、安装和服务的质量保证模式》(ISO 9001:1987)、《质量体系生产、安装和服务的质量保证模式》(ISO 9002:1987)、《质量体系最终检验和试验的质量保证模式》(ISO 9003:1987)、《质量管理和质量体系要素指南》(ISO 9004:1987)。

在贯彻实施的过程中，各国普遍反映1987年版的ISO 9000系列标准存在诸多不足。比如，较多地采用传统的质量管理思想和方法，没有运用现代的质量管理技术；只强调纠正措施，忽视预防措施；忽视顾客对质量体系的要求等。1990年，ISO/TC 176决定对1987年版的ISO 9000系列标准进行修订。标准的修订分为两个阶段：第一阶段为"有限修改"阶段，即在标准结构上不做大的变动，只对标准的内容进行有限范围的修改，引进一些新的概念；第二阶段为"彻底修改"阶段，即制定有效反映顾客要求的标准，在模式和结构上有重大的改变。

1994年，ISO/TC 176完成了对标准第一个阶段的修订工作，标准数量增加为19个，形成了相互配套的系列，即1994年版的ISO 9000系列标准，包括《质量管理和质量保证术语》(ISO 8402:1994)、《质量管理和质量保证标准》((ISO 9000-1:1994至ISO 9000-4:1994))、《质量体系设计、开发、生产、安装和服务的质量保证模式》(ISO 9001:1994)、《质量体系生产、安装和服务的质量保证模式》(ISO 9002:1994)、《质量体系最终检验和试验的质量保证模式》(ISO 9003:1994)、《质量管理和质量体系要素》(ISO 9004-1:1994至ISO 9004-4:1994)、《质量体系审核指南》(ISO 10011-1:1994至ISO 10011-3:1994)、《测量设备的质量保证要求　第1部分测量设备的计量确认体系》(ISO 10012-1:1992)、《质量手册编制指南》(ISO 10013:1995)。

ISO/TC 176 在完成对标准第一阶段的修订后，便开始进行战略性的第二阶段的修订，即“彻底修改”，1996 年提出了“2000 年版 ISO 9001 的标准结构和内容的设计规范”以及“ISO 9001 修订草案”，1997 年又提出了质量管理 8 项原则，以其作为 2000 年版 ISO 9000 系列标准的基本思想。ISO/TC 176 提出了工作组草案，并征求有关方面的意见，认真分析，拟定国际标准草案。该国际标准草案于 2000 年底被正式发布为国际标准，包括 ISO 9000：2000《质量管理体系　基础和术语》、ISO 9001：2000《质量管理体系　要求》、ISO 9004：2000《质量管理体系　业绩改进指南》、ISO 19011：2000《质量和(或)环境管理体系　审核指南》。

2000 年版的 ISO 9000 系列标准虽然被减少至 4 个，其中用于认证的标准只有 ISO 9001，但是其标准更具有通用性，适用于所有产品类别、不同规模和类型的企业。这些系列标准吸收了当代质量管理理论和实际的成果，其质量管理体系以顾客为中心，将顾客满意或不满意信息的监控作为评价企业业绩的一种重要手段，而且考虑了与 ISO 14000 环境管理体系标准的相容性。

2008 年版的 ISO 9000 系列标准再次被修订。其标准体系组成为《质量管理体系基础和术语》(ISO 9000：2005)、《质量管理体系要求》(ISO 9001：2008)、《质量管理体系业绩改进指南》(ISO 9004：2000)、《质量和(或)环境管理体系审核指南》(ISO 19011：2002)。与 2000 年版相比，2008 年版的 ISO 9000 系列标准主要做了三个方面的改进：一是在标准中新增了或修订了部分词语，标准更容易理解；二是对部分标准内容文字描述形式进行了调整，层次更加清晰，文字更加合理；三是某些标准条款新增了注释，标准更加清晰和完整，易于理解。

2015 年，ISO 9000 系列标准第 5 次被修订，更新了 2 个标准：《质量管理体系 基础和术语》(ISO 9000：2015)和《质量管理体系 要求》(ISO 9001：2015)。其主要的变化有：“一变”，即标准条文架构改变，从八章节(2008 年)变成十章节(2015 年)；“三减”，取消了质量手册、管理者代表、预防措施的强制性要求，合并了文件和记录，统一称为“文件化信息”；“六增加”，即增加了组织背景环境分析和确定组织目标和战略，增加了风险和应急措施和机遇的管理，增加了知识管理理解相关方的需求和期望，增加了领导作用和承诺及组织的知识，增加了绩效评估，增加了变更控制管理，同时提出了知识也是一种资源，也是产品实现的支持过程。

1992 年，我国全国质量管理和质量保证标准化技术委员会(CSDBTS/TC 1514)按照等同原则采用了 ISO 9000 系列标准，发布为 GB/T 19000 系列国家标准，并于 1993 年 1 月 1 日起实施，其内容与 ISO 9000 系列完全相同。1994 年，我国发布了等同采用 1994 版 ISO 9000 系列标准的 GB/T 19000 系列标准。2000—2003 年，我国陆续发布了等同采用 2000 版 ISO 9000 系列标准的国家标准。其主要包括：GB/T 19000、GB/T 19001、GB/T 19004 和 GB/T 19011 标准。2008 年，根据 ISO 9000：2005、ISO 9001：2008 版的发布，我国同时也修订和发布了 GB/T 19000—2008、GB/T 19001—2008。2016 年，我国修订和颁布了等同采用 ISO 9000：2015、ISO 9001：2015 的标准 GB/T 19000—2016 和 GB/T 19001—2016。

ISO 9000 质量管理体系是世界主要发达国家长期实施质量管理和质量保证的经验总结，体现了科学性、经济性、社会性和广泛的适应性。它推动了组织质量管理的国际化，在消除贸易壁垒和提高产品质量和顾客满意度方面产生了积极和深远的影响，得到了世界各国的普遍关注和广泛采用。ISO 9000 系列标准是 ISO 标准中被采用最多的一套标准，目前已被近百个国家全文采用。

2. ISO 14000 质量管理体系

1992 年，在联合国环境与发展大会后，“环境保护与可持续发展”已成为各国环境的重要课题，为帮助企业改善环境行为，ISO技术委员会协调、统一世界各国环境管理的标准，加快国际合作与交流，并消除世界贸易中的非关税壁垒。1993年6月，国际标准化组织成立了环境管理技术委员会ISO/TC 207，由其专门负责制定环境管理方面的国际标准，即ISO 14000系列标准。

许多发达国家相继颁布了有关环境保护的法律法规，将环保要求纳入贸易的条件，建立了新的贸易壁垒，即绿色壁垒。ISO中央秘书处为ISO/TC 207预留了100个系列标准号，即ISO 14000至ISO 14100，统称为ISO 14000系列标准。制定这套标准的主要目的是规范世界各国企业和社会团体等所有组织的环境行为，减少环境污染，节省资源，进而消除贸易壁垒。

ISO 14000系列标准是一个庞大的环境管理标准系统。其由若干个子系统构成，包括环境管理体系、环境审核、环境标志、生命周期分析等当今世界环境管理领域最新的理念和成果，统一了世界各国在环境管理领域的差异，旨在指导各类组织(企业、公司)取得和表现正确的环境行为。其中ISO 14001标准是ISO 14000系列的核心与龙头标准，其目的是指导组织建立和保持一个符合要求的环境管理体系(environment management system，EMS)。在ISO 14001的基础上，ISO 14004提供了具体的环境管理体系全面实施的指导书。

按照标准性质的不同，ISO 14000系列标准可分为3类：①基础标准，即术语和定义。②基本标准，即环境管理体系、规范、原理、应用指南。③支持技术标准(工具)，即环境审核、环境标志、环境行为评价、生命周期评估。

二维码7-1　ISO14000系列标准标准号分配表

二维码7-2　已颁布实施的ISO14000系列标准

3. ISO 22000食品安全管理体系

2005年9月1日，ISO发布了《食品安全管理体系　对整个食品供应链的要求》(ISO 22000:2005)，旨在确保全球的食品供应安全。

ISO 22000标准体系的目标：①规定食品安全管理体系。②应用CAC的HACCP 7个原理。③协调自愿性的国际标准。④可用于内部审核、自我认证和第三方认证的认证标准。⑤将HACCP与GMP、SSOP等有机联系。⑥结构上与ISO 9000和ISO 14000相一致。⑦提供HACCP概念国际交流机制。

ISO 22000系列标准包括《食品安全管理体系　ISO 22000:2005应用指南》(ISO/TS 22004)、《食品安全管理体系的食品安全管理体系审核和认证的机构》(ISO/TS 22003)和《在饲料和食品链的可追溯性　系统的设计与实施的通用原则和基本要求》(ISO 22005)。其内容包括8个方面：范围、规范性引用文件、术语和定义、政策和原理、食品安全管理体系的设计、实施食品安全管理体系、食品安全管理体系的保持和管理评审。ISO 22000系列标准有以下特点。

(1)食品供应链管理　食品通过供应链被送到消费者手中，而这种供应链涉及许多不同类型的组织，包括种植、养殖、初级加工、生产制造、分销和消费者使用(包括餐饮)，并且能延伸到许多国家。ISO 22000对食品链中的食品安全管理体系做了具体要求，各组织必须证明有能力控制食品隐患，始终如一地提供安全的最终产品。HACCP只专注于一个企业自身环节的生产安全。相比之下，ISO 22000将食品安全管理扩展到整个食品供应链，增强控制力度。

(2)可追溯体系　ISO 22000 提出饲料和食品链的可追溯性体系设计和发展的一般原则和指导方针，以其作为一个国际标准草案运行。ISO 22000 要求组织应确定各种产品和(或)过程的使用者和消费者，并应考虑消费群体中的易感人群，应识别非预期可能出现的产品不正确的使用和操作方法。一方面，通过事先对生产和经营全过程的分析，运用风险评估方式，对确认的关键控制点进行有效的管理；另一方面，将"应急预案及响应"和"产品召回程序"作为系统失效的后续补救手段，以减少食品安全事件给消费者带来的不良影响。该标准也要求组织与对可能影响其产品安全的上、下游组织进行有效的沟通，将食品安全保证的概念传递到食品链的各个环节。通过体系的不断改进，系统性地降低整个食品链的安全风险。

(3)与 ISO 9001:2000 质量管理体系标准充分兼容　ISO 9001:2000 质量管理体系标准被广泛地实施于所有行业，但它本身并不具体涉及食品安全。ISO 22000 标准是基于假设在一种结构管理体系框架内设计、运行和持续改进的最有效的食品安全体系，并且融入组织的整个管理活动中。ISO 22000 可以单独，也可以同其他的管理体系标准结合使用。它的设计与 ISO 9001:2000 标准充分兼容，这一特性对已经获得 ISO 9001 认证的公司来说，很容易将其扩展到 ISO 22000 认证。

我国已将 ISO 22000 转化为国家标准，并于 2006 年 3 月 1 日发布了 GB/T 22000—2006《食品安全管理体系　食品链中各类组织的要求》。

7.2.2 《食品法典》标准

《食品法典》(Codex Alimentarius)是 CAC 制定的一套食品安全和质量的国际标准、食品加工规范和准则，旨在保护消费者的健康并消除国际贸易中不平等的行为。

7.2.2.1 《食品法典》的范围

《食品法典》标准包括分配给消费者的所有主要食品(加工、半加工或未加工食品)的标准，有关食品卫生、食品添加剂、农药残留、污染物、标签及说明、采样与分析方法等方面的通用条款及准则。此外，食品法典标准还包括了食品加工的卫生规范和其他推荐性措施等指导性条款。自 1962 年 CAC 成立以来，经过 40 多年卓有成效的工作，它已制定了 8 000 个左右的国际食品标准。

7.2.2.2 《食品法典》标准体系的分类

《食品法典》标准体系可分为通用标准和专用标准两大类。通用标准包括通用的技术标准、法规和良好规范等，由一般专题委员会负责制定；专用标准是针对某一特定或某一类别食品的标准，由各个商品委员会制定。

《食品法典》标准按其具体内容可分为商品标准、技术规范、限量标准、分析与取样方法、一般导则及指南 5 大类。商品标准是指某一具体商品的质量标准，不包括与商品质量有关的标准；技术规范涉及具体的商品技术或卫生操作规范；限量标准是指有具体限量指标值的标准，不包括与限量有关但没有限量值的标准；分析与取样方法包括所有与分析有关的标准；一般导则及指南是指某一类食品或某一方面的指导性或原则性的标准。

二维码 7-3 《食品法典》通用标准与专用标准的内容和数量

7.2.2.3　《食品法典》标准制定的原则及步骤

《食品法典》标准的制定程序一般分以下8个步骤。

(1)CAC或其附属机构提出制定新标准。CAC根据“确定工作重点和建立CAC附属机构的准则”,决定需要制定的国际法典标准以及由哪些附属机构或组织承担此项工作。这一决定也可由委员会的附属机构提出,并得到大会或执委会的批准。

(2)CAC秘书处安排“推荐标准草案(proposed draft standard)”的起草工作。

(3)推荐标准草案送交各成员国及有关国际组织评审。

(4)评审意见交附属机构或其他有关机构研究、修改推荐标准草案。

(5)CAC秘书处将推荐标准草案提交大会或执委会,采纳为“标准草案”。

(6)CAC秘书处将标准草案送交成员国和有关国际组织讨论。

(7)CAC秘书处将讨论意见送交附属机构或其他有关机构研究、修改标准草案。

(8)CAC秘书处将标准草案及有关成员国或国际组织书面意见提交食品法典委员会,并正式采纳为法规标准。

CAC或其附属机构或其他有关机构可以决定某一标准草案退回至本程序的任何一步,以便做进一步的工作。

7.2.2.4　《食品法典》的作用

《食品法典》已成为食品标准发展过程中唯一和最重要的国际参考基准。

1.保护消费者健康

保护消费者的健康是《食品法典》的首要任务,CAC及其下属各专业委员会在制定食品标准的过程中,均把消费者的利益作为优先考虑的问题。食品法典标准包括预包装食品标签的一般性标准、法典索引指南和法典营养标签指南。其目的都是指导消费者正确选购食品。食品法典中的食品添加剂、污染物及毒素、农药残留、兽药残留等标准也保证了消费者能最大限度地免受不安全食品的危害。

2.维护正常的国际食品贸易秩序

《食品法典》的一般准则声明:“《食品法典》的出版是要指导和规范对各类食品的描述和品质要求,各国能协调一致,以利于国际贸易的发展。”各国采取不同的食品标准,贸易双方难以了解对方的标准规范,不可避免地增加了食品贸易壁垒。在食品生产、贸易国际化的大趋势下,作为通用的国际标准取代国家和地区标准,国际食品法典是WTO有关食品贸易方面重要的参考基准。各国食品标准法规如无特殊理由应与食品法典相一致,由此消除不必要的贸易技术壁垒,保护各国消费者的利益和公平贸易。

3.《食品法典》标准是解决国际食品贸易争端的依据

1995年,WTO成立后,WHO在《实施卫生与植物卫生措施协定》中明确规定《食品法典》标准是世贸组织各成员国必须遵循的国际标准。《食品法典》标准在国际食品贸易中具有准绳作用。当各成员国在发生贸易争端时,必须以《食品法典》的标准或风险分析的结论为依据,一方若出示《食品法典》标准作为证据,不符合《食品法典》标准的另一方就可能败诉。

7.2.2.5　各国对《食品法典》标准的采纳

《食品法典》标准供各国政府采纳的形式有以下3种。

1. 完全采纳

完全采纳是指有关国家保证产品符合法规标准所规定的所有要求。符合标准的产品不能因本国法律和管理问题阻碍其流通。不符合标准的产品不允许以标准规定的名称和内容在本国流通。

2. 目标采纳

目标采纳是指有关国家计划在几年后采纳标准,同时将允许符合标准的产品在本国流通。

3. 参照采纳

参照采纳是指有关国家虽然采纳标准,但修改或不同意某些特殊的规定。

7.2.2.6 中国食品法典委员会

我国于1986年正式加入食品法典委员会,并于同年经国务院批准成立中国食品法典国内协调小组,负责组织协调国内法典工作的事宜。卫生部(现为卫计委)为协调小组组长单位,负责小组协调工作;农业部为副组长单位,负责对外组织联系工作。协调小组秘书处设在卫生部食检所,负责日常事宜,各部门均有明确分工。近10年来,我国在食品安全领域加强了与联合国粮农组织和世界卫生组织的合作,加强了与其他成员国在食品贸易、卫生安全立法等方面的联系,在提高食品质量、保障我国权益方面起了积极的作用。

中国食品法典委员会的主要工作:负责与联合国食品法典组织(CAC)的联络,组织国内相关组织参与由(CAC)开展的各项食品法典工作,研究这一领域的新方法和新理论;全面协调国内食品法典的有关事务,参与国内、国际及地区的食品标准的制定,广泛征求和协调政府部门与食品企业的意见。

7.2.3 国际有机农业运动联合会标准

国际有机农业运动联合会(International Federation of Organic Agriculture Movements, IFOAM)的《基本标准》是由非政府组织制定的有机农业和有机食品标准。IFOAM于1980年开始起草制定有机生产与加工基本标准。110多个国家的700多个会员组织,包括国际上从事有机农业生产、加工和研究的各类组织和个人都参与了标准的制定工作,2000年9月《基本标准》在IFOAM的巴西例行会议上获准通过。《基本标准》是IFOAM指导和规范全球有机农业运动的基础和指南,极具影响力。许多国家都把《基本标准》作为制定本国的有机食品标准的框架或基础。CAC也专门邀请了IFOAM参与制定有机农业和有机食品标准。

7.2.3.1 IFOAM《基本标准》的内容

《基本标准》反映了有机生产和加工的方法的现状,根据生产和技术的发展状况不断进行修改。它本身不能作为认证标准,而是为认证机构及世界范围的标准组织制定其认证标准提供框架。《基本标准》的内容包括以下几个方面。

(1)有机生产和加工的原则目标。

(2)基因工程。

(3)种植业和畜牧业　包括转化要求并进行生产、有机管理的保持、农庄景色等。

(4)种植业　包括农作物及品种选择、转化期长度、种植多样性、施肥方针、害虫病虫杂草管理、污染控制、土壤和水土保持、植物来源的非栽培材料。

(5)畜牧业 包括畜牧业管理、转化期长度、动物引进、繁殖和育种、有关肢体残缺、动物营养、兽药、运输和屠宰、养蜂等。

(6)水产养殖(草案标准) 包括向有机农业转化、基础条件、生产地点要求、捕捞区位置、动物健康和福利、繁殖和育种、营养、捕捞、活的海洋动物运输、屠宰等。

(7)食品加工和处理 包括综合、害虫和疾病控制、成分添加剂和加工辅助剂、加工方法、包装等。

(8)织物加工(草案标准) 原材料、一般加工、湿加工的环境准则、投入品、加工过程中不同阶段的特殊规定、标签等。

(9)森林管理(草案标准) 包括向有机森林管理转化、环境影响、天然林保护、种植园、非木材森林产品、标签、社会公正等。

《基本标准》的附录包括用于施肥和土壤调节的产品;用于植物害虫和疾病控制、杂草管理的产品,包括植物生长调节剂;对有机农业投入品评价准则;用于食品加工的加工辅料和非农业来源的允许成分列表;有机食品用加工辅料和添加剂评价准则。

《基本标准》表现为通则、推荐方法和标准的形式。通则部分是指有机生产和加工要达到的总体目标。推荐方法是指给出 IFOAM 提倡,但不是必须要求的标准。标准部分是指必须完全满足的与认证标准结合的最低要求。现行的有机农业基础标准(包括草案标准)有206个。

7.2.3.2 IFOAM《基本标准》与有机食品认证

当产品使用有机标签在市场上进行销售时,生产者和加工者必须经过认证机构采用符合或超过 IFOAM《基本标准》的标准进行认证。IFOAM 的《基本标准》不能直接用于认证,它的作用是为世界范围内的认证机构提供了一个制定国家或地区标准的框架,这些国家或地区在制定认证标准的时候必须满足《基本标准》规定的最低要求,可以比《基本标准》更为严格。

IFOAM 批准的有机农业颁证机构有:瑞典的 KRAV、澳大利亚的 NASSA、美国的 OCIA 和 CCOF、英国的 Soil Association、德国的 NATURLAND 等数十家。获得 IFOAM 认可的有机认证机构之间可以实施互认,因而其认证的产品可以在世界范围内流通。

IFOAM《基本标准》虽没有法律性根据和约束力,但直到食品委员会颁布公众国际基准为止,是作为有机农业的唯一的国际性基准,被欧盟委员会发布委员会规则和食品基准所参考。

我国国家环境保护总局在 2001 年发布了环境保护行业标准《有机食品技术规范》(HJ/T 80—2001),该标准是以 IFOAM 的《基本标准》以及 FAO/WHO 的《有机食品生产、加工、标识和销售指南》(CAC/GL 32—1999)为主要依据,并参考有关地区和国家的有机生产标准和条例,结合我国农业生产和食品加工行业的有关标准而制订的。2003 年 8 月,中国认证机构国家认可委员会正式发布实施《有机产品生产与加工认证规范》。我国国家质量监督检验检疫总局于 2011 年颁布了《有机产品标准》(GB/T 19630)4 个标准,包括《有机产品 第 1 部分:生产》(GB/T 19630.1—2011)、《有机产品 第 2 部分:加工》(GB/T 19630.2—2011)、《有机产品 第 3 部分:标识与销售》(GB/T 19630.3—2011)、《有机产品 第 4 部分:管理体系》(GB/T 19630.4—2011),GB/T 19630 于 2020 年 1 月 1 日被 GB/T 19630—2019 代替。

7.2.4 卫生标准操作程序

卫生标准操作程序(sanitation standard operation procedures,SSOP)是指食品加工厂为

了保证达到良好操作规范(good manufacture practice,GMP)所规定要求,确保加工过程中消除不良因素,加工的食品符合卫生要求,用于指导食品生产加工过程中如何实施清洗、消毒和卫生保持的指导性文件。

SSOP的正确制定和有效执行对控制危害具有非常重要的价值。企业可根据法规和自身需要建立文件化的SSOP。SSOP和GMP是进行HACCP(hazard analysis and critical control point)认证的基础。

7.2.4.1 SSOP的内容

食品生产企业应根据GMP的要求,结合本企业生产的特点,由HACCP小组编制出适合本企业且形成文件的卫生标准操作程序,即SSOP。SSOP应包括但不仅限于以下8个方面的卫生控制。

(1)与食品或食品表面接触的水的安全性或生产用冰的安全。

(2)食品接触表面(包括设备、手套和外衣等)的卫生情况和清洁度。

(3)防止不卫生物品对食品、食品包装和其他与食品接触表面的污染及未加工产品和熟制品的交叉污染。

(4)洗手间、消毒设施和厕所设施的卫生保持情况。

(5)防止食品、食品包装材料和食品接触表面掺杂润滑剂、燃料、杀虫剂、清洁剂、消毒剂、冷凝剂及其他化学、物理或生物污染物外来物的污染。

(6)规范的标示标签、存储和使用有毒化合物。

(7)员工个人卫生的控制,这些卫生条件可能对食品、食品包装材料和食品接触面产生微生物污染。

(8)工厂内昆虫与鼠类的灭除及控制。各项卫生操作都应记录其操作方式、场所、由谁负责实施等,另外,还应考虑卫生控制程序的监测方式、记录方式,怎样纠正出现的偏差。程序的目标和频率必须充分保证生产条件和状况达到GMP的要求。

7.2.4.2 SSOP的意义

SSOP的正确制定和有效实施可以减少HACCP计划中的关键控制点(CCP)数量,使HACCP体系将注意力集中在与食品或其生产过程中相关的危害控制上,而不是在生产卫生环节上。但是这并不意味着生产卫生控制不重要。实际上,危害是通过SSOP和HACCP的CCP共同予以控制的,没有谁重谁轻之分。

7.3 部分国家的食品标准

除了国际标准之外,世界上一些发达国家制定的国家标准也体现了先进的技术水平,诸如,美国、英国、加拿大、澳大利亚、德国、日本和法国等。这些国家在食品领域都建立了完善严密的监管体系。国家标准涵盖了品质等级、取样检测方法、卫生标准和质量管理等多个层面,不同程度地将食品可追溯系统融入监管和标准,从农田到餐桌实行全程监控;在食品进口方面,采取相当严格的标准,以确保进口食品的安全性,在贸易中争取本国利益的最大化。

7.3.1 美国食品标准

美国是一个十分重视食品安全的国家,食品安全的法律、法规、标准繁多,也非常具体,覆盖了所有食品，为食品安全监管工作提供了以科学为基础、灵活有效、强有力的基准和依据。美国的食品安全技术协调体系由技术法规和食品安全标准两部分组成。技术法规由政府相关机构制定，包括产品特性、生产加工方法以及适用的行政性规定，属于强制遵守的文件；食品安全标准可以由行业协会、民间团体制定，包括食品加工和生产方法的规则、指南或者特征，需要经过公认机构批准，属于非强制遵守的文件。食品安全标准的内容和结构通常经过设计以适合引用、通用或者反复使用。如果某些标准或者标准中的某些条文被技术法规引用，这些标准就被赋予了强制执行的法律属性。

7.3.1.1　美国食品标准制定机构

目前，美国全国大约有93 000个标准，约有700家机构在制定各自的标准。截至2005年5月，美国的食品安全标准有660余项，主要包括检验检测方法标准和被技术法规引用后的肉类、水果、乳制品等产品的质量分等分级标准两大类。这些标准的制定机构必须经过美国国家标准学会（American National Standards Institute，ANSI）认可。其主要由与食品安全相关的行业协会、标准化技术委员会和农业部农业市场服务局构成。

1. 行业协会

（1）美国官方分析化学师协会（Association of Official Analytical Chemists，AOAC）　前身是美国官方农业化学师协会，1884年成立，1965年改用现名。从事检验与各种标准分析方法的制定工作。其标准内容包括肥料、食品、饲料、农药、药材、化妆品、危险物质和其他与农业及公共卫生有关的材料等。

（2）美国谷物化学师协会（American Association of Cereal Chemicals，AACC）　1915年成立，旨在促进谷物科学的研究，保持科学工作者之间的合作，协调各技术委员会的标准化工作，推动谷物化学分析方法和谷物加工工艺的标准化，现行标准有37个。

（3）美国饲料官方管理协会（Association of American Feed Control Officials，AAFCO）1909年成立，目前有14个标准制定委员会，涉及产品35个。制定各种动物饲料术语、官方管理及饲料生产的法规及标准，现行标准有6个。

（4）美国奶制品学会（American Dairy Products Institute，ADPI）　1923年成立，进行奶制品的研究和标准化工作，制定产品定义、产品规格、产品分类等标准。

（5）美国饲料工业协会（American Feed Industry Association，AFIA）　1909年成立，具体从事各有关方面的科研工作，并负责制定联邦与州的有关动物饲料的法规和标准，其标准内容包括饲料材料专用术语和饲料材料筛选精度的测定和表示符合等。现行标准有17项。

（6）美国油脂化学师协会（American Oil Chemists'Society，AOCS）　1909年成立，原名为棉织品分析师协会，主要从事动物、海洋生物和植物油脂的研究，油脂的提取、精炼和在消费与工业产品中的使用以及有关安全包装、质量控制等方面的研究。现行标准数量20项。其检索工具为美国油料化学师协会出版社与价格表。

（7）美国公共卫生协会（American Public Health Association，APHA）　1812年成立，主要制定工作程序标准、人员条件要求及操作规程等。标准包括食物微生物检验方法、水与废水检验方法及乳制品检验方法等。现行标准有34项。

2. 标准化技术委员会

（1）三协会卫生标准委员会3-A（Dairy and Food Industries Supply Association，DFISA）

三协会卫生标准是由牛奶工业基金会、奶制品工业供应协会及国际奶牛与食品卫生工作者协会联合制定的关于奶酪制品、蛋制品加工设备清洁度的卫生标准，并发表在奶牛与食品工艺杂志上(Journal of Milk and Food Technology)。检索工具是3-A与E-3-A卫生标准及操作规程目录(Index of Published 3-A and E-3-A Sanitary Standard and Accepted Practices)。现行标准有85项。

(2)烘烤业卫生标准委员会(Baking Industry Sanitation Standards Committee，BISSC)1949年成立，从事标准的制定、设备的认证、卫生设施的设计与建筑和食品加工设备的安装等。由政府和工业部门的代表参加标准编制，特殊的标准与标准的修改由协会的工作委员会负责。协会的标准为制造商和烘烤业执法机关所采用，现行标准有40项。

3. 农业部农业市场服务局

截至2004年，美国农业部农业市场服务局制定的农产品分级标准有360个，收集在美国《美国联邦法规》的CFR 7中(the Code of Federal Regulations 7)。其中，新鲜果蔬分级标准158个，涉及新鲜果蔬、加工用果蔬和其他产品等85种农产品；加工的果蔬及其产品分级标准154个，涉及罐装果蔬、冷冻果蔬、干制和脱水产品、糖类产品和其他产品5大类；乳制品分级标准17个；蛋类产品分级标准3个；畜产品分级标准10个；粮食和豆类分级标准18个。这些农产品分级标准依据美国农业销售法制定对农产品的不同质量等级予以标明。新的分级标准根据需要不断制定，大约每年对7%的分级标准进行修订。

7.3.1.2 美国食品标准的制定

美国标准的制定在很大程度上采用了联合国食品法典委员会的标准，制定过程十分民主化，食品卫生标准大部分由FDA组织制定，任何企业、团体或部门都可向FDA提出承担制(修)订食品标准的请求。

FDA制定卫生标准的程序如下：首先，由FDA将制定和修订卫生标准的计划项目，以通告的形式刊登在“联邦登记项目(Federal Register)”上，征求各方面的意见，其目的在于探讨是否有必要，并如何制定和修订这些卫生标准；其次，由FDA组织专家审议汇总的各方面意见和有关技术资料，提出评审意见。如果审议通过，新卫生标准即被列入《美国联邦法规》，予以发布。

7.3.1.3 美国食品标准概况

1. 美国食品标准的结构

(1)国家标准　国家标准是由农业部的食品安全检验局、农业市场局、粮食检验包装储存管理局、卫生部的食品与药品管理局、环境保护局以及由联邦政府授权的其他机构制定的标准。

(2)行业标准　行业标准由民间团体制定，具有很大的权威性，是美国食品质量标准的主体。

(3)企业操作规范　企业操作规范由农场主或公司制定，相当于我国的企业标准。

2. 美国食品标准的分类

(1)特性标准(Standards of Identity)　规定食品的定义、主要的食物成分和其他可作为食物成分的原料及用量。特性标准的主要意义是防止掺假(比如，过高的水分等)。FDA已制定了400种食品的特性标准，包括乳制品、谷类制品、海产品、巧克力以及水果蔬菜等特性标准。

(2)质量标准(Standards of Quality)　规定食品的安全、营养要求。在美国有两种食品安全要求，第一种是以食品卫生管理的形式规定安全要求，即 Action levels，如动物饲料中黄曲霉毒素 B_1 超过 20 μg/L 就要采取措施进行控制；第二种是对各种食品的安全与营养指标，每种食品都有安全指标。

(3)装量标准(Standards of Fill of Container)　这类标准主要针对包装食品，规定装量规格，保护消费者的经济权益。

3. 美国的质量认证体系

对食品质量进行认证是美国保证食品安全的一个重要措施。食品经过质量认证体系的认证后，就可在其商品上贴上标签，告诉消费者，该食品通过质量认证是安全的。目前，美国食品企业生产的食品必须通过三项质量认证，即管理上要通过 ISO 9000 认证，安全卫生要通过 HACCP 认证，而环保上要通过 ISO 14000 认证。通过质量认证体系和标准等级制度的严格控制和管理，在生产源头控制食品生产，从而保证进入市场的食品质量符合安全要求。

20 世纪 60 年代，美国提出风险分析和关键控制点制度(HACCP)。作为一种综合有效的防范风险的模式，HACCP 已经应用于所有食品生产加工企业，评估可能发生的风险，促使企业从生产源头上清除食品安全隐患。

4. 食品召回制度

根据危害程度的不同，美国食品召回分为 3 个等级：一级召回针对可能导致难以治疗的健康损伤甚至致死的产品；二级召回针对可能对健康产生暂时的影响，但可以治疗的产品；三级召回针对不会对健康产生威胁，但内容与标识不符的产品，如在普通饼干的包装上误贴了"减肥饼干"的标签。食品安全部门常设专门的"召回委员会"由科研人员、技术专家、实地检验人员和执法人员组成，负责召回制度的具体实施。食品管理部门通过媒体向社会发布召回信息，并派出实地检查人员进行监督。

7.3.2　德国食品标准

食品监管非常严密细致的德国为食品的安全提供了有力的保障。从立法方面来看，早在 1879 年，德国就制定了《食品法》，历经 120 多年，随着社会的不断进步，《食品法》不断地被修改完善。目前实行的《食品法》所列条款多达几十万条，对各种食品无一例外地都做了详细的规定，包括食品的卫生标准、食品加工技术、食品生产和流通的每一个环节。

7.3.2.1　德国标准的制定组织

德国主要的标准制定组织(Standard Developing Organization)是德国标准化协会(Deutsches Institutfür Normung，DIN)，其成立于 1917 年，总部设在柏林，会员有 6 000 多个，会员主要为团体会员，其中有政府机构、行业协会、科研院所、大专院校。DIN 设立了 78 个标准委员会，管理着 28 000 多项产品标准，负责德国与地区及国际标准化组织间的协调事务。

德国标准化协会中的食品和农产品标准委员会主管食品及农产品方面的标准。该委员会制定的标准包括食品和烟叶制品的抽查和检测；对食品和动物饲料消毒剂的检测；肥料、土壤改良剂和培养基的要求和检测方法；对生物技术的要求和检测方法等。德国标准化协会虽然是一个民间团体，但它制定的标准由政府签发，并作为国家标准使用，并具有法律效力。

7.3.2.2 德国食品标准的制定

德国的食品标准化工作主要是由食品、农林部、卫生部等部门委托标准化协会(DIN)制定、监督和管理。在德国,企业、个人都可以向DIN建议或者提出申请制定标准,DIN机构接受申请者书面申请后,帮助其按DIN的程序、方法,制定DIN标准。

1.标准的制定程序

(1)以申请人为基础,组织4～5人的起草小组,起草提纲并交委员会讨论。

(2)委员会批准后公布草案,在4个月内收集修改意见。

(3)委员会秘书处将意见归纳整理,分送各会和起草小组。

(4)草案经修改后形成第二稿,交委员会讨论审查。

(5)委员会表决、批准为正式标准。每个标准的制定周期不超过2年。

DIN至少每5年要对其标准进行复审。如果该标准在技术上落后了,就要修订或撤销。DIN标准是推荐性的标准。一旦被相关技术法规和法律直接引用或建议使用,该标准(或条款)就变为强制性的标准。

2. DIN标准有4种表示方法

(1)标准代号DIN加编号(如DIN 4701) 德国的国家标准,编号没有分类的意义,完全由德国制定。

(2)DIN EN加编号(如DIN EN 71) 德国是欧洲标准组织的成员国,必须把欧洲标准组织制定的欧洲标准(EN)作为德国的标准,表示为“DIN EN”。

(3)DIN EN ISO加编号(如DIN EN ISO 306) 既是德国国家标准和欧洲标准,又是国际标准。ISO标准被用作欧洲标准和DIN标准。

(4)DIN ISO加编号(如DIN ISO 720) DIN直接把ISO标准不加修改地转换为DIN标准。

德国是出口大国,其国家标准次于国际标准,主要是执行国际标准。国家标准只占10%,而国际标准、欧洲标准占90%。

7.3.2.3 德国食品标准的概况

DIN制定了一系列有关食品质量安全的标准。这些标准从食品产业链的角度可以分为以下几类。

1.生产标准

这是针对食品生产环节而制定的标准。如规定食品生产企业卫生、技术、环境、原料采购及储存、产品储存等各环节的标准。只有达到这些生产标准的企业,才能拿到生产许可证。有关检查监督机构会根据这些标准定期对生产企业进行检查审核。

2.食品加工标准

这是针对食品加工企业而制定的标准,如良好食品加工规范(GMP)等。这些标准旨在对食品加工企业的卫生、技术、环境等制定一系列标准。只有达到这些标准的企业,才可以进行食品加工。有关检验机构会根据这些标准定期对加工企业进行检查审核。

3.产品标签标准

这是针对食品进入市场的标识而制定的一系列标准。通过制定的这些标准,消费者在购买食品时能够充分了解该食品的有关重要信息，以方便其做出正确的购买决策。

4.食品销售标准

这是针对食品销售环节制定的一系列标准，如良好食品销售规范(GDP)等。它包括有关有害物控制、员工培训、卫生状况、设备及其维护等方面的规定。

5.贸易保护标准

根据德国市场管理制定的规定，食品进出口由联邦德国农林食品、产品管理局和农产品市场管理局监督。前者负责酒类、蛋品、家禽肉、活植物、花草、水果蔬菜、鱼制品以及农产品的二级加工品，后者负责大米、猪牛肉、脂油、牛奶、奶制品、白糖、葡萄糖、乳清、茶叶、干饲料、羊肉等商品。进出口许可证由它们签发。

6.农药残留、兽药残留标准

从2001年7月1日开始，联邦德国农林生态局对使用农药做出新规定，严格划分出在哪些地区可以使用农药，规定了什么样的植物和消灭什么样的害虫应该使用什么样的农药。联邦德国农林生态局对违反规定的地区或机构将处以最多10万马克的罚金。

7.质量安全标准体系

德国食品质量安全标准的形成主要有3种渠道：第一种是欧盟或国际通行的食品安全质量标准，如由WHO和FAO制定的食品法典、危害分析与关键控制点体系(HACCP)等；第二种是德国官方机构根据德国具体情况制定的具有法律效力的质量标准；第三种是由非官方组织自行制定的不具有国家法律效力的质量标准。这三种食品安全质量标准共同构成了德国食品安全质量标准体系。

7.3.3　法国食品标准

7.3.3.1　法国标准制定机构

法国是世界上开展标准化工作较早的国家之一。紧接英国、德国，它建立了全国标准化组织。经过多次变革，法国的标准化机构最后采取了官助民办、政府监督的办法。法国政府内部设置标准化专署，代表政府指导监督全国标准化工作。

1926年，法国标准化协会(Association Française de Normalisation，AFNOR)成立。1930年，法国在工商部内成立了标准化最高委员会。1941年，法国改革机构任命了政府标准化专员，颁发了标准化法，确认了标准化工作是一项公益事业，确定了政府和民间标准化机构各自的任务和它们之间的关系，确定了法国标准的制定程序，至此，法国的标准化工作体制基本定型、完善。法国标准的制定机构主要有法国标准化专署、法国标准化协会(AFNOR)和法国行业标准化局。

1.法国标准化专署

法国标准化专署隶属于工业和研究部。其职责是编制、颁布并推动执行标准化工作计划；监督标准的制定程序；审批标准并确定其执行条件。

2.法国标准化协会

法国标准化协会(Association Française de Normalisation，AFNOR)成立于1926年，是一个由国家给予部分资助，并得到政府承认的民间标准化机构。法国标准化机构的职责是在标准化专署的指导下，组织和协调全国的标准化工作，向全国各行业标准化局传达政府部门的指令，协助它们制定标准草案，审查草案，承担标准的审批工作以及代表法国参加国际标准化活动和出席国际标准会议。AFNOR 的最高领导机构是理事会，日常工作由协会会长和会长代表负责处理。协会的机构设置主要分为两大部分：技术事务部和发展部。技术事务部负责制定、修订标准。发展部负责标准的出版、发行、宣传、销售和情报工作。

3. 法国行业标准化局

法国行业标准化局是经标准化专员征求有关方面意见后，由工业部批准成立。其一般设在行业协会的实验中心内，作为实验中心的一个组成部分。各行业标准化局制定的标准均报 AFNOR 审批，作为国家标准发布。

7.3.3.2　法国标准体系

根据 1941 年 5 月 24 日法令和 1966 年 7 月 11 日标准化专员关于法国标准化正式文件性质的第九号决定，法国标准的种类及性质有以下几种。

第一类　批准标准，即经征求政府各部门意见后，由标准化专员代表政府批准的标准。条文规定："通过国家、省市、政府机构、特许的公共服务部门和国家资助的企业进行交易，均应参照此类标准"。可见，对国有企业而言，这类标准是要求强制执行的；对私营企业而言，这类标准则可以不执行。如果发生纠纷，法院将按此类标准裁决。这类标准的数量约占法国标准总数的 37%。

第二类　注册标准，即由标准化专员决定的标准。这类标准"对国家市场不起强制作用"。这类标准约占法国标准总数的 48%。

第三类　试行标准，即由法国标准化协会会长批准的，用绿色纸印刷公布的标准。

第四类　由法国标准化协会会长批准公布的活页或小册子形式的标准资料。

法国标准的代号为 NF，标准编号为：

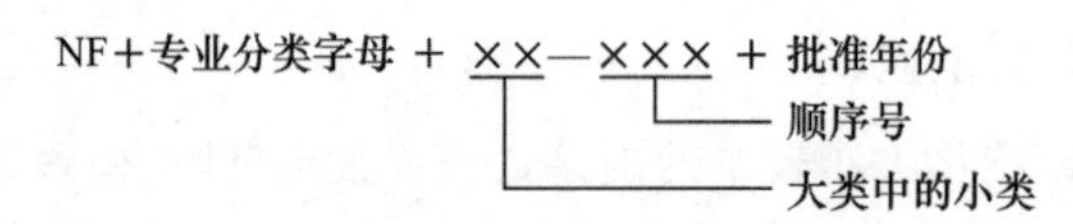

其中，农产品、食品工业的"专业分类字母"为"V"。该专业类下分若干小类，小类的细目分类号详见二维码信息。

二维码 7-4　法国标准编号中的农产品、食品工业细目分类号

7.3.3.3　法国标准的特点

1. 历史悠久，高度集中

法国是一个有着美食传统的农业国家，食品工业极为发达。早在 1905 年 8 月 1 日，法国就颁布了有关食品安全的法律。1926 年，法国标准化协会成立后就致力于标准的制定。1941 年 5 月 24 日，法国政府颁布法令，确认法国标准化协会为全国标准化主管机构，并在政府标准化管理机构——标准化专署领导下，按政府指示组织和协调全国标准化工作，法国标准化协会颁布的标准为法国国家标准（NF 标准），具有权威性，全国统一实施。由此可见，法国国家标准无论是管理、制定，还是实施，都是属于高度集中的类型。

2. 法国标准与国际标准、欧洲标准联系紧密

法国积极参加国际标准化活动，以扩大他们的世界影响，发展出口贸易作为战略方针。法

国标准化协会是国际标准化组织(ISO)的成员,承担ISO 21个技术委员会,63个分技术委员会及185个工作组秘书处的工作,在国际标准化工作中占有重要的地位,许多国际标准就是以法国标准为基础制定的。

法国标准化协会同时也是欧洲标准化委员会(Comité Européen de Normalisation,法文缩写CEN)的成员,对于欧洲标准也做出了突出的贡献。作为CEN的成员,法国标准必须采用欧洲标准,每一项欧洲标准被正式批准发布后,法国必须在6个月内将其采用为本国国家标准,并撤销与此标准相抵触的本国国家标准。

7.3.4　英国食品标准

约90%的英国的食品安全相关的法律与欧盟的相关法律一致。英国建立了完善、高效的食品安全法律、标准体系,纵贯“从农田到餐桌”的整个食物链,横跨所有食品部门,注重实际、讲究效率,为确保本国和欧盟的食品安全都做出了突出贡献。

7.3.4.1　英国食品标准制定组织及执行

1.食品标准署

2000年,英国根据“食品标准法案”设立了食品标准署(Food Standards Agency,FSA),是英国食品行业的规范和监督管理部门,食品标准署的宗旨是保护与食品有关的公众健康和消费者的利益,负责食品安全检测检验,以维护消费者利益为中心,解决消费者关心的食品安全问题。

FSA遵循的3个指导性原则:①消费者至上。②开放性和参与性。③独立性。

FSA的使命:①与地方当局合作,借助肉食品卫生局的工作,有效实施和监督食品标准。②采用准确和明示的标识支持消费者选择。③就食品安全、营养及食用向公众和政府提供咨询。

FSA的职能:①制定或协助公共政策机关制定食品(饲料)政策。②向公共当局及公众提供与食品(饲料)有关的建议、信息和协助。③获取并审查与食品(饲料)有关的信息,可对食品和食品原料的生产、流通及饲料的生产、流通和使用的任何方面进行检测。④对其他食品安全监管机关的执法活动进行监督、评估和检查。

FSA的直接主管是英国政府负责卫生事务的部长。除设在伦敦的总部外,FSA在苏格兰、北爱尔兰和威尔士设有执行局。肉食品卫生局是食品标准署的一个执行机构,负责实施鲜肉加工方面的法律要求,监督检查获得许可证的肉食品厂履行其职责,以确保肉食品厂遵守肉食品加工业的卫生法律和动物屠宰符合法律要求实施的标准。

2.地方当局

英国的地方各级机构包括499个地方当局,其中414个地方当局负责监督大多食品安全法律及法规的实施,72个独立的食品管理当局负责包括食品安全在内的所有地方事务。

地方主管当局与FSA密切配合,在全英国有效一致地行使FSA的使命。根据2000年9月发布的地方食品法律实施的“框架协议”,从2001年4月开始,英国499个地方当局在标准实施方面都要接受FSA的监督和审查。

7.3.4.2　英国食品标准的实施

英国制定了全面具体的食品安全方面的法律体系,包括《食品法》《食品安全法》《食品标准法》《食品卫生法》《动物防疫法》等,同时还出台了许多专门规定,如《甜品规定》《食品标签规定》《肉类制品规定》《饲料卫生规定》和《食品添加剂规定》等。这些法律法规在横向上涵盖了所有食品类别，在纵向上规定了食品从农田到餐桌整条生产链的各个环节，即成分含量、添加剂、污染、加工和包装、标签说明、卫生和健康、重量和体积 7 个方面。完备的法律体系为食品安全监管的顺利推行奠定了坚实的基础。

FSA 与地方当局签署了框架协议，从 2001 年 4 月 1 日起，开始实施全英国统一的食品法规执行标准，499 个地方机构负责确保 60 万个食品生产和流通组织的食品质量安全问题，而且必须按照统一的标准来执行食品卫生、食品标准和食品相关产品的法律法规。同时 FSA 还启动了对地方执行机构的审计计划。其目标是：①确保所有的地方当局都安排了必要的人员和设备资源，保证执法系统的有效运转。②确保地方当局实施了全国统一的执行新标准。FSA 计划每年在全国范围内完成 70 次全面审计。

FSA 与地方当局还采取多种方式让消费者了解地方当局在食品监管方面的执行情况，加强执法的透明度。比如，①公布地方当局制定的执行工作优先顺序计划。②公布 FSA 对地方当局的年度审计计划，并对每个机构的工作业绩做出报告。③公布地方当局向 FSA 提交的季度工作报告。④公布地方当局向 FSA 提交的年度工作报告。这些措施进一步保证了全国范围内执法的有效性和统一性，加强对消费者的保护。

1. 肉制品的监管

1995 年 4 月 1 日，环境、食品与农村事务部成立了肉业卫生管理局(Meat Health Service，MHS)，直属于英国食品标准署，负责依据屠宰法规，对屠宰场的卫生、检疫和福利行为实施检查，包括全国的执照屠宰场、切割厂和冷藏库，最终保证问题肉不会进入食物链。其中屠宰场是重点监控场所。MHS 派兽医和肉质量检测员到每个有执照的屠宰场进行全程监督。

2. 追溯召回制度

英国在食品安全监管方面的一个重要特征是严格执行食品追溯和召回制度。食品追溯制度是指在食品、饲料、用于食品生产的动物或用于食品或饲料中可能会使用的物质在全部生产、加工和销售过程中发现并追寻其痕迹的可能性(欧盟委员会 EC 178/2002 定义)。

以往食品加工部门对食品安全负主要责任，食品追溯制度将食品安全的责任者从农田扩展到餐桌的整条食品生产链，即种植/养殖、加工、运输、销售各个部门。每个部门都必须建立一套可供追溯的详细信息进行记录并妥善保存，如饲料和商品经销商必须对原料来源和配料进行记录，农民或养殖企业必须对饲养牲畜的详细过程(饲料的种类及来源、牲畜患病情况、使用兽药的种类及来源等信息)；在屠宰加工场收购活体牲畜时，养殖方必须提供上述信息的记录，屠宰后被分割的牲畜肉块也必须有强制性的标识，包括可追溯号、出生地、屠宰场批号和分割厂批号等内容。通过这些信息，可以追踪每块畜禽肉的来源。在宏观方面，国家应建立统一的数据库，包括识别系统、代码系统，详细记载生产链中被监控对象在各个环节之间移动的轨迹，监测食品的生产和销售状况。

一旦发生食品安全事故，监管机关可以通过电脑记录很快查到食品的来源，地方主管部门可立即调查并确定可能受事故影响的范围和对健康造成危害的程度，通知公众并紧急收回已流通的食品，同时将有关资料送交国家卫生部，以便在全国范围内统筹安排，控制事态，最大限度地保护消费者利益。

7.3.5　日本食品标准

7.3.5.1　日本食品标准的制定

目前，日本的农业标准数量很多，并形成了比较完善的标准体系。日本不仅在生鲜食品、加工食品、有机食品、转基因食品等方面有详细的标准和标志制度，而且在标准制定、修订、废除、产品认证、监督管理等方面也建立了完善的组织体系和制度体系，并以法律形式固定下来。

日本食品标准体系分为国家标准、行业标准和企业标准 3 层：国家标准即日本农业标准(Japanese Agricultural Standards，JAS)，以农产品、林产品、畜产品、水产品及其加工制品和油脂为主要对象；行业标准多由行业团体、专业协会和社团组织制定，主要是作为国家标准的补充或技术储备；企业标准是各株式会社制定的操作规程或技术标准。

日本农业标准委员会(Japanese Agricultural Standards Committee，JASC)负责组织制定和审议农产品标准。日本的食品领域的国家标准主要由 JASC 制定和审议。日本有众多的专业团体、行业协会从事标准化工作，它们接受 JASC 的委托，承担 JAS 标准的研究、起草，然后将标准草案交由 JASC 审议。日本食品安全标准制定过程可分为以下几个阶段。

1. 起草标准

任何有关方都可以提议制定新标准，由日本农业标准委员会(JASC)对标准提议进行审议，农林水产大臣委托有关单位起草农业标准草案。

2. JASC 审议

JASC 将标准草案提交对口的分理事会审议，同时征集全社会的意见。JASC 审议完毕且认为标准草案内容适宜、要求合理，则向农林水产大臣提出审议报告。

3. 标准的批准和发布

农林水产大臣确认 JASC 审议的标准草案对有关各方均不会造成歧视后，将予以批准发布。

7.3.5.2　日本食品安全的有关标准

1. 日本农业标准

日本政府制定的 JAS 由农产品的规格和品质 2 个方面的内容组成。规格是指对农产品的使用性能和档次的要求，其内容包括使用范围、用语定义、等级档次、测定方法、合格标签、注册标准及生产许可证认定的技术标准等。日本已对 393 种农林水产品及食品都制定了相应的规格，如面类分成 8 种规格、油脂分成 6 种规格、肉制品规格达 20 多种。

2. 农药残留最高限量标准

日本的农药最大残留限量(maximum residue limit，MRL)标准由厚生劳动省负责组织制定。从 2003 年起，日本厚生省根据修订后的《食品卫生法》，计划在 3 年内逐步引入食品中残留农药、兽药和饲料添加剂“肯定列表制度(positive list system)”。肯定列表制度几乎对所有食品和用于食用的农产品中的农用化学品制定了残留限量标准，涉及 791 种农用化学品，限量标准 57 000 多项，是当时世界上残留限量标准最多、涵盖农药和食品品种最全的管理制度。

二维码 7-5 日本肯定列表制度中农药最大残留限量标准的 5 个类型

肯定列表制度将最大残留限量标准分为临时标准、一律标准、沿用现行限量标准、豁免物质和不得检出 5 个类型，其具体内容详见二维码信息。

3. 食品添加剂使用标准

日本厚生省发布最新食品添加剂使用标准（2011 年 9 月 1 日起生效）和指定食品添加剂名单（2011 年 9 月 5 日起生效）。日本的食品添加剂可分为指定的食品添加剂、现存的食品添加剂、天然调味剂原料和一般添加剂。指定的食品添加剂是指对人体健康无害的、被指定为安全的添加剂，添加剂必须由厚生劳动省经过食品安全委员会的风险评估和分析等一系列程序后，才可被审批为指定添加剂。截至 2011 年 9 月 1 日，日本共有 421 种指定添加剂。现存的食品添加剂是指在食品加工中使用历史长，被认为是安全的天然添加剂。截至 2011 年 5 月 6 日，厚生劳动省对现存的食品添加剂名单进行了修订，确定了 365 种添加剂。天然调味剂原料包括 612 种天然香精。一般添加剂是指既可作为食品，又可作为食品添加剂，共计 106 种，它们都在环境健康局第 56 号公告中列出，厚生劳动省 1996 年 5 月予以公布。

新的日本食品添加剂使用标准包括通用使用标准和具体使用标准。其内容覆盖全面且种类划分详细，几乎覆盖所有食品，而且针对不同的食品种类，具体设定不同的添加剂使用标准。

4. 食品标签标准

日本食品标签管理机构包括厚生劳动省医药食品局的食品安全部、农林水产省消费安全局、公平交易委员会事务总局交易部、食品安全委员会消费者厅等。日本主要的食品标签法规包括《有关农林物资的规格化和品质表示的正当化法律的部分修正案》《食品卫生法（表示基准）》《健康增进法（营养表示基准）》等。而其他法规也涉及食品标签的相关规定，如《农林物资规格化和质量表示标准法》《营养改善法》《计量法》和《反不公平馈赠和误导法》。

日本对食品标签的要求非常严格，即市场上销售的蔬菜水果、肉类、水产类等食品，必须加贴标签；要求标注的信息包括商品种类、产地、品牌；所用的食品添加剂；进口食品的原产国和产地等信息；是否含有鸡蛋、牛奶、小麦、荞麦、花生等过敏性物质；保质期；营养成分含量；是否属于天然食品、有机食品、转基因食品等；罐头等加工食品的原材料产地等信息。

2000 年之后，日本对食品标签标准进行了大面积修订。例如，2003 年对番茄制品的质量标签标准做了如下修改（通报号 G/TBT/N/JPN/93）：制定纯番茄和番茄酱的标签规则，强制要求标明番茄和番茄酱的浓度，并标明番茄饮料中番茄汁的含量。2004 年对加工食品的质量标签标准做如下修订（通报号 G/TBT/N/JPN/123）：在日本生产的特殊加工食品，必须标注其主要成分的原产地，以防止有关原产地的自愿性声明误导消费者。日本修订食品标签标准的目的是标签内容更加详尽，管理更加严格，保护消费者的利益和安全。

7.3.5.3 日本食品标准的特点

1. 食品安全标准体系完善

日本的食品标准数量、种类繁多，要求较为具体。其涉及食品的生产、加工、销售、包装、运输、储存、标签、品质等级、食品添加剂、污染物、最大农兽药残留限量要求、食品进出口检验和认证制度、食品取样和分析方法等方面的标准规定，形成了较为完备的标准体系，具有很强的可操作性。

2. 标准的制定注重与国际接轨

近年来，日本积极采用国际标准，不仅向ISO派常驻代表，积极参加国际标准化活动，在国际标准化活动中极力提出自己的主张，而且日本各行业协会或工业会几乎都成立了与ISO各技术委员会相对应的国内对策委员会，以及时和认真地研究ISO文件并注重在食品标准中采用这些国际标准，此外，还注重采用食品法典委员会的食品标准，结合日本的实际情况加以细化，具有很强的可操作性。

3. 法制观念强

日本现有JAS为自愿性标准，无法律约束。一旦被法律部分或全部引用，其引用部分将具有法律属性，一般要强制执行。日本的法制观念很强，一切都按法律行事，制定了一套较为完整的法规，有力保证标准的实施，例如，《食品卫生法》《营养改善法》《关于食品制造过程管理高度化临时措施法》等。

7.3.6 加拿大食品标准

加拿大食品安全技术协调体系分为技术法规和标准两类：技术法规的内容包括农产品生产技术规范、质量等级、标签标识、安全卫生要求、农药、兽药、种子、肥料、饲料、饲料添加剂、植物生长调节剂和农业投入品等；标准主要规定食品加工和生产方法、检验检测方法，以及对术语、符号、包装和标签标识的要求等。

加拿大政府在标准化事务中十分注重国际合作和信息共享，与澳大利亚、新西兰和美国密切合作。作为国际食品法典委员会的成员国，加拿大积极参与国际标准的制定。加拿大是食品标签委员会和植物蛋白委员会的主持国，也是北美洲和西南太平洋协调委员会的轮值国家之一。

7.3.6.1 加拿大食品标准的制定机构

1. 加拿大标准理事会

1970年10月7日，根据加拿大议会法令成立全国性标准协调机构——加拿大标准理事会(Standards Council of Canada，SCC)，在加拿大工业部的领导下，组织管理工业产品的设计、制造、生产、质量和安全方面的标准化工作。SCC本身并不制订标准，而是委托下面4个机构，即加拿大标准化协会、国家产品实验室、加拿大通用标准协会和魁北克省标准理事会，起草编制国家标准，经SCC批准后，称为加拿大国家标准。

2. 加拿大标准化协会

加拿大标准化协会(Canadian Standards Association，CSA)主要负责35个专业领域的国家标准的制订工作，已经发布的标准有1 500个，大约1/3的标准被政府立法引用。

除了专业领域的标准外，CSA在质量管理体系标准方面的工作也卓有成效。1987年，CSA发出了第一张质量管理体系的注册证书，此后逐渐发展成为著名的Z 299质量保证系列标准，这些标准与英国标准学会的类似系列标准相结合，最终发展为ISO 9000质量管理系列标准。加拿大承担了ISO 9000标准秘书处的工作。随着质量管理体系注册重要性的不断增长，CSA设立了新的机构——质量管理所(Quality Management Institute，QMI)，主要负责质量保证体系的注册工作。QMI现已成为北美最大的注册机构。

3. 加拿大通用标准委员会

加拿大通用标准委员会(Canadian General Standards Board,CGSB)负责制定70多个领域的国家标准,向私营企业和公共部门提供标准咨询、认证方面的服务,也制定产品和服务资格认证的程序和规定。在某种程度上可影响政府的配额政策。

加拿大通用标准局在非强制性标准的制定中起重要作用,例如,食品自愿标签标准就是由该机构负责起草制订的,经加拿大标准化理事会批准后,正式成为一项国家标准。

4. 魁北克省标准局

魁北克省标准局(Bureau de Normalisation du Quebee,BNQ)是魁北克省工业、商业与旅游部所属的一个政府机构,成立于1962年。它于1966年开始编制标准。该局的职责是制定标准、认证及实验室检验。

7.3.6.2 加拿大食品标准的制定

加拿大国家标准的制定通常采用2种方法:采用国际标准和制定国家标准。标准制定机构在制定一项新标准时,调查是否有国际标准,能否全部等同采用,或做些修改,以符合加拿大的实际情况。如果没有现成的国际标准,那么CSA就调查加美自由贸易协议范围内的合作伙伴是否有合适的标准可作为制定CSA标准的基础。如果还是找不到可参考的现成标准,才考虑制定唯一的加拿大国家标准。

在制定新标准时,加拿大标准化理事会委托4个获得国家认可、指定性的标准制定机构,即加拿大标准化协会、国家产品实验室、加拿大通用标准协会和魁北克省标准理事会,起草制定标准。制定新标准必须考虑到以下几个原则:①标准内容不能太复杂。②制定的费用不能太昂贵。③实施简易。④标准的管理简便易行。⑤以制定技术法规为主、制定强制性标准为次。⑥以制定基础性、通用性标准为主。⑦不制定具体产品描述性的标准。标准制定一般由技术委员会组织进行,草案交由加拿大标准化协会投票表决后,再进行非技术内容的审查,最后经加拿大标准化理事会批准后,即成为加拿大国家标准。

加拿大国家标准的特点:①国家标准在技术内容上强调与国际标准协调一致。在现有标准中,采用国际标准的数量占标准总数的75%左右,其余25%左右为制定的国家级标准。②标准采用英/法2种文字版本。③100%为自愿采用标准,但经政府法规引用后,即成为强制性标准。

7.3.6.3 加拿大食品标准的内容

加拿大制定的食品安全标准主要是一些检验检测方面的方法标准和一些推荐性的标准。

1. 产品和产品质量分类标准

在加拿大,只要是用于境内省际贸易、出口或进口的食品,都必须符合一定的产品质量标准。加拿大标准中包括大宗谷物、油料种子、水果蔬菜、牲畜和乳酪等食品的详细的等级标准。

2. 农药及添加剂残留限量标准

《食品药品条例》对食用农产品的健康和安全要求做了详细规定,主要涉及食品添加剂、营养成分标签和要求、食品微生物、射线辐射食品、化学残留物或其他食品污染等方面的内容。根据《食品药品条例》,有害物管理控制局制定了食品中的化学药品最大残留限量(maximum residue limit,MRL)。卫生部针对食物中允许含有的有害物质及农药残留量上限做了详细规定,对正在使用的各种农药在各种可食用农产品中的残留量基本都做了具体规定。

在食品添加剂的使用方面，加拿大标准也做了严格的限制，只有列入官方食品添加剂目录的物质才允许作为食品添加剂销售、使用，任何人不准将目录外的物质作为食品添加剂销售，或销售含有以该物质作为添加剂的食品。加拿大标准对每种食品添加剂的用法以及在食品中允许含有的添加剂最大残留量都做了严格、详细的规定，不允许超过上限。食品包装上还必须注明添加剂种类、成分、用量。

如果食品中含有化学药品、食品添加剂、重金属、工业污染物、药物、微生物、杀虫剂、毒药、毒素及其他禁止含有或总量超过最大限量，该食品就认为是被“污染”了，不符合食品安全要求。

3. 农产品包装及标识规定

为保证农产品质量在运输、销售过程中不受影响，加拿大对农产品包装的方法和容器普遍做了规定，例如包装采用的方式能确保农产品在装卸、运输过程中不致被损害；农产品净含量不少于标签数量；包装容器无污染、清洁、不变形、无破损。

在《消费者包装标签法》《消费者包装标签条例》以及其他许多法规中，加拿大都对产品(包括农产品)的标记和标签做了明确的规定。产品标签的要求包括标签上必须标明产品的通用名称、数量、生产厂家的名称和地点，具体到各种产品，还有相应的具体要求。

4. 牲畜屠宰加工场标准

加拿大规定，只有在注册的屠宰加工场生产加工的肉类产品才被允许销售、进口或出口。在加拿大的《肉类检查条例》中，对注册屠宰加工场的有关标准做了详细规定。只有符合具体要求的屠宰加工场，才能申请成为注册屠宰加工场。

5. 食品进出口规定

《新鲜水果、蔬菜条例》详细规定了新鲜水果、蔬菜的等级、每种等级的具体标准，新鲜水果、蔬菜在食用安全方面的要求；对新鲜水果、蔬菜的包装和标签做了原则性的规定；明确了许多主要水果、蔬菜品种的包装和标签要求。该条例还对进口新鲜水果蔬菜的等级、卫生安全、包装和标签等方面做了更为细致、严格的规定。只有在以上各方面都达到规定要求的新鲜水果蔬菜才被允许进入加拿大国内市场。

《肉类检验法》对肉类产品的进口标准做了详细的规定：①肉类产品的生产加工国必须有完善的并被加拿大农业部认可的肉类检验制度。②生产加工出口肉类产品的屠宰加工厂必须获得加拿大农业部的书面许可，且须在许可有效期内。③肉类产品必须达到加拿大规定的进口肉类产品标准。④肉类产品的包装和标签必须符合规定要求。只有满足这 4 项规定的肉类产品出口国才可向加拿大出口肉类产品。

7.3.7　澳大利亚食品标准

澳大利亚的东南部与新西兰为邻，两国政府在食品安全监管方面的合作相当密切。1995 年 12 月，两国签订了协议，共同制定联合的澳大利亚新西兰食品标准。2005 年，两国联合颁布了澳大利亚新西兰食品标准法典(Food Standards Code，FSC)，形成了比较完善的食品安全和食品标准法律法规体系。

7.3.7.1　澳大利亚食品标准的制定机构

1. 澳大利亚新西兰食品标准局

2002 年，成立的澳大利亚新西兰食品标准局(Food Standards Australia New Zealand，

FSANZ)是澳大利亚和新西兰两国的一个独立的、非政府部门的机构。其主要职责是制定《澳大利亚新西兰食品标准法典》(Food Standards Code,FSC),来保证安全的食品供应,保护澳大利亚和新西兰国民的食品安全与健康。

2.澳大利亚标准协会

澳大利亚标准协会(Standards Association of Australian,SAA)是澳大利亚最高层的非政府标准制定机构。它出版了大约6 000份标准,包括种类繁多的产品、技术、测试和行为规范。澳大利亚标准协会遵从标准制定的《良好行为规范》,在任何可能的情况下积极、主动地采用国际标准,大约30%以上的澳大利亚标准是对ISO或IEC标准的直接采用或修改采用。

3.澳大利亚食品标准的制定

澳大利亚是一个联邦制国家,各个州都可充分参与联邦食品卫生法律法规的制定过程,任何个人和组织都可以向澳大利亚新西兰食品管理局(Australia New Zealand Food Authority,ANZFA)提出申请修正食品标准法规。ANZFA也可以自己提议修正澳大利亚食品标准法规或制订澳大利亚新西兰联合食品标准。ANZFA还可以向提出申请修正食品标准法规的申请者提供建议和帮助。其标准制定的程序为以下几个步骤。

(1)工业界、消费者、政府部门或某协会均可写一份书面申请交给ANZFA,要求制订新食品标准或对已存标准修改。ANZFA也可以遵照同样的程序内部提议修改食品标准法规。

(2)ANZFA对申请进行基本评估,即查看所有材料,以确定申请提出的具有实际意义的食品标准问题。

(3)请求公众仲裁,即将申请发布于澳大利亚和新西兰的报纸、联邦政府公报和新西兰政府公报,广泛征求意见。

(4)ANZFA根据法定条文对申请做全面评估。

(5)如果ANZFA决定采纳该申请,就在澳大利亚和新西兰的报纸、联邦政府公报和新西兰政府公报上发出通告。

(6)ANZFA起草一份修改食品标准法规的草案,并通告申请者、相关政府机构、参与公众仲裁的民众,将对修改草案进行调查。

(7)ANZFA向部长议会提交一份议案,详细说明准备采纳该标准草案及理由。

(8)部长议会即为澳大利亚新西兰食品标准顾问委员会(Australian and New Zealand Food Standards Council,ANZFSC),包括澳大利亚联邦、国家和地区的卫生部部长们和新西兰卫生部部长。如果议案经ANZFSC通过,新的食品标准将发布在联邦政府公报和新西兰政府公报上。根据1991年联邦政府和地区协议,食品标准由议会通过且由ANZFA在政府公报上发布后即参照说明实施。

由标准的制定过程可见,澳大利亚政府非常重视全过程的透明度,相关业界、部门、公众广泛参与。即使在标准获准实施后,相关业界还将不断提出修改意见,管理局也会根据情况变化不断修改标准。在澳大利亚官方网站上,随时公布有大量、及时的食品安全信息,包括最新的食品安全标准以及整个修改过程。在制定标准后,还要对标准效果定期进行评估。

澳大利亚的食品标准分强制类标准和非强制类标准。强制类标准是指由政府部门组织制定,通过法律、法规的形式颁布实施的生产经营者必须执行的标准。例如,《澳大利亚新西兰食品标准法典》所规定的标签标准、最大农药残留限量和金属残留量标准。非强制类标准是指由各行业组织和协会组织制定的等级标准，例如，澳大利亚小麦局组织制定的小麦的等级标准，将小麦品质分为 12 个等级。

澳大利亚强制性标准主要通过 2 种渠道向企业、农场主、社会进行宣传：①以政府部门公文形式或在互联网上向社会公布，并委托新闻媒体进行宣传；②各级各类行业组织、协会、公司等群众团体出于维护企业利益的需要，利用所办刊物介绍标准，举办技术咨询活动，讲解标准，寄发信函传递标准信息，同时还可以在互联网上查询标准。

7.3.7.2　《澳大利亚新西兰食品标准法典》的主要内容

《澳大利亚新西兰食品标准法典》规定了本地生产食品和进口食品都要遵守的一些标准，是单个食品标准的汇总，按类别分为 4 章。

第 1 章为一般食品标准。其涉及的标准适用于所有食品，包括食品的基本标准，食品标签及其他信息的具体要求，食品添加物质的规定，污染物及残留物的具体要求以及需在上市前进行申报的食品。

第 2 章为食品产品标准。其具体阐述了特定食物类别的标准，涉及谷物，肉、蛋和鱼，水果和蔬菜，油，奶制品，非酒精饮料，酒精饮料，糖和蜂蜜，特殊膳食食品及其他食品共 10 类具体食品的详细标准规定。

第 3 章为食品安全标准。其具体包括了食品安全计划，食品安全操作和一般要求，食品企业的生产设施及设备要求。但是该章节的规定仅适用于澳大利亚，不属于澳大利亚新西兰共同食品标准体系的一部分，因为新西兰自有其特定的食品卫生规定。

第 4 章为初级产品标准。其也仅适用于澳大利亚，内容包括澳大利亚海产品的基本生产程序标准和要求、特殊乳酪的基本生产程序标准和要求以及葡萄酒的生产要求。

《澳大利亚新西兰食品标准法典》具有法律效力，凡不遵守有关食品标准的行为在澳大利亚均属违法行为，在新西兰则属犯罪行为。

7.3.7.3　澳大利亚进出口食品监管

澳大利亚作为世界主要的食品原料和加工食品生产国，80％的农产食品用于出口，因此，澳大利亚不仅在食品标准方面尽量与国际标准和国外先进标准保持一致，而且制定了一系列的法律法规，保证出口食品的质量。这些法律法规主要为澳大利亚出口管理法(1982)，该管理法规定了出口肉类法规；野味、家禽和兔肉法规；加工食品出口管理法规；新鲜水果和蔬菜出口管理法规；动物出口管理法规，有机产品认证出口管理法规；谷物、植物和植物产品出口管理法规等。

澳大利亚进出口食品由澳大利亚检疫检验局(Australian Quarantine and Inspection Service，AQIS)负责，对出口企业实行注册制度，企业必须向 AQIS 提出申请，提交有关材料，AQIS 对申请材料和企业进行审查和检查，对审查合格的企业颁发注册证书和注册号，此后，AQIS 每年对注册企业进行复审。

澳大利亚的出口食品分为 2 类：规定食品与非规定食品。非规定食品出口无须得到出口许可证，而大多数规定食品未经 AQIS 检验不得出口。规定食品主要包括：肉类(野味、家禽、兔肉)、乳制品、鱼(鳄鱼)、蛋及蛋制品、干果、绿豆、谷物、加工水果和蔬菜、新鲜水果和蔬菜等。它们必须符合相应的商品出口法规。

出口食品的检验由 AQIS 委托经澳大利亚国家检验机构协会(National Association of

Testing Authorities,NATA)认证的实验室进行。NATA是经澳大利亚联邦政府认可的唯一一家全国性的实验室认证机构,负责对实验室进行评估和认证。所有为AQIS提供分析数据的实验室都必须获得NATA认证。

澳大利亚对食品进口制定了进口食品计划(the Imported Foods Program,IFP)。其目的是保证进口食品符合澳大利亚的食品法律。ANZFA负责制定进口食品的政策,例如,风险评估和风险分类政策;如何实施风险评估、确定潜在的危害;如何评估危害发生的可能性等。AQIS负责执行这些食品进口政策,发展和维持执行体系和程序;与澳大利亚海关进行联络;与ANZFA共同制定和实施抽样计划;决定不合格食品的处理办法等。

根据IFP的要求,进入澳大利亚的食品必须首先符合有关的检疫(即动植物卫生)要求,同时还必须满足澳大利亚进口食品管理法(1992)中有关食品安全方面的规定。这些规定包括:①ANZFA负责按照评估的风险对进口食品进行分类,并且定期进行全面审核。一旦ANZFA了解到某种或某类特定的食品与一种潜在的危害有关时,就会将其进行风险评估的计划通知有关团体。具体的风险评估方法按照风险分析的有关原理进行。②AQIS负责对进口食品实施监控,把进口食品划分为风险类别食品、主动监督类别食品、随机监督类别食品、主动和随机监督类别食品,并分别采用不同的审查和监控方式。

7.4 采用国际标准

采用国际标准是指把经过分析研究和试验验证的国际标准的内容,等同或修改转化为我国标准(包括国家标准、行业标准、地方标准和企业标准),并按我国标准审批发布程序进行审批发布。

采用国际标准最明显的益处有2个:一是能协调国际贸易中有关各方的要求,减少和避免与贸易各方的争端;二是本国的产品或服务更容易打入和占领国际市场。采用国际标准还是促进技术进步,提高产品质量,扩大对外开放,加快与国际准则或惯例接轨,发展社会主义市场经济的重要措施。

自1980年以来,中国就积极开展国际标准的采标工作。截至2001年年底,我国国家标准已有19 744项,其中约43.1%的标准文本采用国际标准和国外先进标准,但是标准文本等同采用国际标准的比例不到10%。而法国和德国的标准文本采用国际标准的比例为80%左右,英国的标准文本采用国际标准的比例为75%,由此可见,我国与发达国家之间还有较大的差距。自2001年12月11日起,中国正式加入了WTO,成为其第143个成员。在WTO的框架下,各成员国必须以国际标准为基础,制定本国标准。为了使我国的标准尽快与国际标准接轨,2002年国家标准化管理委员会制定实施了《“十五”期间国际标准的转化计划》,确立了5年内国际标准在我国的转化率达到70%的目标。

1984年3月27日,国家标准局颁布《采用国际标准管理办法》。《采用国际标准管理办法》就采用国际标准和国外先进标准的原则、程度和表示方法、标准的编写方法等做了具体的规定,为推动国际标准的采标工作做出了积极贡献。1993年12月13日,国家技术监督局发布了《采用国际标准和国外先进标准管理办法》以取代《采用国际标准管理办法》。自2002年1月5日起,国家质量监督检验检疫总局颁布实施新的《采用国际标准管理办法》。2002年版的《采用国际标准管理办法》为目前的有效版本。

7.4.1　采用国际标准的原则和方法

7.4.1.1　采用国际标准的原则

根据《采用国际标准管理办法》的规定，我国采用国际标准的原则如下。

(1)采用国际标准应当符合我国有关法律、法规，遵循国际惯例，做到技术先进、经济合理、安全可靠。

(2)制定(包括修订，下同)我国标准应当以相应的国际标准(包括即将制定完成的国际标准)为基础。国际标准中通用的基础性标准、试验方法标准应当被优先采用。

采用国际标准中的安全标准、卫生标准、环保标准制定我国标准，应当以保障国家安全、防止欺骗、保护人体健康和人身财产安全、保护动植物的生命和健康、保护环境为正当目标；除非这些国际标准由于基本气候、地理因素或者基本的技术问题等原因而对我国无效或者不适用。

(3)在采用国际标准时，应当尽可能等同采用国际标准。在基本气候、地理因素或者基本的技术问题等原因对国际标准进行修改时，应当将其与国际标准的差异控制在合理的、必要的并且是最小的范围。

(4)我国一个标准应当尽可能采用一个国际标准。当我国一个标准必须采用几个国际标准时，应当说明该标准与所采用的国际标准的对应关系。

(5)在采用国际标准制定我国标准时，应当尽可能与相应的国际标准的制定同步，并可采用标准制定的快速程序。

(6)在采用国际标准时，应当同我国的技术引进、企业的技术改造、新产品开发、老产品改进相结合。

(7)在采用国际标准时，我国标准的制定、审批、编号、发布、出版、组织实施和监督，与我国其他标准一样，按我国有关法律、法规和规章规定执行。

(8)为了提高产品质量和技术水平，提高产品在国际市场上的竞争力，如果企业贸易需要的产品标准没有相应的国际标准或者国际标准不适用，就可以采用国外的其他先进标准。

7.4.1.2　采用国际标准的程度

根据国际标准的程度，我国标准分为等同采用和修改采用。

1.等同采用

等同采用指与国际标准在技术内容和文本结构上相同，或者与国际标准在技术内容上相同，只存在少量编辑性修改。

2.修改采用

修改采用指与国际标准之间存在技术性差异，并清楚地标明这些差异以及解释其产生的原因，允许包含编辑性修改。修改采用不包括只保留国际标准中少量或者不重要的条款的情况。在修改采用时，我国标准与国际标准在文本结构上须当对应，且只有在不影响与国际标准的技术内容和文本结构进行比较的情况下，才允许被改变。修改还可包括等同条件下的编辑性修改，即等同采用的国际标准。

与国际标准的一致性关系除上述2种情况外，我国标准还包括一种非等效关系。非等效关系是指我国标准与相应的国际标准在技术内容和文本结构上不同，同时它们之间的差异也没有被清楚地标识。非等效还包括只保留了少量或不重要的国际标准条款的情况。非等效不属于采用国际标准,只表明我国标准与相应国际标准有对应关系。

7.4.1.3 采用国际标准的表示方法

采用国际标准的表示方法有以下几种,具体如下。

(1)我国标准采用国际标准的程度代号为:IDT(identical)指等同采用;EQV(equivalent)指等效采用;MOD(modified)指修改采用。此外,在以前的规定中,非等效采用的代号为:NEQ(not equivalent)。

根据国际标准制定的我国标准应当在封面及前言中标明和叙述该国际标准的编号、名称和采用程度;引用采用国际标准的我国标准,应当在“规范性引用文件”一章中标明对应的国际标准编号和采用程度,如果标准名称不一致,就应当给出国际标准名称。

(2)我国标准采用国际标准程度的具体标注方法应遵守《标准化工作导则　第2部分:以ISO/IEC标准化文件为基础的标准化文件起草规则》(GB/T 1.2—2020)。

(3)采用国际标准的我国标准的编号表示方法如下:等同采用国际标准的我国标准采用双编号方法表示,示例:GB/T 87878—2002/ISO 13616:1996;修改采用国际标准的我国标准只使用我国标准编号。

(4)在采用国际标准时,应当按《标准化工作导则　第1部分:标准化文件的结构和起草规则》(GB/T 1.1—2020)起草和编写我国标准。在等同采用ISO/IEC以外的其他组织的国际标准时,我国标准的文本结构应当与被采用的国际标准一致。

(5)采用国际标准的我国标准在编制说明中应当详细地说明采用该标准的目的、意义,标准的水平,我国标准同被采用标准之间的主要差异及其原因等。

7.4.1.4 采用国际标准的方法

1.翻译法

翻译法是指制定的标准纯粹是国际标准的译文,可以用1种文字或2种文字出版,通常还要编写前言,说明采用的情况,或做一些使用性说明。

2.重新起草法

根据国际标准重新起草,没有采用国际标准真正的原文,包括仅仅做了结构上的修改,都应看作重新起草。这样的采用应在前言中说明与国际标准是否存在差异以及存在哪些差异。

3.引用法

引用法是指制定的标准无差异地采用了国际标准,并且应用于同一领域,但增加了内容,或者是应用领域不同。

7.4.2 实例分析

7.4.2.1 等同采用国际标准

GB/T 22004—2007《食品安全管理体系　GB/T 22000—2006的应用指南》(ISO/TS 22004:2005,IDT)

本标准等同采用国际标准ISO/TS 22004:2005《食品安全管理体系　ISO 22000:2005的应用指南》(Food safety management systems-Guidanceon the application of ISO 22000:2005)。

本标准由中国标准化研究院提出并归口。

本标准起草单位：中国标准化研究院、中国合格评定国家认可中心、国家认监委认证认可技术研究所、中国检验认证集团质量认证有限公司、方圆标志认证中心。

本标准主要起草人：王菁、刘文、许建军、吴晶、刘克、姜宏、赵志伟、周陶陶。

正文(略)。

7.4.2.2　修改采用国际标准

《食品中污染物限量》(GB 2762—2005)

本标准全文强制。

本标准代替并废止《食品中铅限量卫生标准》(GB 14935—1994)、《食品中镉限量卫生标准》(GB 15201—1994)、《食品中汞限量卫生标准》(GB 2762—1994)、《食品中砷限量卫生标准》(GB 4810—1994)、《食品中铬限量卫生标准》(GB 14961—1994)、《面制食品中铝限量》(GB 15202—2003)、《食品中硒限量卫生标准》(GB 13105—1991)、《食品中氟允许量标准》(GB 4809—1984)、《食品中苯并(α)芘限量卫生标准》(GB 7104—1994)、《食品中N-亚硝胺限量卫生标准》(GB 9677—1998)、《海产食品中多氯联苯限量标准》(GB 9674—1988)、《食品中亚硝酸盐限量卫生标准》(GB 15198—1994)、《植物性食品中稀土限量卫生标准》(GB 13107—1991)。

本标准与原单项的限量标准相比主要变化如下：

——按照GB/T 1.1—2000对标准文本格式进行修改；

——本标准将GB 14935—1994、GB 15201—1994等13项污染物限量标准合并为本标准；

——依据危险性评估，参照CAC标准，部分食品品种和限量指标做了相应修改；

——个别项目目标物改变，如GB 9674—1988中多氯联苯以PCB1和PCB5为目标物的限量指标，本标准以PCB28、PCB52、PCB101、PCB118、PCB138、PCB153和PCB180的总和计，并增加PCB138、PCB153两项限量指标；

——等效采用CAC标准，取消GB 4810—1994中总砷所涉及的部分食物品种，增设糖、食用油脂、果汁及果浆、可可制品等五个食品品种的限量指标。

本标准于2005年10月1日起实施，过渡期为一年。即2005年10月1日前生产并符合相应标准要求的产品，允许销售至2006年9月30日止。

本标准的附录A为资料性附录。

本标准由中华人民共和国卫生部提出并归口。

本标准起草单位：中国疾病预防控制中心营养与食品安全所、卫生部卫生监督中心。

本标准主要起草人：吴永宁、王绪卿、杨惠芬、赵丹宇。

本标准其他起草单位和起草人参见附录A。

本标准所代替的标准的历次版本发布情况为：

——GBn 52—1977、GB 2762—1981、GB 2762—1994；

——GB 4809—1984；

——GB 4810—1984、GB 4810—1994；

——GB 7104—1986、GB 7104—1994；

——GB 9674—1988；

——GB 9677—1988、GB 9677—1998；

——GB 13105—1991；

——GB 13107—1991；

——GB 14935—1994；

——GB 14961—1994；

——GB 15198—1994；

——GBn 238—1984、GB 15201—1994；

——GB 15202—1994、GB 15202—2003。

正文(略)。

本标准于 2017-09-17 被《食品安全国家标准　食品中污染物限量》(GB 2762—2017)代替。

7.4.2.3　非等效采用国际标准

《葡萄酒》(GB/T 15037—2006)

本标准的第 3 章、5.2、5.3、5.4 和 8.1、8.2 为强制性条款,其他为推荐性条款。

本标准适用于实施日期之后生产的葡萄酒。

本标准的定义部分非等效采用了《国际葡萄与葡萄酒组织(OIV)法规》(2003 版)。

本标准是对 GB/T 15037—1994《葡萄酒》的修订。

本标准代替 GB/T 15037—1994。

本标准与 GB/T 15037—1994 相比主要变化如下：

(1)定义的描述,参照《国际葡萄与葡萄酒组织(OIV)法规》(2003 版)和《中国葡萄酿酒技术规范》进行了适当的修改。增加了特种葡萄酒——利口葡萄酒、冰葡萄酒、贵腐葡萄酒、产膜葡萄酒、低醇葡萄酒、脱醇葡萄酒和山葡萄酒的定义。

(2)产品分类,除保留 GB/T15037—1994 中按色泽和二氧化碳含量分类外,还增加了按含糖量进行分类。

(3)要求

——游离二氧化硫和总二氧化硫指标按 GB2758—2005《发酵酒卫生标准》执行；

——总酸不做要求,以实测值表示,以便于葡萄酒类型的判定；

——增加了柠檬酸、铜、甲醇、防腐剂限量指标;其中苯甲酸在发酵过程中可自然产生,并非人工添加,因此规定了上限；

——规定不得添加“合成着色剂”“甜味剂”“香精”和“增稠剂”。

(4)增加了净含量要求。

(5)检验规则中,对抽样表及其有关条款进行了修改。

(6)为便于对感官进行分级评价描述,特增加了附录 A。

本标准的附录 A 为资料性附录。

本标准由中国轻工业联合会提出。

本标准由全国食品工业标准化技术委员会酿酒分技术委员会归口。

本标准负责起草单位:中国食品发酵工业研究院、烟台张裕葡萄酿酒股份有限公司、中国长城葡萄酒有限公司、中法合营王朝葡萄酿酒有限公司、国家葡萄酒质量监督检验中心、新天国际葡萄酒业股份有限公司、甘肃莫高实业发展有限公司葡萄酒分公司。

本标准主要起草人：康永璞、李记明、田雅丽、王树生、朱济义、陈勇、董新义、田栖静。

本标准所代替标准的历次版本发布情况为：

——GB/T 15037—1994。

正文(略)。

思考题

1. 简述 ISO 食品标准。
2. 简述国际食品法典标准的内容及其作用。
3. 简述美国食品标准的主要内容及其特点。
4. 简述德国食品标准的概况。
5. 简述日本的肯定列表制度。该制度对我国出口日本的食品有何影响?
6. 简述加拿大食品标准的内容。
7. 简述《澳大利亚新西兰食品标准法典》的主要内容。
8. 简述我国采用国际标准的原则。

参考文献

[1]http://www.iso.org/iso/about.htm.

[2]刘金福,陈宗道,陈绍军. 食品质量与安全管理[M].3 版. 北京:中国农业大学出版社,2016.

[3]钱和,庞月红,于瑞莲. 食品安全法律法规与标准[M]. 北京:化学工业出版社,2019.

[4]王世平. 食品标准与法规[M].2 版. 北京:科学出版社,2020.

[5]中国质量认证中心. ISO 22000 食品安全管理体系:审核员培训教程[M]. 北京:中国标准出版社,2019.

[6]徐平国,张莉,张艳芬. ISO 9000 族标准质量管理体系内审员实用教程 [M]. 4 版. 北京:北京大学出版社,2017.

[7]杨丽. 国际有机农业运动联盟及其标准[J]. 中国标准化,2002,10: 56-58.

[8]席兴军,刘俊华,刘文. 美国食品安全技术法规及标准体系的现状与特点[J]. 世界标准化与质量管理,2006,4: 18-20.

[9]戴强. 美国的食品安全管理体系[J]. 时代经贸,2007,55(5): 37-39.

[10]孔润常. 食品安全的美国"标本"[J]. 饮食科学,2005,4: 23.

[11]袁子文. 美国食品安全政策体制及其对中国食品安全政策体制的启示[J].财金观察,2019,2:54-63.

[12]肖海峰,李鹏,王姣. 德国的食品质量安全管理体系[J]. 粮油食品科技,2005,2: 45-46.

[13]孟庆华. 德国标准化工作简况[J]. 中国标准化,2000,10: 53.

[14]范春梅. 德国标准化学会(DIN)[J]. 世界标准化与质量管理,2002,6: 41.

[15]孔英戈. 德国食品安全监管体系概况[J]. 中国质量技术监督,2019,6:76-79.

[16]宗会来,金发忠. 国外农产品质量安全管理体系[M]. 北京: 中国农业科技出版社,2003.

[17]郑浩,李小林,邱璐,等. 不同国家和组织食品标签技术法规的比较[J]. 食品科学,2014,35(1):277-281.

[18]中国电工技术学会. 国际及国外先进标准浅析[M]. 北京:机械工业出版社,1988.

[19]王益谊,王金玉. 法国标准化体系深度分析[J]. 世界标准信息,2007(1):52-55.

[20]俞国蓉,隰永才. 法国《NF》标准体系研究[J]. 世界标准信息,1996(12):16-21.

[21]范春梅. 法国标准化协会(AFNOR)[J]. 标准科学,2003(7):41.

[22]张宇春. 法国标准化协会及工作简介[J]. 冶金标准化与质量,1995(10):56-58.

[23]万泉. 法国食品安全监督管理经验的初探与启示[J]. 中国卫生监督杂志,2020,27(1):70-75.

[24]王鲜华. 英国食品标准局(FSA)保护公众健康和消费者利益的作法[J]. 中国标准化,2001,12:10-11.

[25]戚亚梅. 英国食品安全管理体系的运作[J]. 标准科学,2011(10):85-88.

[26]郝丽娟. 英国食品安全管理探寻[J]. 质量与认证,2013(1):60-62.

[27]温小辉, 冯杰. 从自由放任到多层级全面深入监管:英国食品安全立法的演进[J]. 保定学院学报,2017,30(1):81-86.

[28]安洁,杨锐. 日本食品安全技术法规和标准现状研究[J]. 中国标准化,2007,12:23-26.

[29]崔路,杨光,王力舟. 日本食品安全技术性贸易措施体系解析[J]. 中国标准化,2006,8:15-18.

[30]臧敏,季任天. 日本肯定列表制度探析[J]. 标准科学,2010(3):77-82.

[31]叶雪玲,叶科泰. 日本食品安全法规及食品标签标准浅析[J]. 世界标准化与质量管理,2006(2):58-61.

[32]席兴军,刘俊华,刘文. 加拿大食品安全标准及技术法规的现状和特点[J]. 中国标准化,2006,6:71-73.

[33]边红彪. 加拿大食品安全监管体系分析[J]. 中国标准化,2017,8:129-132.

[34]戴晶.《澳大利亚新西兰食品标准法典》对我国食品安全立法的启示[J]. 河南省政法管理干部学院学报,2006,3:38-39.

[35]徐蓓蓓,杨松,孟冬. 澳大利亚标准与技术法规简介[J]. 检验检疫科学,2002,12(5):21-22.

[36]仇华磊,刘环,张锡全,等. 澳大利亚食品安全管理机构简介[J]. 食品安全质量检测学报,2015,7:2547-2551.

[37]陈锡文,邓楠. 中国食品安全战略研究[M]. 北京:化学工业出版社,2004.

[38]宋稳成,单炜力,叶纪明,等. 国内外农药最大残留限量标准现状与发展趋势[J]. 农药学学报,2009,11(4):414-420.

[39]吕正军. 国际贸易与标准化[J]. 东方企业文化,2007,9:126-127.

[40]赵丹宇,郑云雁,李晓瑜. 国际食品法典应用指南[M]. 北京:中国标准出版社,2002.

[41]周景肖. 我国食品标准的现状及发展方向[C]. 第六届中国标准化论坛. 2009:945-946.

第8章

食品企业标准体系

本章学习目的与要求

1. 了解企业标准体系的构成，企业标准的结构和技术标准、管理标准以及工作标准所包含的内容。

2. 掌握食品企业标准体系编制。

3. 了解食品企业标准体系表。

随着全球经济一体化和贸易自由化的进一步加深，中国加入 WTO 后，企业拥有更多的机会参与国际竞争，但是参与竞争的条件之一就是遵循国际上现行的技术标准和贸易标准。同时大量的跨国集团公司进入中国市场，也为中国企业提供了采用和制定先进技术标准的示范作用。此外，入世也给中国企业参与制定国际产业规则创造了空前机遇。作为 WTO 的成员之一，中国企业有机会了解相关国际产业发展的最新动向，国际标准化活动和参与国际机构标准的制定，为突破他国的技术壁垒提供了路径。

企业标准化是指以提高经济效益为目标，以搞好生产、管理、技术和营销等各项工作为主要内容，制定、贯彻实施和管理维护标准的有组织的活动。其主要任务是贯彻国家、行业、地方有关标准化的法律、法规和方针政策；贯彻实施有关的技术法规、国家标准、行业标准、地方标准，积极采用国际标准和国外先进标准；制定、实施、维护企业标准；建立、健全企业标准体系；对标准的贯彻实施进行检查。

通过发布国家、行业和地方标准，我国对各类产品的技术要求及其试验方法做出了具体规定，即对已有国家或行业标准的产品，企业应遵照执行；对尚无上级标准的产品，应当制定产品的企业标准。

8.1 企业标准体系的构成

企业标准体系是企业已实施及拟实施的标准按其内在联系形成的科学的有机整体。企业标准体系表是一种描述企业标准体系的模型，通常包括企业标准体系结构图、标准明细表，还可以包括标准统计表和编制说明。企业标准体系含有产品实现标准体系、基础保障标准体系和岗位标准体系三个子体系。企业标准体系是企业其他各管理体系的基础，如经营管理、质量管理、生产管理、技术管理、财务成本管理、环境管理、职业健康安全管理、信息管理体系等。建立企业标准体系应根据企业的特点充分满足其他管理体系的要求，并促进企业形成一套完整、协调配合、自我完善的管理体系和运行机制。企业标准体系内的所有标准都要在本企业方针、目标和有关标准化法律、法规的指导下形成，包括企业贯彻、采用的上级标准和本企业制定的标准。

系统工程的特点之一就是从总体系统出发，设计内部系统。在系统设计时，必须对总体系统进行分解，即把一个系统分解成若干个子系统，然后对子系统进行技术设计和评价。因此，在研究企业标准体系的组成时，要对企业标准体系进行分解，即研究企业标准体系应该由哪些子系统组成或者说应该分成几个子系统，各子系统又如何分成若干个更小的子系统，直至分解为若干单项标准。国务院在《关于加强工业企业管理若干问题的决定》中指出："企业要逐步建立起以技术标准为主体，包括工作标准和管理标准在内的企业标准化系统"。这是国务院首次提出企业标准化工作的任务和目标，也是企业标准化工作的主要内容。该文件强调了企业标准体系应包括技术标准、管理标准和工作标准三个子体系，并强调必须突出以技术标准为主体。1991 年，国家技术监督局颁发的《企业标准化水平考核暂行规定实施细则》要求企业标准体系至少含有技术标准、管理标准和工作标准三个子体系。《企业标准体系表编制指南》(GB/T 13017—2018)修改了"企业标准体系以技术标准为主体，还应包括管理标准和工作标准"的表述，提出企业标准体系包括产品实现标准体系、基础保障标准体系和岗位标准体系三个子体系。企业标准体系结构图是指描述企业标准体系结构关系的逻辑框图，包括内外部相关环境以及内部各子体系的相互支撑、相互配合的逻辑关系。根据企业实际情况，企业可相应采用功能结构、属性结构或序列结构。企业标准体系功能结构和属性结构见图 8-1 和图 8-2。

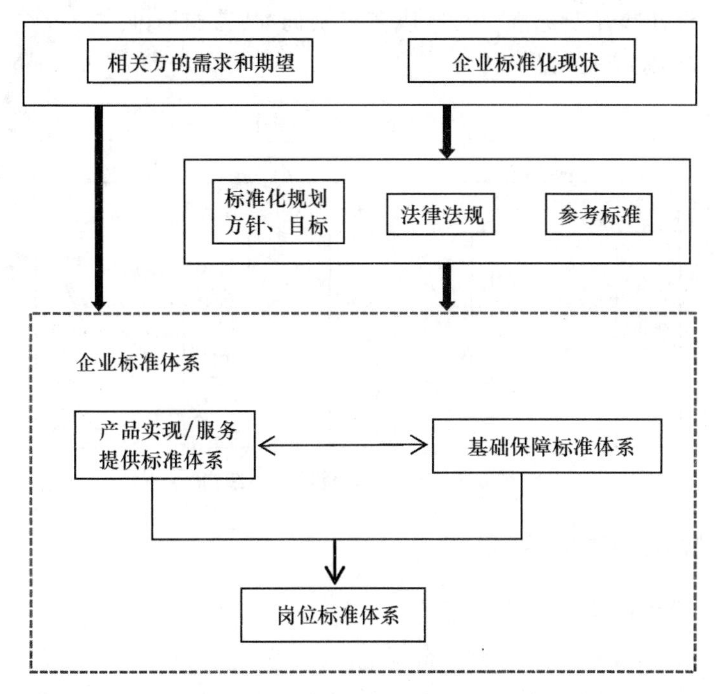

图 8-1　企业标准体系功能结构

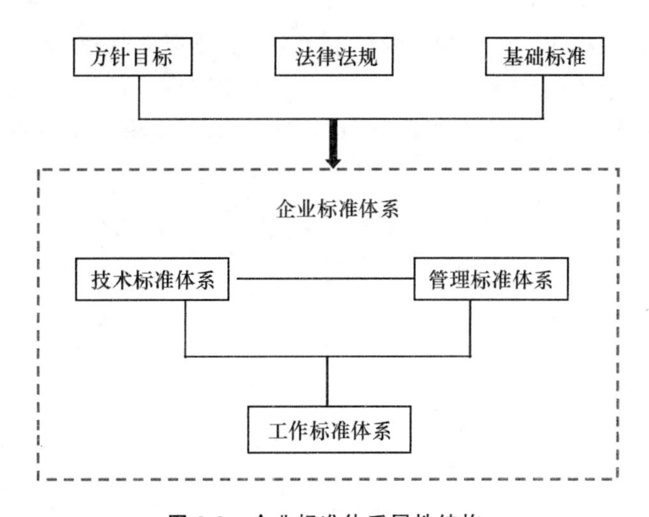

图 8-2　企业标准体系属性结构

8.1.1　产品实现标准体系

8.1.1.1　产品实现标准体系的定义

产品实现标准体系是指企业为满足顾客需求所执行的，规范产品实现全过程的标准按其内在联系形成的科学的有机整体。

8.1.1.2 产品实现标准体系的结构形式

产品实现标准体系应按《企业标准体系　产品实现》(GB/T 15497—2017)的要求构建，一般包括产品标准、设计和开发标准、生产/服务提供标准、营销标准、售后/交付后标准等子体系。产品实现标准体系结构见图 8-3。

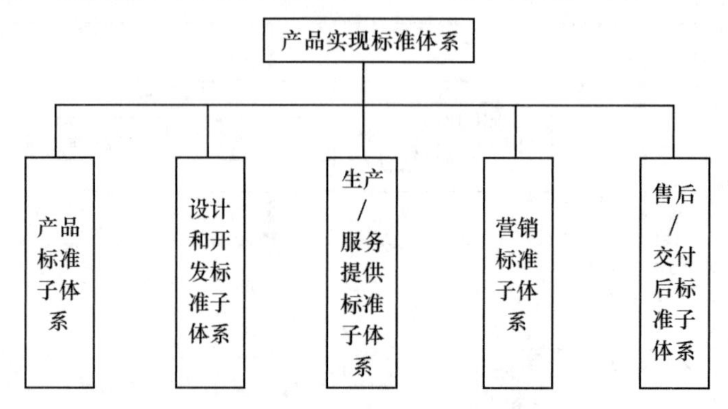

图 8-3　产品实现标准体系结构

8.1.2 基础保障标准体系

8.1.2.1 基础保障标准体系的定义

基础保障标准体系是指企业为保障企业生产、经营、管理有序开展所执行的，以提高全要素生产率为目标的标准，按其内在联系形成的科学的有机整体。

8.1.2.2 基础保障标准体系的构成

基础保障标准体系构建一般包括规划计划和企业文化标准、标准化工作标准、人力资源标准、财务和审计标准、设备设施标准、质量管理标准、安全和职业健康标准、环境保护和能源管理标准、法务和合同管理标准、知识管理和信息标准、行政事务和综合标准等子体系。基础保障标准体系结构见图 8-4。

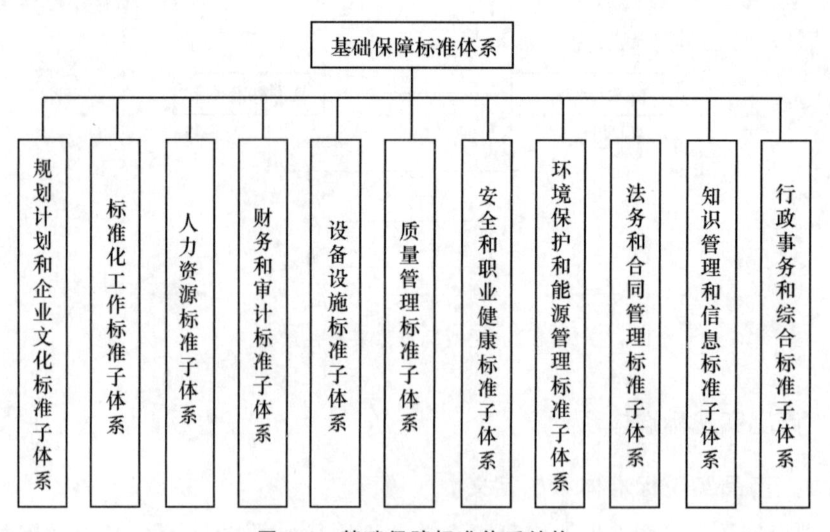

图 8-4　基础保障标准体系结构

8.1.3　岗位标准体系

8.1.3.1　岗位标准体系定义

岗位标准体系是指企业为实现基础保障标准体系和产品实现标准体系有效落地所执行的，以岗位作业为组成要素标准按其内在联系形成的科学的有机整体。

8.1.3.2　岗位标准体系的构成

岗位标准体系一般包括决策层标准、管理层标准和操作人员标准等子体系。岗位标准体系结构见图 8-5。

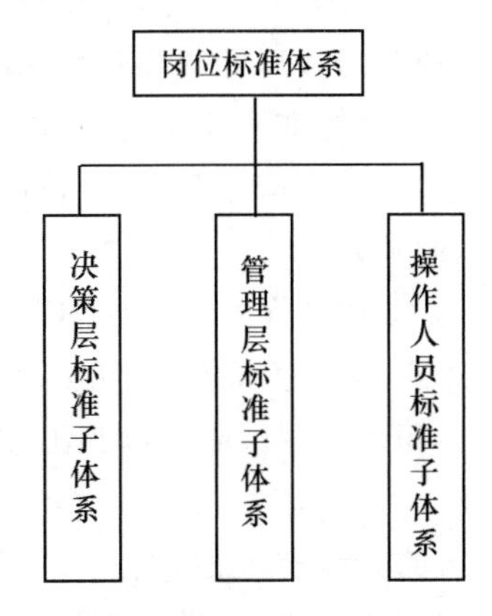

图 8-5　岗位标准体系结构

岗位标准体系应完整、齐全，每个岗位都应有岗位标准。岗位标准宜由岗位业务领导(指导)部门或岗位所在部门编制。岗位标准应以基础保障标准和产品实现标准为依据。当基础保障标准体系和产品实现标准体系中的标准能够满足该岗位作业要求时，基础保障标准体系和产品实现标准体系可直接作为岗位标准来使用。岗位标准一般以作业指导书、操作规范、员工手册等形式体现，可以是书面文本、图表、多媒体，也可以是计算机软件化工作指令。其内容可包括但不限于职责权限、工作范围、作业流程、作业规范、周期工作事项和条件触发的工作事项。

8.2　食品企业标准体系编制

8.2.1　食品企业标准体系的总要求

2015 年修订的《中华人民共和国食品安全法》第三章的第二十四条和第二十五条的“食品安全标准”中规定：制定食品安全标准，应当以保障公众身体健康为宗旨，做到科学合理、安全可靠；食品安全标准是强制执行的标准。除食品安全标准外，不得制定其他食品强制性标准。

标准体系是指一定范围内的标准按其内在联系形成的科学的有机整体。食品企业标准体系是标准体系的一种。其覆盖范围是一个食品企业将企业范围内的生产、技术和经营管理的标准化对象或重复性的工作制定成企业标准，纳入企业标准体系中进行系统化管理。企业标准体系的基本特征是目的性、集成性、层次性和动态性。与企业标准体系建立运行相关的标准有《企业标准体系　要求》(GB/T 15496—2017)、《企业标准体系　产品实现》(GB/T 15497—2017)、《企业标准体系　基础保障》(GB/T 15498—2017)、《标准体系构建原则和要求》(GB/T 13016—2018)、《企业标准工作　评价与改进》(GB/T 19273—2017)、《企业标准体系表编制指南》(GB/T 13017—2018)组成。建立和运行食品企业标准体系,确保食品的质量安全,还应符合以下几个方面的要求。

(1)食品企业建立的标准体系要围绕企业方针目标,在遵守国家有关食品安全和标准化方面的法律法规和强制性标准规定的前提下,结合企业实际,建立行之有效的标准体系。

(2)食品企业标准体系的建立应以技术标准为主,为确保技术标准的实施,建立的有关研发、采购、生产、经营、管理和服务等环节的管理标准和工作标准。

(3)食品企业建立标准体系是以技术标准子体系为主,但是管理标准子体系不仅仅保证技术标准子体系的正常实施,而且在市场营销、产品开发、科技创新、财务管理等方面起着重要的作用,因此,要正确处理各个子体系的关系。

(4)食品企业建立标准体系可以根据本节提出的内容并参照 GB/T 15496—2017、GB/T 15497—2017 以及 GB/T 15498—2017 等国家标准,积极运用最新科学和生产实践相结合的成果,不断优化企业标准体系结构。积极采用国际标准和国外先进标准,提高企业产品在国内外市场上的竞争力。

(5)为了保证企业标准体系运行的持续有效性,按照《企业标准工作　评价与改进》(GB/T 19273—2017)的要求,通过评审采取有效措施,推动企业标准体系的持续改进。

8.2.2　食品企业标准体系的制定

8.2.2.1　食品企业产品实现标准体系的构建

1. 构建食品企业产品实现标准体系的要求

(1)产品实现标准体系的内容　产品实现标准体系一般包括产品标准子体系、设计和开发标准子体系、生产/服务提供标准子体系、营销标准子体系和售后/交付后标准子体系等。

(2)产品实现标准体系的要求　产品实现标准体系是开放、动态的有机系统。食品企业可根据产品类型和产品实现的过程对产品实现标准体系及其子体系进行设计,包括删减、增补或整合标准体系的内容等;产品实现标准体系应确保其充分性、适宜性和有效性;产品实现标准体系应与 GB/T 15496—2017 和 GB/T 15498—2017 的规定相互协调。

2. 食品企业产品实现标准体系构成要素的内容和要求

(1)产品标准子体系　企业根据市场和顾客的需求,结合自身的技术和资源优势,对产品结构、规格、质量特性和检验/验证方法等做出技术规定,并对产品进行科学的分类,收集、制定的产品标准可包括但不限于企业声明执行的国家标准、行业标准、地方标准或团体标准。这类标准可直接收集、使用;企业声明执行的企业产品和服务标准;为保证和提高产品质量,制定严于国家标准、行业标准、地方标准、团体标准或企业产品和服务标准,作为内部质量控制的企业产品和服务内控标准。该标准不作为交付的依据;与顾客约定执行的技术要求或其他标准。其他标准可包括国外技术法规、国际标准、国外先进标准及其他国家的标准等。

（2）设计和开发标准子体系　设计和开发标准子体系结构包括产品决策标准、产品设计标准、产品试制标准、产品定型标准和设计改进标准。

①产品决策标准：企业对所开发产品的市场或顾客需求、本企业具体情况进行分析、研究，做出开发的决策，收集、制定的产品决策标准可包括但不限于决策信息收集的要求；决策信息分析内容、方法和程序的要求；产品决策输出的报告和记录的要求；决策结果使用的要求。

②产品设计标准：企业将产品决策输出的信息作为输入，进行方案拟定、研究试验、设计评审，完成全部技术文件的设计，收集、制定的产品设计标准可包括但不限于产品设计输入的要求包括产品的质量特性要求、专业设计规范厂标准以及通用化、系列化、模块化等方面的要求等；产品设计的方法和程序的要求包括设计模型、计算方法、设计程序等；产品设计评审和验证的要求包括评审和验证的内容、时机和方法等；产品设计输出的要求，包括技术文件的内容、格式和编号要求、完整性要求、产品型号和命名的要求等。企业在收集、制定产品设计标准时，应关注环境保护、安全、知识产权保护等。

③产品试制标准：企业对通过试验、试制或用户试用，验证产品设计输出的技术文件的正确性、产品符合质量特性要求，收集、制定的产品试制标准可包括但不限于申请产品试制的条件要求；产品试制责任部门/人员的职责权限、工作内容及程序和协作关系的要求；试制产品评审、验证的要求；试制结论的确认条件及结果应用的要求。

④产品定型标准：企业为确保持续稳定达到产品生产/服务提供条件，在产品试制的基础上进一步完善产品生产/服务提供的方法和手段，改进、完善并定型产品生产/服务提供过程中使用的工具、器具，配置必要的产品生产/服务提供和试验/测试用的设施、设备，收集、制定的产品定型标准可包括但不限于申请产品定型的条件要求；产品定型的工作内容和程序、试验内容和方法等；产品定型文件的要求；产品生产/服务提供用设施、设备、工具、器具的定型与配置要求；检验和测量仪器的配置和标定要求；产品定型确认/批准的要求。

⑤设计改进标准：企业为提高产品质量和适用性，对产品在各阶段收集到的反馈信息进行分析、处理和必要的试验，收集、制定的设计改进标准可包括但不限于改进信息收集、分析等的要求；改进方案编制、评审、验证、确认的要求；改进实施的要求；改进效果评价的要求。

（3）生产/服务提供标准子体系　生产/服务提供标准子体系结构包括生产/服务提供计划标准、采购标准、工艺/服务提供标准、不合格控制标准、标识标准、包装标准、贮存标准、运输标准和产品交付标准。

①生产/服务提供计划标准：企业为确保生产/服务提供的有序组织，根据产品交付/服务需求和本企业的资源提供情况提前做好资源、生产或服务提供的安排，收集、制定的生产/服务提供计划标准可包括但不限于计划的分类；计划制定的依据、模型/方法、程序以及计文件等的要求；计划实施的准备、进度控制、调整的程序以及例外情况处理等的要求；计划考核的内容、方式、周期以及结果应用等的要求；计划统计分析的数据、方法、结果应用以及统计报表等的要求。

②采购标准：企业对用于产品实现的外部提供的过程、产品以及采购活动的控制，收集、制定的采购标准可包括但不限于品种规格简化、优化的要求，包括规定外部提供过程、产品的

限用规则，合理简化品种规格等；质量要求包括外部提供产品适用的质量特性、规格、品种、等级等要求以及外部提供过程、服务的组织、实施及验收要求等；采购过程控制要求包括采购活动的职责、审批权限、采购流程、订货方法、接收及付款方式、产品的验证等要求；供方选择与评定要求包括对供方的资质和提供产品的能力进行评价和选择，制定选择和评价合格供方的准则等。

③工艺/服务提供标准：企业对牛产/服务提供的方法、程序和现场管埋，收集、制定的工艺/服务提供标准可包括但不限于生产/服务提供方法、程序的要求，主要包括生产/服务提供的方法和手段，如使用的设施、设备及用品的配备数量和结构；工作流程和环节划分的方法和要求以及各环节的操作规范、工作内容和输入输出要求等；生产/服务提供过程质量控制要求包括质量控制点设置的原则、工作内容、控制要求等；生产/服务提供现场定置管理要求包括定置管理的目标、内容及程序等；生产/服务提供操作规范管理要求包括操作规范的实施、检查及考核等。

④监视、测量和检验标准：企业对生产/服务提供的过程及其户过程以及产品的特性和各过程的结果进行监视、测量和检验，收集、制定的监视、测量和检验标准可包括但不限于监视、测量和检验方法的要求，主要包括监视、测量和检验的项目、条件、使用的设备、顺序、试验/评价方法、周期频率、组批规则、计算方法、判定规则等要求；监视、测量和检验程序的要求包括检验的设置、监视和测量点/过程的选择，监视、测量和检验的职责和权限、方式、内容以及报告和记录的要求；监视、测量和检验结果的应用要求包括结果分析、传递并用于改进。

⑤不合格控制标准：企业对牛产/服务提供过程中的不合格进行识别和控制，收集、制定的不合格控制标准可包括但不限于不合格的识别、分类要求；不合格处理的要求；纠止和预防措施的要求；不合格处理记录的要求。

⑥标识标准：企业对牛产/服务提供的过程和结果使用的标识，收集、制定的标识标准可包括但不限于标识使用要求，主要包括标识的内容、位置、数量、紧固方式、操作方法等；标识管理要求包括设计、制作、使用和标识零件的贮存等的过程控制；标识特殊要求，如有追溯要求的产品的标识要求。

⑦包装标准：企业对生产/服务提供使用的包装材料及其规格、质量、工艺要求及过程控制等，收集、制定的包装标准可包括但不限于包装材料要求，包括材料的选择、尺寸、性能和试验要求；包装工艺要求包括包装的场所环境、使用工具、方法等；包装管理要求包括设计、制作、使用、验收、防护和包装用物品贮存等的过程控制。

⑧贮存标准：企业对生产/服务提供过程中涉及的各类库存物资的贮存环境、摆放、数量和进出等方面的管理，收集、制定的贮存标准可包括但不限于物资贮存要求，主要包括贮存条件、方式、期限等要求，对易腐、易燃、易爆、有毒、有害、放射性产品的特殊贮存要隶；贮存设施的要求包括贮存设施的类别、结构、布局等；贮存日常管理要求包括建立保管账目、定期盘点和维护在库物资等；贮存出入库管理要求包括出入库的审批职责和权限、流程、使用的单据等。

⑨运输标准：企业为保证对生产/服务提供过程涉及的各类物资在企业内、外部的运输安全，提高效率，收集、制定的运输标准可包括但不限于运输方式、条件及装卸方式的要求；运输

时限的要求;运输中防护的要求以及易腐、易燃、易爆、有毒、有害、放射性产品意外泄漏时的应对措施。

⑩产品交付标准:企业为保证产品交付时满足质量要求,收集、制定的产品交付标准可包括但不限于产品交付条件的要求;产品交付方法、程序的要求;产品交付使用的设施、设备的技术要求和精密度要求;产品交付应检验的项目、程序、检查方法和判定规则等;产品交付的完整性要求;产品交付文件的完整性要求。

(4)营销标准子体系　营销标准子体系结构包括营销策划标准和产品销售标准。

①营销策划标准:企业对产品营销策划过程的控制,收集、制定的营销策划标准可包括但不限于营销策划过程管理的要求,主要包括市场机会分析、顾客需求与期望的了解与分析、目标市场选择、市场定位、市场营销方案设计和实施、营销活动管理等要求以及相应的工作程序;营销信息管理的要求包括信息收集的内容和方式、信息的整理分析和研究、信息的传递和存放、信息的使用等要求;顾客关系管理的要求包括顾客关系的建立、维护及顾客财产的管理等;营销效益评价要求包括营销效益评价的方法、程序及结果的应用等。

②产品销售标准:企业对产品销售的过程进行控制,收集、制定的产品销售标准可包括但不限于销售计划管理的要求;销售方式管理的要求;销售渠道管理的要求;销售区域管理的要求;销售文什管理的要求。

(5)售后/交付后标准子体系　售后/交付后标准子体系结构包括维保服务标准、三包服务标准、售后/交付后技术支持标准、售后/交付后信息控制标准和产品召回再利用标准。

①维保服务标准:企业为满足顾客对维修、保养服务的需求,对维修、保养服务的过程进行控制收集、制定的维保服务标准可包括但不限于服务网点的设置评价要求;服务网点及设施设备要求;维保服务技术文件的要求;服务人员要求及服务规范;服务提供方式的要求;维保服务工作的内容、程序的要求;备品备件及维保工具、设备的要求;顾客档案及维保服务记录的要求。

②三包服务标准:企业为履行产品质量责任,收集、制定的三包服务标准可包括调换的要求;退货的要求;保修的要求。

③售后/交付后技术支持标准:企业对为顾客产品使用和维修、保养和维护等提供技术支持的过程进行控制,收集、制定的售后/交付后技术支持标准可包括但不限于技术支持需求的识别,主要包括技术支持需求的对象、内容及形式等;技术支持包括计划的制定、实施、效果评估、记录及档案等。

④售后/交付后信息控制标准:企业对产品售后/交付后顾客反馈的信息进行控制,收集、制定的售后/交付后信息控制标准可包括但不限于售后/交付后信息收集内容、周期、方式的要求;售后/交付后信息分类的要求;售后/交付后信息统计、分析的要求;售后/交付后信息的传递要求;售后/交付后信息处理的要求;顾客投诉管理的要求。

⑤产品召回和回收再利用标准:企业对交付到顾客手中的缺陷产品、基本或完全失去使用价值的产品及其他类型的产品进行控制,收集、制定的产品和回收再利用标准可包括但不限于:召回、回收再利用产品的技术要求;召回、回收再利用过程控制的要求;召回、回收再利用产

品处置的要求；召回、回收再利用效果评价的要求。

8.2.2.2　食品企业基础保障标准体系的构建

1.食品企业基础保障标准体系

(1)企业基础保障标准体系的内容　企业基础保障标准体系包括规划计划和企业文化标准、标准化工作标准、人力资源标准、财务和审计标准、设备设施标准、质量管理标准、安全和职业健康标准、环境保护和能源管理标准、法务和合同管理标准、知识管理和信息标准、行政事务和综合标准等子体系。

(2)企业基础保障标准体系的要求　基础保障标准体系应以保证企业产品实现有序开展为前提进行设计，以生产、经营和管理活动中的保障事项为要素；基础保障标准体系内的标准应在相关法规及其组织环境、企业战略、方针目标和企业标准化管理文件的指导下形成，以企业生产、经营和管理等活动为依据；纳入基础保障标准体系的标准应相互协调，标准内容符合企业生产、经营和管现活动实际；不同类型的企业可根据生产、经营和管理活动的特点，对基础保障标准体系中的要素进行适当选择、调整、减裁与补充，选择、调整、减裁与补充应确保体系的适宜性、充分性和有效性，且不影响企业的产品实现；构成基础保障标准体系的标准应包括企业适用的国家标准、行业标准、地方标准、团体标准和企业标准；基础保障标准体系的构建应充分考虑和满足企业质量管理、职业健康安全管理、环境管理、能源管理、信用管理的要求，为企业建立和实施相关管理体系奠定基础：基础保障标准体系应与 GB/T 15496—2017 和 GB/T 15497—2017 的规定相互协调。

2.食品企业基础保障标准体系构成要素的内容和要求

(1)规划计划和企业文化标准子体系　规划计划和企业文化标准子体系包括规划计划、品牌和企业文化。

①规划计划：企业对规划、计划的管理机制和方法等事项所形成的标准包括但不限于规划计划的编制，规划计划的调整，规划计划的执行。

②品牌：确定企业品牌建设策划、品牌运营和管理等事项形成的标准包括但不限于品牌的策划、定位和设计，品牌管理的组织和执行，品牌的评估、推广和保护。

③企业文化：确立企业的价值观念、行为规范和道德、风尚、习俗等事项形成的标准包括但不限于精神文化，主要包括理念信念、价值观念、诚信建设、社会责任、企业的群体意识、职工素质和优良传统、道德意识等要求；制度文化包括各种行为规范、领导体制、沟通协调、礼仪以及组织与管理职责、方法，各项标准、规章、制度和纪律等要求；物质文化包括企业形象、企业标识、产品形象、环境建设以及文化传播等要求。

(2)标准化工作标准子体系　标准化工作标准子体系包括标准化工作组织与管理、标准化工作评价。

①标准化工作组织与管理：以企业标准化活动普遍使用的事项形成的标准包括但不限于标准化要求；标准化原理和方法；标准化术语；量、单位、符号、代号和缩略语等标准；标准化工作的组织与开展；标准制(修)订管理；标准化信息管理。

②标准化工作评价：以确定标准化管理效果所采用的标准包括但不限于复审及其结果的处置管理；标准实施与检查；标准体系评价与改进；标准化奖励等；标准化经济效益与社会效益的评价。

(3)人力资源标准子体系　人力资源标准子体系包括劳动组织、劳动关系、绩效、薪酬福利保障、培训和人才开放。人力资源标准应根据企业发展、生产规模、劳动形式、生产环境、人员情况等进行编制；人力资源标准中涉及岗位的具体要求按照 GB/T 14002—2008 中的规定执行。

(4)财务和审计标准子体系　财务和审计标准子体系包括预算决算、核算、成本管理、资金管理、资产管理、投资管理、税务管理和审计管理等。企业应按国家法律法规和地方、行业要求，对财务和审计活动进行规范，收集和制定预算、核算、成本、资金、资产、投融资、税务和审计标准。

(5)设备设施标准子体系　设备设施标准子体系包括设备设施设计和选购、储运、安装调试和交付、使用保养和维护、改造停用和废弃、工艺装备、基础设施和监视和测量等。企业应收集和编制设备设施的设计、选购、制造、运输、验收、储存、安装、调试、使用、维修、保养、改造和报废等标准。

(6)质量管理标准子体系　质量管现标准子体系包括质量控制、精细化管理和精益化管理等。企业应收集和编制适用的质量管理标准，这些标准包括但不限于对产品实现过程的质量控制，精细化管理、精益化管理等的质量定位、组织与管理、推进及其测量、评价与改进。

(7)安全和职业健康管理标准子体系　安全和职业健康管理标准子体系包括安全、应急和职业健康。企业应收集和编制适用的安全管理标准，这些标准包括安全警示标志和报警信号、危险和有害因素分类分级，安全设备的设计、制造、安装、使用、检测、改造和报废标准。企业应收集、编制应急准备和相应要求及其紧急情况下的处置标准，包抓识别、预案、通报、演练、措施等。

(8)环境和能源管理标准子体系　环境和能源管理标准子体系包括环境、废弃物排放和能源。企业应收集和编制环境管理标准，环境管理标准应充分关注员工在生产过程中的环境保护需求，产品实现过程中的环境要素以及产品可能带来的环境影响。企业应收集和编制能源节约与合理利用的标准。

(9)法务和合同管理标准子体系　法务和合同管理标准子体系包括法务管理和合同管理。企业应研究和甄别针对生产、经营和管理活动中因不符合法律规定或者外部法律事件导致风险损失的可能性，并收集和制定标准。企业应收集和编制在生产、经营和管理活动中与相关方就合同拟定、审批、执行、保管、纠纷处置、销毁以及合同分类、格式的要求。

(10)知识管理和信息标准子体系　知识管理和信息标准子体系包括知识产权管理、信息、文件与记录和档案等。企业应收集和编制新技术、新工艺、新材料、新方法、新产品标准通过登记、认可、鉴定、奖励、专利、版权、标志以及标准等推动企业卜科技创新与成果应用。企业应收集和编制对生产经营活动中产生影响的各类信息的标准，对这些信息通过信息化手段进行分类、利用、保护。

(11)行政事务和综合标准子体系　行政事务和综合标准子体系包括行政事务、技术资源、风险和内控管理。企业应收集和编制行政事务标准,为企业生产、经营和管理提供支撑。企业应研究和甄别对生产、经营和管理活动中产生影响的各类导致风险损失的因素加以控制,收集和制定标准。

8.2.3　食品企业标准体系的审定

8.2.3.1　食品企业标准体系的自我评价

1.评价的基本要求

企业标准体系文件发布并有效实施3个月以上,由符合评价资格的人员组成评价小组,对企业标准体系进行评价。评价小组应由最高管理者参加,或委托一名副职参加,并担任组长,明确评价小组有关人员的职责。

2.评价方法和程序

(1)评价方法　有2种形式:一是对企业标准体系实施全部或部分评价;二是按不同的部门或岗位,分别对标准体系实施进行评价。企业自我评价方法一般采用检查记录表和评分表,并通过评价人员提问、观察、听取对方陈述、检查、比对、验证等获取客观证据的方式对标准体系进行评价。

(2)评价程序　评价程序包括以下几个步骤。

①提出评价计划。

②成立评价小组。

③评价准备:编制评价计划和检查记录表、准备评价需要用的工作文件、召开动员会。

④评价实施:召开首次会议、对标准化工作的评价、对标准体系文件评价、对标准体系实施过程的现场评价、召开末次会议。

⑤编写自我评价报告和填写企业自我评价不合格项报告。

⑥评价结果处置:制定纠正和预防措施计划并报企业最高管理者批准实施;对纠正和预防措施进行跟踪评价;向全体员工公布评价结果;考核奖惩。

3.评价原则和依据

(1)评价原则　以"客观证据"为依据的原则;标准与客观实际对照的原则;独立与公正的原则。

(2)评价依据　国家方针政策、法律法规;本节食品企业标准体系的建立和运行的内容,并结合企业标准体系的系列国家标准及其引用的规范性文件。

4.评价结果体现

企业标准体系自我评价结果用《企业自我评价评分》(表8-1)、《企业自我评价不合格报告》(表8-2)和《企业自我评价报告》(表8-3)来体现。

表 8-1 企业自我评价评分

<table>
<tr><td>项目评分</td><td>规定得分</td><td>扣分</td><td>实际得分</td><td>得分说明</td></tr>
<tr><td>标准化管理工作</td><td>80</td><td></td><td></td><td></td></tr>
<tr><td>标准体系</td><td>220</td><td></td><td></td><td></td></tr>
<tr><td>标准的实施与监督检查</td><td>100</td><td></td><td></td><td></td></tr>
<tr><td>加分项目</td><td>125</td><td></td><td></td><td></td></tr>
<tr><td>否决项目</td><td colspan="4">1. 企业未建立和运行有效的标准体系，产品覆盖率未达到 100%，进行无标生产或产品不能满足国家、行业或地方强制性标准的要求
2. 企业 3 年内发生重大产品质量、安全生产、职业健康、环境管理等事故，而受到国家、地方通报或处分的
3. 国家或地方质量监督部门抽查的产品质量未达到产品标准要求，并连续 2 次抽查不合格的
以上凡有其中一项者，均不得申请企业标准体系的社会确认</td></tr>
<tr><td>合计</td><td>525 分</td><td>最后得分</td><td colspan="2">分</td></tr>
<tr><td>评价结论</td><td colspan="4"></td></tr>
<tr><td colspan="5">评价小组人员名单</td></tr>
<tr><td>姓名</td><td>工作部门(单位)</td><td colspan="2">职务(职称)</td><td>签字</td></tr>
<tr><td></td><td></td><td colspan="2"></td><td></td></tr>
<tr><td></td><td></td><td colspan="2"></td><td></td></tr>
<tr><td></td><td></td><td colspan="2"></td><td></td></tr>
<tr><td></td><td></td><td colspan="2"></td><td></td></tr>
<tr><td></td><td></td><td colspan="2"></td><td></td></tr>
<tr><td>企业最高管理者意见</td><td colspan="4">签字(盖章)
年 月 日</td></tr>
</table>

表 8-2　企业自我评价不合格报告

编号：　　　　　　　　　　　　日期：

<table>
<tr><td>受评价部门</td><td></td><td>负责人
（接待人）</td><td></td><td>职务</td><td></td></tr>
<tr><td>评价人姓名</td><td></td><td>评价日期</td><td></td><td>发出日期</td><td></td></tr>
<tr><td rowspan="4">不合格项目</td><td colspan="3">不合格事实</td><td>严重不合格</td><td>一般不合格</td></tr>
<tr><td colspan="3"></td><td></td><td></td></tr>
<tr><td colspan="3"></td><td></td><td></td></tr>
<tr><td colspan="3"></td><td></td><td></td></tr>
<tr><td>部门负责人确认签字</td><td colspan="3"></td><td>确认日期</td><td></td></tr>
<tr><td>原因分析、制定纠正措施及完成时限</td><td colspan="5">部门负责人：　　　　　　日期：</td></tr>
<tr><td>纠正措施实施情况</td><td colspan="5">部门负责人：　　　　　　日期：</td></tr>
<tr><td>纠正措施验证</td><td colspan="5">评价人员：　　　　　　日期：</td></tr>
</table>

表 8-3　企业自我评价报告

编号：　　　　　　　　　　　　日期：

评价开始日期		评价结束日期	
评价目的、范围			
评价依据			
不合格项内容			
纠正和预防措施及要求			
自我评价持续改进措施落实情况			

8.2.3.2　食品企业标准体系的社会确认

1. 确认的基本条件

(1)申请条件

①企业应具有法人资格。

②标准体系文件齐全,符合企业实际需要,实施 6 个月以上并能有效运行。

③生产所有产品必须有合法的标准。

④应设有满足企业管理需要的标准化机构和人员。

(2)社会确认否决条件

①企业未建立和运行有效标准体系,产品标准覆盖率未达到 100%。

②企业 3 年内发生重大产品质量、安全生产、职业健康、环境管理等事故而受到通报处分的。

③国家和地方质量监督部门两年连续抽查不合格的。

2. 确认的组织和人员

确认组织是经标准化主管部门认可的确认机构或标准化中介组织组成专家组。确认人员必须具备一定的资质,具有一定的权利和义务。

3. 确认的方法和程序

(1)确认方法　确认方法一般采用检查记录表和企业标准体系评分(表 8-4),并通过提问、观察、听取对方陈述、检查、比对、验证等评价方式进行,从中获取客观证据,对标准体系文件及实施过程是否满足标准要求进行打分,根据评分表的最后得分,确定企业建立的标准体系是否合格,并向被确认方提供评价报告和确认结论。

表 8-4　企业标准体系评分

工厂名称：			评审日期　年　月　日				
项目	评审项目	评审内容及标准细则	符合	轻微不符	严重不符	不适用	备注
技术及工艺文件	1. 产品标准、检测报告	有产品标准和权威部门水质全检报告*					
	2. 产品检定	有无法定鉴定机构出具的产品全能性合格报告*					
	3. 工艺流程	有无工艺流程图					
		工艺流程图与生产实际是否相符					
		工艺流程是否合理					
		工艺流程是否适合加工产品的特性要求					
	4. 工艺操作规程	有无制定相应工艺规程					
		操作规程描述的关键工序是否详细、全面					
		制定相应操作规程并标在适当位置					
	5. 其他						

续表 8-4

工厂名称：			评审日期　　年　月　日				
项目	评审项目	评审内容及标准细则	符合	轻微不符	严重不符	不适用	备注
设备管理	1. 清洗	管道、设备的清洗、消毒是否符合工艺要求					
		清洗是否有死角					
	2. 消毒、杀菌	生产过程中管道、产品的专用消毒、杀菌设备按工艺规定是否少项*					
	3. 设备管理制度	杀菌参数是否达到要求*					
		设备管理制度是否文件化					
		设备故障率和利用率是否符合要求					
	4. 设备现场管理	经消毒杀菌后的所有设备与管道接口处有无油垢、积垢等不卫生情况*					
		设备检修、保养记录是否健全					
		有无专职现场巡视管理、检修人员					
	5. 其他						
质量管理	1. 职位质量职责	有无明确的职位质量职责					
	2. 质量机构与人员	有无独立负责、健全的质量机构*					
		现场有无 QC(品质管理人员)					
	3. 质量教育	重要岗位是否有食品的卫生与安全教育*					
	4. 进货检验	所有购进原辅料是否经过必要检验					
		让步接收原辅料是否经过必要的审批程序					
		紧急放行原辅料是否经过必要的审批程序					
	5. 过程检验	过程控制检验是否全面					
		现场生产过程控制检验是否有效执行					
		出现不合格时是否有适当的处理程序					
	6. 检测条件	理化、微生物检验室是否符合有关规范					
		化验室能否做出厂必检项目*					
		化验室必配仪器是否符合计量管理要求					
		检验设备是否按过程检验项目齐备*					
	7. 计量器具	工艺规程配备的计量器具是否缺件					
		计量监控器具与被测量参数特性是否匹配					
		计量检测器具是否周期检测或鉴定，是否有超期现象					
		生产现场计量检测器具的准确度和适用性					
	8. 工艺质量管理	是否有较合理的工序质量控制办法并形成文件化*					
		现场是否按工艺规定对管道、设备、容器进行清洁、消毒杀菌，如何确认或验证消毒效果*					
		质控点数据是否全面，生产记录是否完整有效					
		有无消毒、灭菌管理办法并文件化					
	9. 其他						

续表 8-4

工厂名称：			评审日期　年　月　日				
项目	评审项目	评审内容及标准细则	符合	轻微不符	严重不符	不适用	备注
仓储管理	原辅料及成品仓储质量管理	有专用仓库，仓库内要有温湿度表及记录					
		通风设施能否达到防霉、防潮					
		有无有效的防尘、防虫等措施					
		有无分类标识、定位堆码					
		材料、成品是否放在垫板上					
		有无严格的保管发放记录					
厂区及车间卫生状况	1. 厂区环境及污染源控制	常去原理生产车间处应设立垃圾存放设施，是否每日都清理出厂					
		车间内是否有阴井					
		厂区厕所的冲水、洗手设施；防蝇、防虫设施是否齐全					
		厂区及周围环境是否整洁，厂区地面、路面和运输是否会对生产造成污染					
		厂区周围是否有危及产品卫生的污染源，是否远离有害场所					
		生产区与生活区应当隔离*					
	2. 洁净车间	洁净车间是否达到净化要求，特别注意采风口和回收风的进口*					
		洁净区空气是否按规定监测，记录是否存档					
		空气洁净度等级不同的相邻厂房间是否有缓冲设施，是否有原辅材料处理的缓冲间或措施*					
		洁净区的窗户、天棚及进入室内的管道、风口、灯具与墙壁或天棚的联结部位是否密封、安全*					
		空气洁净度等级不同的相邻厂房间差是否符合要求*					
		地面与墙壁的交界处是否成弧形或采取其他措施					

续表 8-4

工厂名称：			评审日期　　年　月　日				
项目	评审项目	评审内容及标准细则	符合	轻微不符	严重不符	不适用	备注
厂区及车间卫生状况	3.生产车间	灌装间与其他工序场地是否隔离*					
		进入灌装间、配料间是否有洗手消毒装置*					
		生产间门窗不能敞开，各种管道、灯具、风口等公用设施以及连接部是否安全密封					
		生产车间地面是否清洁，是否脏、积水					
		车间墙裙以上是否涂防霉料，天花板有无霉变					
		车间有无防尘、防虫、防鼠等设施					
		有效都要求的工序场地有无消毒措施					
		物流料对方是否混乱					
	4.其他						
人员卫生状况	1.人员卫生	车间上岗人员有无卫生防疫部门的有效体检合格证，不得发现有传染病、手部伤口脓化上岗操作等现象*					
		是否有操作工留长发、涂指甲等现象*					
		配料间、灌装间工人是否有不穿工作服、头发露在外面、留长胡、工作服肮脏的现象					
		生产场地是否有随地吐痰、吸烟及把与生产无关的物品带进生产场所现象					
	2.其他						
质量意识	1.管理、技术人员	是否熟悉食品卫生规范					
		是否熟悉质检和质量管理知识					
		能否及时解决生产中出现的实际问题					
	2.质量检查人员	是否熟悉本岗位工艺操作要求					
	3.生产工人	生产现场是否有违章操作现象					
	4.其他						
附加内容							
评审结果	工厂代表签字						
	评审组代表签字						
	评审结论	合格　　　基本合格　　　不合格					

说明：1.表中"评审内容及标准细则"各条项目之后的结论分为4种，对符合该项目者，在"符合"栏内打"√"，依此类推；如不适用的则在"不适用"栏内打"√"。

2.表中带"*"的评审内容及标准细则为必须达到的要求，一项未达要求(含轻微不符合)，即判为"不合格"(不适用的除外)。

3.表中未带"*"的评审内容及标准细则为应该达到的要求，6项以上严重不符合或16项轻微不符合者，即判为"不合格"；严重不符合少于6项时，轻微不符合与严重不符合相加超过16项的，也判为"不合格"。

4.审评中无严重不符合项，少于10个轻微不符合项的，判为"合格"。

5.其他情况判为"基本合格"。

(2)确认程序

①企业提出申请。

②成立确认小组。

③召开首次会议。

④对企业标准化工作、标准体系文件和标准体系实施过程现场确认。

⑤召开末次会议。

⑥编写确认报告和不合格报告,确认结果的处置。

4.评价、确认的内容和要求

根据本节食品企业标准体系的建立和运行规定的内容,并结合企业标准体系的系列国家标准及其引用的规范性文件,进行现场评价。

经确认专家组评价、确认后,向企业提供正式的评价、确认报告。经确认合格,由标准化行政主管部门认可的机构向企业颁发《企业标准体系确认证书》,同时向社会公告,对确认不合格的企业,确认组应提出不合格的理由。

《企业标准体系确认证书》的有效期为3年,到期后,应向原发证单位提出复审申请。被确认合格的企业,可在产品、包装、标签及说明书上明示企业标准体系确认合格标志。

8.2.4　企业标准化过程中的技术秘密问题

按照《标准化法》《标准化法实施条例》《产品质量监督试行办法》《产品质量仲裁检验和产品质量鉴定管理本法》《产品质量申诉处理办法》以及《产品质量国家监督抽查管理办法》等法规规定,企业标准化过程的参与者为企业、监管部门、仲裁以及特定的参与方(例如,合同纠纷方),不涉及社会公众。企业标准的制定是由企业内部来实行;企业标准的实施管理是企业内部和技术监督部门来实行,企业标准的使用是由企业内部、技术监督部门、检验机构和司法活动部门来实行。

8.2.4.1　企业标准化过程中不应公开涉及企业的自有技术秘密

现行法律法规已经确定了企业标准中的技术秘密可不公开的问题。依照《标准化法》规定:“已有国家标准或者行业标准的,国家鼓励企业制定严于国家标准或行业标准的企业标准,在企业内部适用”,此处所指的标准是强制性国家标准或行业标准。依此,企业也可自行制定高于国家、行业标准内容指标的企标在企业内部使用。当企业具有了较高的生产能力、技术开发能力,可提供更高质量或更优越功能的产品时,为了标准化地组织生产,企业往往执行严于国家标准或行业标准的内部技术标准。

依据《标准化条文的解释》,企业标准可不公开,也不用备案。但若作为交货的依据,该标准必须备案。这里的“可不公开”针对的是技术监督部门等企业之外的任何部门或人。企业的产品已经满足了强制性国家标准或行业标准的要求,按照《产品质量检验》等一系列法规规定,质量检验认证都是依据强制性国家标准或行业标准的要求来进行的。因此,对于企业之外的任何部门或人而言,企业产品是否符合标准的衡量依据不是性能高于强制性国家标准或行业标准的企业标准的要求。

无论关于新技术、新产品的企业标准,还是性能、指标高于或工艺、方法优于国家标准或行业标准的企业标准,都有可能涉及企业自有技术秘密,不应当因企业在执行国家法律规定的标准化行为而被强迫公开技术秘密。

另外，备案的企业标准是作为“交货的依据”，而不是为了供公众查阅，因此，企业标准备案不能成为企业标准的“发布行为”。企业标准是否作为交货的质量依据，应由合同双方约定。在双方没有约定的前提下，出现质量纠纷或者技术监督部门进行质量检验时，才依据备案的企业标准。在标准化的活动中，质量检验判定是由具有资质的检验机构承担，或按照合同约定在具体收货方产品验收的部门进行，而不是“公众”进行质量检验。因此，“公众”就不应随意获得企业标准。即使“公众”提出产品的质量问题，也是由技术监督部门进行质量检验。涉及企业技术秘密的企业标准是否需要公开，应由企业自行决定。而在备案的环节，技术监督部门无权，也没有必要公开备案的企业标准。企业标准的备案、产品质量检验或质量抽查检验等技术监督行政行为导致或迫使企业公开其技术秘密是没有法律依据的。

国家质量技术监督检验检疫总局对企业标准的备案和查阅没有详细的要求。部分省市没有明确指出备案的标准是否可供公众查阅。少部分省市提出了备案资料不得扩散的要求。在部分地区的标准化实施监督管理办法中，明确了技术监督人员复制、查阅资料的要求，并且明确不得泄露相关企业的技术秘密。

8.2.4.2 企业标准化过程中涉及企业自有的技术秘密实施保密

按照规定，企业应在没有相应的国家标准或行业标准可执行的前提下，制定企业标准，并进行必要的备案。企业产品在出厂前应进行质量符合标准的检验活动，或者企业自身进行，或者由质量检验机构进行。内部的保密措施应由企业自行制定，检验机构的保密责任应该明确。

企业标准的备案管理应明确备案的作用和档案的管理条例。例如，明确备案标准应作为生产的依据也应作为监督的依据，还作为质量仲裁的依据。

在企业标准的监督实施环节应明确技术监督部门在实施情况监督检查时可查阅复制有关资料，但是应该对被检查者的技术秘密和商业秘密给予保密。

当前，部分地区都要求对企业技术标准备案的资料实施保密，不应扩散，如上海、天津、四川、新疆、福建等地区。技术监督人员在执法过程中应按照程序复制、查阅资料的要求进行，且在这个过程中不得泄露待查企业的技术秘密，泄露者承担相应的法律责任。这样做不仅遵循了《标准化法》的具体规定，较好地保护了企业的技术秘密，鼓励企业不断地创新，也能够更好地适应标准化过程管理需要。

8.3 食品企业标准体系表

8.3.1 标准体系表编制原则和要求

8.3.1.1 食品企业标准体系表的编制原则

1. 目标原则

围绕企业方针目标的实现，建立和实施企业标准体系，并对体系的运行进行优化和持续改进，使建立的企业标准体系目标明确、科学有效。

2. 系统原则

企业是一个大系统，反映其特性的企业标准体系也要遵循这个系统原则，以建立体系的纵向结构和横向结构。

3. 层次原则

企业标准体系的建立，应根据标准的适用范围，恰当地将标准安排在不同的层次上，应用范围广的标准，应安排在高层次上，应用范围窄的个性标准应安排在低层次上。

4. 协调原则

系统内的标准之间必须相互协调一致。标准之间存在着相互连接、相互依存、相互制约的内在联系，只有相互协调一致，才能发挥体系的整体功能，获得最好效益。

8.3.1.2　食品企业标准体系表的编制要求

1. 全面配套

(1)充分贯彻食品安全方面的法律法规和强制性国家标准、行业标准及地方标准。凡是食品行业的基础标准及企业应该贯彻的上级标准都应列入企业标准体系。

(2)标准项目应齐全。凡是食品企业生产、技术和经营管理所需要的标准都应纳入食品企业标准体系。

(3)单项食品标准内容应齐全，不能漏项。

2. 层次恰当

层次恰当是指根据标准的适用范围，恰当地将标准安排在不同的层次上。尽量扩大标准的适用范围，即尽量安排在高层次上，能在大范围内协调统一的标准，不应在数个小范围内各自制定，确保实现体系组成层次分明、合理简化。

3. 划分明确

划分明确是指体系表内不同专业、门类标准的划分，应按生产经济活动性质的同一性，即以标准的特点进行划分，而不是按行政系统划分。同一标准不要同时列入 2 个以上体系或分体系内避免同一标准由 2 个以上部门同时制定。

4. 立足实际

每个企业都有自己的特点，标准化工作也有各自的重点。适宜的标准应该在企业内迅速组织实施，且在实施后能产生较明显的经济效益。

5. 科学先进

科学先进即要求企业标准体系表上所表述的标准不仅能正确归类，而且能正确反映各类标准之间的内在联系，而不是简单地分类排列。同时，这些标准都应是现行有效及符合企业生产经营发展客观需要的，其中有些企业标准的水平还比现行国家标准、行业标准水平更高。

6. 简便易懂

企业标准体系表主要在企业内部使用。它不但要求企业标准化人员能理解，而且还应使其他管理干部，甚至职工也能看懂，这就要求企业标准体系表形式简单明了，一目了然，并在表述内容上不深奥，通俗易懂。

8.3.2　食品企业标准体系表

食品企业标准体系表由技术标准、管理标准、工作标准体系结构图、标准明细表和汇总表组成。

8.3.2.1 体系结构图

1. 层次结构形式

食品企业标准体系总的组成形式：第一层包括企业方针目标、标准化法律法规和相关法规、企业的标准化管理规定，企业标准体系是在它们的指导下形成的；第二层是技术标准子体系和管理标准子体系；第三层是工作标准子体系。

(1)企业方针目标　食品企业的一切活动应以提高食品的安全性和经济效益为中心，标准体系的建立应围绕提高产品质量安全水平，增加经济效益这个方针目标。

(2)标准化法律法规及相关法规　食品企业应积极收集标准化法律法规及相关法规或涉及食品安全的有关规定作为企业标准化活动的准则。这些法律法规对企业具有强制性，应自觉遵守。

(3)企业标准化管理规定　它是对食品企业标准化工作原则的规定，是企业开展标准化工作的基础，是对企业标准化工作管理本身的规范化要求，是对企业标准化工作的统一和规范。企业标准化管理规定为实现企业标准化工作的规范化管理提供统一的依据，为标准化工作的正常开展提供制度保障。其具体包括的内容如下。

①规定企业标准化工作体制、组织机构、任务、职责、工作方法与要求。

②规定企业标准制定、修订、复审的工作原则、工作程序及具体要求。

③规定实施标准及对标准实施进行监督检查的原则、方法、要求、程序和分工。

④规定标准及标准信息的搜集、管理和使用等方面的要求。

⑤规定实施各级有关标准的程序和方法。

⑥规定标准化规划、计划内容、工作程序和要求。

⑦规定标准化培训的任务、目标、方法和程序。

⑧规定标准化成果奖励工作程序和要求。

2. 序列结构形式

序列结构标准体系的形式是指将标准按产品形成过程顺序排列起来的图表。这种结构以产品为中心，由若干个相对应的方框与标准明细表所组成。这种结构主要适用于单一产品生产。目前，使用这种结构的企业较少。

8.3.2.2 标准明细表的格式(标准登记台账格式)

标准明细表的格式(标准登记台账格式)见表 8-5。

表 8-5　标准明细表的格式(标准登记台账格式)

序号	代码	标准编号	标准名称	采用或对应的国际标准或国外标准编号	实施日期	被代替或作废标准的编号	备注

8.3.2.3 标准统计表格式

标准统计表格式见表 8-6。

表 8-6 标准统计表格式

标准类型	应有数目	现有数目	现有数应占应有数的比例/%
国家标准			
地方标准			
企业标准			
其他			

8.3.2.4 标准体系表编制说明

标准体系表编制说明有如下几点。

(1)编制体系表的依据及要达到的目的。

(2)国内、外标准概况。

(3)结合统计表分析现有标准与国外的差距和薄弱环节,明确今后主攻方向。

(4)与其他体系交叉情况和处理意见。

(5)需要其他体系协调配套的意见。

(6)其他。

8.4 食品企业标准的制定

8.4.1 食品企业标准的制定

2021 年修正的《中华人民共和国食品安全法》第三十条规定:国家鼓励食品生产企业制定严于食品安全国家标准或者地方标准的企业标准,在本企业适用,并报省、自治区、直辖市人民政府卫生行政部门备案。

食品企业内应成立专门的机构和人员来开展产品标准化工作,即使没有专门的机构,也要有专门的人员来负责这项工作,这样可以统一厂内的产品标准代号、统一进行标准的起草、审定、监督实施,并兼顾产品加工工艺的归类、整理,食品标签的编写和审定及新产品鉴定等项工作。企业内部还应设立兼职的标准预审小组。其人员可由厂内各专业人员和试制人员及有关生产、技术、卫生检查、质量等部门的负责人组成,对产品的标准初稿进行讨论、审定和补充,以使整个标准化工作配套进行。

众所周知,不同于其他消费品,食品不经加热或加热后就可入口。这就要求食品标准中的直接影响消费者健康的理化指标[亚硝酸盐、苯并(α)芘重金属等]和细菌指标严格按国家标准或行业标准执行,即使某些产品没有相应的国家标准或行业标准,也应参照制定适合人类安全食用的指标。其他指标(如水分、淀粉、食盐、糖、酸等)则根据生产实际和消费者的需求及产品本身具有的特点来制定。系列产品可制定统一的通用标准无须制定分类标准。例如,某厂生产的速冻水饺有鲜肉饺、菜肉饺、虾味饺、牛肉饺等,同属速冻水饺的系列产品,所具有的质量指标相同,加工工艺也相同,只是内容物略有区别,风味不同,故只需制定一个通用标准即可。

新产品标准的起草、制定，在新产品开发伊始就应充分考虑。在开发过程中，要有意识测定一些可能有的指标，并积累数字加以分析，以供制定企业标准时参考。同时，对产品的保质或保存期、贮藏环境、包装设计等牵涉到标准制定因素进行检测试验，待新产品定性、小批量生产后，新产品的标准文本初稿也随之产生，标准的制定与新产品批量上市保持同步。

企业标准的草拟稿应先在企业内部召开预审会，由预审小组从各方面进行修改审定，依据修改稿，再试生产一段时间，对比检测，待指标检测数值较稳定时，形成企业标准的报批稿一为使企业标准更具有完整性、合理性、先进性，可请当地市级主管技术部门的专业人员和食品加工专家对报批稿的格式、引用的标准、各项指标、保质期、包装标志等进行更深入的讨论、审定，最后形成正式标准由企业法人代表批准、发布，并在当地标准化行政管理部门备案后实施。

在《中华人民共和国食品安全法》《中华人民共和国标准化法》的基础上，加快构建新发展格局，着力推动高质量发展，以推动高质量发展为主题，深化食品企业标准化建设，加快国际标准化活动，推动企业做强做优做大，提升企业核心竞争力。

8.4.2 食品企业标准案例(详细见扩展资源)

食品企业标准案例有如下几个。

(1)《广州纯享食品有限公司　压片糖果》(Q/CXSP 0003S—2015)。

(2)《四川味道世家食品有限公司　火锅底料》(Q/WDS 0050S—2016)。

(3)《新兴县荔园食品有限公司　水果糖渍食品》(Q/XLY 0001S—2015)。

8.4.3 实例分析——白酒企业良好生产规范(详细见扩展资源)

《白酒企业良好生产规范》(GB/T 23544—2009)。

思考题

1.食品企业标准体系是由哪几个部分组成？各部分包含哪些内容？

2.食品企业标准体系编制的总要求是什么？食品标准体系如何进行审定？

3.企业标准化过程中技术秘密问题如何进行处理？

4.什么是食品企业标准体系表？体系表都包含哪些内容？

5.参照企业标准制定规范制定一个企业标准。(可选择肉制品企业、乳制品企业、添加剂企业等)

参考文献

[1] 艾志录，鲁茂林.食品标准与法规[M].南京：东南大学出版社，2006.

[2] 陈渭，袁华南.企业标准化工作指南[M].沈阳：辽宁科学技术出版社，1995.

[3] 国家标准化管理委员会农轻和地方部.食品标准化[M].北京：中国标准出版社，2006.

[4] 国家标准化管理委员会.企业标准体系实施指南[M].北京：中国标准出版社，2003.

[5] 刘芳，鹿毅忠.企业标准化过程与企业标准中技术秘密的协调管理问题[J].中国标准化，2006(7)：18-20.

[6] 周静.浅谈加入世界贸易组织(WTO)对化工行业标准化工作的影响与对策[J].上海

标准化,2001(2):48-50.

[7] 中华人民共和国国家质量监督检验检疫总局,中国国家标准化管理委员会. GB/T 15497—2017 企业标准体系　产品实现[S]. 北京:中国标准出版社,2018.

[8] 中华人民共和国国家质量监督检验检疫总局,中国国家标准化管理委员会. GB/T 15498—2017 企业标准体系　基础保障[S]. 北京:中国标准出版社,2018.

[9] 中华人民共和国国家质量监督检验检疫总局,中国国家标准化管理委员会. GB/T 13016—2018 标准体系构建原则和要求[S]. 北京:中国标准出版社,2018.

[10] 中华人民共和国国家质量监督检验检疫总局,中国国家标准化管理委员会. GB/T 13017—2018 企业标准体系表编制指南[S]. 北京:中国标准出版社,2018.

[11] 中华人民共和国国家质量监督检验检疫总局,中国国家标准化管理委员会. GB/T 15496—2017 企业标准体系　要求[S]. 北京:中国标准出版社,2018.

[12] 食品伙伴网 http://www.foodmate.net/.

[13] 国家标准查询网 http://www.gbtcn.net/.

第9章

食品生产经营许可和认证管理

本章学习目的与要求

1. 了解食品生产经营许可管理的规定、我国的认证认可管理机构,计量认证、质量管理体系认证、安全管理制度认证以及各类食品认证的发展概况。

2. 掌握认证和认可的含义、计量认证、ISO 9001 认证、GMP 认证、HACCP 认证、ISO 22000 认证和保健食品认证的规定。

3. 重点掌握绿色食品、有机食品、无公害农产品、IP 认证的程序和标志管理。

9.1　食品生产经营许可管理

我国对食品生产经营实行许可制度。《中华人民共和国行政许可法》第十二条规定："直接关系到人身健康、生命财产安全等特定活动，需要按照法定条件予以批准的事项，可以设定行政许可"。食品生产经营直接关系到人身健康和生命财产安全，对其实行许可制度是必要的。

2021年修正的《中华人民共和国食品安全法》第三十五条规定："国家对食品生产经营实行许可制度。从事食品生产、食品销售、餐饮服务，应当依法取得许可。但是销售食用农产品，不需要取得许可。县级以上地方人民政府食品安全监督管理部门应当依照《中华人民共和国行政许可法》的规定，审核申请人提交的本法第三十三条第一款第一项至第四项规定要求的相关资料，必要时对申请人的生产经营场所进行现场核查；对符合规定条件的，准予许可；对不符合规定条件的，不予许可并书面说明理由。"《中华人民共和国食品安全法》第四十一条规定："生产食品相关产品应当符合法律、法规和食品安全国家标准。对直接接触食品的包装材料等具有较高风险的食品相关产品，按照国家有关工业产品生产许可证管理的规定实施生产许可。食品安全监督管理部门应当加强对食品相关产品生产活动的监督管理。"

"能不能在食品安全上给老百姓一个满意的交代，是对我们执政能力的重大考验"，民以食为天，食品安全关系到每一个人的健康，也是百姓最关心的民生问题之一。习近平总书记一直以来都非常重视食品安全问题，那些"舌尖"上看似寻常的小事都是习近平总书记心中的大事。2016年12月21日，习近平总书记在中央财经领导小组第十四次会议上的讲话上指出：加强食品安全监管，关系全国13亿多人"舌尖上的安全"，关系广大人民群众身体健康和生命安全。要严字当头，严谨标准、严格监管、严厉处罚、严肃问责，各级党委和政府要作为一项重大政治任务来抓。要坚持源头严防、过程严管、风险严控，完善食品药品安全监管体制，加强统一性、权威性。要从满足普遍需求出发，促进餐饮业提高安全质量。2016年8月19—20日，习近平总书记在全国卫生与健康大会上的讲话指出：要贯彻食品安全法，完善食品安全体系，加强食品安全监管，严把从农田到餐桌的每一道防线。要牢固树立安全发展理念，健全公共安全体系，努力减少公共安全事件对人民生命健康的威胁。2020年5月，习近平总书记参加十三届全国人大三次会议内蒙古代表团审议时强调，要始终把人民安居乐业、安危冷暖放在心上，用心用情用力解决群众关心的就业、教育、社保、医疗、住房、养老、食品安全、社会治安等实际问题，一件一件抓落实，一年接着一年干，努力让群众看到变化、得到实惠。

党的二十大提出"深化简政放权、放管结合、优化服务改革。构建全国统一大市场，深化要素市场化改革，建设高标准市场体系。完善产权保护、市场准入、公平竞争、社会信用等市场经济基础制度，优化营商环境。"在食品生产经营许可管理上，更应加强制度建设，实施精准监管，严守食品安全底线。

9.1.1　食品经营许可

为规范食品经营许可活动，原国家食品药品监督管理总局于2015年印发了《食品经营许可管理办法》，对食品经营许可申请与受理程序、许可审查要求、许可办理时限、许可证式样等做出统一规定。《食品经营许可管理办法》规定，各省、自治区、直辖市市场监督管理部门可以根据本行政区域实际情况，制定具体实施办法。2018年，国家市场监督管理总局印发《关于加快推进食品经营许可改革工作的通知》，进一步优化食品经营许可条件，简化许可流程，缩短许可时限，持续提升食品经营许可工作便利化、智能化水平。目前，由国家市场监督管理总局组织的《食品经营许可管理办法》修订工作已在 2020 年 8 月 6 日形成征求意见稿，面向社会公开征集意见建议。该征求意见稿规定，对仅申请预包装食品销售项目的新办许可、经营条件未发生变化且经营项目减项或未发生变化的变更或延续许可等 3 类情形实行告知承诺制，即食品经营者提交的申请材料齐全、符合法定形式，不再进行现场核查，直接向申请人发放食品经营许可证。同时，该征求意见稿鼓励各地结合本地实际，在保障食品安全的前提下，对风险程度较低的经营项目，探索扩大推行告知承诺制的范围。

案例 1

使用超过有效期限的食品经营许可证从事食品经营案

基本案情：2018 年 5 月 30 日，成都市龙泉驿区市场和质量监督管理局综合执法大队执法人员根据《案源信息初查派遣单》《案件移送单》等文书材料，称 2018 年 5 月 23 日餐饮监督管理科对成都××投资有限公司（以下简称“当事人”）进行检查时发现其《餐饮服务许可证》已超过有效期限。根据该案源信息，2018 年 6 月 4 日，本局执法人员对位于成都市龙泉驿区大面街道洪河中路的当事人进行了现场检查发现：①检查时当事人正在经营；②该公司经营的“×××××火锅”食品安全公示栏上张贴有《营业执照》《餐饮服务许可证》、工作人员健康证等资料，其中《餐饮服务许可证》上有“单位名称成都××投资有限公司、法定代表人（负责人或业主）刘××、地址成都市龙泉驿区大面街道洪河大道××号、发证机关成都市龙泉驿区食品药品监督管理局、2015 年 4 月 27 日、有限期限 2015 年 4 月 27 日至 2018 年 4 月 26 日”等内容。当事人不能提供有效的《食品经营许可证》(《餐饮服务许可证》)。当事人于 2001 年 1 月 17 日注册成立，于 2018 年 5 月 18 日变更住所后取得现持有的《营业执照》，于 2015 年 4 月 27 日取得现持有的《餐饮服务许可证》（有限期限：2015 年 4 月 27 日至 2018 年 4 月 26 日），从 2017 年 1 月开始在成都市龙泉驿区大面街道洪河中路经营“××××××火锅”。当事人在办理营业执照变更过程中由于工作疏忽导致《餐饮服务许可证》过期后未能办取新的《食品经营许可证》。2018 年 5 月 23 日，本局执法人员到现场检查后，当事人立即停止经营，但由于 2018 年 6 月 3 日和 2018 年 6 月 4 日均已有顾客提前预订，当事人便临时开业 2 天，经营额共计 1 955 元。

处理结果：成都市龙泉驿区市场和质量监督管理局经依法立案调查并认定当事人在《餐饮服务许可证》超过有效限期且未办取新《食品经营许可证》的情况下从事餐饮服务属于未取得食品经营许可证从事食品经营的行为，违反了《中华人民共和国食品安全法》第三十五条第一款的规定，依据《中华人民共和国食品安全法》第一百二十二条第一款的规定，没收违法所得人民币 1 955 元（壹仟玖佰伍拾伍元整）；罚款人民币 50 000 元（伍万元整）。

宣传意义：食品经营者必须取得《食品经营许可证》，经营者只能在《食品经营许可证》有效期内经营。快到期的《食品经营许可证》按照《食品经营许可证管理办法》的规定：食品经营者需要延续依法取得的食品经营许可的有效期的，应当在该食品经营许可有效期届满 30 个工作日前，向原发证的食品药品监督管理部门提出申请。食品经营者在《食品经营许可证》过期后，继续经营的行为属于无证经营行为，扰乱了市场经济秩序，破坏了公平竞争的市场环境，侵害

了其他合法经营者的合法权益和偷漏国家税收，还直接危害人身安全与健康，影响社会安定，有的甚至成为假冒伪劣产品的生产、销售窝点或者各类重大事故的隐患。更重要的是，从监管层面来说，这种行为给食品安全监管执法人员也带来了巨大的履职风险，依法应当受到查处。

来源：成都市龙泉驿区人民政府网站。

案例 2

攀枝花市 ××× 有限公司未取得食品经营许可从事食品经营活动案

基本案情：2020 年 1 月 8 日，攀枝花市西区市场监督管理局执法人员对攀枝花市×××有限公司(以下简称当事人)进行检查，检查中发现该公司办公楼一楼右边两间屋内摆放有就餐用的饭桌、凳子，在厨房门口张贴有“炊事员安全生产责任制”，厨房内有从业人员正在加工午餐。经查，当事人在未取得食品经营许可证的情况下，聘用一名食品从业人员，利用其购买的冰柜、冰箱、消毒柜、蒸饭车等设备在其住所内为员工提供餐饮服务。当事人未取得食品经营许可证从事餐饮服务行为违反了《中华人民共和国食品安全法》第三十五条第一款之规定。鉴于当事人积极主动配合我局调查工作并主动提供证据材料，对违法行为有着正确的认识，且不存在主观故意，在调查期间当事人主动办理了食品经营许可，进行了积极改正，根据《中华人民共和国行政处罚法》第二十七条第一款第(四)项，参照《市场监管总局关于规范市场监督管理行政处罚裁量权的指导意见》，对其减轻行政处罚，依据《中华人民共和国食品安全法》第一百二十二条之规定，对当事人给予罚款 15 000 元(壹万伍仟元整)的行政处罚。

案情分析：在本案中，争议焦点是单位食堂是否需办理食品经营许可证。根据《中华人民共和国食品安全法》第三十五条第一款规定“国家对食品生产经营实行许可制度。从事食品生产、食品销售、餐饮服务，应当依法取得许可。但是销售食用农产品，不需要取得许可”。国家对食品生产经营实行许可制度，要求餐饮服务提供者需取得餐饮服务许可，并非着眼于服务的营利性质，而是强调餐饮服务的安全性。《食品经营许可管理办法》第九条第三款规定：“机关、事业单位、社会团体、民办非企业单位、企业等申办单位食堂，以机关或者事业单位法人登记证、社会团体登记证或者营业执照等载明的主体作为申请人”，其第十条第二款规定：“食品经营主体业态分为食品销售经营者、餐饮服务经营者、单位食堂。食品经营者申请通过网络经营、建立中央厨房或者从事集体用餐配送的，应当在主体业态后以括号标注。”以及其第五十二条第一款第一项规定：“本办法下列用语的含义：单位食堂，指设于机关、事业单位、社会团体、民办非企业单位、企业等，供应内部职工、学生等集中就餐的餐饮服务提供者”，可见，单位食堂为内部员工提供餐饮服务也需依法取得食品经营许可证。

来源：攀枝花市西区人民政府网站。

9.1.2　食品生产许可

2020 年 1 月 2 日，国家市场监督管理总局令第 24 号公布《食品生产许可管理办法》。该管理办法已于 2019 年 12 月 23 日经国家市场监督管理总局 2019 年第 18 次局务会议审议通过并予公布，自 2020 年 3 月 1 日起施行。

在中华人民共和国境内，从事食品生产活动，应当依法取得食品生产许可。食品生产许可的申请、受理、审查、决定及其监督检查，适用本办法。食品生产许可应当遵循依法、公开、公平、公正、便民、高效的原则。食品生产许可实行一企一证原则，即同一个食品生产者从事食品生产活动，应当取得一个食品生产许可证。市场监督管理部门按照食品的风险程度，结合食品原料、生产工艺等因素，对食品生产实施分类许可。国家市场监督管理总局负责监督指导全国食品生产许可管理工作。县级以上地方市场监督管理部门负责本行政区域内的食品生产许可监督管理工作。省、自治区、直辖市市场监督管理部门可以根据食品类别和食品安全风险状况，确定市、县级市场监督管理部门的食品生产许可管理权限。保健食品、特殊医学用途配方食品、婴幼儿配方食品、婴幼儿辅助食品、食盐等食品的生产许可，由省、自治区、直辖市市场监督管理部门负责。国家市场监督管理总局负责制定食品生产许可审查通则和细则。省、自治区、直辖市市场监督管理部门可以根据本行政区域食品生产许可审查工作的需要，对地方特色食品制定食品生产许可审查细则，在本行政区域内实施，并向国家市场监督管理总局报告。国家市场监督管理总局制定公布相关食品生产许可审查细则后，地方特色食品生产许可审查细则自行废止。县级以上地方市场监督管理部门实施食品生产许可审查，应当遵守食品生产许可审查通则和细则。县级以上地方市场监督管理部门应当加快信息化建设，推进许可申请、受理、审查、发证、查询等全流程网上办理，并在行政机关的网站上公布生产许可事项，提高办事效率。

案例 1

济宁市某厂无食品生产许可证生产凉皮、面筋和生产的凉皮含有硼酸案

2019 年 10 月，根据群众举报线索，济宁市北湖省级旅游度假区市场监管局会同微山县市场监管局、微山县公安局对某厂非法生产凉皮、面筋行为进行查处。经查，某厂在未办理食品生产许可证的情况下，2019 年 1 月 10 日至 10 月 16 日，共生产凉皮 98 000 kg，面筋 10 920 kg，销售货值 326 760 元，获利 56 000 元。2019 年 10 月 25 日，某厂生产的凉皮经检测硼酸含量为 116 mg/kg，判定为不合格产品，涉嫌构成生产、销售有毒有害食品罪，济宁市北湖省级旅游度假区市场监管局将案件依法移送公安机关。

来源：山东省农业农村厅网页；新浪网；山东省市场监督管理局网页。

案例 2

潍坊市某食品有限公司生产经营超范围使用食品添加剂食品案

潍坊市市场监管局对潍坊某食品有限公司检查时发现，该公司加工风味散装鲅鱼、银鱼产品过程中存在超范围使用食品添加剂日落黄，货值金额共计 11.93 万元。本案已依法移送潍坊市公安局潍城区分局立案侦查，并由潍城区人民检察院提起公诉，潍城区人民法院做出判决，公司刘某、神某犯生产、销售伪劣产品罪，分别处罚金人民币 8 万元，判处刘某有期徒刑 10 个月，缓刑 1 年，判处神某有期徒刑 6 个月，缓刑 1 年。2020 年 2 月 20 日，潍坊市市场监管局对该食品有限公司、刘某、神某做出行政处罚：吊销该食品有限公司《食品生产许可证》；刘某、神某自处罚决定做出之日起 5 年内不得申请食品生产经营许可，终身不得从事食品生产经营管理工作，也不得担任食品生产经营企业食品安全管理人员。

来源：腾讯网；新浪山东网。

9.1.2.1　食品生产许可的申请与受理

1.食品生产许可的申请

申请食品生产许可应当先行取得营业执照等合法主体资格。企业法人、合伙企业、个人独资企业、个体工商户、农民专业合作组织等，以营业执照载明的主体作为申请人。

申请食品生产许可应当按照以下食品类别提出：粮食加工品、食用油、油脂及其制品、调味品、肉制品、乳制品、饮料、方便食品、饼干、罐头、冷冻饮品、速冻食品、薯类和膨化食品、糖果制品、茶叶及相关制品、酒类、蔬菜制品、水果制品、炒货食品及坚果制品、蛋制品、可可及焙烤咖啡产品、食糖、水产制品、淀粉及淀粉制品、糕点、豆制品、蜂产品、保健食品、特殊医学用途配方食品、婴幼儿配方食品、特殊膳食食品、其他食品等。国家市场监督管理总局可以根据监督管理工作需要对食品类别进行调整。

申请食品生产许可应当符合下列条件：①具有与生产的食品品种、数量相适应的食品原料处理和食品加工、包装、贮存等场所，保持该场所环境整洁，并与有毒、有害场所以及其他污染源保持规定的距离。②具有与生产的食品品种、数量相适应的生产设备或者设施，有相应的消毒、更衣、盥洗、采光、照明、通风、防腐、防尘、防蝇、防鼠、防虫、洗涤以及处理废水、存放垃圾和废弃物的设备或者设施；保健食品生产工艺有原料提取、纯化等前处理工序的，需要具备与生产的品种、数量相适应的原料前处理设备或者设施。③有专职或者兼职的食品安全专业技术人员、食品安全管理人员和保证食品安全的规章制度。④具有合理的设备布局和工艺流程，防止待加工食品与直接入口食品、原料与成品交叉污染，避免食品接触有毒物、不洁物。⑤法律、法规规定的其他条件。

申请食品生产许可应当向申请人所在地县级以上地方市场监督管理部门提交食品生产许可申请书；食品生产设备布局图和食品生产工艺流程图；食品生产主要设备、设施清单；专职或者兼职的食品安全专业技术人员、食品安全管理人员信息和食品安全管理制度等申请材料。申请保健食品、特殊医学用途配方食品、婴幼儿配方食品等特殊食品的生产许可，还应当提交与所生产食品相适应的生产质量管理体系文件以及相关注册和备案文件。从事食品添加剂生产活动应当依法取得食品添加剂生产许可。申请食品添加剂生产许可应当具备与所生产食品添加剂品种相适应的场所、生产设备或者设施、食品安全管理人员、专业技术人员和管理制度，且应当向申请人所在地县级以上地方市场监督管理部门提交食品添加剂生产许可申请书；食品添加剂生产设备布局图和生产工艺流程图；食品添加剂生产主要设备、设施清单；专职或者兼职的食品安全专业技术人员、食品安全管理人员信息和食品安全管理制度等申请材料。

2.食品生产许可的受理

申请人应当如实向市场监督管理部门提交有关材料和反映真实情况，对申请材料的真实性负责，并在申请书等材料上签名或者盖章。当申请人申请生产多个类别食品时，由申请人按照省级市场监督管理部门确定的食品生产许可管理权限，自主选择其中一个受理部门提交申请材料。受理部门应当及时告知有相应审批权限的市场监督管理部门，组织联合审查。

县级以上地方市场监督管理部门对申请人提出的食品生产许可申请，应当根据下列情况分别做出处理：①申请事项依法不需要取得食品生产许可的，应当即时告知申请人不受理。②申请事项依法不属于市场监督管理部门职权范围的，应当即时做出不予受理的决定，并告知申请人向有关行政机关申请。③申请材料存在可以当场更正的错误的，应当允许申请人当场更正，由申请人在更正处签名或者盖章，注明更正日期。④申请材料不齐全或者不符合法定形式的，应当当场或者在5个工作日内一次告知申请人需要补正的全部内容。当场告知的，应当将申请材料退回申请人；在5个工作日内告知的，应当收取申请材料并出具收到申请材料的凭据。逾期不告知的，自收到申请材料之日起即为受理。⑤申请材料齐全、符合法定形式，或者申请人按照要求提交全部补正材料的，应当受理食品生产许可申请。县级以上地方市场监督管理部门对申请人提出的申请决定予以受理的，应当出具受理通知书；决定不予受理的，应当出具不予受理通知书，说明不予受理的理由，并告知申请人依法享有申请行政复议或者提起行政诉讼的权利。

9.1.2.2 审查与决定

县级以上地方市场监督管理部门应当对申请人提交的申请材料进行审查，需要对实质内容进行核实的申请材料，应当进行现场核查。市场监督管理部门在开展食品生产许可现场核查时，应当按照申请材料进行核查。对于首次申请生产许可或者增加食品类别的变更许可的申请人，根据食品生产工艺流程等要求，核查试制食品的检验报告。在开展食品添加剂生产许可现场核查时，可以根据食品添加剂品种特点，核查试制食品添加剂的检验报告和复配食品添加剂配方等。试制食品检验可以由生产者自行检验，或者委托有资质的食品检验机构检验。现场核查应当由食品安全监管人员进行，根据需要可以聘请专业技术人员作为核查人员参加现场核查。核查人员不得少于2人。核查人员应当出示有效证件，填写食品生产许可现场核查表，制作现场核查记录，经申请人核对无误后，由核查人员和申请人在核查表和记录上签名或者盖章。对于申请人拒绝签名或者盖章的申请材料，核查人员应当注明情况。申请保健食品、特殊医学用途配方食品、婴幼儿配方乳粉生产许可的申请人在产品注册或者产品配方注册时，现场核查的项目可以不再重复进行现场核查。市场监督管理部门可以委托下级市场监督管理部门，对受理的食品生产许可申请进行现场核查。特殊食品生产许可的现场核查在原则上不得委托下级市场监督管理部门实施。核查人员应当自接受现场核查任务之日起5个工作日内，完成对生产场所的现场核查。

除可以当场做出行政许可决定的以外，县级以上地方市场监督管理部门应当自受理申请之日起10个工作日内做出是否准予行政许可的决定。因特殊原因需要延长期限的，经本行政机关负责人批准，可以延长5个工作日，并应当将延长期限的理由告知申请人。

县级以上地方市场监督管理部门应当根据申请材料审查和现场核查等情况，对符合条件的申请材料，做出准予生产许可的决定，并自做出决定之日起5个工作日内向申请人颁发食品生产许可证；对不符合条件的申请材料，应当及时做出不予许可的书面决定并说明理由，同时告知申请人依法享有申请行政复议或者提起行政诉讼的权利。

对于符合条件的食品添加剂生产许可申请，由申请人所在地县级以上地方市场监督管理部门依法颁发食品生产许可证，并标注食品添加剂。食品生产许可证发证日期为许可决定做出的日期，有效期为5年。县级以上地方市场监督管理部门认为食品生产许可申请涉及公共利益的重大事项，需要听证的，应当向社会公告并举行听证。

食品生产许可直接涉及申请人与他人之间重大利益关系的，县级以上地方市场监督管理部门在做出行政许可决定前，应当告知申请人、利害关系人享有要求听证的权利。

申请人、利害关系人在被告知听证权利之日起5个工作日内提出听证申请的，市场监督管理部门应当在20个工作日内组织听证。听证期限不计算在行政许可审查期限之内。

9.1.2.3 食品生产许可证管理

食品生产许可证分为正本、副本。正本、副本具有同等法律效力。国家市场监督管理总局负责制定食品生产许可证式样。省、自治区、直辖市市场监督管理部门负责本行政区域食品生产许可证的印制、发放等管理工作。

食品生产许可证应当载明：生产者名称、社会信用代码、法定代表人(负责人)、住所、生产地址、食品类别、许可证编号、有效期、发证机关、发证日期和二维码。副本还应当载明食品明细。生产保健食品、特殊医学用途配方食品、婴幼儿配方食品的，还应当载明产品或者产品配方的注册号或者备案登记号；接受委托生产保健食品的，还应当载明委托企业名称及住所等相关信息。

食品生产许可证编号由 SC(“生产”的汉语拼音字母缩写)和 14 位阿拉伯数字组成。数字从左至右依次为：3 位食品类别编码、2 位省(自治区、直辖市)代码、2 位市(地)代码、2 位县(区)代码、4 位顺序码、1 位校验码。食品生产者应当妥善保管食品生产许可证，不得伪造、涂改、倒卖、出租、出借、转让。食品生产者应当在生产场所的显著位置悬挂或者摆放食品生产许可证正本。

其他关于食品生产许可证的变更、延续与注销、监督检查和法律责任等的规定可参照《食品生产许可管理办法》(2020 年 1 月 2 日国家市场监督管理总局令第 24 号公布)的相关规定。

9.2 认证管理概述

9.2.1 认证认可的含义

《中华人民共和国认证认可条例》(2020 年修订版)中规定：认证是指由认证机构证明产品、服务、管理体系符合相关技术规范、相关技术规范的强制性要求或者标准的合格评定活动；认可是由认可机构对认证机构、检查机构、实验室以及从事审核、评审等认证活动人员的能力和执业资格，予以承认的合格评定活动。

9.2.2 认证认可的意义和发展历程

认证认可是国际通行的规范市场和促进经济发展的主要手段，企业和组织提高管理和服务水平、保证产品质量、提高市场竞争力的可靠方式之一，是国家从源头上确保产品质量安全，规范市场行为，指导消费，保护环境，保障人民生命健康，保护国家利益和安全，促进对外贸易的重要屏障，在国家经济建设和社会发展中起着日益重要的作用，同时也是大多数国家对涉及安全、卫生、环保等产品、服务和管理体系进行有效监管的重要手段。在国际贸易中，一些国家和区域经济组织还将认证认可作为技术壁垒措施，用以保护自身经济利益。

认证工作始于 1903 年英国商人组成商业联盟联谊会的民间组织，为保持联盟品牌，确定商品标准，以“风筝”作为其标志，并于 1922 年按英国商标法注册，至今在国际上仍享有较高声誉。认证制度的发展经历了一国内部的以本国法规标准为依据的产品认证制度的“国家认证制”、多个国家之间的以区域标准为依据的“区域认证制”(如以欧洲标准为依据建立的欧洲电器产品、汽车等区域性认证制)。自 20 世纪 80 年代以来，ISO 和 IEC 积极倡导和推行“国际认证制”——在全世界范围内多国参加的以国际标准为依据的一种认证制度。

国家认可制度的建立是 1985 年首先由英国开始，在英国贸工部授权下，成立了第一个对认证机构(包括产品、管理体系)进行认可的国家认可机构(UKAS)。20 世纪 90 年代，欧洲认可组织(European Cooperation for Accreditation，EA)、太平洋认可合作组织(Pacific

Accreditation Cooperation，PAC)、亚太实验室认可合作组织(Asia Pacfic Laboratory Accreditation Cooperation，APLAC)、国际认可论坛(International Accreditation forum，IAF)、国际实验室认可合作组织(International Laboratory Accreditation Cooperation，ILAC)等区域和国际认可组织相继成立，为建立国际认可互认制度奠定了坚实基础。其中 IAF 是有关国家的认可机构及相关利益方自愿参加的国际性多边认可合作组织，是一个在全球范围内得到普遍认同的国际性组织。

我国的认证工作始于 20 世纪 70 年代末 80 年代初。1991 年 5 月，国务院颁发的《中华人民共和国产品质量认证管理条例》标志着我国产品质量认证工作步入法制化轨道。1993 年，我国等同采用了 ISO 9000 系列标准，建立了符合国际惯例的认证制度。2001 年 8 月，国务院组建国家认证认可监督管理委员会，授权其统一管理、监督和综合协调全国认证认可工作，并于 2003 年 9 月公布了《中华人民共和国认证认可条例》(2003 年 11 月 1 日起实施，根据 2016 年 2 月 6 日《国务院关于修改部分行政法规的决定》第一次修订；根据 2020 年 11 月 29 日《国务院关于修改和废止部分行政法规的决定》第二次修订)。

9.2.3 认证认可的法律依据

认证认可涉及的政策法规主要包括认证认可、质量、计量及检验检疫等相关政策法规，如《中华人民共和国产品质量法》《中华人民共和国计量法》《中华人民共和国进出口商品检验法》《中华人民共和国食品安全法》《中华人民共和国农产品质量安全法》《中华人民共和国国境卫生检疫法》《中华人民共和国进出境动植物检疫法》《中华人民共和国认证认可条例》《中华人民共和国标准化法实施条例》《中华人民共和国计量法实施细则》《中华人民共和国进出口商品检验法实施条例》《安全生产许可证条例》等；涉及的部门规章主要有《认证机构管理办法》(国家市场监督管理总局令第 193 号)、《出口食品生产企业备案管理办法》(国家市场监督管理总局令第 192 号)、《有机产品认证管理办法》(国家市场监督管理总局令第 155 号，根据国家市场监督管理总局令第 166 号修订)、《食品检验机构资质认定管理办法》(国家市场监督管理总局第 165 号令)、《检验检测机构资质认定管理办法》(国家市场监督管理总局令第 163 号)、《认证证书和认证标志管理办法》(国家市场监督管理总局令第 63 号，根据国家市场监督管理总局令第 162 号修订)、《强制性产品认证管理规定》(国家市场监督管理总局令第 117 号)、《强制性产品认证管理规定》(国家市场监督管理总局令第 117 号)、《强制性产品认证机构、检查机构和实验室管理办法》(国家市场监督管理总局令第 65 号)、《认证及认证培训、咨询人员管理办法》(国家市场监督管理总局令第 61 号)等；涉及的行政规范性文件有《市场监管总局关于在全国自由贸易试验区进一步推进认证机构资质审批"证照分离"改革的公告》(2020 年第 7 号)、《国家认监委国家知识产权局关于联合发布〈知识产权认证管理办法〉的公告》(2018 年第 5 号公告)等。这些政策法规、部门规章和行政规范性文件为建立健全全国统一、内外一致的认证认可工作体制提供了政策和法律保障。

9.2.4 我国的认证认可机构

9.2.4.1 国家认证认可监督管理委员会

国家认证认可监督管理委员会(Certification and Accreditation Administration of the People's Republic of China，CNCA)是国务院授权的履行行政管理职能，统一管理、监督和综合协调全国认证认可工作的主管机构，受国家市场监督管理总局管理。

2018 年 3 月，中共中央印发《深化党和国家机构改革方案》，组建国家市场监督管理总局。2018 年 9 月，中国机构编制网正式发布《国家市场监督管理总局职能配置、内设机构和人员编制规定》，对外保留国家认证认可监督管理委员会牌子。原有国家认监委的相关业务职能由认证监督管理司和认可与检验检测监督管理司承担。

1. 认证监督管理司

认证监督管理司拟订实施认证和合格评定监督管理制度；规划指导认证行业发展并协助查处认证违法行为；组织参与认证和合格评定国际或区域性组织活动。

2. 认可与检验检测监督管理司

认可与检验检测监督管理司拟订实施认可与检验检测监督管理制度；组织协调检验检测资源整合和改革工作，规划指导检验检测行业发展并协助查处认可与检验检测违法行为；组织参与认可与检验检测国际或区域性组织活动。

9.2.4.2　中国合格评定国家认可委员会

中国合格评定国家认可委员会（China National Accreditation Service for Conformity Assessment，CNAS）是根据《中华人民共和国认证认可条例》的规定，由 CNCA 批准设立并授权的国家认可机构，于 2006 年 3 月 31 日正式成立，统一负责对认证机构、实验室和检验机构等相关机构的认可工作。

CNAS 的组织机构包括全体委员会、执行委员会、认证机构专门委员会（下设专业委员会）、实验室专门委员会（下设专业委员会）、检验机构专门委员会（下设专业委员会）、评定专门委员会、申诉专门委员会、最终用户专门委员会和秘书处。

我国已加入了认证认可领域所有的 20 个国际或区域合作组织，全方位参加了 9 个国际检测认证多边互认体系，如 CNAS 已取代中国认证机构国家认可委员会（China National Accreditation Board，CNAB）继续保持我国认可机构在 IAF 的正式成员地位和 IAF 质量管理体系认证认可、环境管理体系认证认可、产品认证机构认可以及食品安全管理体系认证认可、信息技术类管理体系认证认可、GAP 认证认可等多个领域多边互认协议签约方的地位。

目前，CNAS 已取代中国实验室国家认可委员会（China National Accreditation of Laboratories，CNAL）继续保持我国认可机构在 ILAC 中实验室认可多边互认协议方的地位。在亚太认可合作组织（Asia Pacific Accreditation Cooperation，APAC）中，CNAS 也积极代表我国参与 APAC 有关活动，如 2019 年 6 月 15 日—22 日，CNAS 代表参加 APAC 成立后首次年会、2019 年 6 月 30 日至 7 月 5 日，CNAS 接受 APAC 同行评审。我国颁发的认证认可证书、检测报告成为多个国家市场准入的凭证。

9.3　计量认证

9.3.1　计量与计量认证概述

9.3.1.1　计量认证的起始与发展

国际检测实验室认证制度起始于 20 世纪 40 年代。1946 年，澳大利亚建立了世界上第一个国家实验室认证认可体系，并成立了认证认可机构——澳大利亚国家检测协会（The National Association of Testing Authorities，NATA）。20 世纪 60 年代，英国建立了实验室认证认可机构。20 世纪 70 年代,美国、新西兰、法国等国家也开展了实验室认证认可活动。为适应在世界范围内检测实验室认证制度的发展。1970 年,国际标准化组织(International Organization for Standardization,ISO)成立了认证委员会,是国际标准化组织理事会下设的 9 个咨询委员会之一。随后出现了一个定期协商性质的国际实验室认可合作组织(International Laboratory Accreditation Cooperation,ILAC),前身是 1978 年成立的国际实验室认可大会(International Laboratory Accreditation Conference,ILAC),其宗旨是通过提高对获认可实验室出具的检测和校准结果的接受程度,在促进国际贸易方面建立国际合作。1996 年,ILAC 成为一个正式的国际组织,其目标是在能够履行这项宗旨的认可机构间建立一个相互承认协议网络。20 世纪 80 年代,新加坡、马来西亚等其他东南亚国家建立了实验室认可机构。目前国际上大多数国家都实行实验室认证认可制度。

1980 年,我国以观察员身份参加了在巴黎召开的第四次国际实验室认可大会,在 1981 年墨西哥城举行的第五次国际认证认可会议上,我国作为正式成员国参加了会议,我国实验室认证工作正式起步是在 20 世纪 80 年代中期。近 20 年来,我国计量认证工作不断发展,已产生了很大影响,取得了良好的效果,受到社会各界普遍欢迎。2001 年,国家又颁布了《计量认证/审查认可(验收)评审准则(试行)》,2001 年 12 月 1 日开始实施,同时废止原评审准则 JJF 1021—1990。根据《产品质量检验机构计量认证管理办法》《产品质量检验机构计量认证/审查认可(验收)评审准则》的有关规定,国家认监委制定了《计量认证/审查认可(验收)工作程序》及有关配套工作表格,自 2002 年 9 月 1 日起正式使用。

9.3.1.2 基本概念

计量(measurement)是指用法制和技术手段保证单位统一和量值准确可靠的测量。根据《中华人民共和国计量法》(2018 年 10 月 26 日修正版)和《中华人民共和国计量法实施细则》(2018 年修正本)规定:“计量认证是指政府计量行政部门对有关技术机构计量检定、测试的能力和可靠性进行的考核和证明”。

计量认证其实质是对实验室的一种法定认可活动。经计量认证的检测机构承担了产品质量监督检验、质量仲裁检验、商贸验货检验、药品检验、防疫检验、环境检测、地质勘测、节能监测和进出口检验等大量的检验检测任务。计量认证合格的检测机构出具的数据和结果主要用于以下方面:政府机构依据有关检测结果来制定和实施各种方针、政策;科研部门利用检测数据来发现新现象、开发新技术、新产品;生产者利用检测数据来决定其生产活动;消费者利用检测结果来保护自己的利益;流通领域利用检测数据决定其购销活动。

计量认证涉及计量、标准化、质量管理及法律等各领域的知识。计量认证一般分为第一方认证、第二方认证和第三方认证。第一方认证即产品质量检验机构自身进行测试能力的自我评价或鉴定;第二方认证为检验机构的用户对提供测试服务的质量确认;第三方认证则由专门的认证机构站在第三方公正立场,对检验机构的测试能力进行考核,就是通常所称的计量认证。

9.3.2 计量认证的对象与内容

9.3.2.1 计量认证的对象

计量认证是我国通过计量立法,对凡是为社会出具公证数据的检验机构(实验室)进行强制考核的一种手段。《中华人民共和国计量法》(2018 年 10 月 26 日修正版)第二十二条规定："为社会提供公证数据的产品质量检验机构,必须经省级以上人民政府计量行政部门对其计量检定、测试的能力和可靠性考核合格"。

《中华人民共和国计量法实施细则》(2018 年修正本)第三十二条明确规定,"为社会提供公证数据的产品质量检验机构,必须经省级以上人民政府计量行政部门计量认证"。

9.3.2.2　计量认证的内容

产品质量检验机构计量认证的内容包括:①计量检定、测试设备的性能。②计量检定、测试设备的工作环境和人员的操作技能。③保证量值统一,准确的措施及检测数据公正可靠的管理制度。

9.3.3　计量认证的管理

《中华人民共和国计量法实施细则》(2018 年修正本)中明确规定:"产品质量检验机构提出计量认证申请后,省级以上人民政府计量行政部门应指定所属的计量检定机构或者被授权的技术机构按照本细则第三十条规定的内容进行考核。考核合格后,由接受申请的省级以上人民政府计量行政部门发给计量认证合格证书。未取得计量认证合格证书的,不得开展产品质量检验工作""省级以上人民政府计量行政部门有权对计量认证合格的产品质量检验机构,按照本细则第三十条规定的内容进行监督检查""已经取得计量认证合格证书的产品质量检验机构,需新增检验项目时,应按照本细则有关规定,申请单项计量认证"。

取得计量认证合格证书的产品质量检验机构可按证书上所限定的检验项目,在其产品检验报告上使用计量认证标志。该标志由 CMA 3 个英文字母形成的图形和检验机构计量认证书编号 2 部分组成。CMA 分别由英文 China Metrology Accreditation 3 个词的第一个大写字母组成,意为"中国计量认证"(图 9-1)。

检验检测机构

资质认定证书

证书编号:××××××××

名称:××××××××××××××××××××××××××××××××××

地址:××××××××××××××××××××××××

经审查,你机构已具备国家有关法律、行政法规规定的基本条件和能力,现予批准。可以向社会出具具有证明作用的数据和结果,特发此证。资质认定包括检验检测机构计量认证。

检验检测能力及授权签字人见证书附表。

你机构对外出具检验检测报告或证书的法律责任由×××××××××××××××××××××××承担。

许可使用标志

CMA

3333333333333

发证日期:0000年00月00日

有效期至:0000年00月00日

发证机关:(印章)

本证书由国家认证认可监督管理委员会监制,在中华人民共和国境内有效。

图 9-1　检验检测机构资质认定证书

9.4　质量管理体系认证

9.4.1　概述

质量管理是在质量方面指挥和控制组织的协调活动,通常包括制定质量方针、目标以及质量策划、质量控制、质量保证和质量改进等活动。实现质量管理的方针目标,有效地开展各项质量管理活动,必须建立相应的管理体系,这个体系就叫作质量管理体系。它可以有效达到质量改进。ISO 9000 就是国际上通用的质量管理体系。

食品质量管理是为保证和提高食品生产的产品质量或工程质量所进行的调查、计划、组织、协调、控制、检查、处理及信息反馈等各项活动总称,是食品工业企业管理的中心环节。加强质量管理是全面提高生产及产品质量的前提。保证高质量的生产和产品,食品质量管理是一种被广泛认可的科学有效的管理方法,具有全面性、系统性、长期性和科学性的特点。

质量管理体系认证是指依据质量管理体系标准,由质量管理体系认证机构对质量管理体系实施合格评定,并通过颁发体系认证证书,以证明某一组织有能力按规定的要求提供产品的活动。质量管理体系认证亦称质量管理体系注册。这种认证是由美国军工企业的质量保证活动发展起来的。

9.4.2 ISO 9000 质量管理体系标准的由来与发展

第二次世界大战期间,军事工业得到了迅猛发展,各国政府在采购军品时,不但提出产品特性要求,还对供应厂商提出了质量保证的要求。20 世纪 50 年代末,美国发布的《质量大纲要求》(MIL-Q-9858A)成为世界上最早的有关质量保证方面的标准。一些工业发达国家在 20 世纪 70 年代末先后制定和发布了用于民品生产的质量管理和质量保证标准,如英国、法国、加拿大等。随着各国经济的相互合作和交流,对供方质量体系审核已逐渐成为国际贸易和国际合作的前提。世界各国先后发布了许多关于质量体系及审核的标准。

ISO 于 1979 年成立了质量保证技术委员会(TC 176),1987 年被更名为质量管理和质量保证技术委员会,负责制定质量管理和质量保证标准。1986 年发布了《质量管理和质量保证术语》(ISO 8402:1996),1987 年发布了《质量管理和质量保证标准选择和使用指南》(ISO 9000:1987)、《质量体系设计开发、生产、安装和服务的质量保证模式》(ISO 9001:1987)、《质量体系生产和安装的质量保证模式》(ISO 9002:1987)、《质量体系最终检验和试验的质量保证模式》(ISO 9003:1987)、《质量管理和质量体系要素指南》(ISO 9004:1987)等 6 项标准,这六项标准被通称为 ISO 9000 系列标准。ISO 9000 系列标准的颁布使各国的质量管理和质量保证活动统一在 ISO 9000 系列标准的基础上。迄今为止,该系列标准已被全世界 150 多个国家和地区等同采用为国家标准,并广泛用于工业、经济和政府的管理领域。有 50 多个国家建立了质量管理体系认证制度,世界各国质量管理体系审核员注册的互认和质量管理体系认证的互认制度也在广泛范围内得以建立和实施。

截至目前,ISO 9000 系列标准已经经历了多个版本,即 1987 版、1994 版、2000 版、2005 版、2008 年版、2015 年版。2015 年 9 月 23 日,国际标准化组织(ISO)正式发布了 ISO 9001:2015 新版标准。

9.4.3 ISO 9000 质量管理体系标准的特点

目前,ISO 9000 系列标准包括 4 个核心标准:一是 ISO 9000:2015《质量管理体系 基础和术语》,表述了质量管理体系的基础知识并规定质量管理体系术语;二是 ISO 9001:2015《质量管理体系 要求》,规定了质量管理体系的要求,可用于内部质量管理,也可作为认证依据;三是 ISO 9004:2018《质量管理-组织质量-对实现持续成功的指南》,提供了通过运用质量管理方法实现持续成功的指南,可用于内部质量管理,帮助组织追求卓越,但不能作为认证依据;四是 ISO 19011：2011《质量和(或)环境管理体系审核指南》，提供了实施质量和环境管理体系审核的指南，适用于实施质量和(或)环境管理体系内部和外部审核的组织。ISO 9000 族标准的主要特点有如下几个方面。

(1)ISO 9000 标准是一系统性的标准，涉及的范围、内容广泛，且强调对各部门的职责权限进行明确划分、计划和协调，企业能有效地、有秩序地开展各项活动，保证工作顺利进行。

(2)强调管理层的介入，明确制订质量方针及目标，并通过定期的管理评审达到了解公司的内部体系运作情况，及时采取措施，确保体系处于良好的运作状态的目的。

(3)强调纠正及预防措施，消除产生不合格或不合格的潜在原因，防止不合格的再发生，从而降低成本。

(4)强调不断的审核及监督，达到对企业的管理及运作不断地修正及改良的目的。

(5)强调全体员工的参与及培训，确保员工的素质满足工作的要求，并使每一个员工有较强的质量意识。

(6)强调文化管理，以保证管理系统运行的正规性，连续性。如果企业有效地执行这一管理标准，就能提高产品(或服务)的质量，降低生产(或服务)成本，建立客户对企业的信心，提高经济效益，最终大大提高企业在市场上的竞争力。

9.4.4 ISO 9001 质量管理体系认证

9.4.4.1 ISO 9001 认证的作用

企业通过 ISO 9001 认证可以起到以下作用。

(1)明确企业内部各部门及所有人员的岗位职责，落实责任制，增强责任心。

(2)识别与质量有关的主要过程，建立针对各过程的工作程序，对所有与质量有关的活动进行控制，提高工作效率，减少废品及返工，降低生产成本。

(3)在企业内部建立自我发现问题、自我纠正问题、自我完善管理的机制，有效预防质量事故发生，使产品质量稳定提高。

(4)出示证书(或做广告宣传)，向客户证明贵公司(组织)具有长期提供合格产品(或服务)的能力，取得客户信任。

(5)作为国际贸易的“通行证”，对外贸易中取得外国政府及商家的信任。

(6)作为提高企业及产品知名度，维持和拓展市场的手段。

(7)满足客户的认证需求。

(8)提高企业无形资产，为企业长远发展打下基础。

9.4.4.2 ISO 9001 质量管理体系认证的程序

为规范质量管理体系认证活动，提高认证有效性，促进质量管理体系认证工作健康发展，根据《中华人民共和国认证认可条例》《认证机构管理办法》等法规规章的相关规定，国家认监委制定了《质量管理体系认证规则》自 2014 年 7 月 1 日起开始施行。按照《质量管理体系认证规则》的要求，质量管理体系认证的实施过程分为 2 个阶段：一是申请和评定阶段，其主要工作是受理申请并对组织的质量管理体系进行审核和评定，决定能否批准认证并颁发认证证书，二是对获证组织的质量管理体系进行日常监督管理，使获证组织的质量管理体系在认证有效期内持续符合 ISO 9001 的要求。

2015年版的ISO 9001《质量管理体系　要求》已经由ISO在2015年9月23日发布实施，这是实施ISO 9001质量管理体系认证的依据。我国也将其转化为我国的推荐性国家标准GB/T 19001—2016《质量管理体系　要求》，并从2017年7月1日开始实施。

9.5　安全管理制度认证

9.5.1　食品安全管理制度概述

《中华人民共和国食品安全法》(2021修正)第四十四条规定："食品生产经营企业应当建立健全食品安全管理制度，对职工进行食品安全知识培训，加强食品检验工作，依法从事生产经营活动。食品生产经营企业的主要负责人应当落实企业食品安全管理制度，对本企业的食品安全工作全面负责。食品生产经营企业应当配备食品安全管理人员，加强对其培训和考核。经考核不具备食品安全管理能力的，不得上岗。食品安全监督管理部门应当对企业食品安全管理人员随机进行监督抽查考核并公布考核情况。监督抽查考核不得收取费用。"

完备的食品安全管理制度是生产安全食品的重要保障，食品生产经营企业建立健全完善的各项食品安全管理制度是保证其生产经营的食品达到相应食品安全要求的基本前提。建立相关规章制度，把法律规定变成食品生产经营企业的规章制度，加强对所生产经营食品的安全进行管理，严格食品安全的自我控制，提高食品生产合格率，保证食品安全，这是食品生产经营企业的法定义务。

企业的食品安全管理制度应是涵盖从原料采购到食品加工、包装、贮存、运输等全过程。其具体可包括设备保养和维修制度，卫生管理制度，从业人员健康管理制度，食品原料、食品添加剂和食品相关产品的采购、验收、运输和贮存管理制度，进货查验记录制度，食品原料仓库管理制度，防止污染的管理制度，食品出厂检验记录制度，食品召回制度，培训制度和文件管理制度等。

9.5.2　良好生产规范及认证

《中华人民共和国食品安全法》(2021修正)第四十八条规定："国家鼓励食品生产经营企业符合良好生产规范要求，实施危害分析与关键控制点体系，提高食品安全管理水平。对通过良好生产规范、危害分析与关键控制点体系认证的食品生产经营企业，认证机构应当依法实施跟踪调查；对不再符合认证要求的企业，应当依法撤销认证，及时向县级以上人民政府食品安全监督管理部门通报，并向社会公布。认证机构实施跟踪调查不得收取费用。"

9.5.2.1　良好生产规范的概述

良好生产规范(good manufacturing practice，GMP)又称为良好操作规范，是为保证食品质量安全而制定的贯穿于食品生产全过程的一系列方法、技术要求和监控措施，也是一种特别注重在生产过程中实施对产品质量与安全的自主性管理的制度。通过建立一套可操作的作业规范，可以帮助企业及时发现生产过程中存在的问题，改善企业卫生环境，保障食品的质量安全。

GMP最早用于药品工业主要源自人类在认识药物的不良反应方面所付出的巨大代价。美国于1962年修改了《联邦食品、药品、化妆品法》，将药品质量管理和质量保证的概念制定成法定的要求。按照修改法的要求,美国国会于 1963 年颁布了世界上第一部 GMP《药品良好生产规范》。在 1969 年第 22 届世界卫生大会上,WHO 建议各成员国的药品生产采用 GMP。后来,CAC 及各国又相继在药品 GMP 基础上着手制定食品 GMP,将其用于食品工业。

我国已颁布药品生产 GMP 标准,并实行企业 GMP 认证,药品的生产及管理水平因此有了较大程度的提高。在食品领域,我国的 GMP 也开始逐渐推行。我国食品企业质量管理规范的制定开始于 20 世纪 80 年代中期,重点对厂房、设备、设施和企业自身卫生管理等方面提出卫生要求,以促进我国食品卫生状况的改善,预防和控制各种有害因素对食品的污染。GMP 要求食品生产企业应具备良好的生产设备、科学合理的生产过程,完善的质量管理和严格的检测系统、高水平的人员素质、严格的管理体系和制度,确保最终产品的质量(包括食品安全性)符合法律、法规要求。

9.5.2.2　良好生产规范的法律效力

在我国,依据 GMP 的法律效力可以分为 2 类:一类是强制性的 GMP,如《食品安全国家标准　食品生产通用卫生规范》(GB 14881—2013),《食品安全国家标准　乳制品良好生产规范》(GB 12693—2010)、《食品安全国家标准　粉状婴幼儿配方食品良好生产规范》(GB 23790—2010)、《食品安全国家标准　特殊医学用途配方食品良好生产规范》(GB 29923—2013)、《保健食品良好生产规范》(GB 17405—1998)和《食品安全国家标准　膨化食品生产卫生规范》(GB 17404—2016)等。另一类是指导性和推荐性的 GMP,由国家有关部门和行业协会制定并推荐给食品企业参照执行,属自愿遵守和认证的原则。国家鼓励食品生产经营企业符合良好生产规范的要求,也就是鼓励企业的生产经营活动在达到国家标准的基础上,建立更加严格、更加完善的规范体系。

9.5.2.3　良好生产规范的认证

食品 GMP 认证工作程序包括申请受理、资料审查、现场勘验评审、产品抽验、认证公示、颁发证书、跟踪考核等步骤。

食品企业应向认证机构递交申请书。申请书包括产品类别、名称、成分规格、包装形式、质量、性能,并附上公司注册登记复印件、工厂厂房配置图、机械设备配置图、技术人员学历证书和培训证书、不合格品管理办法和成品回收制度等技术文件。

在食品生产经营企业中推广 GMP 具有重要意义:一是为食品生产提供一套必须遵循的组合标准。二是为食品安全监督管理部门、食品安全管理人员提供监督检查的依据。三是使食品生产经营人员认识食品生产的特殊性,激发对食品质量高度负责的精神,消除生产上的不良习惯。四是使食品生产企业对原料、辅料、包装材料的要求更为严格。五是有助于食品生产企业采用新技术、新设备,从而保证食品质量。

推行食品 GMP 的主要目的是提高食品的品质与卫生安全,保障消费者与生产者的权益,强化食品生产者的自主管理体制,促进食品工业的健全发展。

9.5.3　危害分析和关键控制点体系及认证

9.5.3.1　危害分析和关键控制点体系概述

危害分析和关键控制点体系(hazard analysis critical control point,HACCP)是指对食品加工、运输以及销售整个过程中的各种危害进行分析和控制,从而保证食品达到安全水平。

1. HACCP 系统的起源和发展

20 世纪 60 年代，HACCP 系统是由美国 Pillsbury 公司 H. Bauman 博士等与宇航局和美国陆军 Natick 研究所共同开发的系统，其主要被用于航天食品中，1971 年被美国 FDA 接受。1974 年在《美国联邦法规》(Code of Federal Regulations，CFR)21 卷第 113 部分的"低酸罐头食品的 GMP"中采用了 HACCP 原理，这也是国际上首次有关 HACCP 的立法。随后由美国农业部食品安全检验署(Food Safety and Inspection Service，FSIS)、美国陆军 Natick 研究所、美国食品药品监督管理局(Food and Drug Admininistration，FDA)、美国海洋渔业局(National Marine Fisheries Service，NMFS)4 家政府机关及大学和民间机构的专家组成的美国食品微生物学基准咨询委员会(The National Advisory Committee on Microbiological Criteria for Foods，NACMCF)于 1992 年采纳了食品生产的 HACCP 七原则。1993 年，CAC 批准了《HACCP 体系应用准则》，1997 年颁发了新版《HACCP 体系及其应用准则》，该指南已被广泛接受并得到国际上普遍的采纳。

HACCP 概念已被认可为世界范围内生产安全食品准则，HACCP 体系被认为是控制食品安全和风味品质的最有效的管理体系，在世界各国得到广泛应用和发展。HACCP 概念于 20 世纪 80 年代传入中国。1990 年，原国家进出口商品检验局科学技术委员会食品专业技术委员会开始进行 HACCP 的应用研究。现在 HACCP 体系已经成为中国商检食品安全控制的基本政策。

2. HACCP 系统的组成和原则

HACCP 是由食品的危害分析(hazard analysis，HA)和关键控制点(critical control point，CCP)2 部分组成，运用食品加工、食品微生物学、食品质量控制和危害评价等有关原理和方法，对食品原料直至终产品等过程实际存在的潜在性危害进行分析判断，找出影响最终产品质量的关键控制环节，并采取相应控制措施防止危害的发生，确保食品在生产、加工、制造、准备和食用等过程中的安全。

HACCP 系统包括 7 个原则：进行危害分析、确定关键控制点(CCP)、制订关键限值、建立监测体系以监测每个关键控制点的控制情况、建立当关键控制点失去控制时应采取的纠偏措施、建立确认 HACCP 系统有效运行的验证程序、建立有关上述原则及其应用的必要程序和记录。

3. HACCP 的作用

作为一个系统化的方法，HACCP 是现代世界确保食品安全的基础。其作用是防止食品生产过程(包括制造、储运和销售)中食品有害物质的产生。HACCP 不是依赖对最终产品的检测来确保食品的安全，而是将食品安全建立在对加工过程的控制上，以防止食品产品中的可知危害或将其减少到一个可接受的程度。

HACCP 已经被多个国家的政府、标准化组织或行业集团采用，或是在相关法规中作为强制性要求，或是在标准中作为自愿性要求予以推荐，或是作为对分供方的强制要求。如美国水产品和果蔬汁法规(FDA 1995 和 FDA 2001)，CAC《食品卫生通则》(CAC 2001)，丹麦 DS3027 标准，荷兰 HACCP 体系实施的评审准则等。

HACCP 体系是一个以预防食品安全为基础的食品生产、质量控制的保证体系，是一个系统的、连续性的食品安全预防和控制方法。该体系的核心是用来保护食品从田间到餐桌的整个过程中免受可能发生的生物、化学、物理因素的危害，尽可能把发生食品危险的可能性消灭在生产、运输过程中，而不是像传统的质量监督那样单纯依靠事后检验以保证食品的可能性。这种步步为营的全过程的控制防御系统，可以最大限度地减少产生食品安全危害的风险。

9.5.3.2 危害分析和关键控制点体系认证

我国在2002年由中国国家认证认可监督管理委员会（简称国家认监委）先后发布了《食品生产企业危害分析与关键控制点（HACCP）管理体系认证管理规定》和关于在出口罐头、水产品、肉及肉制品、速冻蔬菜、果蔬汁、速冻方便食品等6类出口食品企业开展强制性HACCP体系认证的规定。

2004年3月，国家认监委会同国家质量监督检验检疫总局、农业部、原国家经贸委、原外经贸部、原卫生部、国家环境保护总局、国家工商行政管理总局和国家标准化管理委员会下发了《关于建立农产品认证认可工作体系实施意见》，明确提出在农产品领域积极推行HACCP管理体系及认证。

为持续改进危害分析与关键控制点（HACCP体系）认证（以下简称HACCP认证）制度，保持和提升HACCP认证工作的国际化水平，根据《中华人民共和国认证认可条例》《危害分析与关键控制点（HACCP体系）认证实施规则》等有关规定，国家认监委制定了《危害分析与关键控制点（HACCP体系）认证补充要求1.0》并于2018年5月14日公告实施，增加为HACCP认证依据。

HACCP认证使用统一的认证标志，HACCP认证标志包含中文“危害分析与关键控制点”字样和英文“HACCP”字样。在认证标志使用时，可以等比例放大或缩小，但不允许变形、变色，如图9-2所示。

图9-2 HACCP认证标志

9.5.4 ISO 22000食品安全管理体系标准与认证

9.5.4.1 ISO 22000食品安全管理体系标准概述

随着经济全球化的发展，社会文明程度的提高，人们越来越关注食品的安全问题。顾客的期望、社会的责任使食品生产、操作和供应的组织逐渐认识到应当有标准来指导操作、保障、评价食品安全管理。这种对标准的呼唤促使了ISO 22000:2005食品安全管理体系标准的产生。

ISO 22000于2005年9月1日正式发布，由国际标准化组织农产食品技术委员会（ISO/TC 34）成立的WG8工作组参照ISO 9000和ISO 14001的框架起草制定，将HACCP原理作为方法应用于整个体系，明确了危害分析作为安全食品实现策划的核心，并将CAC所制定的预备步骤中的产品特性、预期用途、流程图、加工步骤和控制措施和沟通作为危害分析及其更新的输入，同时将HACCP计划及其前提条件-前提方案动态、均衡的结合。食品安全管理体系已被公认为是一项有效的管理工具，而ISO 22000:2005制定至今已有十余年。为了提高标准的适用性，国际标准化组织的ISO/TC34/SC17对ISO 22000:2005进行改版修订，并于2018年6月19日颁布了ISO 22000:2018，取消和取代ISO22000:2005。

食品安全是指对从生产现场到消费点食源性危害的预防、消除和控制。由于食品安全危害可能渗入这些过程的任何阶段,因此,食品供应链中的每个公司都必须实施适当的危害控制。事实上,食品安全只能通过政府、生产者、零售商和最终消费者等各方的共同努力来维持。针对食品和饲料工业中的所有组织,不论大小,还是部门差异,《食品安全管理体系　食品链中各类组织的要求》(ISO 22000:2018),将食品安全管理转化为持续改进的过程。这个过程都需要通过帮助识别、预防和减少食物和饲料链中的食源性危害等预防性的方法来解决食品安全问题。该标准的新版本为全球数千家已经使用该标准的公司带来了清晰的理解。其最新改进包括以下几个方面。

(1)采用所有 ISO 管理系统标准中常见的高级结构,使组织在给定的时间内更容易将 ISO 22000 与其他管理系统(如 ISO 9001 或 ISO 14001)结合起来。

(2)一种新的风险方法。作为食品行业中的一个重要概念,它区分了管理系统中操作层面和经营层面的风险。

(3)与 CAC 为政府制定食品安全指南的联合国食品集团有着强有力的联系。

新标准结合交互式通信、系统管理、必备方案(PRPS)和危害分析和关键控制点(HACCP)的原理等关键要素,为企业提供了食品安全危害的动态控制。

ISO 22000 食品安全管理体系标准制定者的 ISO/TC 34/SC17,食品安全管理体系技术委员会主席 Jacob Faergemand 说:"为了满足市场对食品安全的需要,ISO 22000 是由消费者、咨询组、行业和研究人员等参与食品安全组织的利益相关者创建的。当 ISO 22000 的用户开发食品安全管理系统时,你要确保市场的需求得到满足"。

9.5.4.2　ISO 22000 食品安全管理体系标准的特点

ISO 22000 食品安全管理体系标准的主要特点如下。

(1)ISO 22000:2018 认证涵盖食品链中会影响到最终产品安全的所有过程。该标准明确了完整食品安全管理体系的要求,同时纳入良好生产规范(GMP)和危害分析关键控制点(HACCP)的要素。

(2)ISO 22000:2018 将各个国家标准统一成一组简单易懂的要求,建立了一个全球认可且易于使用的单一食品安全标准。从种植、食品服务、加工、运输、存储、包装直至零售,食品供应链中的所有组织均可使用此项国际认可的食品安全标准。

9.5.4.3　ISO 22000 食品安全管理体系认证

目前,根据国家认监委的相关规定,我国食品安全管理体系认证特指以 GB/T 22000—2006《食品安全管理体系　食品链中各类组织的要求》为认证依据的认证制度。但 ISO 于2018 年 6 月发布了 ISO 22000:2018,根据国家认监委的文件 CNAS-EC-054:2018《关于 ISO 22000:2018 认证标准换版的认可转换说明》(2018 年第一次修订版)修订内容差异对照表的要求,针对 ISO 22000 换版,IAF 通过第 2018-15 号决议-ISO 22000:2018 转换安排,即 IAF 根据技术委员会建议,决定经认可的认证向 ISO 22000:2018《食品安全管理体系　食物链中各类组织的要求》进行转换的转换期为 3 年,转换的截止日期为 2021 年 6 月 29 日。所有在 ISO 22000:2018 发布后颁发的经认可的 ISO 22000:2005 认证证书应注明的失效日期应为 2021 年 6 月 29 日。

9.6　食品认证

9.6.1　无公害农产品认证

9.6.1.1　无公害农产品概述

无公害农产品是指产地环境、生产过程和产品质量符合国家有关标准和规范的要求，经认证合格获得认证证书并允许使用无公害农产品标志的优质农产品及其加工制品。广义上的无公害农产品涵盖了有机食品(又叫生态食品)、绿色食品等无污染的安全营养类食品。从安全成分和消费对象及运作方式上划分，有机食品、绿色食品和无公害农产品又截然不同。狭义的无公害农产品是指经有关部门认证，满足人们日常食用安全的农产品，不包括绿色食品和有机食品。

20世纪80年代后期，在我国基本解决了农产品的供需矛盾后，药物残留问题开始引起广泛关注，为解决农产品中农残、有毒有害物质等“公害”问题，部分省、市开始推出无公害农产品。2000年，北京市开始了无公害农产品认证；2001年，天津市、河北省开始了无公害农产品认证；2001年和2002年，湖北、山东等省也开展了无公害农产品地方认证。2002年“无公害食品行动计划”在全国范围内展开。为统一全国无公害农产品标志、无公害农产品产地认定及产品认证程序，经2002年1月30日国家认监委第7次主任办公会议审议通过的《无公害农产品管理办法》，经2002年4月3日农业部第5次常务会议、2002年4月11日国家质量监督检验检疫总局第27次局长办公会议审议通过，农业部和国家质量监督检验检疫总局于2002年4月29日联合发布第12号令《无公害农产品管理办法》，国家认监委于2002年11月25日以公告形式发布了《无公害农产品标志管理办法》。2003年，农业部推出了无公害农产品国家认证。

9.6.1.2　无公害农产品认证

凡符合无公害农产品认证条件的单位和个人可以向所在地县级农产品质量安全工作机构(简称“工作机构”)提出无公害农产品产地认定和产品认证申请，并提交申请书及相关材料。

县级工作机构自收到申请之日起10个工作日内，负责完成对申请人申请材料的形式审查。符合要求的申请材料，报送地市级工作机构审查。

地市级工作机构自收到申请材料、县级工作机构推荐意见之日起15个工作日内(直辖市和计划单列市的地级工作合并到县级一并完成)，对全套材料(申请材料和工作机构意见，下同)进行符合性审查。符合要求的申请材料，报送省级工作机构。

省级工作机构自收到申请材料及推荐、审查意见之日起20个工作日内，完成材料的初审工作，并组织或者委托地县两级有资质的检查员进行现场检查。通过初审的申请材料，报请省级农业行政主管部门颁发《无公害农产品产地认定证书》，同时将全套材料报送农业部农产品质量安全中心各专业分中心复审。

各专业分中心自收到申请材料及推荐、审查、初审意见之日起20个工作日内，完成认证申请的复审工作，必要时可实施现场核查。通过复审的申请材料，将全套材料报送农业部农产品质量安全中心审核处。

农业农村部农产品质量安全中心自收到申请材料及推荐、审查、初审、复审意见之日起20个工作日内，对全套材料进行形式审查，提出形式审查意见并组织无公害农产品认证专家进行终审。终审通过符合颁证条件的单位和个人，由农业农村部农产品质量安全中心颁发《无公害农产品证书》。

9.6.1.3 无公害农产品标志管理

无公害农产品标志图案如图9-3所示，由麦穗、对勾和无公害农产品字样组成。麦穗代表农产品，对勾表示合格，金色寓意成熟和丰收，绿色象征环保和安全。

图9-3 无公害农产品标志

无公害农产品标志是加施于获得农业部无公害农产品认证的产品或产品包装上的证明性标识。印制在包装、标签、广告、说明书上的无公害农产品标志图案，不能作为无公害农产品证明性标识使用。无公害农产品标志使用是政府对无公害农产品质量的保证和对生产者、经营者及消费者合法权益的维护，是县级以上农业部门对无公害农产品进行有效监督和管理的重要手段。以“无公害农产品”称谓进入市场流通的所有获证产品，均须在产品或产品包装上加贴使用标志。

无公害农产品标志有5个种类：刮开式纸质标识加贴在无公害农产品上或产品包装上；锁扣标识应用于鲜活类无公害农产品上；捆扎带标识用于需要进行捆扎的无公害农产品上；揭露式纸质标识直接加贴于无公害农产品上或产品包装上；揭露式塑质标识加贴于无公害农产品内包装上或产品外包装上。

9.6.2 绿色食品认证

9.6.2.1 绿色食品产生的背景

20世纪90年代初，在基本解决农产品的供需矛盾后，政府开始重视农产品质量安全和环境问题，绿色食品的概念应运而生。绿色食品是顺应可持续发展的新思想、新潮流而诞生的。

1. 国际背景

自第二次世界大战以来，现代化农业的大发展逐步满足了急剧增长的人口的食物需求。在现代化发展进程中，人类过度的经济活动给资源和环境带来许多问题，如臭氧破坏、温室效应、酸雨危害、海洋污染、热带雨林减少、珍稀野生动植物濒临灭绝、土地沙漠化、毒物及有害废弃物扩散等。这八大问题产生的危害十分严重，而且影响深远，有的危害反过来又影响工农业生产，有的危害则直接影响人体健康。这些危害在20世纪80年代进一步被显露出来，全球的环境和资源问题日益受到世人的关注。在这种背景下，人们提出了一种新的理念，即可持续发展。

1987年，世界环境与发展委员会提出了“2000年转向可持续农业的全球政策”；1988年FAO制定了《可持续发展农业生产：对国际农业研究的要求》的政策性文件”；1992年6月，联合国通过了《里约宣言》和《21世纪议程》等一系列重要文件，各国一致承诺把可持续发展的道路作为未来全球经济和社会长期共同发展的战略，进一步确立了可持续农业的地位。我国的

绿色食品就是在这一国际背景下产生的，并被国际组织称为发展中国家成功的可持续发展模式。

2. 国内背景

随着我国经济的发展，人口的增长，资源和环境承载的压力越来越大，相对短缺的资源和脆弱的环境受到日益严重的破坏和污染，对经济和社会持续发展带来的制约力越来越大。历经20世纪80年代的改革和发展，进入20世纪90年代城乡人民生活水平有了显著提高，对食物质量和结构上的要求都发生了明显的变化。此时，不能再走以牺牲环境和大量损耗资源为代价的老路，而必须把国民经济和社会发展建立在资源和环境可持续利用的基础上，走可持续的农业发展道路。农产品的供求过剩也促使农业发展由数量型向质量型、效益型发展的方向转变。

绿色食品正是在这样的条件下应运而生。1989年，我国提出了绿色食品概念，1990年农业部在全国范围内启动了绿色食品开发和管理工作。1992年，中国绿色食品发展中心正式成立，负责全国绿色食品开发和管理工作。1993年，农业部发布了《绿色食品标志管理办法》。2012年7月30日，农业部公布新的《绿色食品标志管理办法》，自2012年10月1日起施行，农业部1993年1月11日印发的《绿色食品标志管理办法》[1993农(绿)字第1号]同时废止。

9.6.2.2 绿色食品的概念

绿色食品是遵循可持续发展原则，按照特定生产方式生产，经专门机构认定，许可使用绿色食品标志商标的无污染的安全、优质、营养类食品。发展绿色食品，从保护和改善生态环境入手，以开发无污染食品为突破口，将保护环境、发展经济、增进人们健康紧密地结合起来，促成环境、资源、经济和社会发展的良性循环。

绿色食品特定的生产方式是指按照标准生产、加工，对产品实施全程质量控制，依法对产品实行标志管理。绿色食品必须同时具备条件：①产品或产品原料产地必须符合绿色食品生态环境质量标准。②农作物种植、畜禽饲养、水产养殖及食品加工必须符合绿色食品的生产操作规程。③产品必须符合绿色食品质量和卫生标准。④产品外包装必须符合国家食品标签通用标准，符合绿色食品特定的包装、装潢和标签规定。

9.6.2.3 绿色食品的标志

绿色食品标志如图9-4所示，由3部分构成，即上方的太阳、下方的叶片和蓓蕾。标志图形为正圆形，意为保护、安全。整个图形表达明媚阳光下的和谐生机，提醒人们保护环境创造自然界新的和谐。AA级绿色食品标志与字体为绿色，底色为白色，A级绿色食品标志与字体为白色，底色为绿色。绿色食品的标志告诉人们绿色食品是出自纯净、良好生态环境的安全、无污染食品，能给人们带来蓬勃的生命力。

A级绿色食品标志(左)；
AA级绿色食品标志(右)

图9-4 绿色食品标志

绿色食品标志是指“绿色食品”“Green Food”，绿色食品标志图形及这三者相互组合等4种形式，注册在以食品为主的共9大类食品上，并扩展到肥料等相关类产品。

绿色食品标志商标作为特定的产品质量证明商标，已由中国绿色食品发展中心在国家工商行政管理总局商标局注册，其商标专用权受《中华人民共和国商标法》保护。凡具有生产“绿色食品”条件的单位和个人自愿使用“绿色食品”标志者，须向中国绿色食品发展中心或省(自治区、直辖市)绿色食品办公室提出申请，经有关部门调查、检测、评价、审核、认证等一系列过程，合格者方可获得“绿色食品”标志使用权。绿色食品标志使用期为3年，到期后必须重新检测认证。这样既有利于约束和规范企业的经济行为，又有利于保护广大消费者的利益。

9.6.2.4 绿色食品标志的申报程序

绿色食品的初次申报、续展申报和境外申报在中国绿色食品网服务版的办事指南中有明确的规定。

9.6.2.5 绿色食品的管理

绿色食品标志是在经过权威机构认证的在绿色食品上使用，以区分此类产品与普通食品的特定标志。该标志已经作为我国第一例质量证明商标由中国绿色食品发展中心在国家工商行政总局商标局注册，受法律保护。

绿色食品组织管理体系包括检查监督体系、监督检验测试体系和市场监管体系等。它是保障绿色食品能真正实现其价值的手段，监督生产者保持稳定的生产条件，履行承诺的各项义务，规范使用标志，使消费者的利益得到保护。农业农村部负责组织实施绿色食品的质量监督、认证工作，中国绿色食品发展中心依据标准认定绿色食品，依据《中华人民共和国商标法》实施绿色食品标志管理。中国绿色食品发展中心在开展绿色食品认证和绿色食品标志许可工作时，可以收取绿色食品认证费和标志使用费。

绿色食品标志的管理具有标准化、法制化两大特点。所谓标准化就是指把可能影响最终产品质量的生产全过程(从农田到餐桌)逐环节制定出严格的量化标准，并按照国际通行的质量认证程序检查其是否达标，确保认定本身的科学性、权威性和公正性。所谓法制化就是指依法管理，依据《中华人民共和国商标法》《中华人民共和国反不正当竞争法》《中华人民共和国广告法》《中华人民共和国产品质量法》等法律法规，切实规范生产者和经营者的行为，打击市场假冒伪劣现象，维护生产者、经营者和消费者的合法权益。

为加强绿色食品标志保护，规范绿色食品标志使用，按照《绿色食品标志管理办法》的相关规定，2020年9月2日中国绿色食品发展中心发布了《绿色食品标志使用管理规范(试行)》，要求各地绿办(中心)遵照执行。

9.6.3 有机食品认证

9.6.3.1 有机农业与有机食品的概念

有机农业(organic farming)是指在动植物生产过程中不使用化学合成的农药、化肥、生产调节剂和饲料添加剂等物质以及基因工程生物及其产物，而是按照生态学原理和自然规律，遵循土壤、植物、动物、微生物、人类、生态系统和环境之间动态相互作用的原则，协调种植业和养殖业的平衡，采取一系列可持续发展的农业技术，协调种植业和养殖业的平衡，维持农业生态系统持续稳定的一种农业生产方式。

有机农业有各种称谓，如再生农业、生物农业、生物有机农业、生物动力农业、生态农业和自然农业等。其做法也不尽相同，但共同的特点是：①通过生物措施保持土壤肥力。②尽可能减少外部投入。③禁止施用化肥和人工合成的植物保护制剂。④很大程度上封闭的企业物质循环。⑤利用自然的调控机制。⑥保护自然资源。⑦面积约束的动物饲养。⑧符合动物需求的动物饲养。⑨适合当地环境。⑩多样化的组织。⑪生产高价值的食品。

"有机食品"是指来自有机农业生产体系,根据国际有机农业生产要求和相应的标准生产加工、并通过有资质的有机认证机构认证的食品,包括粮食、蔬菜、水果、奶制品、禽畜产品、蜂蜜、水产品及调料等。有机食品也被称为生物食品、生态食品等。有机食品与国内其他优质食品的最显著差别是前者在其生产和加工过程中绝对禁止使用农药、化肥、激素等人工合成物质,后者则允许有限制地使用这些物质。因此,有机食品的生产要比其他食品难,需要建立全新的生产体系,采用相应的替代技术。有机食品是一类真正源于自然、富营养、高品质的环保型安全食品。除有机食品外,还有有机化妆品、纺织品、林产品、生物农药和有机肥料等,它们被统称为有机产品。

9.6.3.2 世界有机农业的发展与认证

1. 世界有机农业的起源

有机农业的起源最早可追溯到 1909 年。当时的美国农业部土地管理局局长基恩途经日本到中国,他考察了中国农业数千年兴盛不衰的经验,并于 1911 年写成了《四千年的农民》一书。他在该书中指出:中国传统农业长盛不衰的秘密在于中国农民的勤劳、智慧和节俭,善于利用时间和空间提高土地的利用率,并以人畜粪便和一切废弃物、塘泥等还田培养地力。英国植物病理学家 Albert Howard 受基恩影响,进一步深入总结和研究了中国传统农业的经验,首次提出了有机农业的思想,并由贝弗尔夫人和英国土壤学会首先实验和推广,于 20 世纪 30 年代初在《农业经典》中阐明了有机农业的思想。受 Albert Howard 的影响,1940 年美国的 J. I. Rodale 开始了有机园艺的研究,于 1942 年出版了《有机园艺和农作》(现名《有机园艺》),开始了有机农业的实践。

自 20 世纪 40 年代以来,在把现代科学技术手段应用于农业生产并取得举世瞩目的成就的过程中,也出现了一些严重性问题。美国海洋生物学家卡森于 1962 年出版的《寂静的春天》标志着美国现代环保运动的开始。她的著作让世人开始认识到农药的危害性和生态环境恶化的事实。随着"石油农业"的快速发展,自然资源,特别是不可再生资源的浪费和逐渐枯竭以及因大量使用现代农业技术和不合理利用自然资源而带来的对环境和生态的破坏,已经对人类的生存造成了不可逆转的影响。有机农业则是反对现代农业过分依赖技术力量和违反自然规律的一味强调"人定胜天"的盲目执着,而强调顺应自然,与自然协调发展。为推动有机农业和有机食品的进一步发展,来自英国、瑞典、南非、美国和法国 5 个国家的代表于 1972 年 11 月 5 日在法国成立了国际有机农业运动联合会(International Federation Organic Agriculture Movements,IFOAM)。

2. 世界有机农业的发展

有机农业思想历经了漫长的实践,直到 20 世纪 80 年代,一些发达国家政府开始重视有机农业,并鼓励农民从常规农业生产向有机农业生产转换,这时有机农业的概念才开始被广泛接受。1974 年,美国制定了有机农业法规。1980 年,IFOAM 制定了《有机食品生产和加工基本标准》,并且每 2 年修订一次。虽然这不是一个官方的标准,但很多国家在制定相关的标准时都参考了这个标准。1985 年,法国采用了有机农业法规。20 世纪 90 年代末期,世界有机农业进入增长期,其标志是成立有机产品贸易机构,颁布有机农业法律,政府与民间机构共同推动有机农业的发展。1990年，德国成立了世界上最大的有机产品贸易机构——生物行业商品交易会(BioFach Fair)。

3. 世界有机农业认证

1990年，美国联邦政府颁布了"有机食品生产条例"。1991年，通过了有机农业法案《有机农业和有机农产品与有机食品标志法案》[VO(EWG) Nr. 2092/91]。该法案是欧盟有机农业发展的法律保证，在欧盟15个国家统一实施。澳大利亚、日本等主要有机产品生产国相继颁布和实施了有机农业法规，如日本农林水产省于2000年6月发布了关于有机食品检查和认证标准(于2001年4月开始实施)，在日本市场上销售的有机食品都必须统一标识"日本有机食品标志"。各国政府通过立法规范有机农业生产以及公众对生态、环境和健康意识的增强，扩大了对有机产品的需求规模，有机农业在研究、生产和贸易上都获得了前所未有的发展。

1999年，IFOAM 与 FAO 共同制定了《有机农业产品生产、加工、标识和销售指南》(CAC/GL 32——1999)。该指南对促进有机农业的国际标准化生产有积极的意义。食品法典、欧盟标准和 IFOAM 基本标准总体上一致，均对有机农业和有机食品的概念、定义和原则做出了规定，明确了有机食品生产从土地到餐桌过程应遵循的准则，规定了有机食品生产中可以使用或禁止使用的物质以及有机食品检查和认证体系、有机食品标识使用等。

据"生态和农业基金会(Stiftung Oekologie & Landbau，SOEL)"统计，目前有机农业遍布100多个国家和地区。大洋洲、欧洲和拉丁美洲等地发达国家的有机农业发展迅速。发展中国家有机农业发展的潜力也在增强。随全球化进程的加快，一些发展中国家占世界有机产品市场的份额在上升，如阿根廷、巴西、智利、中国、埃及、印度、马来西亚、菲律宾和南非等。政府、国际组织和非政府组织对有机农业发展的日益重视也将对促进国际有机产品贸易起积极作用。有机农业从产生到快速发展是与现代农业对环境和人类的影响分不开的。

9.6.3.3 我国有机农业的发展与认证

1. 我国有机农业的发展

20世纪50年代至20世纪末，中国农业经历了40多年的快速现代化的过程。从20世纪80年代开始，我国在浙江、江苏、安徽、北京和辽宁等地展开了生态农业示范建设。1989年，多年从事生态农业研究的国家环境保护局南京环境科学研究所农村生态研究室加入了IFOAM，成为中国第一个IFOAM成员。目前，IFOAM的中国成员已经发展到40多个。1990年，根据浙江省茶叶进出口公司和荷兰阿姆斯特丹茶叶贸易公司的申请，荷兰有机认证机构SKAL对位于浙江省、安徽省的2个茶园和2个茶叶加工厂实施了有机认证检查。此后，浙江省临安市的裴后茶园和临安茶厂获得了荷兰有机认证机构SKAL的有机颁证，这是中国大陆的农场和加工厂第一次获得有机认证。截至2004年6月，我国有机产品认证企业已达到了1 400多家。十多年间，我国的有机产品生产行业发展迅速。

我国是农产品生产大国，也是出口大国。截至2004年年底，我国已成为世界农产品第八大贸易国。随着社会的发展和经济全球一体化步伐进一步加快，我国农业发展面临的问题也越来越突出，尤其是农产品质量与安全问题，已经引起社会越来越广泛的关注。农业生产为获得高产大量使用化肥、农药，由此带来了食品污染、生物多样性减少及生态失衡等一系列问题，并引发了多起农产品质量安全事件。农产品的农药残留超标问题一直困扰着我国农产品出口贸易的健康发展。

2. 我国有机农业认证机构的发展

1992 年，为保障食品安全，农业部成立了“中国绿色食品发展中心”。“中国绿色食品发展中心”的成立为在全国发展有机农业奠定了良好的基础。

1994 年，经国家环境保护局批准，生态环境部南京环境科学研究所农村生态研究室被改组成为“国家环境保护总局有机食品发展中心”(Organic Food Development Center of SEPA, OFDC)(2003 年改称为“南京国环有机产品认证中心”)，标志着我国向有机食品生产迈出了实质性步伐。自 1995 年开始认证工作以来，先后通过 OFDC 认证的农场和加工厂已超过 300 家。OFDC 根据 IFOAM 有机生产加工的基本标准，参照并借鉴欧盟有机农业生产规定及其他国家如德国、瑞典、英国、美国、澳大利亚、新西兰等有机农业协会或组织的标准和规定，结合中国农业生产和食品行业的有关标准，于 1999 年制定了 OFDC《有机产品认证标准(试行)》，2001 年 5 月由国家环境保护总局发布成为行业标准。

1999 年 3 月，中国农业科学院茶叶研究所成立了有机茶研究与发展中心(The Organic Tea Research and Development Centre，OTRDC)，专门从事有机茶园、有机茶叶加工及有机茶专用肥的检查和认证。2003 年，该中心被更名为“杭州中农质量认证中心”并获得 CNCA 的登记，通过该中心认证的茶园和茶叶加工厂已超过 200 家。

2002 年 10 月，农业部组建了“中绿华夏有机食品认证中心(China Organic Food Certification Center，COFCC)”。它是 CNCA 批准设立的中国第一家有机食品认证机构，并获得 CNAS 的认可。

3. 我国有机农业的认证

为规范有机食品认证管理，促进有机食品健康、有序发展，防止农药、化肥等对环境的污染和破坏，保障人体健康，保护生态环境，国家环境保护总局于 2001 年 4 月 27 日颁布实施了《有机食品认证管理办法》《有机认证标准》《有机食品技术规范》等规范性文件，对我国的有机食品进行管理。

但是在实际的认证活动中，有机农业的认证却存在着认证依据的标准不一致问题。例如，欧盟和美国的标准与我国的行业标准并用；对认证机构、认证人员及认证的标准要求也都不一致；我国的有机食品在出口过程中受到进口国各种技术壁垒的重重制约；由于我国没有相关规定，国外产品进入我国市场后不会受到任何约束。这些问题严重影响了有机产品在我国的声誉，影响了行业的发展。

2002 年 11 月 1 日，《中华人民共和国认证认可条例》正式颁布实施，有机产品(食品)认证工作由国务院授权的 CNCA 统一管理，进入规范化阶段。为进一步促进有机产品生产、加工和贸易的发展，规范有机产品认证活动，提高有机产品的质量和管理水平，保护生态环境，2004 年 9 月 27 日，国家质量监督检验检疫总局制定了《有机产品认证管理办法》，目前执行的是 2015 年 8 月 25 日修正版《有机产品认证管理办法》。现行有效的有机产品国家标准是《有机产品　生产、加工、标识与管理体系要求》(GB/T 19630—2019)。

为进一步完善有机产品认证制度，规范有机产品认证活动，保证认证活动的一致性和有效性，根据《中华人民共和国认证认可条例》和《有机产品认证管理办法》等规定，CNCA 对 2014 年 4 月 23 日发布的《有机产品认证实施规则》进行了修订。新版《有机产品认证实施规则》自 2020 年 1 月 1 日起实施。自 2020 年 1 月 1 日起，认证机构对新申请有机产品认证企业及已获认证企业的认证活动均需依据新版《有机产品认证实施规则》执行。

作为当前世界农业发展的重要方向和主导模式之一，有机农业遵循的是一种健康、可持续的发展理念。在当前及今后一个时期内，有机农业在解决我国面临的农产品质量、安全问题和提高农业可持续生产能力方面将发挥重要的作用。

9.6.3.4 有机食品的认证程序

有机食品的认证程序应按照《有机产品认证管理办法》(2015 年 8 月 25 日修正版)和《有机产品认证实施规则》(CNCA-N-009:2019)的要求进行。

9.6.3.5 认证标志与管理

1.有机认证标志

有机认证标志是对有机产品的一种证明，如注册成为商标则称为有机认证证明商标。有机认证标志不应由有机认证证书持有者而应该由有机认证机构或认证机构的监管部门设计和申请注册。有机认证标志分为国际标志、国家标志和认证机构标志 3 种，如 IFOAM 的标志属于国际标志，见图 9-5 和图 9-6。

中国有机产品

中国有机转换产品

图 9-5 我国有机产品认证标志

中绿华夏有机食品认证中心

南京国环有机产品认证中心

图 9-6 我国部分有机认证机构标志

认证机构应按照《认证证书和认证标志管理办法》和《有机产品认证管理办法》的规定使用国家有机产品标志、国家有机转换产品标志和认证机构的标识。认证机构自行制定的认证标志应当报 CNCA 备案。有机认证机构只能在其获得认可机构认可的范围内向获得认证的单位颁发标志使用准用证。

2.认证后管理

认证机构应制定关于认证标志或其他认证说明的使用规则和程序文件。这些规则应要求持证者只能在其获准的范围内，还只能采用获准的方式使用认证标志，不允许以可能误导消费者的方式使用标志。有机认证机构在向获证单位授予有机认证机构的标志使用权时，应出示相关的标志注册文件，展示其对标志的所有权或控制权。当有机认证机构向获得认证的单位颁发其有机认证使用授权证时，必须规定允许其使用的时段以及使用范围和方法。

3.有机认证证书的有效期

允许持证者在其产品上使用有机认证标志的授权书的有效期一般为 1 年。在此期间，认证机构应对有机认证证书和认证标志的所有权、使用和宣传展示情况进行跟踪管理，确保使用有机标志/标识的产品与认证证书规定范围一致(包括标志的数量)。认证机构应及时获得有关变更的信息，并采取适当的措施进行管理，以确保获得认证的单位或个人符合认证的要求；

违反《有机产品认证管理办法》第二十七条的规定,认证机构应及时撤销或暂停其认证证书,要求其停止使用认证标志/标识,并对外公布。

9.6.4 保健食品认证

9.6.4.1 保健食品概述

1.保健食品的意义

保健食品是指具有特定保健功能的食品,即适宜于特定人群食用,具有调节机体功能,不以治病为目的的食品。根据国家食品药品监督管理总局提出的保健食品可以申报的功能,保健食品可分为28大类,包括增强免疫力、抗氧化、辅助改善记忆、改善生长发育、缓解体力疲劳、减肥、提高缺氧耐力、对辐射危害有辅助保护功能、辅助降血脂、辅助降血糖、改善睡眠、改善营养性贫血、对化学性肝损伤有辅助保护作用、促进泌乳、缓解视疲劳、促进排铅、清咽、辅助降血压、增加骨密度、调节肠道菌群、促进消化、通便、对胃黏膜有辅助保护作用、祛痤疮、祛黄褐斑、改善皮肤水分、改善皮肤油分、营养补充剂。

保健食品的安全问题一直是消费者关心的话题。为规范我国保健食品市场,1996年3月15日,卫生部发布了《保健食品管理办法》,1997年,国家技术监督局发布了《保健(功能)食品通用标准》(GB 16740—1997),但现在已被《食品安全国家标准　保健食品》(GB 16740—2014)代替。1998年,卫生部颁布了《保健食品良好生产规范》(GB 17405—1998),并从2002年起开始积极推进保健食品企业GMP和HACCP管理认证工作。2005年,国家食品药品监督管理局审议通过《保健食品注册与备案管理办法》,2007年发布了《保健食品命名规定(试行)》。

2.保健食品的目录

《中华人民共和国食品安全法》(2021修正)第七十四条至第七十九条都是对保健食品、特殊医学用途配方食品和婴幼儿配方食品等特殊食品实行严格监督管理的要求和规定,其中第七十五条规定:"保健食品声称保健功能,应当具有科学依据,不得对人体产生急性、亚急性或者慢性危害。"

2019年10月1日起正式实施的由国家市场监管总局审议通过,会同卫生健康委协商一致,国家市场监督管理局发布的《保健食品原料目录与保健功能目录管理办法》(以下简称《办法》)旨在推进保健食品注册备案双轨制运行,建立开放多元的保健食品目录管理制度,以原料目录和功能目录为抓手,进一步强化产管并重、社会共治。《办法》规定,除维生素、矿物质等营养物质外,纳入保健食品原料目录的原料应当符合下列要求:一是具有国内外食用历史,原料安全性确切,在批准注册的保健食品中已经使用;二是原料对应的功效已经纳入现行的保健功能目录;三是原料及其用量范围、对应的功效、生产工艺、检测方法等产品技术要求可以实现标准化管理,确保依据目录备案的产品质量一致性。

在《办法》实施后,原料目录和功能目录将成熟一个,发布一个。随着目录不断扩大,备案产品增多、注册产品减少,生产企业和监管部门的制度成本也会降低。《办法》规定,存在食用安全风险以及原料安全性不确切的、无法制定技术要求进行标准化管理和不具备工业化大生产条件的、法律法规以及国务院有关部门禁止食用或者不符合生态环境和资源法律法规要求等其他禁止纳入情形的,不得列入保健食品原料目录。

9.6.4.2 保健食品注册与备案管理

目前,国家市场监督管理总局特殊食品安全监督管理司负责保健食品的归口管理,但有关保健食品注册与备案的管理仍按照《保健食品注册与备案管理办法》的规定执行。

保健食品的标志如图 9-7 所示,是我国保健食品专用标志。标志图形为天蓝色,呈帽形,业界俗称"蓝帽子",也叫"小蓝帽"。

图 9-7 保健食品标志

9.6.5 非转基因身份保持(IP)认证

9.6.5.1 概述

转基因食品(genetically modified food)是指科学家在实验室中把动植物的基因加以改变,再制造出的具备新特征的食品种类。随着生物技术的发展,目前国际上已经实现了部分转基因食品的产业化,也逐步走向消费者的"餐桌"。

学术界对转基因食品的安全性存在较大的争议,从技术研究和安全评价的角度尚无法实现对转基因食品是否安全做出明确的结论。因此,国际上对转基因食品的管理也采取了不同的措施和办法。其中比较有代表性的争论和意见分为 2 种:一种是以美国为代表,倾向支持转基因产品;另一种则是以欧盟为代表,对转基因产品所持态度非常谨慎。目前关于转基因食品的管理,我国部分参照了欧盟的做法,实施转基因食品的"标识"制度。

为了加强对转基因和非转基因农产品的管理,除了对转基因食品进行标识管理制度外,欧盟和日本等国家和地区还建立和实施了非转基因身份保持认证制度(Non-GM Identity Preservation Certification,IP)。

IP 认证体系是对企业为保持产品的特定身份(如转基因身份)而建立的保证体系,按照特定标准进行审核、发证的过程,是为保持非转基因产品的纯粹性,防止转基因污染,从非转基因产品的作物种植到产品运输、(出口)、加工的整个或部分生产供应链过程中采取合理、有效的措施,保持非转基因产品的非转基因"身份"的系统。IP 认证体系通过对供应链各个阶段的转基因的控制、隔离、检测及审核评估,确保非转基因产品含有最低的转基因成分,并保持详尽而完整的资料、数据记录及相关证书。

9.6.5.2 非转基因身份保持(IP)的特点

非转基因身份保持(IP)具有如下几个特点。

(1)可追溯性,为产品提供整个生产供应链的全方位信息。

(2)严格的隔离,杜绝一切非受控材料的意外混入。

(3)策略性的代表性取样和检测,验证产品的非转基因身份。

(4)完善的体系文件和程序手册,产品质量保证的基础。

(5)严格的内外控制,确保 IP 体系有效运行。

9.6.5.3 非转基因身份保持(IP)认证的益处

(1)IP 认证的实施有助于保护消费者的知情权,科学引导消费　我国食品安全形势的严峻性促进了消费者消费意识的变化,多数消费者在购买食品时逐步走向"选择性"消费。在实施IP认证后，将在获得认证后的产品外包装上进行标示，表明“非转基因”身份，结合我国已实施的“转基因食品”标示制度，增加产品身份透明度，通过标示和可追溯性信息，向消费者提供“身份透明”的产品，为消费者提供选择和知情的权利。

(2)IP认证的实施有助于促进我国农产品贸易出口，推动农业和农村经济的发展　目前国际上针对转基因食品的不同立法倾向，严重影响了国际农产品贸易的发展。例如，美国是世界上最大的转基因产品生产国家，也是欧盟成员国、日本等国家广大食品生产商的重要食品原料基地。随着各国严格的转基因食品法律法规的制定，尤其是转基因食品的标识要求，广大食品生产商和零售商纷纷采取非转基因政策，导致美国原有的食品、饲料原料市场迅速萎缩，而广大食品生产商纷纷向巴西、中国等国家寻求非转基因原料的供应。目前我国还没有开展大规模的转基因农作物的种植，因此，实施IP认证，将有助于扩大我国农产品的出口，促进农产品贸易的发展。

(3)提升产品价值，IP产品收购价格高于普通产品。

(4)减少转基因成分污染的风险。

9.6.5.4　非转基因身份保持(IP)认证

非转基因身份保持(IP)认证是依据我国相关法律法规及欧盟等国家或地区对转基因产品的相关要求所实施的中国质量认证中心(China Quality Certification Centre，CQC)认证业务，认证依据为《非转基因产品身份保持认证规则》(CQC 76-000200—2017)和《非转基因身份保持(IP)认证技术规范》(CQC 7101—2016)。

IP认证范围包括种植和加工等农产品食品，关注生产和加工过程链中转基因成分对产品非转基因安全的影响，建立从生产基地、生产过程、处理、加工、贮存、运输、销售的全程质量控制体系。

IP认证旨在为生产经营企业提供非转基因身份保持认证，以满足产品国际贸易、食品制造集团及消费者等相关方要求。IP认证证书有效期为1年，按认证机构有关规定使用认证证书。IP认证标志见图9-8。

图9-8　IP认证标志

思考题

1. 什么是食品经营许可？简述食品企业如何申请食品经营许可。
2. 什么是食品生产许可？简述食品企业如何申请食品生产许可。简述食品生产许可证的管理规定。
3. 我国的认证认可机构有哪些？简述认证认可的含义。
4. 什么是计量认证？
5. 何谓质量管理体系认证？简述ISO9001质量管理体系认证的程序。
6. ISO22000食品安全管理体系标准的特点是什么？
7. 什么是GMP和HACCP？
8. 何谓绿色食品、有机食品、无公害食品？它们有什么区别？
9. 简述有机食品认证的申报程序。
10. 简述保健食品产品注册时需要提交的文件资料。
11. 非转基因身份保持(IP)认证的益处有哪些？

参考文献

[1]中华人民共和国食品安全法:案例注释版[M]. 4版. 北京:中国法制出版社,2019.

[2]霍忻. "一带一路"沿线国家认证认可国际竞争力评价[J]. 中国流通经济,2020,34(1):52-64.

[3]中绿华夏有机食品认证中心. 国际有机产品标准比对[M]. 北京:中国标准出版社,2015.

[4]张建华. 食品链工厂质量管理实务:手把手教你管质量[M]. 北京:化学工业出版社,2019.

[5]中国质量认证中心. ISO 22000:2018 食品安全管理体系审核员培训教程[M]. 北京:中国质量标准出版传媒有限公司,中国标准出版社,2019.

扩展资源

1.《中华人民共和国食品安全法》

2.《中华人民共和国农产品质量安全法》

3.《中华人民共和国产品质量法》

4.《中华人民共和国标准化法》

5.《中华人民共和国商标法》

6.《中华人民共和国计量法》

7.《中华人民共和国反不正当竞争法》

8.《中华人民共和国专利法》

9.《中华人民共和国技术合同法》

10.《中华人民共和国消费者权益保护法》

11.《中华人民共和国进出口商品检验法》

12.《中华人民共和国进出境动植物检疫法》

13.《中华人民共和国国境卫生检疫法》

14.《食品生产许可管理办法》

15.《食品经营许可管理办法》

16.《新食品原料安全性审查管理办法》

17.《保健食品注册与备案管理办法》

18.《无公害农产品管理办法》

19.《绿色食品标志管理办法》

20.《有机产品认证管理办法》

21.《检验检测机构资质认定管理办法》

22.《食品检验机构资质认定条件》

23. 国家市场监督管理总局

24. 联合国粮农组织

25. 国际食品法典委员会

26. 国际乳品业联合会

27. 美国食品药品监督管理局

28. 欧盟食品安全管理局

29. GB/T 20000.1—2014《标准化工作指南第 1 部分:标准化和相关活动的通用术语》

30. GB/T 1.1—2020《标准化工作导则 第 1 部分:标准化文件的结构和起草规则》

31. GB/T 19855—2015《月饼》

32. GB 5009.3—2016《食品安全国家标准食品中水分的测定》

33. GB/T 19001—2016《质量管理体系　要求》

34. GB/T 7635.1—2002《全国主要产品分类与代码　第一部分:可运输产品》

35. GB 25190—2010《食品安全国家标准　灭菌乳》

36. GB/T 22004—2007/ISO/TS 22004:2005 食品安全管理体系 GB/T 22000—2006 的应用指南

37. ISO/TS 22004:2005, Food safety managementsystems-Guidance on the application of ISO 22000: 2005

38. GB/T 17204—2008《饮料酒分类》

39. GB 15037—2006《葡萄酒》

40.《广州纯享食品有限公司　压片糖果》(Q/CXSP 0003S—2015)

41.《四川味道世家食品有限公司　火锅底料》(Q/WDS 0050S—2016)

42.《新兴县荔园食品有限公司　水果糖渍食品》(Q/XLY 0001S—2015)

43. GB/T 23544—2009《白酒企业良好生产规范》

44. 国家认监委机构概况

45. 无公害农产品产地认定和产品认证申请指南

46. 中国绿色食品发展中心关于进一步完善绿色食品审查要求的通知

47. 有机产品认证实施规则

48. 非转基因产品身份保持认证规则

联系我们

网站有可能不支持部分手机系统，如遇此情况，建议以其他方式进入。

使用中如有问题，请关注我社微信公众号进行留言。可搜索“中国农业大学出版社”，或扫描下图二维码添加关注(长时间按住下图可识别图中二维码)。